全国优秀教材二等奖

"十二五"普通高等教育本科国家级规划教材

住房和城乡建设部"十四五"规划教材

住房城乡建设部土建类学科专业"十三五"规划教材

高等学校工程管理和工程造价学科专业
指导委员会规划推荐教材

工 程 估 价

（第三版）

王雪青　　　　　　　　　主　编

孙　慧　孟俊娜　刘炳胜　副主编

中国建筑工业出版社

图书在版编目（CIP）数据

工程估价 / 王雪青主编 .—3 版 .—北京：中国建筑工业出版社，2019.12（2023.12重印）

"十二五"普通高等教育本科国家级规划教材　住房城乡建设部土建类学科专业"十三五"规划教材　高等学校工程管理和工程造价学科专业指导委员会规划推荐教材

ISBN 978-7-112-24536-9

Ⅰ. ①工…　Ⅱ. ①王…　Ⅲ. ①建筑工程-工程造价-高等学校-教材　Ⅳ. ①TU723.3

中国版本图书馆 CIP 数据核字（2019）第 276992 号

　　本书根据工程管理专业主干课程教学的基本要求编写，全面系统地介绍了工程估价的基本理论与方法，体现了工程估价领域最新政策及研究成果。全书共分 12 章，主要内容包括：概论，建设项目投资构成，工程估价依据，工程量清单及工程量计算，投资估算，设计概算，施工图预算，工程量清单计价，国际工程投标报价，建设工程结算，竣工决算，计算机辅助工程估价系统等。

　　为更好地支持相应课程的教学，我们向采用本书作为教材的教师提供教学课件，有需要者可与出版社联系，邮箱：jckj@cabp.com.cn，电话：（010）58337285，建工书院 https://edu.cabplink.com。

责任编辑：张　晶　王　跃
责任校对：赵听雨

"十 二 五"普 通 高 等 教 育 本 科 国 家 级 规 划 教 材
住 房 城 乡 建 设 部 土 建 类 学 科 专 业"十 三 五"规 划 教 材
高 等 学 校 工 程 管 理 和 工 程 造 价 学 科 专 业 指 导 委 员 会 规 划 推 荐 教 材

工 程 估 价

（第三版）

王雪青　　　　　　　　主　编
孙　慧　孟俊娜　刘炳胜　副主编

*

中国建筑工业出版社出版、发行（北京海淀三里河路 9 号）
各地新华书店、建筑书店经销
北京红光制版公司制版
天津翔远印刷有限公司印刷

*

开本：787×1092 毫米　1/16　印张：22½　字数：557 千字
2019 年 12 月第三版　　2023 年 12 月第二十六次印刷
定价：**56.00** 元（赠教师课件）
ISBN 978-7-112-24536-9
（35200）

第 三 版 前 言

作为"十二五"普通高等教育本科国家级规划教材、高等学校工程管理和工程造价学科专业指导委员会规划推荐教材，《工程估价》（第二版）于 2011 年出版，得到了广大读者的欢迎。为体现近年来工程估价领域的最新法律法规和前沿理论，组织有关专家再次修订，主要变化如下：

（1）充分吸收了最新颁布的有关法律法规及标准文本，本书在编写过程中参照了《建设工程工程量清单计价规范》GB 50500—2013，中华人民共和国财政部令第 81 号《基本建设财务规则》（2016 年 9 月 1 日起实行），财政部财建〔2016〕503 号文件《基本建设项目竣工财务决算管理暂行办法》《建设工程施工合同（示范文本）》GF—2017—0201，FID-IC 2017 版系列合同条件等相关内容编写。

（2）为便于读者学习，保证学习效果，修订版增加了部分案例。

本书由王雪青任主编，孙慧、孟俊娜、刘炳胜任副主编。各章作者如下：第 1、2 章王雪青、刘炳胜；第 3 章陈建国、王雪青；第 4 章孟俊娜；第 5、6、11 章孙慧；第 7 章孟俊娜、肖艳；第 8 章肖艳、王雪青；第 9 章杨秋波；第 10 章刘炳胜、李灵；第 12 章孟俊娜、杨秋波。上述作者单位除陈建国为同济大学、刘炳胜为重庆大学外，其余均为天津大学管理与经济学部。全书由王雪青、孟俊娜负责统稿。

作者在本书编写过程中，参阅和引用了不少专家、学者论著中的有关资料，在此一并表示衷心的感谢。

本书适合于工程管理、工程造价管理、土木工程和其他工程类专业的老师、同学以及实践界的从业者。由于工程估价涉及面广，专业性强，本教材难免存在不妥之处，还望读者提出宝贵意见和建议。

编者于天津大学

2019 年 11 月

第 二 版 前 言

知识源于实践。工程估价知识是建设工程基本准则和良好惯例的凝练和总结。工程估价的实践性特征决定了其知识需要不断更新，从而反映并指导建设工程实践。

作为普通高等教育"十五"国家级规划教材、普通高等教育土建学科专业"十二五"规划教材和高校工程管理专业指导委员会规划推荐教材，《工程估价》（第一版）于2005年年底出版，得到了广大读者的欢迎。为体现近年来工程估价领域的最新法律法规和前沿理论，组织有关专家出版了修订版，主要变化如下：

（1）吸收、反映了建设行业相关政策、规范的更新，本书在编写过程中参照了《建设工程工程量清单计价规范》GB 50500—2008、《建设工程项目管理规范》GB/T 50326—2006、《建设项目全过程造价咨询规程》CECA/GC4—2009、《中华人民共和国标准施工招标文件（2007年版）》（九部委第56号令）等相关内容编写。

（2）为便于读者学习，保证学习效果，修订版增加了部分案例。

本书的修订由原作者进行，王雪青任主编，孙慧、孟俊娜任副主编。各章作者如下：第1、2章王雪青；第3章陈建国；第4章孟俊娜；第5、6、11章孙慧；第7、8章肖艳；第9、12章杨秋波；第10章李灵。上述作者单位除陈建国任职于同济大学外，其余均任职于天津大学管理与经济学部。全书由王雪青、孟俊娜、杨秋波负责统稿。天津大学的研究生周国强、苑宏宪、任远、王锐等参与了本书的部分资料收集和书稿校对工作，在此特表感谢。

作者在本书编写过程中，参阅和引用了不少专家、学者论著中的有关资料，在此一并表示衷心的感谢。

此外，经过多年建设，天津大学《工程成本规划与控制》课程于2008年被评为"国家精品课程"，本书为该课程的主要参考教材。天津大学《工程成本规划与控制》精品课程网站上包括课件、案例、部分课程录像、习题、试卷、专业社团组织、专业期刊、业界网站链接以及MIT开放式课程等资源，读者可点击http://jpk.tju.edu.cn（天津大学精品课程网站）进行浏览、下载。

本书适合于工程管理、项目管理、土木工程和其他工程类专业的老师、同学以及实践界的从业者，致力于向读者们奉献一本既有一定理论水平又有较高实用价值的教科书，但是限于水平和经验，错误、疏漏之处难免，恳请本书读者提出宝贵的指正意见，以使本书不断地完善，如有指正意见，烦请联系：wxq@tju.edu.cn。

2011年8月

第 一 版 前 言

　　建筑业的持久繁荣促进了工程估价学科框架、知识体系与技术方法的不断完善与发展，国内外业界与理论界都基于工程实践进行了大量的探索，从而推动工程估价方面的改革日益深化，进一步规范市场计价行为和秩序，促进建筑业全面、协调、可持续地发展。

　　工程估价作为工程管理专业的主干课程之一，是投资与造价管理、工程项目管理、国际工程管理与房地产经营与管理等专业方向的平台课程，是土木工程等工程类专业的选修课，也是监理工程师、造价工程师、房地产估价师、咨询工程师（投资）、建造师、设备监理师等执业资格考试的核心内容，本书可为读者提供基础性的知识和综合性的能力训练，从而能够胜任工程估价领域的相关工作。

　　作为国家级"十五"规划重点教材、土建学科专业"十五"规划教材、高校工程管理专业指导委员会推荐教材，本书依据《建设工程工程量清单计价规范》GB 50500—2003、《建筑安装工程费用项目组成》（建标［2003］206 号）、《全国统一建筑工程预算工程量计算规则（土建工程）》GJDGZ—101—95、《建筑工程施工发包与承包计价管理方法》（建设部令第 107 号）、《建设工程价款结算暂行办法》（财建［2004］369 号）、《建设工程施工合同（示范文本）》GF—1999—0201 和《FIDIC 施工合同条件》（1999）等相关内容编写，从而适应不同地区读者学习和工程估价管理改革的需要。

　　本书的特点是：

　　1. 注重基本理论与概念的阐述。书中对工程估价的基本理论与概念进行了推敲和分析，如估价、造价、定额、工程量清单、估算、概算、预算、结算、决算、招标、投标、报价等，以帮助读者学习好工程估价的基础理论知识。

　　2. 体现了工程估价领域的最新政策及研究成果。我国工程估价领域目前正推行一系列改革，从过去的"量""价""费"定额为主导的静态模式，到"控制量""指导价""竞争费"，再到 2003 年 7 月开始实施工程量清单计价法。本书在阐述传统工程估价理论的基础上，尽力做到介绍工程估价领域最新发展动态和研究成果，并反映我国工程估价领域政策法规的最新变革。

　　3. 衔接工程管理专业其他课程。本书作者全程参与了"工程管理专业本科教育培养目标、培养方案及主干课程教学基本要求"的制定，本书以工程建设程序为主线，结构明晰，能在覆盖工程估价相关知识点的基础上，着重体现关键内容，并与工程管理专业其他课程相互补充、完美衔接。

　　4. 内容注重与国际接轨。教材内容既考虑了我国建设工程估价领域的现状与特点，又介绍了国际惯例中工程估价的方式与发展趋势，在教材结构及内容上与英国皇家特许测量师协会（RICS）的《工程估价》课程实现接轨。

　　5. 实现了理论性与实践性的统一。教材涵盖工程估价领域知识体系，全面系统地分析和阐述了工程估价的理论、方法与发展趋势，既有基本原理和基本知识，也有许多探索性和创新性的观点和方法。并配备实际案例，方便进行案例教学，提高学生学习效果。

6. 框架设计和内容分析力求创新。教材框架设计上每章均配备知识框架图和思考题，一方面供教师组织教学讨论用，另一方面便于学生复习和巩固所学知识。

7. 可拓展性强。教材立足实践应用，收录了大量工程估价学习和应用的国内外网站，便于学生课外学习和以后的继续教育。

本书由天津大学管理学院王雪青任主编，孙慧、陈建国任副主编。各章作者如下：第1、2章王雪青；第3章陈建国；第4章孟俊娜；第5、6、11章孙慧；第7、8章肖艳；第9、12章杨秋波；第10章李灵。全书由王雪青、孙慧负责统稿。杨秋波也为本书的统稿、编辑和校阅做了大量的工作，在此特表感谢。

作者在本书编写过程中，参阅和引用了不少专家、学者论著中的有关资料，在此一并表示衷心的感谢。

本书力图向全国工程管理专业和其他工程类专业的老师、同学们及从事工程估价工作的读者们奉献一本既有一定理论水平又有较高实用价值的教科书，但是限于水平和经验，错误、疏漏之处在所难免，恳请本书读者提出宝贵的指正意见，以使本书不断完善，从而推动我国工程估价行业的健康发展。

2006 年 3 月

目　　录

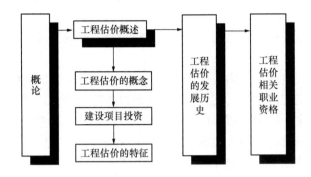

1.1 工程估价概述

1.1.1 工程估价的概念

工程估价（Cost Estimation for Construction）是指工程估价人员受委托方的委托，综合应用估价知识、技术和工具，针对建设项目决策、设计、交易、施工和结算等阶段的工程成本所进行的预测、判断和确定，从而服务于委托方工程项目管理的总体目标。

工程估价的工作内容与方法在建设项目生命周期的不同阶段各不相同。

"工程估价"一词起源于国外，在国外的工程项目建设程序中，可行性研究阶段、方案设计阶段、基础设计阶段、详细设计阶段及开标前阶段对建设项目投资所作的测算统称为"工程估价"，但在各个阶段，其详细程度和准确度是有差别的。

按照我国的基本建设程序，在项目建议书及可行性研究阶段，对建设项目投资所作的测算称之为"投资估算"；在初步设计、技术设计阶段，对建设项目投资所作的测算称之为"设计概算"；在施工图设计阶段，称之为"施工图预算"；在工程招标投标阶段，承包商与业主签订合同时形成的价格称之为"合同价"；在合同实施阶段，承包商与业主结算工程价款时形成的价格称之为"结算价"；工程竣工验收后，实际的工程造价称之为"竣工决算价"。

按《工程造价术语标准》GB/T 50875—2013 的定义，工程造价是指工程项目在建设期预计或实际支出的建设费用。

从工程造价的定义看，它包括四层含义：

（1）工程造价的管理对象是工程项目，该工程项目可大可小，大的时候该工程可以是一个建设项目，其工程造价的具体指向是建设投资或固定资产投资；小的时候可以是一个单项工程、一个单位工程，也可以是一个分部工程或分项工程，其工程造价的具体指向是这部分工程的建设或建造费用。

（2）工程造价的费用计算范围是建设期，是指工程项目从投资决策开始到竣工投产这一工程建设时段所发生的费用。

（3）工程造价在工程交易或工程发承包前均是预期支出的费用，包括投资决策阶段为投资估算，设计阶段为设计概算、施工图预算，发承包阶段为最高投标限价，这些均是估价，是预期费用。在工程交易以后则为实际费用，均应是实际核定的费用，该费用的增减一般要依据合同作出，包括工程交易时的合同价、施工阶段的工程结算、竣工阶段的竣工决算。因此，在社会主义市场经济体制下，我们应该把工程交易看成是一个工程价格的博弈时点，通过双方博弈最终由市场形成工程价格，并以建设工程合同形式载明合同价及其调整原则与方式。

（4）工程造价最终反映的是所需的建设费用或建造费用，不包括生产运营期的维护改造等各项费用，也不包括流动资金。

1.1.2 建设项目投资

建设项目总投资，一般是指进行某项工程建设花费的全部费用。生产性建设项目总投资包括建设投资和铺底流动资金两部分；非生产性建设项目总投资则只包括建设投资。

建设投资，由设备工器具购置费、建筑安装工程费、工程建设其他费用、预备费（包括基本预备费和涨价预备费）和建设期利息组成。

设备工器具购置费，是指按照建设项目设计文件要求，建设单位（或其委托单位）购置或自制达到固定资产标准的设备和新、扩建项目配置的首套工器具及生产家具所需的费用。设备工器具购置费由设备原价、工器具原价和运杂费（包括设备成套公司服务费）组成。在生产性建设项目中，设备工器具投资主要表现为其他部门创造的价值向建设项目中的转移，但这部分投资是建设项目投资中的积极部分，它占项目投资比重的提高，意味着生产技术的进步和资本有机构成的提高。

建筑安装工程费，是指建设单位用于建筑和安装工程方面的投资，它由建筑工程费和安装工程费两部分组成。建筑工程费是指建设项目涉及范围内的建筑物、构筑物、场地平整、道路、室外管道铺设、大型土石方工程费用等。安装工程费是指主要生产、辅助生产、公用工程等单项工程中需要安装的机械设备、电气设备、专用设备、仪器仪表等设备的安装及配件工程费，以及工艺、供热、供水等各种管道、配件、闸门和供电外线安装工程费用等。

工程建设其他费用，是指未纳入以上两项的，根据设计文件要求和国家有关规定应由项目投资支付的为保证工程建设顺利完成和交付使用后能够正常发挥效用而发生的一些费用。

建设投资可以分为静态投资部分和动态投资部分。静态投资部分由建筑安装工程费、设备工器具购置费、工程建设其他费用和基本预备费构成。动态投资部分，是指在建设期内，因建设期利息和国家新批准的税费、汇率、利率变动以及建设期价格变动引起的建设投资增加额，包括涨价预备费和建设期利息。

1.1.3　工程估价的特征

1. 单件性

每个建设工程都有其特定的用途、功能、规模，每项工程的结构、空间分割、设备配置和内外装饰都有不同的要求。建设工程还必须在结构、造型等方面适应工程所在地的气候、地质、水文等自然条件，这就使建设项目的实物形态千差万别。再加上不同地区构成投资费用的各种要素的差异，最终导致建设项目投资的千差万别。因此，建设项目只能通过特殊的程序（编制估算、概算、预算、合同价、结算价及最后确定竣工决算等），就每个项目单独估算、计算其投资。

2. 多次性

建设项目周期长、规模大、造价高，因此按照基本建设程序必须分阶段进行，相应地也要在不同阶段进行多次估价，以保证工程造价估价与控制的科学性。多次性估价是一个逐步深入、由不准确到准确的过程。其过程如图 1-1 所示。

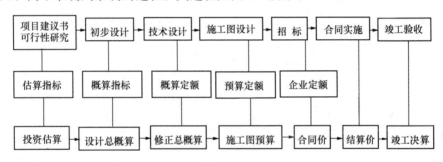

图 1-1　多次性估价示意图

3. 依据的复杂性

建设项目投资的估价依据复杂，种类繁多。在不同的建设阶段有不同的估价依据，且互为基础和指导，互相影响。如预算定额是概算定额（指标）编制的基础，概算定额（指标）又是估算指标编制的基础，反过来，估算指标又控制概算定额（指标）的水平，概算定额（指标）又控制预算定额的水平。间接费定额以直接费定额为基础，二者共同构成了建设项目投资的内容等，都说明了建设项目投资的估价依据复杂的特点。

4. 组合性

建设项目投资的计算是分部组合而成的，这与建设项目的组合性有关，一个建设项目是一个工程的综合体。

凡是按照一个总体设计进行建设的各个单项工程汇集的总体为一个建设项目。在建设项目中凡是具有独立的设计文件、竣工后可以独立发挥生产能力或工程效益的工程为单项工程，也可将它理解为具有独立存在意义的完整的工程项目。各单项工程又可分解为各个能独立施工的单位工程。考虑到组成单位工程的各部分是由不同工人用不同工具和材料完成的，又可以把单位工程进一步分解为分部工程。然后还可按照不同的施工方法、构造及规格，把分部工程更细致地分解为分项工程。计算建设项目投资时，往往从局部到整体，需分别计算分部分项工程投资、单位工程投资、单项工程投资，最后汇总成建设项目总投资。

5. 动态调整

每个建设项目从立项到竣工都有一个较长的建设期，在此期间都会出现一些不可预料的变化因素对建设项目投资产生影响。如设计变更，设备、材料、人工价格变化，国家利率、汇率调整，因不可抗力出现或因承包方、发包方原因造成的索赔事件出现等，必然要引起建设项目投资的变动。所以，建设项目投资在整个建设期内都是不确定的，需随时进行动态跟踪、调整，直至竣工决算后才能真正确定建设项目投资。

1.2 工程估价的发展历史

工程估价的发展历程从属于建设行业乃至人类社会的发展，体现了人类认识世界、改造世界的普遍规律与趋势，经历了从自发到自觉、从被动适应到主动干预的过程，其发展脉络如图1-2所示。

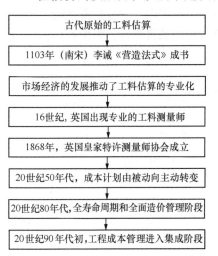

古代原始的工料估算

1103年（南宋）李诫《营造法式》成书

市场经济的发展推动了工料估算的专业化

16世纪，英国出现专业的工料测量师

1868年，英国皇家特许测量师协会成立

20世纪50年代，成本计划由被动向主动转变

20世纪80年代，全寿命周期和全面造价管理阶段

20世纪90年代初，工程成本管理进入集成阶段

图1-2 工程估价的发展历程

1.2.1 国际工程估价的发展历程

1. 工程估价的第一阶段

国际工程估价的起源可以追溯到中世纪，那时大多数的建筑都比较小，且设计简单。业主一般请当地的工匠来负责房屋的设计和建造，而对于那些重要的建筑，业主则直接购买材料，雇佣工匠或者雇佣一个主要的工匠（通常是石匠）来代表其利益负责监督项目的建造。工程完成后按双方事先协商好的总价支付，或者先确定一个单位单价，然后乘以实际完成的工程量。

现代意义上的工程估价伴随着资本主义社会化大生产而出现，最早产生于现代工业发展最早的英国。16世纪至18世纪，技术发展促使大批工业厂房的兴建，大中型城镇不断兴起，城市化的进程推动了建筑业的蓬勃发展，新技术、新工艺、新材料不断出现，项目的复杂性和难度日益增加，建筑业中的专业分工也越来越细，设计和施工逐步分离成为独立的专业，建筑师成为一个独立的职业。工程数量和工程规模的扩大要求有专人对已完工程量进行测量、计算工料并进行估价，从事这些工作的人员逐步专门化，工料测量师（Quantity Surveyor，QS）便应运而生了，他们以工匠小组的名义与工程委托人和建筑师洽商，估算和确定工程价款。

这一阶段工料测量师的主要任务集中在工程完工以后，测算工程量并进行估价，工程估价处于被动状态，并不能够对设计和施工施加任何影响。

2. 工程估价的第二阶段

19 世纪 20 年代，英国军队为了节约建设军营的成本，特别成立了军营筹建办公室。由于工程数量多，又要满足建造速度快、价格便宜的要求，军营筹建办公室决定每一个工程由一个承包商负责，统筹工程实施中各个工种的工作，并且通过竞争报价的方式来选择承包商，这便是竞争性报价的由来。

竞争性招标需要每个承包商在工程开始前根据图纸计算工程量，然后根据工程情况做出工程估价。参与投标的承包商往往雇佣一个工料测量师为自己做此工作，而业主（或代表业主利益的工程师）也需要雇佣一个工料测量师为自己计算拟建工程的工程量，为承包商提供工程量清单。到了 19 世纪 30 年代，计算工程量、提供工程量清单发展成为业主方工料测量师的职责。所有的投标都以业主提供的工程量清单为基础，从而使投标结果具有可比性。当发生工程变更后，工程量清单就成为调整工程价款的依据与基础。

1868 年，英国皇家特许测量师学会（Royal Institution of Chartered Surveyors，RICS）的前身"测量师协会（Surveyor's Institution）"成立，标志着工程估价成为建筑业中的一个独立的专业门类，也标志着工程估价第一次飞跃的完成。

至此，工程委托人能够在工程开工之前，预先了解到需要支付的投资额，但是他还不能做到在设计阶段就对工程项目所需的投资进行准确预计，并对设计进行有效的监督、控制，因此，往往在招标时或招标后才发现，根据当时完成的设计，工程费用过高、投资不足，不得不中途停工或修改设计。业主为了使投资花得明智和恰当，使各种资源得到最有效的利用，迫切要求在设计的早期阶段以至在作投资决策时，就开始进行投资估算，并对设计进行控制。

3. 工程估价的第三阶段

20 世纪 20 年代，工程估价领域出版了第一本标准工程量计算规则，使得工程量计算有了统一的标准和基础，进一步促进了竞争性投标的发展。

20 世纪 30 年代，一些现代经济学和管理学的原理被应用到了工程估价领域，引入了项目净现值（Net Present Value，NPV）和项目内部收益率（Internal Rate of Return，IRR）等项目评估技术方法，使得工程估价从简单的工程造价确定与控制开始向重视项目价值和投资效益评估的方向发展。1950 年，英国的教育部为了控制大型教育设施的成本，采用了分部工程成本规划法（Elemental Cost Planning），随后英国皇家特许测量师协会（RICS）的成本研究小组（RICS Cost Research Panel）也提出了比较成本规划法等成本分析和规划方法，成本规划法的提出大大改变了估价工作的意义，使估价工作从原来被动的工作状况转变成主动，从原来设计结束后作估价转变成与设计工作同时进行，甚至在设计之前即可作出估算，并可根据工程委托人的要求使工程成本控制在限额以内。这样，从 20 世纪 50 年代开始，"投资计划和控制制度"就在英国等经济发达的国家应运而生，完成了工程估价的第二次飞跃。承包商为适应市场的需要，也强化了自身的估价管理和成本控制。

1964 年，RICS 成本信息服务部门（Building Cost Information Service，BCIS）又在估价领域跨出了一大步。BCIS 颁布了划分建筑工程的标准方法，这样使得每个工程的成本可以以相同的方法分摊到各分部中，从而方便了不同工程的成本比较和成本信息资料的储存。

4. 工程估价的第四阶段

20 世纪 70 年代末以来，各国的工程估价机构先后开始了对于工程估价新模式和新方法的探索。美国国防部等政府部门从 1967 年开始探索"造价与工期控制系统的规范 (Cost/Schedule Control System Criterion，C/SCSC)"，后经反复修订而成为现在最新的项目挣值管理（Earned Value Management，EVM）的技术方法。这一时期，英国提出了"全寿命周期成本管理（Life Cycle Costing Management，LCCM）"的工程项目投资评估与造价管理的理论与方法。随后，以美国工程估价学界为代表，推出了"全面造价管理（Total Cost Management，TCM）"，涉及工程项目战略资产管理、工程项目造价管理的概念和理论，包括全过程、全要素、全风险、全团队的造价管理。美国造价工程师协会为推动全面造价管理理论与方法的发展，于 1992 年更名为"国际成本管理促进协会"（The Association for the Advancement of Cost Engineering International through Total Cost Management，AACE-I）。自此，国际上工程估价的研究与实践进入一个全新阶段，呈现出综合集成化的趋势。

1.2.2 我国工程估价的历史沿革

1. 我国古代的工程估价

中国建筑艺术是世界三大建筑体系之一，曾经创造了长城、京杭大运河、北京故宫、布达拉宫等人类奇迹，相应地也构建了成熟的工程估价体系。商朝的甲骨文卜辞中，已经出现"工"字，即管理工匠的官员。周朝设置"司空"的职位，专门负责营造等工作。春秋时期的《周礼·考工记·匠人》指出，匠人职司城市规划和宫室、宗庙、道路、沟洫等工程，并且记载了有关制度以及各种尺度比例的规定。唐朝开始应用标准设计计算夯筑城台的用工定额，当时称为"功"。

1103 年（北宋崇宁二年），著名的土木建筑家李诚编修的《营造法式》正式刊行，这是我国建筑学史上的一部具有划时代意义的著作，也是我国工料计算方面的第一部巨著，全书共有三十四卷，分为释名、制度、功限、料例和图样五个部分，其中"功限"就是现在的劳动定额，"料例"就是材料消耗定额。第十六至二十五卷是各工种计算用工量的规定，第二十六至二十八卷是各工程计算用料的规定。

清代的工程估价则发展得较为成熟，在政府的工程管理部门中特别设立了"样式房"及"销算房"，主管工程设计及核销经费。样式房负责设计，销算房负责工程预算，实现了设计与估价的分离。[①] 样式房及销算房的工作人员在家族内部传承，如清代著名的雷氏建筑世家，先后七代工匠执掌工部"样式房"，负责故宫、颐和园、圆明园、天坛、清东陵、清西陵等工程的设计，被称为"样式雷"；销算房则有"算房刘""算房梁""算房高"等世家。清雍正十二年（1734 年）颁布的《工部工程做法则例》是继《营造法式》之后的又一部优秀的算工算料著作，该书由清朝工部会同内务府主编，自雍正九年开始"详拟做法工料，访察物价"，历时三年编成。该书当时是作为宫廷（宫殿"内工"）和地方"外工"一切房屋营造工程定式"条例"而颁布的，目的在于统一房屋营造标准，加强工程管理制度，同时又是主管部门审查工程做法、验收核销工料经费的文书依据。全书共七十四

---

① 单士元. 故宫史话·著名建筑匠师 [M]. 北京：新世界出版社，2004.

卷，卷四十八至卷七十四，为各项用料、各工种劳动力计算和定额。此外，清政府还组织编写了多种具体工程的做法则例、做法册、物料价值等书籍作为辅助资料。民间匠师亦留传下不少工程做法抄本，朱启钤、梁思成、刘敦桢等人将其编著成《营造算例》一书。

2. 19 世纪末，少量的工程采用了招标投标

我国现代意义上工程估价的产生应追溯到 19 世纪末至 20 世纪上半叶，当时在外国资本侵入的一些口岸和沿海城市，工程投资的规模有所扩大，出现了招标投标承包方式，建筑市场开始形成。为适应这一形势，国外工程估价方法和经验逐步传入。但是，由于受历史条件的限制，特别是受到经济发展水平的限制，工程估价及招标投标只能在狭小的地区和少量的工程建设中采用。

3. 计划经济体制下的工程估价（国家定价）

新中国成立初期，我国面临着国民经济的恢复，在沿用过去的招标方法时，私营营造商利用国家工程估价方法不完善的弱点，一方面高估投标造价，另一方面在施工中又偷工减料，严重地阻碍了基本建设的发展。为了改变上述局面，党和国家对私营营造商进行了社会主义改造，并学习苏联的预算做法，即先按图纸计算分项工程量，套用分项工程单价，算出直接费，再以直接费为基础，按一定费率计算间接费、利润、税金等，汇总得到建筑产品的价格，这种适应计划经济体制的概预算制度的建立，有效地促进了建设资金的合理使用，对国民经济恢复和第一个五年计划的顺利完成起到了积极的作用。

20 世纪 50 年代末开始，由于"左倾"错误思想的影响，工程估价基本处于瘫痪状态，设计无概算，施工无预算，竣工无决算，投资大敞口，这种状况持续了近 20 年。

20 世纪 70 年代后期，国家开始恢复重建工程造价管理机构。20 世纪 80 年代初，国家计委成立了基本建设标准定额研究所和标准定额局，1988 年成立了建设部标准定额司，并逐级组建了各省市和专业部委自己的定额管理机构（定额管理站、定额管理总站等），全国颁布了一系列推动概预算管理和定额管理发展的文件，以及大量的预算定额、概算定额、估算指标。

4. 经济转轨期间的工程估价（国家指导价）

党的十一届三中全会以来，随着经济体制改革的深入和对外开放政策的实施，以及社会主义市场经济体制的建立，开始建立健全适合于社会主义市场经济发展的工程估价体系与模式，使其趋于科学合理。1990 年中国建设工程造价管理协会成立，标志着我国工程项目成本管理一个新的阶段的出现。自 1992 年开始，我国经济改革的力度不断增大，在工程项目成本管理的模式和方法等方面也开始了全面的变革。我国传统的工程成本概预算定额管理模式中存在着诸多计划经济的特点，越来越无法适应社会主义市场经济的需要。1992 年全国工程建设标准定额工作会议以后，我国的工程项目成本管理体制从原来"量、价统一"的工程造价定额管理模式，逐渐转向"量、价分离"，以市场机制为主导，由政府职能部门实行协调监督，与国际惯例全面接轨的工程造价管理模式。

20 世纪 90 年代后期，我国先后实施全国造价工程师执业资格考试与认证工作，以及工程造价咨询单位的资质审查和批准工作，工程造价管理中的许多职业活动已按照国际惯例进行运作，在适应经济体制转化和与国际工程造价管理惯例接轨方面取得了极大的进展。

5. 加入 WTO 之后的工程估价改革（市场调节价）

随着我国加入 WTO，建设行业面临着日趋激烈的竞争，我国工程造价管理面临着极大的机遇与挑战。为此，原建设部颁发了《建筑工程施工发包与承包计价管理办法》，推动了我国工程造价管理水平的提升。

2003年以后，市场调节价为主阶段。2003年2月27日《建设工程工程量清单计价规范》以国家标准形式发布实施，该规范的实施是工程造价管理体制改革的一项里程碑，它标志着建设工程价格从政府指导价向市场调节价的根本过渡。从表面上看实行工程量清单计价，仅是工程量清单计价方式取代了传统的预算定额计价方式，并且它仍然要以工程计价定额为组价的支撑。但从根本上看，这种交易表现方式的变化，彻底改变了工程造价价格属性的形成机制，以预算定额为基础进行工程计价，其结果是在传统计价定额指导下的工程造价的确定，其价格属性具有政府指导价性质。工程量清单计价，是通过在招标投标阶段以发包人提供的工程量清单为基础，由投标人自主报价，来实现市场竞争形成工程价格。工程量清单计价方式的实施，对规范建设市场计价行为和秩序，促进建设市场有序竞争和企业健康发展，便于加快工程造价的确定与控制是有积极意义的。2008、2013年对《建设工程工程量清单计价规范》进行了两次系统修订，使其执行力度进一步加大，内容更加全面，使可操作性更强，更加符合国情和改革发展趋势。

1.3　工程估价相关职业资格

随着我国市场经济的进一步完善和经济全球化进程的加快，职业资格制度得到了长足的发展，其中涉及工程估价方面的执业资格主要有监理工程师、房地产估价师、造价工程师、建造师、设备监理工程师和招标师；从业资格主要有咨询工程师（投资）和资产评估师。

1.3.1　工程估价相关职业资格制度的发展变迁

1992年6月，建设部发布了《监理工程师资格考试和注册试行办法》（建设部第18号令），拉开了推行职业资格制度的序幕。1993年，中共十四届三中全会通过了《中共中央关于建立社会主义市场经济体制若干问题的决定》，其中明确提出"要制订各种职业的资格标准和录用标准，实行学历文凭和职业资格两种证书制度"，正式提出要建立我国的职业资格证书制度，此后执业资格制度便得到了迅速的发展。

原劳动部、人事部《关于颁发〈职业资格证书规定〉的通知》（劳动部发〔1994〕98号）中第二条指出：职业资格是对从事某一职业所必备的学识、技术和能力的基本要求。职业资格包括从业资格和执业资格。从业资格是指从事某一专业（工种）学识、技术和能力的起点标准。执业资格是指政府对某些责任较大，社会通用性强，关系公共利益的专业（工种）实行准入控制，是依法独立开业或从事某一特定专业（工种）学识、技术和能力的必备标准。根据人事部1995年1月发布的《职业资格证书制度暂行办法》（人职发〔1995〕6号）规定，"国家按照有利于经济发展、社会公认、国际可比、事关公共利益的原则，在涉及国家、人民生命财产安全的专业技术领域，实行专业技术人员职业资格制度"。

1995年3月，《房地产估价师执业资格制度暂行规定》（建房字〔1995〕147号）出台。1996年，《注册造价工程师执业资格制度暂行规定》（人发〔1996〕77号）出台。

2002 年 12 月，《建造师执业资格制度暂行规定》（人发〔2002〕111 号）出台。2003 年 10月，《注册设备监理师执业资格制度暂行规定》《注册设备监理师执业资格考试实施办法》和《注册设备监理师执业资格考核认定办法》（人发〔2003〕40 号）出台。2013 年 3 月，《人力资源社会保障部　国家发展改革委关于印发〈招标师职业资格制度暂行规定〉和〈招标师职业资格考试实施办法〉的通知》（人社部发〔2013〕19 号）出台，明确国家对依法从事招标工作的专业技术人员，实行准入类职业资格制度。2015 年 6 月，《人力资源社会保障部　国家发展和改革委员会关于印发〈工程咨询（投资）专业技术人员职业资格制度暂行规定〉和〈咨询工程师（投资）职业资格考试实施办法〉的通知》（人社部发〔2015〕64 号）出台，明确国家设立工程咨询（投资）专业技术人员水平评价类职业资格制度，咨询工程师（投资）职业资格实行考试的评价方式。2017 年 5 月，《人力资源社会保障部　财政部关于修订印发〈资产评估师职业资格制度暂行规定〉和〈资产评估师职业资格考试实施办法〉的通知》（人社部规〔2017〕7 号）出台，明确国家设立资产评估师水平评价类职业资格制度，资产评估师职业资格实行考试的评价方式（表 1-1）。

工程估价相关职业资格　　　　　　　　　　　表 1-1

序号	名称	管理部门	承办单位	实施时间
1	监理工程师	住建部	中国建设监理协会	1992.07
2	房地产估价师	住建部	住建部执业资格注册中心	1995.03
3	造价工程师	住建部、交通部、水利部	中国建设工程造价协会	1996.08
4	资产评估师	财政部	中国资产评估协会	1996.08
5	咨询工程师（投资）	国家发展和改革委员会	中国工程咨询协会	2001.12
6	建造师	住建部	住建部执业资格注册中心	2003.01
7	注册设备监理师	国家质量监督检验检疫总局	中国设备监理协会	2003.10
8	招标师	国家发展和改革委员会	中国招标投标协会	2008.06

我国《建筑法》（1998 年 3 月 1 日起施行）第十四条规定：从事建筑活动的专业技术人员，应当依法取得相应的执业资格证书，并在执业资格证书许可的范围内从事建筑活动。从法律规定上推动了工程估价相关执业资格制度的发展，从监理工程师到招标师，考试形式、科目设置、注册办法和继续教育都逐渐完善，极大地推动了工程估价职业的迅速、健康发展。

1.3.2　工程估价相关职业资格制度的对比分析

1. 报考条件

报考条件是职业资格制度的基础，直接限制了资格考试的参与范围与从业人员的学历水平和从业经历。工程估价相关执业资格考试的报考条件对比如表 1-2 所示。

工程估价相关职业资格考试的报考条件　　　　　　　　表 1-2

序号	名称	报考条件
1	监理工程师	具有高级专业技术职称，或取得中级专业技术职称后具有三年以上工程设计或施工管理实践经验

序号	名称	报考条件
2	房地产估价师	1. 相关学科中专学历，8 年以上相关专业经历，其中从事房地产估价实务满 5 年。 2. 相关学科大专学历，6 年以上相关专业经历，其中从事房地产估价实务满 4 年。 3. 相关学科学士学位，4 年以上相关专业经历，其中从事房地产估价实务满 3 年。 4. 相关学科硕士学位或第二学位、研究生班毕业，从事房地产估价实务满 2 年。 5. 房地产估价相关学科博士学位获得者。 6. 不具备上述规定学历，但通过国家统一组织的经济专业初级资格或审计、会计、统计专业助理级资格考试并取得相应资格，具有 10 年以上相关专业工作经历，其中从事房地产估价实务满 6 年，成绩特别突出的
3	造价工程师	一级造价工程师： 1. 具有工程造价专业大学专科（或高等职业教育）学历，从事工程造价业务工作满 5 年；具有土木建筑、水利、装备制造、交通运输、电子信息、财经商贸大类大学专科（或高等职业教育）学历，从事工程造价业务工作满 6 年。 2. 具有通过工程教育专业评估（认证）的工程管理、工程造价专业大学本科学历或学位，从事工程造价业务工作满 4 年；具有工学、管理学、经济学门类大学本科学历或学位，从事工程造价业务工作满 5 年。 3. 具有工学、管理学、经济学门类硕士学位或者第二学士学位，从事工程造价业务工作满 3 年。 4. 具有工学、管理学、经济学门类博士学位，从事工程造价业务工作满 1 年。 5. 具有其他专业相应学历或者学位的人员，从事工程造价业务工作年限相应增加 1 年。 二级造价工程师： 1. 具有工程造价专业大学专科（或高等职业教育）学历，从事工程造价业务工作满 2 年；具有土木建筑、水利、装备制造、交通运输、电子信息、财经商贸大类大学专科（或高等职业教育）学历，从事工程造价业务工作满 3 年。 2. 具有工程管理、工程造价专业大学本科及以上学历或学位，从事工程造价业务工作满 1 年；具有工学、管理学、经济学门类大学本科及以上学历或学位，从事工程造价业务工作满 2 年。 3. 具有其他专业相应学历或学位的人员，从事工程造价业务工作年限相应增加 1 年
4	一级建造师	1. 取得工程类或工程经济类大学专科学历，工作满 6 年，其中从事建设工程项目施工管理满 4 年。 2. 取得工程类或工程经济类大学本科学历，工作满 4 年，其中从事建设工程项目施工管理工作满 3 年。 3. 取得工程类或工程经济类双学士学位或研究生班毕业，工作满 3 年，其中从事建设工程项目施工管理工作满 2 年。 4. 取得工程类或工程经济类硕士学位，工作满 2 年，其中从事建设工程项目施工管理工作满 1 年。 5. 取得工程类或工程经济类博士学位，从事建设工程项目施工管理工作满 1 年
5	注册设备监理师	1. 取得工程技术专业中专学历，累计从事设备工程专业工作满 20 年。 2. 取得工程技术专业大学专科学历，累计从事设备工程专业工作满 15 年。 3. 取得工程技术专业大学本科学历，累计从事设备工程专业工作满 10 年。 4. 取得工程技术专业硕士以上学位，累计从事设备工程专业工作满 5 年

续表

序号	名称	报考条件
6	招标师	1. 取得经济学、工学、法学或管理学类专业大学专科学历，工作满 6 年，其中从事招标采购专业工作满 4 年。 2. 取得经济学、工学、法学或管理学类专业大学本科学历，工作满 4 年，其中从事招标采购专业工作满 3 年。 3. 取得含经济学、工学、法学或管理学类专业在内的双学士学位或者研究生班毕业，工作满 3 年，其中从事招标采购专业工作满 2 年。 4. 取得经济学、工学、法学或管理学类专业硕士学位，工作满 2 年，其中从事招标采购专业工作满 1 年。 5. 取得经济学、工学、法学或管理学类专业博士学位，从事招标采购专业工作满 1 年。 6. 取得其他学科门类上述学历或者学位的，其从事招标采购专业工作的年限相应增加 2 年
7	咨询工程师（投资）	1. 取得工学学科门类专业，或者经济学类、管理科学与工程类专业大学专科学历，累计从事工程咨询业务满 8 年。 2. 取得工学学科门类专业，或者经济学类、管理科学与工程类专业大学本科学历或者学位，累计从事工程咨询业务满 6 年。 3. 取得含工学学科门类专业，或者经济学类、管理科学与工程类专业在内的双学士学位，或者工学学科门类专业研究生班毕业，累计从事工程咨询业务满 4 年。 4. 取得工学学科门类专业，或者经济学类、管理科学与工程类专业硕士学位，累计从事工程咨询业务满 3 年。 5. 取得工学学科门类专业，或者经济学类、管理科学与工程类专业博士学位，累计从事工程咨询业务满 2 年。 6. 取得经济学、管理学学科门类其他专业，或者其他学科门类各专业的上述学历或者学位人员，累计从事工程咨询业务年限相应增加 2 年
8	资产评估师	具有高等院校专科以上学历

2. 考试科目

考试科目直接反映职业资格的考核要求，决定了职业资格的特色与职业范围。成绩滚动年限指考试成绩的有效年限。工程估价相关职业资格考试的考试科目与成绩滚动年限的对比如表 1-3 所示。

工程估价相关职业资格考试的考试科目与成绩滚动年限

表 1-3

序号	名称	考试科目	成绩滚动年限
1	监理工程师	《建设工程合同管理》《建设工程质量、投资、进度控制》《建设工程监理基本理论与相关法规》《建设工程监理案例分析》	2
2	房地产估价师	《房地产基本制度与政策》《房地产开发经营与管理》《房地产估价理论与方法》《房地产估价案例与分析》	2
3	造价工程师	一级造价工程师： 《建设工程造价管理》《建设工程计价》《建设工程技术与计量》《建设工程造价案例分析》 二级造价工程师： 《建设工程造价管理基础知识》《建设工程计量与计价实务》	一级：4 二级：2

序号	名称	考试科目	成绩滚动年限
4	一级建造师	《建设工程经济》《建设工程法规及相关知识》《建设工程项目管理》《专业工程管理与实务》	2
5	注册设备监理师	《设备工作监理基础及相关知识》《设备监理合同管理》《质量、投资、进度控制》《设备监理综合实务与案例分析》	2
6	招标师	《招标采购专业知识与法律法规》《招标采购项目管理》《招标采购专业实务》《招标采购合同管理》	4
7	咨询工程师（投资）	《宏观经济政策与发展规划》《工程项目组织与管理》《项目决策分析与评价》《现代咨询方法与实务》	4
8	资产评估师	《资产评估基础》《资产评估相关知识》《资产评估实务（一）》《资产评估实务（二）》	4

3. 执业范围

执业范围指相关职业资格所主要从事的工作活动内容与领域。工程估价相关职业资格执业范围的对比如表 1-4 所示。

工程估价相关职业资格执业范围   表 1-4

序号	名称	执业范围
1	监理工程师	工程监理、工程经济与技术咨询、工程招标与采购咨询、工程项目管理服务以及国务院有关部门规定的其他业务
2	房地产估价师	与其聘用单位业务范围相符的房地产估价活动
3	造价工程师	建设项目建议书、可行性研究投资估算的编制和审核，项目经济评价，工程概、预、结算、竣工结（决）算的编制和审核；工程量清单、标底（或者控制价）、投标报价的编制和审核，工程合同价款的签订及变更、调整、工程款支付与工程索赔费用的计算；建设项目管理过程中设计方案的优化、限额设计等工程造价分析与控制，工程保险理赔的核查；工程经济纠纷的鉴定
4	建造师	担任建设工程项目施工的项目经理，从事其他施工活动的管理工作，法律、行政法规或国务院建设行政主管部门规定的其他业务
5	注册设备监理师	对重要工程设备的设计、加工、制造、储运、材料采购、组装、测试等重要形成过程、关键部件的质量控制，进行见证、检验、审核，对项目进度、投资款项拨付情况进行监督和参与项目实施过程的管理
6	招标师	策划招标方案，组织实施和指导管理招标全过程，处理异议，协助解决争议；招标活动的咨询和评估；协助订立和管理招标合同；国家规定的其他招标采购业务
7	咨询工程师（投资）	经济社会发展规划、计划咨询；行业发展规划和产业政策咨询；经济建设专题咨询；投资机会研究；工程项目建议书的编制；工程项目可行性研究报告的编制；工程项目评估；工程项目融资咨询、绩效追踪评价、后评价及培训咨询服务；工程项目招标投标技术咨询；其他工程咨询业务
8	资产评估师	国家法律、行政法规规定的国有资产评估业务；接受委托的非国有资产评估业务；评估咨询和其他评估服务业务

思考题

1. 简述工程估价的特点。
2. 工程估价的相关职业资格有哪些？其职业范围有何区别？
3. 工程估价人员应具备的基本素质与能力有哪些？

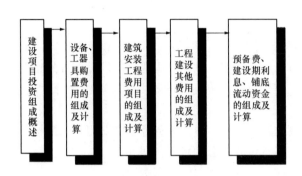

2.1 建设项目投资组成概述

2.1.1 我国现行建设项目投资组成

我国现行建设项目投资组成见表 2-1。

		费用项目名称	建设项目总投资组成表　　　　表 2-1		
建设项目总投资	建设投资	第一部分 工程费用	设备及工器具购置费		
			建筑安装工程费		
		第二部分 工程建设 其他费用	1. 土地使用费和其他补偿费		
			2. 建设管理费		
			3. 可行性研究费		
			4. 专项评价费		
			5. 研究试验费		
			6. 勘察设计费		
			7. 场地准备费和临时设施费		
			8. 引进技术和进口设备材料其他费		
			9. 特殊设备安全监督检验费		
			10. 市政公用配套设施费		
			11. 工程保险费		
			12. 专利及专有技术使用费		
			13. 联合试运转费		
			14. 生产准备费		
			15. 办公和生活家具购置费		
			16. 其他		
		第三部分 预备费	基本预备费		
			价差预备费		
		建设期利息			
	流动资产投资——铺底流动资金				

2.1.2　世界银行和国际咨询工程师联合会建设项目投资组成

世界银行、国际咨询工程师联合会对项目的总建设成本（相当于我国的建设项目总投资）作了统一规定，其详细内容如下。

1. 项目直接建设成本

项目直接建设成本包括以下内容：

（1）土地征购费。

（2）场外设施费用，如道路、码头、桥梁、机场、输电线路等设施费用。

（3）场地费用，指用于场地准备、厂区道路、铁路、围栏、场内设施等的建设费用。

（4）工艺设备费，指主要设备、辅助设备及零配件的购置费用，包括海运包装费用、交货港离岸价，但不包括税金。

（5）设备安装费，指设备供应商的监理费用，本国劳务及工资费用，辅助材料、施工设备、消耗品和工具等费用，以及安装承包商的管理费和利润等。

（6）管理系统费用，指与系统的材料及劳务相关的全部费用。

（7）电气设备费，其内容与第4项相似。

（8）电气安装费，指设备供应商的监理费用，本国劳力与工资费用，辅助材料、电缆、管道和工具费用，以及营造承包商的管理费和利润。

（9）仪器仪表费，指所有自动仪表、控制板、配线和辅助材料的费用以及供应商的监理费用、外国或本国劳务及工资费用、承包商的管理费和利润。

（10）机械的绝缘和油漆费，指与机械及管道的绝缘和油漆相关的全部费用。

（11）工艺建筑费，指原材料、劳务费以及与基础、建筑结构、屋顶、内外装修、公共设施有关的全部费用。

（12）服务性建筑费用，其内容与第11项相似。

（13）工厂普通公共设施费，包括材料和劳务费以及与供水、燃料供应、通风、蒸汽、下水道、污物处理等公共设施有关的费用。

（14）其他当地费用，指那些不能归类于以上任何一个项目，不能计入项目间接成本，但在建设期间又是必不可少的当地费用。如临时设备、临时公共设施及场地的维持费，营地设施及其管理，建筑保险和债券，杂项开支等费用。

2. 项目间接建设成本

项目间接建设成本包括：

1）项目管理费：

（1）总部人员的薪金和福利费，以及用于初步和详细工程设计、采购、时间和成本控制、行政和其他一般管理的费用。

（2）施工管理现场人员的薪金、福利费和用于施工现场监督、质量保证、现场采购、时间及成本控制、行政及其他施工管理机构的费用。

（3）零星杂项费用，如返工、差旅、生活津贴、业务支出等。

（4）各种酬金。

2）开工试车费，指工厂投料试车必需的劳务和材料费用（项目直接成本包括项目完工后的试车和空运转费用）。

3）业主的行政性费用，指业主的项目管理人员费用及支出（其中某些费用必须排除在外，并在"估算基础"中详细说明）。

4）生产前费用，指前期研究、勘测、建矿、采矿等费用（其中一些费用必须排除在外，并在"估算基础"中详细说明）。

5）运费和保险费，指海运、国内运输、许可证及佣金、海洋保险、综合保险等费用。

6）地方税，指地方关税、地方税及对特殊项目征收的税金。

3. 应急费

应急费用包括：

（1）未明确项目的准备金。此项准备金用于在估算时不可能明确的潜在项目，包括那些在作成本估算时因为缺乏完整、准确和详细的资料而不能完全预见和不能注明的项目，并且这些项目是必须完成的，或它们的费用是必定要发生的，在每一个组成部分中均单独以一定的百分比确定，并作为估算的一个项目单独列出。此项准备金不是为了支付工作范围以外可能增加的项目，不是用以应付天灾、非正常经济情况及罢工等情况，也不是用来补偿估算的任何误差，而是用来支付那些几乎可以肯定要发生的费用。因此，它是估算不可缺少的一个组成部分。

（2）不可预见准备金。此项准备金（在未明确项目准备金之外）用于在估算达到了一定的完整性并符合技术标准的基础上，由于物质、社会和经济的变化，导致估算增加的情况。此种情况可能发生，也可能不发生。因此，不可预见准备金只是一种储备，可能不动用。

4. 建设成本上升费用

通常，估算中使用的构成工资率、材料和设备价格基础的截止日期就是"估算日期"。必须对该日期或已知成本基础进行调整，以补偿直至工程结束时的未知价格增长。

工程的各个主要组成部分（国内劳务和相关成本、本国材料、外国材料、本国设备、外国设备、项目管理机构）的细目划分确定以后，便可确定每一个主要组成部分的增长率。这个增长率是一项判断因素，它以已发表的国内和国际成本指数、公司记录等为依据，并与实际供应进行核对，然后根据确定的增长率和从工程进度表中获得的每项活动的中点值，计算出每项主要组成部分的成本上升值。

2.2 设备、工器具购置费用的组成

设备、工器具购置费用由设备购置费用和工具、器具及生产家具购置费用组成。在工业建设项目中，设备、工器具费用与资本的有机构成相联系，设备、工器具费用占投资费用的比例大小，意味着生产技术的进步和资本有机构成的程度。

2.2.1 设备购置费的组成和计算

设备购置费是指为建设项目购置或自制的达到固定资产标准的设备、工具、器具的费用。新建项目和扩建项目的新建车间购置或自制的全部设备、工具、器具，不论是否达到固定资产标准，均计入设备、工器具购置费中。设备购置费包括设备原价和设备运杂费，即：

$$设备购置费 = 设备原价或进口设备抵岸价 + 设备运杂费 \qquad (2-1)$$

上式中，设备原价系指国产标准设备、非标准设备的原价。设备运杂费系指设备原价中未包括的包装和包装材料费、运输费、装卸费、采购费及仓库保管费、供销部门手续费等。如果设备是由设备成套公司供应的，成套公司的服务费也应计入设备运杂费之中。

1. 国产标准设备原价

国产标准设备是指按照主管部门颁布的标准图纸和技术要求，由设备生产厂批量生产的，符合国家质量检验标准的设备。国产标准设备原价一般指的是设备制造厂的交货价，即出厂价。如设备系由设备成套公司供应，则以订货合同价为设备原价。有的设备有两种出厂价，即带有备件的出厂价和不带有备件的出厂价。在计算设备原价时，一般按带有备件的出厂价计算。

2. 国产非标准设备原价

非标准设备是指国家尚无定型标准，各设备生产厂不可能在工艺过程中采用批量生产只能按一次订货，并根据具体的设备图纸制造的设备。非标准设备原价有多种不同的计算方法，如成本计算估价法、系列设备插入估价法、分部组合估价法、定额估价法等。但无论哪种方法都应该使非标准设备计价的准确度接近实际出厂价，并且计算方法要简便。

3. 进口设备抵岸价的构成及其计算

进口设备抵岸价是指抵达买方边境港口或边境车站，且交完关税以后的价格。

1）进口设备的交货方式

进口设备的交货方式可分为内陆交货类、目的地交货类、装运港交货类。

内陆交货类即卖方在出口国内陆的某个地点完成交货任务。在交货地点，卖方及时提交合同规定的货物和有关凭证，并承担交货前的一切费用和风险；买方按时接受货物，交付货款，承担接货后的一切费用和风险，并自行办理出口手续和装运出口。货物的所有权也在交货后由卖方转移给买方。

目的地交货类即卖方要在进口国的港口或内地交货，包括目的港船上交货价、目的港船边交货价（FOS）和目的港码头交货价（关税已付）及完税后交货价（进口国目的地的指定地点）。它们的特点是：买卖双方承担的责任、费用和风险是以目的地约定交货点为分界线，只有当卖方在交货点将货物置于买方控制下方算交货，方能向买方收取货款。这类交货价对卖方来说承担的风险较大，在国际贸易中卖方一般不愿意采用这类交货方式。

装运港交货类即卖方在出口国装运港完成交货任务。主要有装运港船上交货价（FOB），习惯称为离岸价；运费在内价（CFR）；运费、保险费在内价（CIF），习惯称为到岸价。它们的特点主要是：卖方按照约定的时间在装运港交货，只要卖方把合同规定的货物装船后提供货运单据便完成交货任务，并可凭单据收回货款。

采用装运港船上交货价（FOB）时卖方的责任是：负责在合同规定的装运港口和规定的期限内，将货物装上买方指定的船只，并及时通知买方；负责货物装船前的一切费用和风险；负责办理出口手续；提供出口国政府或有关方面签发的证件；负责提供有关装运单据。买方的责任是：负责租船或订舱，支付运费，并将船期、船名通知卖方；承担货物装船后的一切费用和风险；负责办理保险及支付保险费，办理在目的港的进口和收货手续；接受卖方提供的有关装运单据，并按合同规定支付货款。

2）进口设备抵岸价的构成

进口设备如果采用装运港船上交货价（FOB），其抵岸价构成可概括为：

$$进口设备抵岸价 = 货价 + 国外运费 + 国外运输保险费 + 银行财务费 \\ + 外贸手续费 + 进口关税 + 增值税 + 消费税 \tag{2-2}$$

（1）进口设备的货价：一般可采用下列公式计算：

$$货价 = 离岸价（FOB 价） \times 人民币外汇牌价 \tag{2-3}$$

（2）国外运费：我国进口设备大部分采用海洋运输方式，小部分采用铁路运输方式，个别采用航空运输方式。

$$国外运费 = 离岸价 \times 运费率 \tag{2-4}$$

或：

$$国外运费 = 运量 \times 单位运价 \tag{2-5}$$

式中，运费率或单位运价参照有关部门或进出口公司的规定。计算进口设备抵岸价时再将国外运费换算为人民币。

（3）国外运输保险费：对外贸易货物运输保险是由保险人（保险公司）与被保险人（出口人或进口人）订立保险契约，在被保险人交付议定的保险费后，保险人根据保险契约的规定对货物在运输过程中发生的承保责任范围内的损失给予经济上的补偿。计算公式为：

$$国际运输保险费 = \frac{（离岸价 + 国外运费）}{1 - 国际运输保险费率} \times 国际运输保险费率 \tag{2-6}$$

计算进口设备抵岸价时再将国外运输保险费换算为人民币。

（4）银行财务费：一般指银行手续费，计算公式为：

$$银行财务费 = 离岸价 \times 人民币外汇牌价 \times 银行财务费率 \tag{2-7}$$

银行财务费率一般为 $0.4\% \sim 0.5\%$。

（5）外贸手续费：是指按外经贸部规定的外贸手续费率计取的费用，外贸手续费率一般取 1.5%。计算公式为：

$$外贸手续费 = 进口设备到岸价 \times 人民币外汇牌价 \times 外贸手续费率 \tag{2-8}$$

$$进口设备到岸价（CIF） = 离岸价（FOB） + 国外运费 + 国外运输保险费 \tag{2-9}$$

（6）进口关税：关税是由海关对进出国境的货物和物品征收的一种税，属于流转性课税。计算公式为：

$$进口关税 = 到岸价 \times 人民币外汇牌价 \times 进口关税率 \tag{2-10}$$

（7）增值税：增值税是我国政府对从事进口贸易的单位和个人，在进口商品报关进口后征收的税种。我国增值税条例规定，进口应税产品均按组成计税价格，依税率直接计算应纳税额，不扣除任何项目的金额或已纳税额。即：

$$进口产品增值税额 = 组成计税价格 \times 增值税率 \tag{2-11}$$

$$组成计税价格 = 到岸价 \times 人民币外汇牌价 + 进口关税 + 消费税 \tag{2-12}$$

增值税基本税率为 13%。

（8）消费税：对部分进口产品（如轿车等）征收。计算公式为：

$$消费税 = \frac{到岸价 \times 人民币外汇牌价 + 关税}{1 - 消费税率} \times 消费税率 \tag{2-13}$$

4. 设备运杂费

1）设备运杂费的构成

设备运杂费通常由下列各项构成：

(1) 国产标准设备由设备制造厂交货地点起至工地仓库（或施工组织设计指定的需要安装设备的堆放地点）止所发生的运费和装卸费。

进口设备则由我国到岸港口、边境车站起至工地仓库（或施工组织设计指定的需要安装设备的堆放地点）止所发生的运费和装卸费。

(2) 在设备出厂价格中没有包含的设备包装和包装材料器具费；在设备出厂价或进口设备价格中如已包括了此项费用，则不应重复计算。

(3) 供销部门的手续费，按有关部门规定的统一费率计算。

(4) 建设单位（或工程承包公司）的采购与仓库保管费。它是指采购、验收、保管和收发设备所发生的各种费用，包括设备采购、保管和管理人员工资、工资附加费、办公费、差旅交通费、设备供应部门办公和仓库所占固定资产使用费、工具用具使用费、劳动保护费、检验试验费等。这些费用可按主管部门规定的采购保管费率计算。

2）设备运杂费的计算

设备运杂费按设备原价乘以设备运杂费率计算。其计算公式为：

$$设备运杂费 = 设备原价 \times 设备运杂费率 \tag{2-14}$$

其中，设备运杂费率按各部门及省、市等的规定计取。

一般来讲，沿海和交通便利的地区，设备运杂费率相对低一些；内地和交通不很便利的地区就要相对高一些，边远省份则要更高一些。对于非标准设备来讲，应尽量就近委托设备制造厂，以大幅度降低设备运杂费。进口设备由于原价较高，国内运距较短，因而运杂费比率应适当降低。

【例 2-1】 某公司拟从国外进口一套机电设备，重量 1500t，装运港船上交货价，即离岸价（FOB 价）为 400 万美元。其他有关费用参数为：国际运费标准为 360 美元/t，海上运输保险费率为 0.266%，中国银行手续费率为 0.5%，外贸手续费率为 1.5%，关税税率为 22%，增值税的税率为 13%，美元的银行外汇牌价为 1 美元 = 6.1 元人民币，设备的国内运杂费率为 2.5%。估算该设备购置费。

解： 根据上述各项费用的计算公式，则有：

进口设备货价 = 400×6.1 = 2440 万元

国际运费 = 360×1500×6.1 = 329.4 万元

国际运输保险费 = [(2440+329.4)/(1−0.266%)]×0.266% = 7.386 万元

进口关税 = (2440+329.4+7.386)×22% = 610.89 万元

增值税 = (2440+329.4+7.386+610.89)×13% = 440.398 万元

银行财务费 = 2440×0.5% = 12.2 万元

外贸手续费 = (2440+329.4+7.386)×1.5% = 41.65 万元

国内运杂费 = 2440×2.5% = 61 万元

设备购置费 = 2440+329.4+7.386+610.89+440.398+12.2+41.65+61 = 3942.92 万元

2.2.2 工具、器具及生产家具购置费的构成及计算

工器具及生产家具购置费是指新建项目或扩建项目初步设计规定所必须购置的不够固

定资产标准的设备、仪器、工卡模具、器具、生产家具和备品备件的费用。其一般计算公式为：

$$工器具及生产家具购置费 = 设备购置费 \times 定额费率 \qquad (2-15)$$

2.3 建筑安装工程费用项目的组成

2.3.1 按费用构成要素划分的建筑安装工程费用项目组成

建筑安装工程费按照费用构成要素划分，由人工费、材料（包含工程设备，下同）费、施工机具使用费、企业管理费、利润、规费和税金组成。其中，人工费、材料费、施工机具使用费、企业管理费和利润包含在分部分项工程费、措施项目费、其他项目费中（图 2-1）。

1. 人工费

人工费是指按工资总额构成规定，支付给从事建筑安装工程施工的生产工人和附属生产单位工人的各项费用。内容包括以下几项。

1）计时工资或计件工资

计时工资或计件工资是指按计时工资标准和工作时间或对已做工作按计件单价支付给个人的劳动报酬。

2）奖金

奖金是指对超额劳动和增收节支支付给个人的劳动报酬。如节约奖、劳动竞赛奖等。

3）津贴补贴

津贴补贴是指为了补偿职工特殊或额外的劳动消耗和因其他特殊原因支付给个人的津贴，以及为了保证职工工资水平不受物价影响支付给个人的物价补贴。如流动施工津贴、特殊地区施工津贴、高温（寒）作业临时津贴、高空津贴等。

4）加班加点工资

加班加点工资是指按规定支付的在法定节假日工作的加班工资和在法定日工作时间外延时工作的加点工资。

5）特殊情况下支付的工资

特殊情况下支付的工资是指根据国家法律、法规和政策规定，因病、工伤、产假、计划生育假、婚丧假、事假、探亲假、定期休假、停工学习、执行国家或社会义务等原因按计时工资标准或计时工资标准的一定比例支付的工资。

2. 材料费

材料费是指施工过程中耗费的原材料、辅助材料、构配件、零件、半成品或成品、工程设备的费用。内容包括以下几项。

1）材料原价

材料原价是指材料、工程设备的出厂价格或商家供应价格。

2）运杂费

运杂费是指材料、工程设备自来源地运至工地仓库或指定堆放地点所发生的全部费用。

3）运输损耗费

运输损耗费是指材料在运输装卸过程中不可避免的损耗。

4）采购及保管费

采购及保管费是指为组织采购、供应和保管材料、工程设备的过程中所需要的各项费用。包括采购费、仓储费、工地保管费、仓储损耗。

工程设备是指构成或计划构成永久工程一部分的机电设备、金属结构设备、仪器装置及其他类似的设备和装置。

3. 施工机具使用费

施工机具使用费是指施工作业所发生的施工机械、仪器仪表使用费或其租赁费。

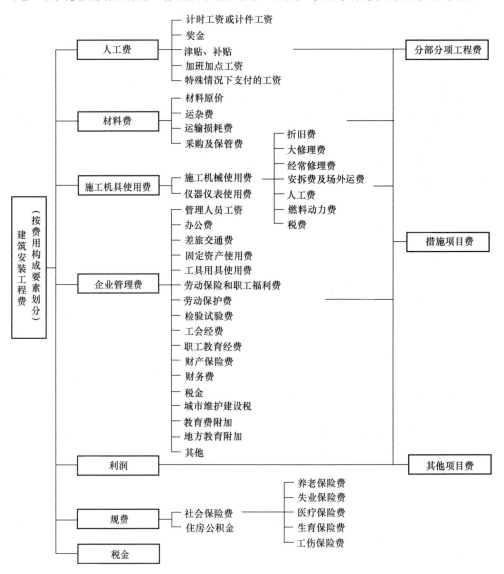

图 2-1　按费用构成要素划分的建筑安装工程费用项目组成

1）施工机械使用费

以施工机械台班耗用量乘以施工机械台班单价表示，施工机械台班单价应由下列七项费用组成：

（1）折旧费：是指施工机械在规定的使用年限内，陆续收回其原值的费用。

（2）大修理费：是指施工机械按规定的大修理间隔台班进行必要的大修理，以恢复其正常功能所需的费用。

（3）经常修理费：是指施工机械除大修理以外的各级保养和临时故障排除所需的费用。包括为保障机械正常运转所需替换设备与随机配备工具附具的摊销和维护费用，机械运转中日常保养所需润滑与擦拭的材料费用及机械停滞期间的维护和保养费用等。

（4）安拆费及场外运费：安拆费指施工机械（大型机械除外）在现场进行安装与拆卸所需的人工、材料、机械和试运转费用以及机械辅助设施的折旧、搭设、拆除等费用；场外运费指施工机械整体或分体自停放地点运至施工现场或由一施工地点运至另一施工地点的运输、装卸、辅助材料及架线等费用。

（5）人工费：是指机上司机（司炉）和其他操作人员的人工费。

（6）燃料动力费：是指施工机械在运转作业中所消耗的各种燃料及水、电等。

（7）税费：是指施工机械按照国家规定应缴纳的车船使用税、保险费及年检费等。

2）仪器仪表使用费

仪器仪表使用费是指工程施工所需使用的仪器仪表的摊销及维修费用。

4. 企业管理费

企业管理费是指建筑安装企业组织施工生产和经营管理所需的费用。内容包括以下几项。

1）管理人员工资

管理人员工资是指按规定支付给管理人员的计时工资、奖金、津贴补贴、加班加点工资及特殊情况下支付的工资等。

2）办公费

办公费是指企业管理办公用的文具、纸张、账表、印刷、邮电、书报、办公软件、现场监控、会议、水电和集体取暖降温（包括现场临时宿舍取暖降温）等费用。

3）差旅交通费

差旅交通费是指职工因公出差、调动工作的差旅费、住勤补助费，市内交通费和误餐补助费，职工探亲路费，劳动力招募费，职工退休、退职一次性路费，工伤人员就医路费，工地转移费以及管理部门使用的交通工具的油料、燃料等费用。

4）固定资产使用费

固定资产使用费是指管理和试验部门及附属生产单位使用的属于固定资产的房屋、设备、仪器等的折旧、大修、维修或租赁费。

5）工具用具使用费

工具用具使用费是指企业施工生产和管理使用的不属于固定资产的工具、器具、家具、交通工具和检验、试验、测绘、消防用具等的购置、维修和摊销费。

6）劳动保险和职工福利费

劳动保险和职工福利费是指由企业支付的职工退职金、按规定支付给离休干部的经费、集体福利费、夏季防暑降温、冬季取暖补贴、上下班交通补贴等。

7）劳动保护费

劳动保护费是指企业按规定发放的劳动保护用品的支出。如工作服、手套、防暑降温饮料以及在有碍身体健康的环境中施工的保健费用等。

8）检验试验费

检验试验费是指施工企业按照有关标准规定，对建筑以及材料、构件和建筑安装物进行一般鉴定、检查所发生的费用，包括自设试验室进行试验所耗用的材料等费用。不包括新结构、新材料的试验费，对构件作破坏性试验及其他特殊要求检验试验的费用和建设单位委托检测机构进行检测的费用，对此类检测发生的费用，由建设单位在工程建设其他费用中列支。但对施工企业提供的具有合格证明的材料进行检测其结果不合格的，该检测费用由施工企业支付。

9）工会经费

工会经费是指企业按《工会法》规定的全部职工工资总额比例计提的工会经费。

10）职工教育经费

职工教育经费是指按职工工资总额的规定比例计提，企业为职工进行专业技术和职业技能培训，专业技术人员继续教育、职工职业技能鉴定、职业资格认定以及根据需要对职工进行各类文化教育所发生的费用。

11）财产保险费

财产保险费是指施工管理用财产、车辆等的保险费用。

12）财务费

财务费是指企业为施工生产筹集资金或提供预付款担保、履约担保、职工工资支付担保等所发生的各种费用。

13）税金

税金是指企业按规定缴纳的房产税、车船使用税、土地使用税、印花税等。

14）城市维护建设税

城市维护建设税是指为了加强城市的维护建设，扩大和稳定城市维护建设资金的来源，规定凡缴纳增值税、消费税的单位和个人，都应当依照规定缴纳城市维护建设税。城市维护建设税税率如下：纳税人所在地在市区的，税率为7%；纳税人所在地在县城、镇的，税率为5%；纳税人所在地不在市区、县城或镇的，税率为1%。

15）教育费附加

教育费附加是对缴纳增值税和消费税的单位和个人征收的一种附加费。其作用是为了发展地方性教育事业，扩大地方教育经费的资金来源。以纳税人实际缴纳的增值税和消费税的税额为计费依据，教育费附加的征收率为3%。

16）地方教育附加

按照《关于统一地方教育附加政策有关问题的通知》（财综〔2010〕98号）要求，各地统一征收地方教育附加，地方教育附加征收标准为单位和个人实际缴纳的增值税和消费税税额的2%。

17）其他

包括技术转让费、技术开发费、投标费、业务招待费、绿化费、广告费、公证费、法律顾问费、审计费、咨询费、保险费等。

5. 利润

利润是指施工企业完成所承包工程获得的盈利。

6. 规费

规费是指按国家法律、法规规定，由省级政府和省级有关权力部门规定必须缴纳或计取的费用。包括以下两项。

1）社会保险费

（1）养老保险费：是指企业按照规定标准为职工缴纳的基本养老保险费。

（2）失业保险费：是指企业按照规定标准为职工缴纳的失业保险费。

（3）医疗保险费：是指企业按照规定标准为职工缴纳的基本医疗保险费。

（4）生育保险费：是指企业按照规定标准为职工缴纳的生育保险费。

（5）工伤保险费：是指企业按照规定标准为职工缴纳的工伤保险费。

2）住房公积金

住房公积金是指企业按规定标准为职工缴纳的住房公积金。

其他应列而未列入的规费，按实际发生计取。

7. 税金

建筑安装工程费用的税金是指国家税法规定应计入建筑安装工程造价内的增值税销项税额。增值税是以商品（含应税劳务）在流转过程中产生的增值额作为计税依据而征收的一种流转税。从计税原理上说，增值税是对商品生产、流通、劳务服务中多个环节的新增价值或商品的附加值征收的一种流转税。

2.3.2 按造价形成划分建筑安装工程费用项目组成

建筑安装工程费按照工程造价形成由分部分项工程费、措施项目费、其他项目费、规费、税金组成，分部分项工程费、措施项目费、其他项目费包含人工费、材料费、施工机具使用费、企业管理费和利润（图 2-2）。

1. 分部分项工程费

分部分项工程费是指各专业工程的分部分项工程应予列支的各项费用。

1）专业工程

专业工程是指按现行国家计量规范划分的房屋建筑与装饰工程、仿古建筑工程、通用安装工程、市政工程、园林绿化工程、矿山工程、构筑物工程、城市轨道交通工程、爆破工程等各类工程。

2）分部分项工程

分部分项工程是指按现行国家计量规范对各专业工程划分的项目。如房屋建筑与装饰工程划分的土石方工程、地基处理与桩基工程、砌筑工程、钢筋及钢筋混凝土工程等。

各类专业工程的分部分项工程划分见现行国家标准或行业计量规范。

2. 措施项目费

措施项目费是指为完成建设工程施工，发生于该工程施工前和施工过程中的技术、生活、安全、环境保护等方面的费用。内容包括以下几项。

1）安全文明施工费

（1）环境保护费：是指施工现场为达到环保部门要求所需要的各项费用。

（2）文明施工费：是指施工现场文明施工所需要的各项费用。

（3）安全施工费：是指施工现场安全施工所需要的各项费用。

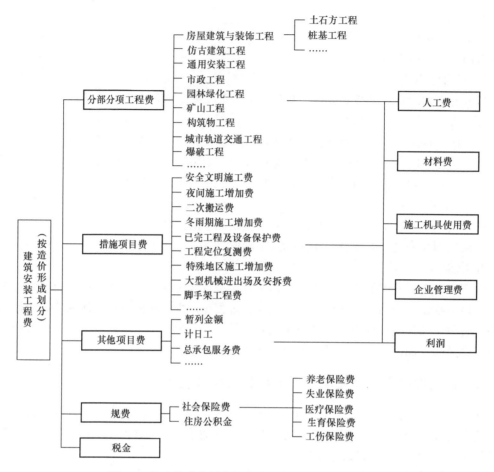

图 2-2 按造价形成划分的建筑安装工程费用项目组成

（4）临时设施费：是指施工企业为进行建设工程施工所必须搭设的生活和生产用的临时建筑物、构筑物和其他临时设施费用。包括临时设施的搭设、维修、拆除、清理费或摊销费等。

（5）建筑工人实名制管理费：是对建筑工人实行实名制管理所需费用。

2）夜间施工增加费

夜间施工增加费是指因夜间施工所发生的夜班补助费、夜间施工降效、夜间施工照明设备摊销及照明用电等费用。

3）二次搬运费

二次搬运费是指因施工场地条件限制而发生的材料、构配件、半成品等一次运输不能到达堆放地点，必须进行二次或多次搬运所发生的费用。

4）冬雨期施工增加费

冬雨期施工增加费是指在冬期或雨期施工需增加的临时设施、防滑、排除雨雪，人工及施工机械效率降低等费用。

5）已完工程及设备保护费

已完工程及设备保护费是指竣工验收前，对已完工程及设备采取的必要保护措施所发生的费用。

6）工程定位复测费

工程定位复测费是指工程施工过程中进行全部施工测量放线和复测工作的费用。

7）特殊地区施工增加费

特殊地区施工增加费是指工程在沙漠或其边缘地区、高海拔、高寒、原始森林等特殊地区施工增加的费用。

8）大型机械设备进出场及安拆费

大型机械设备进出场及安拆费是指机械整体或分体自停放场地运至施工现场或由一个施工地点运至另一个施工地点，所发生的机械进出场运输及转移费用及机械在施工现场进行安装、拆卸所需的人工费、材料费、机械费、试运转费和安装所需的辅助设施的费用。

9）脚手架工程费

脚手架工程费是指施工需要的各种脚手架搭、拆、运输费用以及脚手架购置费的摊销（或租赁）费用。

措施项目及其包含的内容详见各类专业工程的现行国家或行业计量规范。

3. 其他项目费

1）暂列金额

暂列金额是指建设单位在工程量清单中暂定并包括在工程合同价款中的一笔款项。用于施工合同签订时尚未确定或者不可预见的所需材料、工程设备、服务的采购，施工中可能发生的工程变更、合同约定调整因素出现时的工程价款调整以及发生的索赔、现场签证确认等的费用。

2）计日工

计日工是指在施工过程中，施工企业完成建设单位提出的施工图纸以外的零星项目或工作所需的费用。

3）总承包服务费

总承包服务费是指总承包人为配合、协调建设单位进行的专业工程发包，对建设单位自行采购的材料、工程设备等进行保管以及施工现场管理、竣工资料汇总整理等服务所需的费用。

4. 规费

定义同上。

5. 税金

定义同上。

2.3.3 建筑安装工程费用计算方法

1. 各费用构成要素计算方法

1）人工费

$$人工费 = \Sigma(工日消耗量 \times 日工资单价) \tag{2-16}$$

$$日工资单价 = \frac{生产工人平均月工资(计时、计件) + 平均月(奖金 + 津贴补贴 + 特殊情况下支付的工资)}{年平均每月法定工作日} \tag{2-17}$$

注：公式 (2-16) 主要适用于施工企业投标报价时自主确定人工费，也是工程造价管理机构编制计价定额确定定额人工单价或发布人工成本信息的参考依据。

$$人工费 = \Sigma(工程工日消耗量 \times 日工资单价) \tag{2-18}$$

注：公式 (2-18) 适用于工程造价管理机构编制计价定额时确定定额人工费，是施工企业投标报价的参考依据。

日工资单价是指施工企业平均技术熟练程度的生产工人在每工作日（国家法定工作时间内）按规定从事施工作业应得的日工资总额。

工程造价管理机构确定日工资单价应根据工程项目的技术要求，通过市场调查，参考实物工程量人工单价综合分析确定，最低日工资单价不得低于工程所在地人力资源和社会保障部门所发布的最低工资标准的：普工 1.3 倍；一般技工 2 倍；高级技工 3 倍。

工程计价定额不可只列一个综合工日单价，应根据工程项目技术要求和工种差别适当划分多种日人工单价，确保各分部工程人工费的合理构成。

2) 材料费

(1) 材料费

$$材料费 = \Sigma(材料消耗量 \times 材料单价) \tag{2-19}$$

$$材料单价 = \{(材料原价 + 运杂费) \times [1 + 运输损耗率(\%)]\} \\ \times [1 + 采购保管费率(\%)] \tag{2-20}$$

(2) 工程设备费

$$工程设备费 = \Sigma(工程设备量 \times 工程设备单价) \tag{2-21}$$

$$工程设备单价 = (设备原价 + 运杂费) \times [1 + 采购保管费率(\%)] \tag{2-22}$$

3) 施工机具使用费

(1) 施工机械使用费

$$施工机械使用费 = \Sigma(施工机械台班消耗量 \times 机械台班单价) \tag{2-23}$$

$$机械台班单价 = 台班折旧费 + 台班大修费 + 台班经常修理费 \\ + 台班安拆费及场外运费 + 台班人工费 \\ + 台班燃料动力费 + 台班车船税费 \tag{2-24}$$

折旧费计算公式为：

$$台班折旧费 = \frac{机械预算价格 \times (1 - 残值率)}{耐用总台班数} \tag{2-25}$$

$$耐用总台班数 = 折旧年限 \times 年工作台班 \tag{2-26}$$

大修理费计算公式如下：

$$台班大修理费 = \frac{一次大修理费 \times 大修次数}{耐用总台班数} \tag{2-27}$$

注：工程造价管理机构在确定计价定额中的施工机械使用费时，应根据《建筑施工机械台班费用计算规则》结合市场调查编制施工机械台班单价。施工企业可以参考工程造价管理机构发布的台班单价，自主确定施工机械使用费的报价，如租赁施工机械，公式为：

$$施工机械使用费 = \Sigma(施工机械台班消耗量 \times 机械台班租赁单价) \tag{2-28}$$

(2) 仪器仪表使用费

$$仪器仪表使用费 = 工程使用的仪器仪表摊销费 + 维修费 \tag{2-29}$$

【例 2-2】某施工机械预算价格为 100 万元，折旧年限为 10 年，年平均工作 225 个台班，残值率为 4%，则该机械台班折旧费为多少元?

解：根据计算规则：

$$台班折旧费 = \frac{机械预算价格 \times (1-残值率)}{耐用总台班数}$$

$$= 100 \times 10000 \times (1-4\%)/(10 \times 225) = 426.67 \ 元$$

4）企业管理费费率

（1）以分部分项工程费为计算基础

$$企业管理费费率(\%) = \frac{生产工人年平均管理费}{年有效施工天数 \times 人工单价} \times 人工费占分部分项工程费比例(\%)$$

$$(2-30)$$

（2）以人工费和机械费合计为计算基础

$$企业管理费费率(\%) = \frac{生产工人年平均管理费}{年有效施工天数 \times (人工单价 + 每一工日机械使用费)} \times 100\%$$

$$(2-31)$$

（3）以人工费为计算基础

$$企业管理费费率(\%) = \frac{生产工人年平均管理费}{年有效施工天数 \times 人工单价} \times 100\% \qquad (2-32)$$

注：上述公式适用于施工企业投标报价时自主确定管理费，是工程造价管理机构编制计价定额确定企业管理费的参考依据。

工程造价管理机构在确定计价定额中企业管理费时，应以定额人工费（或定额人工费＋定额机械费）作为计算基数，其费率根据历年工程造价积累的资料，辅以调查数据确定，列入分部分项工程和措施项目中。

5）利润

（1）施工企业根据企业自身需求并结合建筑市场实际自主确定，列入报价中。

（2）工程造价管理机构在确定计价定额中利润时，应以定额人工费或定额人工费与定额机械费之和作为计算基数，其费率根据历年工程造价积累的资料，并结合建筑市场实际确定，以单位（单项）工程测算，利润在税前建筑安装工程费的比重可按不低于 5% 且不高于 7% 的费率计算。利润应列入分部分项工程和措施项目中。

6）规费

规费包括社会保险费和住房公积金。

社会保险费和住房公积金应以定额人工费为计算基础，根据工程所在地省、自治区、直辖市或行业建设主管部门规定费率计算。

$$社会保险费和住房公积金 = \Sigma(工程定额人工费 \times 社会保险费率和住房公积金费率)$$

$$(2-33)$$

式中：社会保险费率和住房公积金费率可按每万元发承包价的生产工人人工费、管理人员工资含量与工程所在地规定的缴纳标准综合分析取定。

规费的计价方法见表 2-2。

规费项目计价表　表 2-2

工程名称：　　　　　　　　　　标段：

序号	项目名称	计算基础	计算基数	金额（元）
1	规费	定额人工费		
1.1	社会保障费	定额人工费		
(1)	养老保险费	定额人工费		
(2)	失业保险费	定额人工费		
(3)	医疗保险费	定额人工费		
(4)	工伤保险费	定额人工费		
(5)	生育保险费	定额人工费		
1.2	住房公积金	定额人工费		
	合计			

7）税金

建筑安装工程费用的税金是指国家税法规定应计入建筑安装工程造价的增值税销项税额。

（1）增值税税率

根据《关于深化增值税改革有关政策的公告》（财税〔2019〕19 号）调整后的增值税税率见表 2-3。

增值税税率　表 2-3

序号	增值税纳税行业		增值税税率或扣除率
1	销售或进口货物（另有列举的货物除外）		13%
	提供服务	提供加工、修理、修配劳务	
		提供有形动产租赁服务	
2	销售或进口货物	粮食等农产品、食用植物油、食用盐	9%
		自来水、暖气、冷气、热气、煤气、石油液化气、天然气、沼气、居民用煤炭制品	
		图书、报纸、杂志、音像制品、电子出版物	
		粮食、食用植物油	
		饲料、化肥、农药、农机、农膜	
		国务院规定的其他货物	
	提供服务	转让土地使用权、销售不动产、提供不动产租赁、提供建筑服务、提供交通运输服务、提供邮政服务、提供基础电信服务	
3	销售无形资产		6%
	提供服务（另有列举的服务除外）		

序号	增值税纳税行业		增值税税率或扣除率
4	出口货物（国务院另有规定的除外）		零税率
	提供服务	国际运输服务、航天运输服务	
		向境外单位提供的完全在境外消费的相关服务	
		财政局和国家税务总局规定的其他服务	

纳税人兼营不同税率的项目，应当分别核算不同税率项目的销售额；未分别核算销售额的，从高适用税率。

（2）增值税应纳税额计算

纳税人销售货物、劳务、服务、无形资产、不动产（以下统称应税销售行为），应纳税额为当期销项税额抵扣当期进项税额后的余额。应纳税额计算公式：

$$应纳税额 = 当期销项税额 - 当期进项税额 \tag{2-34}$$

当期销项税额小于当期进项税额，不足抵扣时，其不足部分可以结转下期继续抵扣。

纳税人发生应税销售行为，按照销售额和增值税暂行条例规定的税率计算收取的增值税额，为销项税额。销项税额计算公式：

$$销项税额 = 销售额 \times 税率 \tag{2-35}$$

销售额为纳税人发生应税销售行为收取的全部价款和价外费用，但是不包括收取的销项税额。

销售额以人民币计算。纳税人以人民币以外的货币结算销售额的，应当折合成人民币计算。

（3）建筑业增值税计算办法

建筑安装工程费用的增值税是指国家税法规定应计入建筑安装工程造价内的增值税销项税额。增值税的计税方法，包括一般计税方法和简易计税方法。一般纳税人发生应税行为适用一般计税方法计税。小规模纳税人发生应税行为适用简易计税方法计税。

① 一般计税方法

当采用一般计税方法时，建筑业增值税税率为9%。计算公式为：

$$增值税销项税额 = 税前造价 \times 9\% \tag{2-36}$$

税前造价为人工费、材料费、施工机具使用费、企业管理费、利润和规费之和，各费用项目均不包含增值税可抵扣进项税额的价格计算。

② 简易计税方法

简易计税方法的应纳税额，是指按照销售额和增值税征收率计算的增值税额，不得抵扣进项税额。

当采用简易计税方法时，建筑业增值税征收率为3%。计算公式为：

$$增值税 = 税前造价 \times 3\% \tag{2-37}$$

税前造价为人工费、材料费、施工机具使用费、企业管理费、利润和规费之和，各费用项目均以包含增值税进项税额的含税价格计算。

2. 建筑安装工程计价公式

1）分部分项工程费

$$分部分项工程费 = \Sigma(分部分项工程量 \times 综合单价) \tag{2-38}$$

式中：综合单价包括人工费、材料费、施工机具使用费、企业管理费和利润以及一定范围的风险费用（下同）。

2）措施项目费

（1）国家计量规范规定应予计量的措施项目，其计算公式为：

$$措施项目费 = \Sigma(措施项目工程量 \times 综合单价) \tag{2-39}$$

（2）国家计量规范规定不宜计量的措施项目计算方法如下：

① 安全文明施工费

$$安全文明施工费 = 计算基数 \times 安全文明施工费费率(\%) \tag{2-40}$$

计算基数应为定额基价（定额分部分项工程费＋定额中可以计量的措施项目费）、定额人工费（或定额人工费＋定额机械费），其费率由工程造价管理机构根据各专业工程的特点综合确定。

② 夜间施工增加费

$$夜间施工增加费 = 计算基数 \times 夜间施工增加费费率(\%) \tag{2-41}$$

③ 二次搬运费

$$二次搬运费 = 计算基数 \times 二次搬运费费率(\%) \tag{2-42}$$

④ 冬雨期施工增加费

$$冬雨期施工增加费 = 计算基数 \times 冬雨期施工$$
$$增加费费率(\%) \tag{2-43}$$

⑤ 已完工程及设备保护费

$$已完工程及设备保护费 = 计算基数 \times 已完工程及设备保护费费率(\%) \tag{2-44}$$

上述②～⑤项措施项目的计费基数应为定额人工费（或定额人工费＋定额机械费），其费率由工程造价管理机构根据各专业工程特点和调查资料综合分析后确定。

3）其他项目费

（1）暂列金额由发包人根据工程特点，按有关计价规定估算，施工过程中由发包人掌握使用、扣除合同价款调整后如有余额，归发包人。

（2）计日工由发包人和承包人按施工过程中的签证计价。

（3）总承包服务费由发包人在招标控制价中根据总包服务范围和有关计价规定编制，承包人投标时自主报价，施工过程中按签约合同价执行。

4）规费和税金

发包人和承包人均应按照省、自治区、直辖市或行业建设主管部门发布的标准计算规费和税金，不得作为竞争性费用。

2.4　工程建设其他费用组成

工程建设其他费用是指建设期发生的与土地使用权取得、整个工程项目建设以及未来生产经营有关的，除工程费用、预备费、建设期利息、流动资金以外的费用。

工程建设其他费用，按其内容大体可分为三类。第一类是土地使用费及其他补偿费，由于工程项目固定于一定地点与地面相连接，必须占用一定量的土地，也就必然要发生为获得建设用地而支付的费用；第二类是与项目建设有关的费用；第三类是与未来企业生产和经营活动有关的费用。

2.4.1 土地使用费及其他补偿费

土地使用费是指建设项目使用土地应支付的费用，包括建设用地费和临时土地使用费，以及由于使用土地发生的其他有关费用，如水土保持补偿费等。

（1）建设用地费是指为获得工程项目建设用地的使用权而在建设期内发生的费用。取得土地使用权的方式有出让、划拨和转让三种方式。

（2）临时土地使用费是指临时使用土地发生的相关费用，包括地上附着物和青苗补偿费、土地恢复费以及其他税费等。

其他补偿费是指项目涉及的对房屋、市政、铁路、公路、管道、通信、电力、河道、水利、厂区、林区、保护区、矿区等不附属于建设用地的相关建筑物、构筑物或设施的补偿费用。

1. 农用土地征用费

农用土地征用费由土地补偿费、安置补助费、土地投资补偿费、土地管理费、耕地占用税等组成，并按被征用土地的原用途给予补偿。

征用耕地的补偿费用包括土地补偿费、安置补助费以及地上附着物和青苗的补偿费。

（1）征用耕地的土地补偿费，为该耕地被征用前三年平均年产值的 6～10 倍。

（2）征用耕地的安置补助费，按照需要安置的农业人口数计算。需要安置的农业人口数，按照被征用的耕地数量除以征地前被征用单位平均每人占有耕地的数量计算。每一个需要安置的农业人口的安置补助费标准，为该耕地被征用前三年平均年产值的 4～6 倍。但是，每公顷被征用耕地的安置补助费，最高不得超过被征用前三年平均年产值的 15 倍。

征用其他土地的土地补偿费和安置补助费标准，由省、自治区、直辖市参照征用耕地的土地补偿费和安置补助费的标准规定。

（3）征用土地上的附着物和青苗的补偿标准，由省、自治区、直辖市规定。

（4）征用城市郊区的菜地，用地单位应当按照国家有关规定缴纳新菜地开发建设基金。

2. 取得国有土地使用费

取得国有土地使用费包括：土地使用权出让金、城市建设配套费、房屋征收与补偿费等。

1）土地使用权出让金是指建设工程通过土地使用权出让方式，取得有限期的土地使用权，依照《中华人民共和国城镇国有土地使用权出让和转让暂行条例》规定，支付的费用。

2）城市建设配套费是指因进行城市公共设施的建设而分摊的费用。

3）房屋征收与补偿费。根据《国有土地上房屋征收与补偿条例》的规定，房屋征收对被征收人给予的补偿包括：

（1）被征收房屋价值的补偿；

（2）因征收房屋造成的搬迁、临时安置的补偿；

（3）因征收房屋造成的停产停业损失的补偿。

市、县级人民政府应当制定补助和奖励办法，对被征收人给予补助和奖励。对被征收房屋价值的补偿，不得低于房屋征收决定公告之日被征收房屋类似房地产的市场价格。被征收房屋的价值，由具有相应资质的房地产价格评估机构按照房屋征收评估办法评估确定。被征收人可以选择货币补偿，也可以选择房屋产权调换。被征收人选择房屋产权调换的，市、县级人民政府应当提供用于产权调换的房屋，并与被征收人计算、结清被征收房屋价值与用于产权调换房屋价值的差价。因旧城区改建征收个人住宅，被征收人选择在改建地段进行房屋产权调换的，作出房屋征收决定的市、县级人民政府应当提供改建地段或者就近地段的房屋。因征收房屋造成搬迁的，房屋征收部门应当向被征收人支付搬迁费；选择房屋产权调换的，产权调换房屋交付前，房屋征收部门应当向被征收人支付临时安置费或者提供周转用房。对因征收房屋造成停产停业损失的补偿，根据房屋被征收前的效益、停产停业期限等因素确定。具体办法由省、自治区、直辖市制定。房屋征收部门与被征收人依照条例的规定，就补偿方式、补偿金额和支付期限、用于产权调换房屋的地点和面积、搬迁费、临时安置费或者周转用房、停产停业损失、搬迁期限、过渡方式和过渡期限等事项，订立补偿协议。实施房屋征收应当先补偿、后搬迁。作出房屋征收决定的市、县级人民政府对被征收人给予补偿后，被征收人应当在补偿协议约定或者补偿决定确定的搬迁期限内完成搬迁。

2.4.2　与项目建设有关的其他费用

1. 建设管理费

建设管理费是指为组织完成工程项目建设在建设期内发生的各类管理性质费用。包括建设单位管理费、代建管理费、工程监理费、监造费、招标投标费、设计评审费、特殊项目定额研究及测定费、其他咨询费、印花税等。

1）建设单位管理费

建设单位管理费是指建设单位发生的管理性质的开支。包括：工作人员工资、工资性补贴、施工现场津贴、职工福利费、住房基金、基本养老保险费、基本医疗保险费、失业保险费、工伤保险费、办公费、差旅交通费、劳动保护费、工具用具使用费、固定资产使用费、必要的办公及生活用品购置费、必要的通信设备及交通工具购置费、零星固定资产购置费、招募生产工人费、技术图书资料费、业务招待费、合同契约公证费、法律顾问费、咨询费、完工清理费、竣工验收费、印花税和其他管理性质开支。如建设管理采用工程总承包方式，其总包管理费由建设单位与总包单位根据总包工作范围在合同中商定，从建设管理费中支出。

建设单位管理费以建设投资中的工程费用为基数乘以建设单位管理费费率计算：

$$建设单位管理费 = 工程费用 \times 建设单位管理费费率 \qquad (2-45)$$

工程费用是指建筑安装工程费用和设备及工器具购置费用之和。

2）工程监理费

工程监理费是指建设单位委托工程监理单位实施工程监理的费用。

由于工程监理是受建设单位委托的工程建设技术服务，属建设管理范畴。如采用监理，建设单位部分管理工作量转移至监理单位。监理费应根据委托的监理工作范围和监理深度在监理合同中商定或按当地或所属行业部门有关规定计算。

2. 可行性研究费

可行性研究费是指在工程项目投资决策阶段，对有关建设方案、技术方案或生产经营方案进行的技术经济论证，以及编制、评审可行性研究报告等所需的费用。

3. 专项评价费

专项评价费是指建设单位按照国家规定委托有资质的单位开展专项评价及有关验收工作发生的费用。包括环境影响评价及验收费、安全预评价及验收费、职业病危害预评价及控制效果评价费、地震安全性评价费、地质灾害危险性评价费、水土保持评价及验收费、压覆矿产资源评价费、节能评估费、危险与可操作性分析及安全完整性评价费以及其他专项评价及验收费。

4. 研究试验费

研究试验费是指为建设项目提供和验证设计参数、数据、资料等进行必要的研究和试验，以及设计规定在施工中必须进行试验、验证所需要的费用。包括自行或委托其他部门的专题研究、试验所需人工费、材料费、试验设备及仪器使用费等。

研究试验费不包括以下项目：

（1）应由科技三项费用（即新产品试制费、中间试验费和重要科学研究补助费）开支的项目。

（2）应在建筑安装费用中列支的施工企业对建筑材料、构件和建筑物进行一般鉴定、检查所发生的费用及技术革新的研究试验费。

（3）应由勘察设计费或工程费用中开支的项目。

5. 勘察设计费

（1）勘察费是指勘察人根据发包人的委托，收集已有资料、现场踏勘、制定勘察纲要，进行勘察作业，以及编制工程勘察文件和岩土工程设计文件等收取的费用。

（2）设计费是指设计人根据发包人的委托，提供编制建设项目初步设计文件、施工图设计文件、非标准设备设计文件、竣工图文件等服务所收取的费用。

6. 场地准备费和临时设施费

（1）场地准备费是指为使工程项目的建设场地达到开工条件，由建设单位组织进行的场地平整等准备工作而发生的费用。

（2）临时设施费是指建设单位为满足施工建设需要而提供的未列入工程费用的临时水、电、路、信、气等工程和临时仓库等建（构）筑物的建设、维修、拆除、摊销费用或租赁费用，以及铁路、码头租赁等费用。此项费用不包括已列入建筑安装工程费用中的施工单位临时设施费用。

场地准备及临时设施应尽量与永久性工程统一考虑。建设场地的大型土石方工程应进入工程费用中的总图运输费用中。

新建项目的场地准备和临时设施费应根据实际工程量估算，或按工程费用的比例计算。改扩建项目一般只计拆除清理费。

$$场地准备和临时设施费 = 工程费用 \times 费率 + 拆除清理费 \qquad (2-46)$$

发生拆除清理费时可按新建同类工程造价或主材费、设备费的比例计算。凡可回收材料的拆除工程采用以料抵工方式冲抵拆除清理费。

7. 引进技术和进口设备材料其他费

引进技术和进口设备材料其他费是指引进技术和设备发生的但未计入引进技术费和设备材料购置费的费用。包括图纸资料翻译复制费、备品备件测绘费、出国人员费用、来华人员费用、银行担保及承诺费、进口设备材料国内检验费等。

1）出国人员费用

指为引进技术和进口设备派出人员到国外培训和进行设计联络、设备检验等的差旅费、制装费、生活费等。这项费用根据设计规定的出国培训和工作的人数、时间及派往国家，按财政部、外交部规定的临时出国人员费用开支标准及中国民用航空公司现行国际航线票价等进行计算，其中使用外汇部分应计算银行财务费用。

2）国外工程技术人员来华费用

指为安装进口设备、引进国外技术等聘用外国工程技术人员进行技术指导工作所发生的费用。包括技术服务费、外国技术人员的在华工资、生活补贴、差旅费、医药费、住宿费、交通费、宴请费、参观游览等招待费。这项费用按每人每月费用指标计算。

3）技术引进费

指为引进国外先进技术而支付的费用。包括专利费、专有技术费（技术保密费）、国外设计及技术资料费、计算机软件费等。这项费用根据合同或协议的价格计算。

4）分期或延期付款利息

指利用出口信贷引进技术或进口设备采取分期或延期付款的办法所支付的利息。

5）担保费

指国内金融机构为买方出具保函的担保费。这项费用按有关金融机构规定的担保率计算（一般可按承保金的5‰计算）。

6）进口设备检验费用

指进口设备按规定付给商品检验部门的进口设备检验鉴定费。这项费用按进口设备货价的3‰～5‰计算。

8. 特殊设备安全监督检验费

特殊设备安全监督检验费是指对在施工现场安装的列入国家特种设备范围内的设备（设施）检验检测和监督检查所发生的应列入项目开支的费用。

特殊设备安全监督检验费按照建设项目所在省（市、自治区）安全监察部门的规定标准计算。无具体规定的，在编制投资估算和概算时可按受检设备现场安装费的比例估算。

9. 市政公用配套设施费

市政公用配套设施费是指使用市政公用设施的工程项目，按照项目所在地政府有关规定建设或缴纳的市政公用设施建设配套费用。

10. 工程保险费

工程保险费是指在建设期内对建筑工程、安装工程、机械设备和人身安全进行投保而发生的费用。包括建筑安装工程一切险、工程质量保险、进口设备财产保险和人身意外伤害险等。

不同的建设项目可根据工程特点选择投保险种，根据投保合同计列保险费用。编制投资估算和概算时可按工程费用的比例估算。

11. 专利及专有技术使用费

专利及专有技术使用费是指在建设期内取得专利、专有技术、商标、商誉和特许经营的所有权或使用权发生的费用。包括工艺包装费、设计及技术资料费、有效专利、专有技术使用费、技术保密费和技术服务费等；商标权、商誉和特许经营权费；软件费等。

2.4.3 与未来生产经营有关的其他费用

1. 联合试运转费

联合试运转费是指新建或新增生产能力的工程项目，在交付生产前按照批准的设计文件规定的工程质量标准和技术要求，对整个生产线或装置进行负荷联合试运转所发生的费用净支出。包括试运转所需材料、燃料及动力消耗、低值易耗品、其他物料消耗、机械使用费、联合试运转人员工资、施工单位参加试运转人工费、专家指导费，以及必要的工业炉烘炉费。

联合试运转费不包括应由设备安装工程费用开支的调试及试车费用，以及在试运转中暴露出来的因施工原因或设备缺陷等发生的处理费用。

不发生试运转或试运转收入大于（或等于）费用支出的工程，不列此项费用。

当联合试运转收入小于试运转支出时：

$$联合试运转费 = 联合试运转费用支出 - 联合试运转收入 \tag{2-47}$$

试运行期按照以下规定确定：引进国外设备项目按建设合同中规定的试运行期执行；国内一般性建设项目试运行期原则上按照批准的设计文件所规定期限执行。个别行业的建设项目试运行期需要超过规定试运行期的，应报项目设计文件审批机关批准。试运行期一经确定，建设单位应严格按规定执行，不得擅自缩短或延长。

2. 生产准备费

生产准备费是指新建项目或新增生产能力的项目，为保证竣工交付使用进行必要的生产准备所发生的费用。费用内容包括：

（1）生产职工培训费。自行培训、委托其他单位培训人员的工资、工资性补贴、职工福利费、差旅交通费、学习资料费、学费、劳动保护费。

（2）生产单位提前进厂参加施工、设备安装、调试等以及熟悉工艺流程及设备性能等人员的工资、工资性补贴、职工福利费、差旅交通费、劳动保护费等。

新建项目按设计定员为基数计算，改扩建项目按新增设计定员为基数计算：

$$生产准备费 = 设计定员 × 生产准备费指标(元／人) \tag{2-48}$$

3. 办公和生活家具购置费

办公和生活家具购置费是指为保证新建、改建、扩建项目初期正常生产、使用和管理所必须购置的办公和生活家具、用具的费用。改建、扩建项目所需的办公和生活用具购置费，应低于新建项目。其范围包括办公室、会议室、资料档案室、阅览室、文娱室、食堂、浴室、理发室和单身宿舍等。这项费用按照设计定员人数乘以综合指标计算。

一般建设项目很少发生一些具有明显行业特征的工程建设其他费用项目，如移民安置费、水资源费、水土保持评价费、地震安全性评价费、地质灾害危险性评价费、河道占用补偿费、超限设备运输特殊措施费、航道维护费、植被恢复费、种质检测费、引种测试费等，具体项目发生时依据有关政策规定列入。

2.5 预备费、建设期利息和铺底流动资金

2.5.1 预备费的计算

预备费包括基本预备费和价差预备费。

1. 基本预备费

基本预备费是指在项目实施中可能发生难以预料的支出，需要预先预留的费用，又称不可预见费。主要指设计变更及施工过程中可能增加工程量的费用。计算公式为：

$$基本预备费 = （工程费用 + 工程建设其他费用）× 基本预备费费率 \qquad (2\text{-}49)$$

基本预备费费率由工程造价管理机构根据项目特点综合分析后确定。

2. 价差预备费

价差预备费是指为在建设期内利率、汇率或价格等因素的变化而预留的可能增加的费用，亦称为价格变动不可预见费。价差预备费的内容包括：人工、设备、材料、施工机具的价差费，建筑安装工程费及工程建设其他费用调整，利率、汇率调整等增加的费用。

价差预备费一般按下式计算：

$$P = \sum_{t=1}^{n} I_t \big[(1+f)^m (1+f)^{0.5} (1+f)^{t-1} - 1\big] \qquad (2\text{-}50)$$

式中 P——价差预备费；

    n——建设期年份数；

    I_t——建设期第 t 年的投资计划额，包括工程费用、工程建设其他费用及基本预备费，即第 t 年的静态投资计划额；

    f——投资价格指数；

    t——建设期第 t 年；

    m——建设前期年限（从编制概算到开工建设年数）。

价差预备费中的投资价格指数按国家颁布的标准计取，计算式中 $(1+f)^{0.5}$ 表示建设期第 t 年当年投资分期均匀投入考虑涨价的幅度，对设计建设周期较短的项目价差预备费计算公式可简化处理。特殊项目或必要时可进行项目未来价差分析预测，确定各时期投资价格指数。

【例 2-3】某建设项目建安工程费 10000 万元，设备购置费 6000 万元，工程建设其他费用 4000 万元，已知基本预备费率 5%，项目建设前期年限为 1 年，建设期为 3 年，各年投资计划额为：第一年完成投资 20%，第二年 60%，第三年 20%。年均投资价格上涨率为 6%，求建设项目建设期间价差预备费。

解：基本预备费 =（10000 + 6000 + 4000）× 5% = 1000 万元

静态投资 = 10000 + 6000 + 4000 + 1000 = 21000 万元

建设期第一年完成投资 = 21000 × 20% = 4200 万元

第一年价差预备费为：$P_1 = I_1 \big[(1+f)(1+f)^{0.5} - 1\big] = 383.6$ 万元

第二年完成投资 = 21000 × 60% = 12600 万元

第二年价差预备费为：$P_2 = I_2 \big[(1+f)(1+f)^{0.5}(1+f) - 1\big] = 1975.8$ 万元

第三年完成投资$=21000\times20\%=4200$万元

第三年价差预备费为：$P_3=I_3[(1+f)(1+f)^{0.5}(1+f)^2-1]=950.2$万元

所以，建设期的价差预备费为：

$$P=383.6+1975.8+950.2=3309.6\,万元$$

2.5.2 建设期利息的计算

建设期利息是指项目借款在建设期内发生并计入固定资产的利息。为了简化计算，在编制投资估算、概算时通常假定借款均在每年的年中支用，借款第一年按半年计息，其余各年份按全年计息。

根据不同资金来源及利率分别计算。

$$Q=\sum_{j=1}^{n}(P_{j-1}+A_j/2)i \tag{2-51}$$

式中 Q——建设期利息；

$\quad P_{j-1}$——建设期第$(j-1)$年末贷款累计金额与利息累计金额之和；

$\quad A_j$——建设期第j年贷款金额；

$\quad i$——贷款年利率；

$\quad n$——建设期年数。

【例2-4】某新建项目，建设期为3年，共向银行贷款1300万元，贷款时间为：第1年300万元，第2年600万元，第3年400万元，年利率为6%，计算建设期利息。

解： 在建设期，各年利息计算如下：

第1年应计利息$=\dfrac{1}{2}\times300\times6\%=9$万元

第2年应计利息$=\left(300+9+\dfrac{1}{2}\times600\right)\times6\%=36.54$万元

第3年应计利息$=\left(300+9+600+36.54+\dfrac{1}{2}\times400\right)\times6\%=68.73$万元

建设期利息总和为114.27万元。

2.5.3 铺底流动资金

是指生产性建设项目为保证生产和经营正常进行，按规定应列入建设项目总投资的铺底流动资金。一般按流动资金的30%计算。

思考题

1. 简述我国现行建设项目投资构成。
2. 简述设备、工器具购置费用的构成。
3. 简述建筑安装工程费用的构成。
4. 简述工程建设其他费用的构成。

工 程 定 额

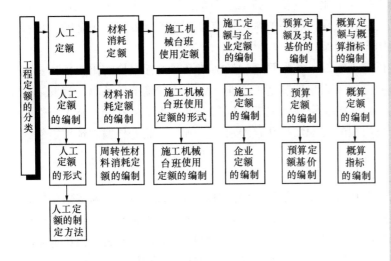

3.1　工程定额的分类

　　工程定额是工程建设中各类定额的总称。为对工程定额有一个全面的了解，可以按照不同的原则和方法对其进行科学的分类。

3.1.1　按生产要素内容分类

　　1. 人工定额

　　人工定额也称劳动定额，是指在正常的施工技术和组织条件下，完成单位合格产品所必需的人工消耗量标准。

　　2. 材料消耗定额

　　材料消耗定额是指在合理和节约使用材料的条件下，生产单位合格产品所必须消耗的一定规格的材料、成品、半成品和水、电等资源的数量标准。

　　3. 施工机械台班使用定额

　　施工机械台班使用定额也称施工机械台班消耗定额，是指施工机械在正常施工条件下完成单位合格产品所必需的工作时间。它反映了合理地、均衡地组织劳动和使用机械时该机械在单位时间内的生产效率。

3.1.2　按编制程序和用途分类

1. 施工定额

施工定额是以同一性质的施工过程——工序作为研究对象,表示生产产品数量与时间消耗综合关系的定额。施工定额是施工企业(建筑安装企业)为组织生产和加强管理在企业内部使用的一种定额,属于企业定额的性质。施工定额是建设工程定额中分项最细、定额子目最多的一种定额,也是建设工程定额中的基础性定额。施工定额由人工定额、材料消耗定额和施工机械台班使用定额所组成。

施工定额是施工企业进行施工组织、成本管理、经济核算和投标报价的重要依据。施工定额直接应用于施工项目的管理,用来编制施工作业计划、签发施工任务单、签发限额领料单以及结算计件工资或计量奖励工资等。施工定额和施工生产结合紧密,施工定额的定额水平反映施工企业生产与组织的技术水平和管理水平。施工定额也是编制预算定额的基础。

2. 预算定额

预算定额是以建筑物或构筑物各个分部分项工程为对象编制的定额。预算定额是以施工定额为基础综合扩大编制的,同时也是编制概算定额的基础。其中的人工、材料和机械台班的消耗水平根据施工定额综合取定,定额项目的综合程度大于施工定额。预算定额是编制施工图预算的主要依据,是编制单位估价表、确定工程造价、控制建设工程投资的基础和依据。与施工定额不同,预算定额是社会性的,而施工定额则是企业性的。

3. 概算定额

概算定额是以扩大的分部分项工程为对象编制的定额。概算定额是编制扩大初步设计概算、确定建设项目投资额的依据。概算定额一般是在预算定额的基础上综合扩大而成的,每一综合分项概算定额都包含了数项预算定额。

4. 概算指标

概算指标是概算定额的扩大与合并,它是以整个建筑物和构筑物为对象,以更为扩大的计量单位来编制的。概算指标的设定和初步设计的深度相适应,一般是在概算定额和预算定额的基础上编制的,是设计单位编制设计概算或建设单位编制年度投资计划的依据,也可作为编制估算指标的基础。

5. 投资估算指标

投资估算指标通常是以独立的单项工程或完整的工程项目为对象编制确定的生产要素消耗的数量标准或项目费用标准,是根据已建工程或现有工程的价格数据和资料,经分析、归纳和整理编制而成的。投资估算指标是在项目建议书和可行性研究阶段编制投资估算、计算投资需要量时使用的一种指标,是合理确定建设工程项目投资的基础。

3.1.3　按编制部门和适用范围分类

1. 国家定额

国家定额是指由国家建设行政主管部门组织,依据有关国家标准和规范,综合全国工程建设的技术与管理状况等编制和发布,在全国范围内使用的定额。

2. 行业定额

行业定额是指由行业建设行政主管部门组织，依据有关行业标准和规范，考虑行业工程建设特点等情况所编制和发布的，在本行业范围内使用的定额。

3. 地区定额

地区定额是指由地区建设行政主管部门组织，考虑地区工程建设特点和情况制定发布的，在本地区内使用的定额。

4. 企业定额

企业定额是指由施工企业自行组织，主要根据企业的自身情况，包括人员素质、机械装备程度、技术和管理水平等编制，在本企业内部使用的定额。

3.1.4 按投资的费用性质分类

按照投资的费用性质，可将建设工程定额分为建筑工程定额、设备安装工程定额、建筑安装工程费用定额、工器具定额以及工程建设其他费用定额等。

1. 建筑工程定额

建筑工程定额是建筑工程的施工定额、预算定额、概算定额和概算指标的统称。建筑工程一般理解为房屋和构筑物工程。建筑工程定额在整个建设工程定额中占有突出的地位。

2. 设备安装工程定额

设备安装工程定额是设备安装工程的施工定额、预算定额、概算定额和概算指标的统称。设备安装工程一般是指对需要安装的设备进行定位、组合、校正、调试等工作的工程。在通用定额中有时把建筑工程定额和安装工程定额合二为一，称为建筑安装工程定额。建筑安装工程定额属于人、料、机定额，仅包括施工过程中人工、材料、机械台班消耗的数量标准。

3. 建筑安装工程费用定额

建筑安装工程费用定额一般包括措施费定额、企业管理费定额。

4. 工器具定额

工具、器具定额是为新建或扩建项目投产运转首次配置的工具、器具数量标准。工具和器具是指按照有关规定不够固定资产标准而起劳动手段作用的工具、器具和生产用家具。

5. 工程建设其他费用定额

工程建设其他费用定额是独立于建筑安装工程定额、设备和工器具购置之外的其他费用开支的标准。其他费用定额是按各项独立费用分别编制的，以便合理控制这些费用的开支。

3.2 人工定额

人工定额反映生产工人在正常施工条件下的劳动效率，表明每个工人在单位时间内为生产合格产品所必需消耗的劳动时间，或者在一定的劳动时间中所生产的合格产品数量。

3.2.1 人工定额的编制

编制人工定额主要包括拟定正常的施工条件以及拟定定额时间两项工作，但拟定定额时间的前提是对工人工作时间按其消耗性质进行分类研究。

1. 工人工作时间消耗的分类

工人在工作班内消耗的工作时间，按其消耗的性质，基本可以分为两大类：必需消耗的时间和损失时间。

必需消耗的时间是工人在正常施工条件下，为完成一定产品（工作任务）所消耗的时间。它是制定定额的主要依据。

损失时间，是与产品生产无关，而与施工组织和技术上的缺陷有关，与工人在施工过程中的个人过失或某些偶然因素有关的时间消耗。

工人工作时间的分类如图3-1所示。

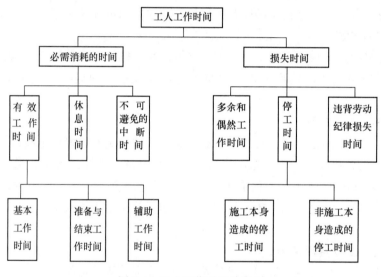

图3-1　工人工作时间分类图

1）必需消耗的工作时间，包括有效工作时间、休息时间和不可避免的中断时间。

（1）有效工作时间是从生产效果来看与产品生产直接有关的时间消耗。包括基本工作时间、辅助工作时间、准备与结束工作时间。

基本工作时间是工人完成一定产品的施工工艺过程所消耗的时间。基本工作时间所包括的内容依工作性质各不相同，基本工作时间的长短和工作量大小成正比例。

辅助工作时间是指为保证基本工作能顺利完成所消耗的时间。在辅助工作时间里，不能使产品的形状大小、性质或位置发生变化。辅助工作时间的结束，往往就是基本工作时间的开始。辅助工作一般是手工操作，但如果在机手并动的情况下，辅助工作是在机械运转过程中进行的，为避免重复则不应再计辅助工作时间的消耗。

准备与结束工作时间是执行任务前或任务完成后所消耗的工作时间。如工作地点、劳动工具和劳动对象的准备工作时间，工作结束后的整理工作时间等。准备和结束工作时间的长短与所担负的工作量大小无关，但往往和工作内容有关。准备与结束工作时间可以分为班内的准备与结束工作时间和任务的准备与结束工作时间。

（2）不可避免的中断时间是指由于施工工艺特点引起的工作中断所必需的时间。与施工过程、工艺特点有关的工作中断时间，应包括在定额时间内，但应尽量缩短此项时间消耗。与工艺特点无关的工作中断所占用时间，是由于劳动组织不合理引起的，属于损失时间，不能计入定额时间。

（3）休息时间是工人在工作过程中为恢复体力所必需的短暂休息和生理需要的时间消耗。这种时间是为了保证工人精力充沛地进行工作，所以在定额时间中必须进行计算。休息时间的长短和劳动条件有关，劳动越繁重紧张、劳动条件越差（如高温），则休息时间越长。

2）损失时间中包括多余和偶然工作、停工、违背劳动纪律所引起的损失时间。

（1）多余工作是指工人进行了任务以外而又不能增加产品数量的工作。多余工作的工时损失，一般都是由于工程技术人员和工人的差错而引起的，因此，不应计入定额时间。偶然工作也是工人在任务外进行的工作，但能够获得一定的产品。如抹灰工不得不补上偶然遗留的墙洞等。由于偶然工作能获得一定的产品，拟定定额时要适当考虑其影响。

（2）停工时间是工作班内停止工作造成的工时损失。停工时间按其性质可分为施工本身造成的停工时间和非施工本身造成的停工时间两种。施工本身造成的停工时间，是由于施工组织不善、材料供应不及时、工作面准备工作做得不好、工作地点组织不良等情况引起的停工时间。非施工本身造成的停工时间，是由于水源、电源中断引起的停工时间。前一种情况在拟定定额时不应该计算，后一种情况定额中则应给予合理的考虑。

（3）违背劳动纪律造成的工作时间损失，是指工人在工作班开始和午休后的迟到、午饭前和工作班结束前的早退、擅自离开工作岗位、工作时间内聊天或办私事等造成的工时损失。此项工时损失不应允许存在，因此，在定额中是不能考虑的。

2. 拟定正常的施工作业条件

拟定施工的正常条件，就是要规定执行定额时应该具备的条件，正常条件若不能满足，则可能达不到定额中的劳动消耗量标准，因此，正确拟定施工的正常条件有利于定额的实施。

拟定施工的正常条件包括：拟定施工作业的内容；拟定施工作业的方法；拟定施工作业地点的组织；拟定施工作业人员的组织等。

3. 拟定施工作业的定额时间

施工作业的定额时间，是在拟定基本工作时间、辅助工作时间、准备与结束时间、不可避免的中断时间以及休息时间的基础上编制的。

上述各项时间是以时间研究为基础，通过时间测定方法，得出相应的观测数据，经加工整理计算后得到的。计时测定的方法有许多种，如测时法、写实记录法、工作日写实法等。

3.2.2　人工定额的形式

1. 按表现形式的不同

人工定额按表现形式的不同，可分为时间定额和产量定额两种。

1）时间定额

时间定额，就是某种专业，某种技术等级工人班组或个人，在合理的劳动组织和合理使用材料的条件下，完成单位合格产品所必需的工作时间，包括准备与结束时间、基本工作时间、辅助工作时间、不可避免的中断时间及工人必需的休息时间。时间定额以工日为单位，每一工日按八小时计算。其计算方法如下：

$$单位产品时间定额(工日) = \frac{1}{每工产量} \tag{3-1}$$

或
$$单位产品时间定额(工日) = \frac{小组成员工日数总和}{机械台班产量} \tag{3-2}$$

2）产量定额

产量定额，就是在合理的劳动组织和合理使用材料的条件下，某种专业、某种技术等级的工人班组或个人在单位工日中所应完成的合格产品的数量。其计算方法如下：

$$每工产量 = \frac{1}{单位产品时间定额(工日)} \tag{3-3}$$

产量定额的计量单位有：米（m）、平方米（m²）、立方米（m³）、吨（t）、块、根、件、扇等。

时间定额与产量定额互为倒数，即：

$$时间定额 \times 产量定额 = 1 \tag{3-4}$$

$$时间定额 = \frac{1}{产量定额} \tag{3-5}$$

$$产量定额 = \frac{1}{时间定额} \tag{3-6}$$

2. 按定额的标定对象不同

按定额的标定对象不同，人工定额又分单项工序定额和综合定额两种，综合定额表示完成同一产品中的各单项（工序或工种）定额的综合。按工序综合的用"综合"表示，按工种综合的一般用"合计"表示。其计算方法如下：

$$综合时间定额 = \Sigma各单项(工序)时间定额 \tag{3-7}$$

$$综合产量定额 = \frac{1}{综合时间定额(工日)} \tag{3-8}$$

时间定额和产量定额都表示同一人工定额项目，它们是同一人工定额项目的两种不同的表现形式。时间定额以工日为单位，综合计算方便，时间概念明确；产量定额则以产品数量为单位表示，具体、形象，劳动者的奋斗目标一目了然，便于分配任务。人工定额用复式表同时列出时间定额和产量定额，以便于各部门、企业根据各自的生产条件和要求选择使用。

复式表示法有如下形式：

$$\frac{时间定额}{每工产量} \quad 或 \quad \frac{人工时间定额}{机械台班产量}$$

3.2.3　人工定额的制定方法

人工定额是根据国家的经济政策、劳动制度和有关技术文件及资料制定的。制定人工定额，常用的方法有四种。

1. 技术测定法

技术测定法是根据生产技术和施工组织条件，对施工过程中各工序采用测时法、写实记录法、工作日写实法，测出各工序的工时消耗等资料，再对所获得的资料进行科学的分析，制定出人工定额的方法。

2. 统计分析法

统计分析法是把过去施工生产中的同类工程或同类产品的工时消耗的统计资料，与当前生产技术和施工组织条件的变化因素结合起来，进行统计分析的方法。这种方法简单易行，适用于施工条件正常、产品稳定、工序重复量大和统计工作制度健全的施工过程。但是，过去的记录只是实耗工时，不反映生产组织和技术的状况。所以，在这样的条件下求出的定额水平，只是已达到的劳动生产率水平，而不是平均水平。实际工作中，必须分析研究各种变化因素，使定额能真实地反映施工生产平均水平。

3. 比较类推法

对于同类型产品规格多、工序重复、工作量小的施工过程，常用比较类推法。采用此法制定定额是以同类型工序和同类型产品的实耗工时为标准，类推出相似项目定额水平的方法。此法必须掌握类似的程度和各种影响因素的异同程度。

4. 经验估计法

根据定额专业人员、经验丰富的工人和施工技术人员的实际工作经验，参考有关定额资料，对施工管理组织和现场技术条件进行调查、讨论和分析制定定额的方法，叫做经验估计法。经验估计法通常作为一次性定额使用。

3.3   材料消耗定额

材料消耗定额指标的组成，按其使用性质、用途和用量大小划分为四类。

1. 主要材料，指直接构成工程实体的材料；

2. 辅助材料，指直接构成工程实体，但所占比例较小的材料；

3. 周转性材料（又称工具性材料），指施工中多次使用但并不构成工程实体的材料，如模板、脚手架等；

4. 零星材料，指用量小、价值不大、不便计算的次要材料，可用估算法计算。

3.3.1   材料消耗定额的编制

编制材料消耗定额，主要包括确定直接使用在工程上的材料净用量和在施工现场内运输及操作过程中不可避免的废料和损耗。

1. 材料净用量的确定

材料净用量的确定，一般有以下几种方法。

1）理论计算法

理论计算法是根据设计、施工验收规范和材料规格等，从理论上计算材料的净用量。如砖墙的用砖数和砌筑砂浆的用量可用下列理论计算公式计算各自的净用量。

标准砖砌体中，砌 $1m^3$ 标准砖墙的净用砖量计算公式：

$$A = \frac{1}{墙厚 \times (砖长 + 灰缝) \times (砖厚 + 灰缝)} \times K（块） \qquad (3-9)$$

式中　K——墙厚的砖数×2（墙厚的砖数是 0.5 砖墙、1 砖墙、1.5 砖墙……）。

墙厚的砖数是指用标准砖的长度来标明墙厚。例如：半砖墙指 120mm 厚墙，3/4 砖墙指 180mm 厚墙，1 砖墙指 240mm 厚墙等。

$$每 1m^3 标准砖砌体砂浆净用量 = 1m^3 砌体 - 1m^3 砌体中标准砖的净体积 \qquad (3-10)$$
$$标准砖（砂浆）总消耗量 = 净用量 \times (1 + 损耗率) \qquad (3-11)$$

【例 3-1】 计算砌 $1m^3$ 240mm 厚标准砖的用砖量（注：标准砖尺寸 240mm×115mm×53mm，灰缝 10mm）。

解： 砌 $1m^3$ 240mm 厚标准砖的净用砖量为：

$$\frac{1}{0.24 \times (0.24 + 0.01) \times (0.053 + 0.01)} \times 1 \times 2 = \frac{1}{0.00378} \times 2 = 529.1 块$$

【例 3-2】 计算 $1m^3$ 370mm 厚标准砖墙的标准砖和砂浆的总消耗量（标准砖和砂浆的损耗率均为 1%）。

解： 标准砖净用量 $= \dfrac{1.5 \times 2}{0.365 \times 0.25 \times 0.063} = 521.7$ 块

标准砖总消耗量 $= 521.7 \times (1 + 1\%) = 526.92$ 块

砂浆净用量 $= 1 - 0.0014628 \times 521.7 = 1 - 0.763 = 0.237m^3$

砂浆总耗量 $= 0.237 \times (1 + 1\%) = 0.239m^3$

答：每 $1m^3$ 370mm 厚标准砖墙的标准砖总消耗量为 526.92 块，砂浆总耗量为 $0.239m^3$。

2）测定法

根据试验情况和现场测定的资料数据确定材料的净用量。

3）图纸计算法

根据选定的图纸，计算各种材料的体积、面积、延长米或重量。

4）经验法

根据历史上同类项目的经验进行估算。

2. 材料损耗量的确定

材料的损耗一般以损耗率表示。材料损耗率可以通过观察法或统计法计算确定。材料消耗量计算的公式如下：

$$损耗率 = \frac{损耗量}{净用量} \times 100\% \qquad (3-12)$$
$$总消耗量 = 净用量 + 损耗量 = 净用量 \times (1 + 损耗率) \qquad (3-13)$$

3.3.2　周转性材料消耗定额的编制

周转性材料指在施工过程中多次使用、周转的工具性材料，如钢筋混凝土工程用的模板，搭设脚手架用的杆子、跳板，挖土方工程用的挡土板等。

周转性材料消耗一般与下列四个因素有关：

（1）第一次制造时的材料消耗（一次使用量）；

（2）每周转使用一次材料的损耗（第二次使用时需要补充）；

（3）周转使用次数；

（4）周转材料的最终回收及其回收折价。

定额中周转材料消耗量指标的表示，应当用一次使用量和摊销量两个指标表示。一次使用量是指周转材料在不重复使用时的一次使用量，供施工企业组织施工用；摊销量是指周转材料退出使用，应分摊到每一计量单位的结构构件的周转材料消耗量，供施工企业成本核算或投标报价使用。

例如，捣制混凝土结构木模板用量的计算公式如下：

$$一次使用量 = 净用量 \times (1 + 操作损耗率) \tag{3-14}$$

$$周转使用量 = \frac{一次使用量 \times [1 + (周转次数 - 1) \times 补损率]}{周转次数} \tag{3-15}$$

$$回收量 = \frac{一次使用量 \times (1 - 补损率)}{周转次数} \tag{3-16}$$

$$摊销量 = 周转使用量 - 回收量 \times 回收折价率 \tag{3-17}$$

又例如，预制混凝土构件的模板用量的计算公式如下：

$$一次使用量 = 净用量 \times (1 + 操作损耗率) \tag{3-18}$$

$$摊销量 = \frac{一次使用量}{周转次数} \tag{3-19}$$

3.4 施工机械台班使用定额

3.4.1 施工机械台班使用定额的形式

1. 施工机械时间定额

施工机械时间定额，是指在合理劳动组织与合理使用机械条件下，完成单位合格产品所必需的工作时间，包括有效工作时间（正常负荷下的工作时间和降低负荷下的工作时间）、不可避免的中断时间、不可避免的无负荷工作时间。机械时间定额以"台班"表示，即一台机械工作一个作业班时间。一个作业班时间为 8h。

$$单位产品机械时间定额（台班） = \frac{1}{台班产量} \tag{3-20}$$

由于机械必须由工人小组配合，所以完成单位合格产品的时间定额，同时列出人工时间定额。即：

$$单位产品人工时间定额（工日） = \frac{小组成员总人数}{台班产量} \tag{3-21}$$

【例 3-3】斗容量 1m³ 正铲挖土机，挖四类土，装车，深度在 2m 内，小组成员两人，机械台班产量为 4.76（定额单位 100m³），则：

挖 100m³ 的人工时间定额为 $\frac{2}{4.76} = 0.42$ 工日

挖 100m³ 的机械时间定额为 $\frac{1}{4.76} = 0.21$ 台班

2. 机械产量定额

机械产量定额，是指在合理劳动组织与合理使用机械条件下，机械在每个台班时间内，应完成合格产品的数量。

$$机械台班产量定额 = \frac{1}{机械时间定额（台班）} \tag{3-22}$$

机械产量定额和机械时间定额互为倒数关系。

3. 定额表示方法

机械台班使用定额的复式表示法的形式如下：

$$\frac{人工时间定额}{机械台班产量}$$

【例3-4】正铲挖土机每一台班劳动定额表中 $\frac{0.466}{4.29}$ 表示在挖一、二类土，挖土深度在 1.5m 以内，且需装车的情况下，斗容量为 0.5m³ 的正铲挖土机的台班产量定额为 4.29（100m³/台班）；配合挖土机施工的工人小组的人工时间定额为 0.466（工日/100m³）；同时可推算出挖土机的时间定额，应为台班产量定额的倒数，即：

$$\frac{1}{4.29} = 0.233 \text{ 台班}/100m^3$$

可推算出配合挖土机施工的工人小组的人数为 $\frac{人工时间定额}{机械时间定额}$，即：$\frac{0.466}{0.233} = 2$ 人；或人工时间定额×机械台班产量定额，即 0.466×4.29＝2 人。

3.4.2　机械台班使用定额的编制

1. 机械工作时间消耗的分类

机械工作时间的消耗，按其性质可作如下分类，如图 3-2 所示。机械工作时间也分为必需消耗的时间和损失时间两大类。

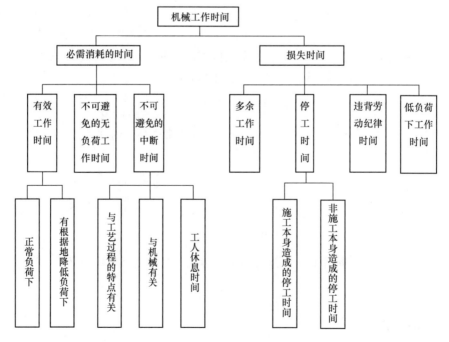

图 3-2　机械工作时间分类图

（1）在必需消耗的工作时间里，包括有效工作、不可避免的无负荷工作和不可避免的中断三项时间消耗。而在有效工作的时间消耗中又包括正常负荷下、有根据地降低负荷下的工时消耗。

正常负荷下的工作时间，是指机械在与机械说明书规定的计算负荷相符的情况下进行工作的时间。

有根据地降低负荷下的工作时间，是指在个别情况下由于技术上的原因，机械在低于其计算负荷下工作的时间。例如，汽车运输重量轻而体积大的货物时，不能充分利用汽车的载重吨位因而不得不降低其计算负荷。

不可避免的无负荷工作时间，是指由施工过程的特点和机械结构的特点造成的机械无负荷工作时间。例如，筑路机在工作区末端调头等，都属于此项工作时间的消耗。

不可避免的中断工作时间，是与工艺过程的特点、机械的使用和保养、工人休息有关的中断时间。

与工艺过程的特点有关的不可避免中断工作时间，有循环的和定期的两种。循环的不可避免中断，是在机械工作的每一个循环中重复一次。如汽车装货和卸货时的停车。定期的不可避免中断，是经过一定时期重复一次。比如把灰浆泵由一个工作地点转移到另一工作地点时的工作中断。

与机械有关的不可避免中断工作时间，是由于工人进行准备与结束工作或辅助工作时，机械停止工作而引起的中断工作时间。它是与机械的使用与保养有关的不可避免中断时间。

工人休息时间前面已经作了说明。要注意的是应尽量利用与工艺过程有关的和与机械有关的不可避免中断时间进行休息，以充分利用工作时间。

（2）损失的工作时间，包括多余工作、停工、违背劳动纪律所消耗的工作时间和低负荷下的工作时间。

机械的多余工作时间，是机械进行任务内和工艺过程内未包括的工作而延续的时间。如工人没有及时供料而使机械空运转的时间。

机械的停工时间，按其性质也可分为施工本身造成和非施工本身造成的停工。前者是由于施工组织得不好而引起的停工现象，如由于未及时供给机械燃料而引起的停工。后者是由于气候条件所引起的停工现象，如暴雨时压路机的停工。上述停工中延续的时间，均为机械的停工时间。

违反劳动纪律引起的机械的时间损失，是指由于工人迟到早退或擅离岗位等引起的机械停工时间。

低负荷下的工作时间，是由于工人或技术人员的过错所造成的施工机械在降低负荷的情况下工作的时间。例如，工人装车的砂石数量不足引起的汽车在降低负荷的情况下工作所延续的时间。此项工作时间不能作为计算时间定额的基础。

2. 机械台班使用定额的编制内容

（1）拟定机械工作的正常施工条件，包括工作地点的合理组织、施工机械作业方法的拟定、配合机械作业的施工小组的组织以及机械工作班制度等。

（2）确定机械净工作生产率，即机械纯工作一小时的正常生产率。

（3）确定机械的利用系数。机械的正常利用系数指机械在施工作业班内对作业时间的利用率。

$$机械利用系数 = \frac{工作班净工作时间}{机械工作班时间} \tag{3-23}$$

（4）计算机械台班定额。施工机械台班产量定额的计算如下：

施工机械台班产量定额 = 机械净工作生产率 × 工作班延续时间 × 机械利用系数

$$施工机械时间定额 = \frac{1}{施工机械台班产量定额} \tag{3-24}$$

（5）拟定工人小组的定额时间。工人小组的定额时间指配合施工机械作业工人小组的工作时间总和。

$$工人小组定额时间 = 施工机械时间定额 × 工人小组的人数 \tag{3-25}$$

3.5 施工定额和企业定额的编制

3.5.1 施工定额的编制

施工定额是建筑安装工人或工人小组在合理的劳动组织和正常的施工条件下，为完成单位合格产品所需消耗的人工、材料、机械的数量标准。

1. 施工定额的作用

施工定额是施工企业管理工作的基础，也是建设工程定额体系的基础。施工定额在企业管理工作中的基础作用主要表现在以下几个方面：

（1）施工定额是企业计划管理的依据。表现为施工定额是企业编制施工组织设计的依据，也是企业编制施工工作计划的依据。

（2）施工定额是组织和指挥施工生产的有效工具。企业通过下达施工任务书和限额领料单来实现组织管理和指挥施工生产。

（3）施工定额是计算工人劳动报酬的依据。工人的劳动报酬是根据工人劳动的数量和质量来计量的，而施工定额为此提供了一个衡量标准，它是计算工人计件工资的基础，也是计算奖励工资的基础。

（4）施工定额有利于推广先进技术。施工定额水平中包含着某些已成熟的先进的施工技术和经验，工人要达到或超过定额，就必须掌握和运用这些先进技术，如果工人想大幅度超过定额，他就必须创造性地劳动。

（5）施工定额是编制施工预算，加强企业成本管理和经济核算的基础。

2. 施工定额的编制

1）施工定额的编制原则

（1）施工定额水平必须遵循平均先进的原则。所谓平均先进水平，是指在正常的生产条件下，多数施工班组或生产者经过努力可以达到，少数班组或劳动者可以接近，个别班组或劳动者可以超过的水平。通常这种水平低于先进水平，略高于平均水平。平均先进水平是一种鼓励先进、勉励中间、鞭策后进的定额水平。贯彻"平均先进"的原则，才能促进企业的科学管理和不断提高劳动生产率，进而达到提高企业经济效益的目的。

（2）定额的结构形式简明适用的原则。所谓简明适用是指定额结构合理，定额步距大小适当，文字通俗易懂，计算方法简便，易为群众掌握运用，具有多方面的适应性，能在较大的范围内满足不同情况、不同用途的需要。

2）编制施工定额前的准备工作

编制施工定额是一项非常复杂的工作，事先必须做好充分准备和全面规划。编制前的准备工作一般包括以下几个方面的内容：

（1）明确编制任务和指导思想；

（2）系统整理和研究日常积累的定额基本资料；

（3）拟定定额编制方案，确定定额水平、定额步距、表达方式等。

3）施工定额的编制

施工定额包括人工定额、材料消耗定额和施工机械台班使用定额。

3.5.2 企业定额的编制

企业定额是施工企业根据本企业的技术水平和管理水平，编制的完成单位合格产品所必需的人工、材料和施工机械台班消耗量，以及其他生产经营要素消耗的数量标准。企业定额反映企业的施工生产与生产消费之间的数量关系，是施工企业生产力水平的体现。企业的技术和管理水平不同，企业定额的定额水平也就不同。因此，企业定额是施工企业进行施工管理和投标报价的基础和依据，也是企业核心竞争力的具体表现。

1. 企业定额的作用

随着我国社会主义市场经济体制的不断完善，工程造价管理制度改革的不断深入，企业定额将日益成为施工企业进行管理的重要工具。

（1）企业定额是施工企业计算和确定工程施工成本的依据，是施工企业进行成本管理、经济核算的基础。企业定额是根据本企业的人员技能、施工机械装备程度、现场管理和企业管理水平制定的，按企业定额计算得到的工程费用是企业进行施工生产所需的成本。在施工过程中，对实际施工成本的控制和管理，就应以企业定额作为控制的计划目标数开展相应的工作。

（2）企业定额是施工企业进行工程投标、编制工程投标价格的基础和主要依据。企业定额的定额水平反映出企业施工生产的技术水平和管理水平，在确定投标价格时，首先是依据企业定额计算出施工企业拟完成投标工程需发生的计划成本。在掌握工程成本的基础上，再根据所处的环境和条件，确定在该工程上拟获得的利润、预计的风险和其他应考虑的因素，从而确定投标价格。因此，企业定额是施工企业编制投标报价的基础。

（3）企业定额是施工企业编制施工组织设计的依据。企业定额可以应用于工程的施工管理，用于签发施工任务单、签发限额领料单以及结算计件工资或计量奖励工资等。企业定额直接反映本企业的施工生产力水平。运用企业定额可以更合理地组织施工生产，有效确定和控制施工中的人力、物力消耗，节约成本开支。

2. 企业定额的编制原则

施工企业在编制企业定额时应依据本企业的技术能力和管理水平，以基础定额为参照和指导，测定计算完成分项工程或工序所必需的人工、材料和机械台班的消耗量，准确反映本企业的施工生产力水平。

目前，为适应国家推行的工程量清单计价办法，企业定额可采用基础定额的形式，按统一的工程量计算规则、统一划分的项目、统一的计量单位进行编制。

在确定人工、材料和机械台班消耗量以后，需按选定的市场价格，包括人工价格、材料价格和机械台班价格等编制分项工程单价和分项工程的综合单价。

3. 企业定额的编制方法

编制企业定额最关键的工作是确定人工、材料和机械台班的消耗量，以及计算分项工程单价或综合单价。具体测定和计算方法同施工定额及预算定额的编制。

人工消耗量的确定，首先是根据企业环境，拟定正常的施工作业条件，分别计算测定基本用工和其他用工的工日数，进而拟定施工作业的定额时间。

确定材料消耗量，是通过企业历史数据的统计分析、理论计算、实验试验、实地考察等方法计算确定材料包括周转材料的净用量和损耗量，从而拟定材料消耗的定额指标。

机械台班消耗量的确定，同样需要按照企业的环境，拟定机械工作的正常施工条件，确定机械净工作效率和利用系数，据此拟定施工机械作业的定额台班和与机械作业相关的工人小组的定额时间。

人工价格也即劳动力价格，一般情况下就按地区劳务市场价格计算确定。人工单价最常见的是日工资单价，通常是根据工种和技术等级的不同分别计算人工单价，有时可以简单地按专业工种将人工粗略划分为结构、精装修和机电三大类，然后按每个专业需要的不同等级人工的比例综合计算人工单价。

材料价格按市场价格计算确定，其应是供货方将材料运至施工现场堆放地或工地仓库后的出库价格。

施工机械使用价格最常用的是台班价格。应通过市场询价，根据企业和项目的具体情况计算确定。

3.6　预算定额及其基价的编制

3.6.1　预算定额的编制

预算定额是在施工定额的基础上进行综合扩大编制而成的。预算定额中的人工、材料和施工机械台班的消耗水平根据施工定额综合取定，定额子目的综合程度大于施工定额，从而可以简化施工图预算的编制工作。预算定额是编制施工图预算的主要依据。

预算定额项目中人工、材料和施工机械台班消耗量指标，应根据编制预算定额的原则、依据，采用理论与实际相结合、图纸计算与施工现场测算相结合、编制定额人员与现场工作人员相结合等方法进行计算。

表 3-1 为《全国统一建筑工程基础定额》中砖石结构工程分部部分砖墙项目的示例。

预算定额的说明包括定额总说明、分部工程说明及各分项工程说明。涉及各分部需说明的共性问题列入总说明，属某一分部需说明的事项列入章节说明。

砖墙定额示例　　　　　　　　　　　　　　　　表 3-1

工作内容：调、运、铺砂浆，运砖；砌砖包括窗台虎头砖、腰线、门窗套；安装木砖、铁件等。

计量单位：10m³

定额编号		4-2	4-3	4-5	4-8	4-10	4-11
项　目	单位	单面清水砖墙			混水砖墙		
		1/2 砖	1 砖	1 砖半	1/2 砖	1 砖	1 砖半
人工	综合工日	工日	21.79	18.87	17.83	20.14	16.08	15.63
材料	水泥砂浆 M5	m³	—	—	—	1.95	—	—
	水泥砂浆 M10	m³	1.95	—	—	—	—	—
	水泥混合砂浆 M2.5	m³	—	2.25	2.40	—	2.25	2.04
	普通黏土砖	千块	5.641	5.314	5.350	5.641	5.341	5.350
	水	m³	1.13	1.06	1.07	1.33	1.06	1.07
机械	灰浆搅拌机 200L	台班	0.33	0.38	0.40	0.33	0.38	0.40

1. 人工消耗量指标的确定

预算定额中人工消耗量水平和技工、普工比例，以人工定额为基础，通过有关图纸规定，计算定额人工的工日数。

1) 人工消耗指标的组成

预算定额中人工消耗量指标包括完成该分项工程必需的各种用工量。

(1) 基本用工

基本用工，指完成分项工程的主要用工量。例如，砌筑各种墙体工程的砌砖、调制砂浆以及运输砖和砂浆的用工量。

(2) 其他用工

其他用工，是辅助基本用工消耗的工日。按其工作内容不同又分以下三类：

① 超运距用工。指超过人工定额规定的材料、半成品运距的用工。

② 辅助用工。指材料需在现场加工的用工，如筛砂子、淋石灰膏等增加的用工量。

③ 人工幅度差用工。指人工定额中未包括的，而在正常施工情况下又不可避免的一些零星用工，其内容如下：

　　a. 各种专业工种之间的工序搭接及土建工程与安装工程的交叉、配合中不可避免的停歇时间；

　　b. 施工机械在场内单位工程之间变换位置及在施工过程中移动临时水电线路引起的临时停水、停电所发生的不可避免的间歇时间；

　　c. 施工过程中的水电维修用工；

　　d. 隐蔽工程验收等工程质量检查影响的操作时间；

　　e. 现场内单位工程之间操作地点转移影响的操作时间；

　　f. 施工过程中工种之间交叉作业造成的不可避免的剔凿、修复、清理等用工；

　　g. 施工过程中不可避免的直接少量零星用工。

2) 人工消耗指标的计算

预算定额的各种用工量，应根据测算后综合取定的工程数量和人工定额进行计算。

(1) 综合取定工程量

预算定额是一项综合性定额，它是按组成分项工程内容的各工序综合而成的。

编制分项定额时，要按工序划分的要求测算、综合取定工程量，如砌墙工程除了主体砌墙外，还需综合砌筑门窗洞口、附墙烟囱、垃圾道、预留抗震柱孔等含量。综合取定工程量是指按照一个地区历年实际设计房屋的情况，选用多份设计图纸，进行测算取定数量。

(2) 计算人工消耗量

按照综合取定的工程量或单位工程量和劳动定额中的时间定额，计算出各种用工的工日数量。

① 基本用工的计算

$$基本用工数量 = \Sigma(工序工程量 \times 时间定额) \tag{3-26}$$

② 超运距用工的计算

$$超运距用工数量 = \Sigma(超运距材料数量 \times 时间定额) \tag{3-27}$$

其中，超运距＝预算定额规定的运距－劳动定额规定的运距。

③ 辅助用工的计算

$$辅助用工数量 = \Sigma(加工材料数量 \times 时间定额) \tag{3-28}$$

④ 人工幅度差用工的计算

$$人工幅度差用工数量 = \Sigma(基本用工 + 超运距用工 + 辅助用工) \times 人工幅度差系数 \tag{3-29}$$

2. 材料耗用量指标的确定

材料耗用量指标是在节约和合理使用材料的条件下，生产单位合格产品所必须消耗的一定品种规格的材料、燃料、半成品或配件数量标准。材料耗用量指标是以材料消耗定额为基础，按预算定额的定额项目，综合材料消耗定额的相关内容，经汇总后确定的。

3. 机械台班消耗指标的确定

预算定额中的施工机械消耗指标，是以台班为单位进行计算，每一台班为八小时工作制。预算定额的机械化水平，应以多数施工企业采用的和已推广的先进施工方法为标准。预算定额中的机械台班消耗量按合理的施工方法取定并考虑增加了机械幅度差。

1) 机械幅度差

机械幅度差是指在施工定额中未曾包括的，而机械在合理的施工组织条件下所必需的停歇时间，在编制预算定额时应予以考虑。其内容包括：

(1) 施工机械转移工作面及配套机械互相影响损失的时间；

(2) 在正常的施工情况下，机械施工中不可避免的工序间歇；

(3) 检查工程质量影响机械操作的时间；

(4) 临时水、电线路在施工中移动位置所发生的机械停歇时间；

(5) 工程结尾时，工作量不饱满所损失的时间。

由于垂直运输用的塔式起重机、卷扬机及砂浆、混凝土搅拌机是按小组配合，应以小组产量计算机械台班产量，不另增加机械幅度差。

2) 机械台班消耗指标的计算

(1) 小组产量计算法：按小组日产量大小来计算耗用机械台班多少，计算公式如下：

$$分项定额机械台班使用量 = \frac{分项定额计量单位值}{小组产量} \tag{3-30}$$

（2）台班产量计算法：按台班产量大小来计算定额内机械消耗量大小，计算公式如下：

$$定额台班用量 = \frac{定额单位}{台班产量} \times 机械幅度差系数 \tag{3-31}$$

3.6.2　预算定额基价的编制

预算定额基价就是预算定额分项工程或结构构件的单价，只包括人工费、材料费和施工机具使用费，也称工料单价。

在拟定的预算定额的基础上，根据所在地区的工资、物价水平计算确定相应的人工、材料和施工机械台班的价格，即相应的人工工资价格、材料预算价格和施工机械台班价格，计算拟定预算定额中每一分项工程的单位预算价格，这一过程也称为单位估价表的编制。

工料单价是确定定额计量单位的分部分项工程的人工费、材料费和机械使用费的费用标准，即人、料、机费用单价。

分部分项工程的单价，是用定额规定的分部分项工程的人工、材料、施工机具的消耗量，分别乘以相应的人工价格、材料价格、机械台班价格，从而得到分部分项工程的人工费、材料费和机械费，并将三者汇总而成的。因此，定额基价是以定额为基本依据，根据相应地区和市场的资源价格，既需要人工、材料和施工机具的消耗量，又需要人工、材料和施工机具价格，经汇总得到分部分项工程的单价。

由于生产要素价格，即人工价格、材料价格和机械台班价格是随地区的不同而不同，随市场的变化而变化，所以，定额基价应是地区定额基价，应按当地的资源价格来编制。同时，定额基价应是动态变化的，应随着市场价格的变化，及时不断地对定额基价中的分部分项工程单价进行调整、修改和补充，使定额基价能够正确反映市场的变化。

通常，定额基价是以一个城市或一个地区为范围进行编制，在该地区范围内适用。因此，定额基价的编制依据如下：

（1）全国统一或地区通用的预算定额或基础定额，以确定人工、材料、机械台班的消耗量。

（2）本地区或市场上的资源实际价格或市场价格，以确定人工、材料、机械台班价格。

定额基价的编制公式为：

分部分项工程单价 = 分部分项人工费 + 分部分项材料费 + 分部分项机械费

$\qquad$ = Σ（人工定额消耗量 × 人工价格）+ Σ（材料定额消耗量

$\qquad\qquad$ × 材料价格）+ Σ（机械台班定额消耗量 × 机械台班价格）（3-32）

编制定额基价时，在项目的划分、项目名称、项目编号、计量单位和工程量计算规则上应尽量与定额保持一致。

编制定额基价，可以简化施工图预算的编制。在编制预算时，将各个分部分项工程的工程量分别乘以定额基价表中的相应单价后，即可计算得出分部分项工程的人、料、机费用，经累加汇总就可得到整个工程的人、料、机费用。

作为施工企业，应依据本企业定额中的人工、材料、机械台班消耗量，按相应人工、材料、机械台班的市场价格，计算确定一定计量单位的分部分项工程的工料单价，形成本企业的定额基价表。

3.7　概算定额与概算指标的编制

3.7.1　概算定额的编制

概算定额也叫做扩大结构定额。它规定了完成一定计量单位的扩大结构构件或扩大分项工程的人工、材料、机械台班消耗量的数量标准。

1. 概算定额的作用

概算定额是在初步设计阶段编制设计概算或技术设计阶段编制修正概算的依据，是确定建设工程项目投资额的依据。概算定额可用于进行设计方案的技术经济比较。概算定额也是编制概算指标的基础。

2. 编制概算定额的一般要求

（1）概算定额的编制深度要适应设计深度的要求。由于概算定额是在初步设计阶段使用的，受初步设计的设计深度所限制，因此定额项目划分应坚持简化、准确和适用的原则。

（2）概算定额水平的确定应与基础定额、预算定额的水平基本一致。它必须反映在正常条件下，大多数企业的设计、生产、施工管理水平。

由于概算定额是在预算定额的基础上，适当地再一次扩大、综合和简化，因而在工程标准、施工方法和工程量取值等方面进行综合、测算时，概算定额与预算定额之间必将产生并允许留有一定的幅度差，以便根据概算定额编制的概算能够控制住施工图预算。

3. 概算定额的编制方法

概算定额是在预算定额的基础上综合而成的，每一项概算定额项目都包括了数项预算定额的定额项目。

（1）直接利用综合预算定额。如砖基础、钢筋混凝土基础、楼梯、阳台、雨篷等。

（2）在预算定额的基础上再合并其他次要项目。如墙身包括伸缩缝；地面包括平整场地、回填土、明沟、垫层、找平层、面层及踢脚。

（3）改变计量单位。如屋架、天窗架等不再按立方米体积计算，而按屋面水平投影面积计算。

（4）采用标准设计图纸的项目，可以根据预先编好的标准预算计算。如构筑物中的烟囱、水塔、水池等，以每座为单位。

（5）工程量计算规则进一步简化。如砖基础、带形基础以轴线（或中心线）长度乘断面面积计算；内外墙也均以轴线（或中心线）长乘以高，再扣除门窗洞口计算；屋架按屋面投影面积计算；烟囱、水塔按座计算；细小零星占造价比重很小的项目，不计算工程量，按占主要工程的百分比计算。

4. 概算定额手册的内容

按专业特点和地区特点编制的概算定额手册，内容基本上是由文字说明、定额项目表和附录三个部分组成。

1）文字说明部分。文字说明部分有总说明和分部工程说明。在总说明中，主要阐述概算定额的编制依据、使用范围、包括的内容及作用、应遵守的规则及建筑面积计算规则等。分部工程说明主要阐述本分部工程包括的综合工作内容及分部分项工程的工程量计算规则等。

2）定额项目表。主要包括以下内容：

（1）定额项目的划分。概算定额项目一般按以下两种方法划分。一是按工程结构划分：一般是按土石方、基础、墙、梁板柱、门窗、楼地面、屋面、装饰、构筑物等工程结构划分。二是按工程部位（分部）划分：一般是按基础、墙体、梁柱、楼地面、屋盖、其他工程部位等划分，如基础工程中包括了砖、石、混凝土基础等项目。

（2）定额项目表。定额项目表是概算定额手册的主要内容，由若干分节定额组成。各节定额由工程内容、定额表及附注说明组成。定额表中列有定额编号，计量单位，概算价格，人工、材料、机械台班消耗量指标，综合了预算定额的若干项目与数量。以建筑工程概算定额为例说明，见表3-2。

现浇钢筋混凝土柱概算定额表　　　　　　　　　　表3-2

工程内容：模板制作、安装、拆除，钢筋制作、安装，混凝土浇捣、抹灰、刷浆。

计量单位：10m³

概算定额编号		单位	单价（元）	4-3		4-4	
项　目				矩　形　柱			
				周长1.8m以内		周长1.8m以外	
				数量	合价	数量	合价
基准价		元		13428.76		12947.26	
其中	人工费	元		2116.40		1728.76	
	材料费	元		10272.03		10361.83	
	机械费	元		1040.33		856.67	
	合计工	工日	22.00	96.20	2116.40	78.58	1728.76
材料	中（粗）砂（天然）	t	35.81	9.494	339.98	8.817	315.74
	碎石（5～20mm）	t	36.18	12.207	441.65	12.207	441.65
	石灰膏	m³	98.89	0.221	20.75	0.155	14.55
	普通木成材	m³	1000.00	0.302	302.00	0.187	187.00
	圆钢（钢筋）	t	3000.00	2.188	6564.00	2.407	7221.00
	组合钢模板	kg	4.00	64.416	257.66	39.848	159.39
	钢支撑（钢管）	kg	4.85	34.165	165.70	21.134	102.50
	零星卡具	kg	4.00	33.954	135.82	21.004	84.02
	铁钉	kg	5.96	3.091	18.42	1.912	11.40
	镀锌钢丝（22号）	kg	8.07	8.368	67.53	9.206	74.29
	电焊条	kg	7.84	15.644	122.65	17.212	134.94
	803涂料	kg	1.45	22.901	33.21	16.038	23.26
	水	m³	0.99	12.700	12.57	12.300	12.21
	水泥（32.5级）	kg	0.25	664.459	166.11	517.117	129.28
	水泥（42.5级）	kg	0.30	4141.200	1242.36	4141.200	1242.36
	脚手架	元	—	—	196.00	—	90.60
	其他材料费	元	—	—	185.62	—	117.64
机械	垂直运输费	元	—	—	628.00	—	510.00
	其他机械费	元	—	—	412.33	—	346.67

3.7.2　概算指标的编制

概算指标是以每 100m² 建筑面积、每 1000m³ 建筑体积或每座构筑物为计量单位，规定人工、材料、机械及造价的定额指标。

概算指标是概算定额的扩大与合并，它是以整个房屋或构筑物为对象，以更为扩大的计量单位来编制的，也包括劳动力、材料和机械台班定额三个基本部分。同时，还列出了各结构分部的工程量及单位工程（以体积计或以面积计）的造价。例如每 1000m³ 房屋或构筑物、每 1000m 管道或道路、每座小型独立构筑物所需要的劳动力、材料和机械台班的消耗数量等。

1. 概算指标的作用

概算指标的作用与概算定额类似，在设计深度不够的情况下，往往用概算指标来编制初步设计概算。

因为概算指标比概算定额进一步扩大与综合，所以依据概算指标来估算投资就更为简便，但精确度也随之降低。

2. 概算指标的编制方法

由于各种性质建设工程项目所需要的劳动力、材料和机械台班的数量不同，概算指标通常按工业建筑和民用建筑分别编制。工业建筑中又按各工业部门类别、企业大小、车间结构编制，民用建筑中又按用途性质、建筑层高、结构类别编制。

单位工程概算指标，一般选择常见的工业建筑的辅助车间（如机修车间、金工车间、装配车间、锅炉房、变电站、空压机房、成品仓库、危险品仓库等）和一般民用建筑项目（如工房、单身宿舍、办公楼、教学楼、浴室、门卫室等）为编制对象，根据设计图纸和现行的概算定额等，测算出每 100m² 建筑面积或每 1000m³ 建筑体积所需的人工、主要材料、机械台班的消耗量指标和相应的费用指标等。

3. 概算指标的内容和形式

概算指标的组成内容一般分为文字说明、指标列表和附录等几部分。

1) 文字说明

概算指标的文字说明，其内容通常包括概算指标的编制范围、编制依据、分册情况、指标包括的内容、指标未包括的内容、指标的使用范围、指标允许调整的范围及调整方法等。

2) 列表形式

建筑工程的列表形式中，房屋建、构筑物一般以建筑面积 100m²、建筑体积 1000m³、"座"、"个"等为计量单位，附以必要的示意图，给出建筑物的轮廓示意或单线平面图；列有自然条件、建筑物类型、结构形式、各部位中结构的主要特点、主要工程量；列出综合指标：人工、主要材料、机械台班的消耗量。建筑工程的列表形式中，设备以"t"或"台"为计量单位，也有的以设备购置费或设备的百分比表示；列出指标编号、项目名称、规格、综合指标等。

思考题

1. 试述预算定额、概算定额、概算指标、估算指标四者之间的关系。
2. 人工定额有哪两种表现形式？它们之间有何关系？
3. 预算定额中人工消耗量指标有哪些？如何确定人工消耗量？人工幅度差的含义是什么？
4. 如何编制概算定额？
5. 企业定额有哪些作用？

4

工程量计算

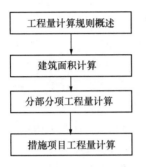

工程量计算规则概述

↓

建筑面积计算

↓

分部分项工程量计算

↓

措施项目工程量计算

4.1　工程量计算规则概述

4.1.1　工程量的概念

工程量是以物理计量单位或自然计量单位表示的各具体的建筑分项工程和结构构件的数量标准。

物理计量单位是指需经量度的具有物理属性的单位，一般以米制度量单位表示，如长度（m）、面积（m²）、体积（m³）、重量（t）等；自然计量单位是指无需量度的具有自然属性的单位，如个、台、组、套等。

由于篇幅有限，本书的工程量计算主要以房屋建筑工程为例，其余的工程类型请参考相应计量规范的要求进行。

4.1.2　工程量计算的依据

本书工程量计算的主要依据有：

（1）中华人民共和国住房和城乡建设部《建设工程工程量清单计价规范》GB 50500—2013。

（2）中华人民共和国住房和城乡建设部《建筑工程建筑面积计算规范》GB/T 50353—2013。

（3）中华人民共和国住房和城乡建设部《房屋建筑与装饰工程工程量计算规范》GB 50854—2013。

（4）相关图集、工程设计文件、施工图纸及答疑、设计说明书、设计变更资料、会审记录等。

（5）经审定的施工组织设计或施工方案。

（6）工程施工合同、招标文件的商务条款。

4.1.3 工程量计算的一般顺序

工程量计算是编制工程量清单的重要环节，也是投标报价的重要基础。为了准确快速地计算工程量，避免发生多算、少算、重复计算的现象，计算时应按一定的顺序及方法进行，一般来说，土建工程部分先计算建筑面积，然后计算分部分项工程量。

在安排房屋建筑工程各分部工程计算顺序时，可以按照《房屋建筑与装饰工程工程量计算规范》GB 50854—2013 中的分部分项工程的顺序或按照施工顺序依次进行计算。通常计算顺序为：（建筑面积）→土石方工程→地基与边坡支护工程→桩基工程→砌筑工程→混凝土及钢筋混凝土工程→金属结构工程→木结构工程→门窗工程→屋面及防水工程→防腐、隔热、保温工程→楼地面装饰工程→墙、柱面装饰与隔断、幕墙工程→顶棚工程→油漆、涂料、裱糊工程→其他装饰工程→拆除工程 →措施项目。

而对于同一分部工程中的不同分项工程量的计算，一般可采用以下顺序：

（1）按顺时针顺序计算，从平面图左上角开始，按顺时针方向逐步计算，绕一周后回到左上角。此方法适用于计算外墙及其基础、室内楼地面、顶棚等。

（2）按横竖顺序计算，从平面图上的横竖方向，从左到右，先外后内，先横后竖，先上后下逐步计算。此方法适用于计算内墙及其基础、间壁墙等。

（3）按编号顺序计算，按照图纸上注明的编号顺序计算，如钢筋混凝土构件、门窗、金属结构等，可按照图样的编号进行计算。

（4）按轴线顺序计算，对于复杂的工程，计算墙体、柱、内外粉刷时，仅按上述顺序计算，可能发生重复或遗漏，这时，可按图纸上的轴线顺序进行计算，并将其部位以轴线号表示出来。

总之，工程量的计算顺序，并不完全局限于以上几种，工作人员应根据图纸的特点以及自己的经验、习惯，可灵活采取各种不同的方法和形式。

4.1.4 统筹法计算工程量

统筹法计算工程量打破了按照规范顺序或按照施工顺序的工程量计算顺序，而是根据施工图样中大量图形线、面数据之间"集中""共需"的关系，找出工程量的变化规律，利用其几何共同性，统筹安排数据的计算。其特点是：统筹程序、合理安排；一次算出、多次使用；结合实际、灵活机动。统筹法计算工程量应根据工程量计算自身的规律，抓住共性因素，统筹安排计算顺序，使已算出的数据能为以后的分部分项工程的计算所利用，减少计算过程中的重复性，提高计算效率。

统筹法计算工程量的核心在于：根据统筹的顺序首先计算出若干工程量计算的基数，而这些基数能在以后的计算中反复使用。工程量计算基数并不确定，不同的工程可以归纳出不同的基数，但对于大多数工程而言，"三线一面"是其共有的基数。"三线"指的是外墙中心线、外墙外边线、内墙净长线。"一面"指的是建筑物的首层建筑面积。

凡计算外墙及外墙下的体积或水平投影面积的工程量时均可利用外墙中心线计算。例如外墙基础挖地槽、基础垫层、混凝土基础、砖基础、混凝土圈梁、墙身等，均不必区分统长、净长，而是可以直接利用外墙中心线计算，如图 4-1 所示。

外墙外边线用于计算外墙面勒脚、腰线、抹灰、勾缝、散水等分项工程工程量。

外墙外边线与外墙中心线有如下关系：

$$L_{外} = L_{中} + 4 \times 外墙厚 \qquad (4\text{-}1)$$

内墙净长线常用于内墙及内墙下基础的体积或水平投影面积的工程量计算。垫层、混凝土基础、砖基础和砖墙有各自不同的净长线，如图 4-2 所示。

底层建筑面积用于计算平整场地、综合脚手架等工程量。

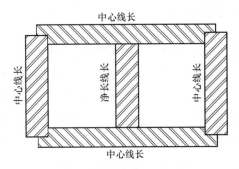

图 4-1 外墙中心线示意图

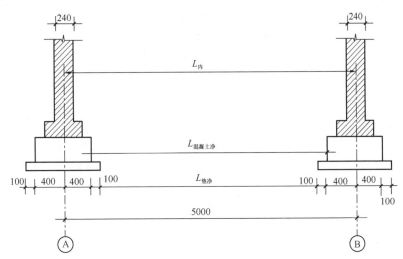

图 4-2 不同净长线示意图

4.2 建筑面积计算

4.2.1 建筑面积的概念和作用

1. 建筑面积的概念

建筑面积，也称建筑展开面积，指建筑物的各层水平面积相加后的总面积。它包括建筑使用面积、辅助面积和结构面积。

使用面积是指建筑物各层平面布置中，可直接为生产或生活使用的净面积总和，如居住生活间、工作间和生产间等的净面积。

辅助面积是指建筑物各层平面布置中为辅助生产或生活所占净面积的总和，如楼梯间、走道间、电梯井等。使用面积与辅助面积的总和称为"有效面积"。

结构面积是指建筑物各层平面布置中的墙体、柱、通风道等结构所占面积的总和。

2. 建筑面积的作用

建筑面积反映了建筑规模的大小，它是国家编制基本建设计划、控制投资规模的一项重要技术指标。

建筑面积是检查控制施工进度、竣工任务的重要指标，如已完工面积、竣工面积、在建面积是以建筑面积为指标表示的。

建筑面积是初步设计阶段选择概算指标的重要依据之一。

建筑面积是计算面积利用系数、土地利用系数及单位建筑面积经济指标的依据。土地利用系数是用建筑面积除以建筑物的占地面积来计算的，单方造价是用建筑物预算总价与建筑面积的比值来计算的。

4.2.2　计算建筑面积的规定

1) 建筑物的建筑面积应按自然层外墙结构外围水平面积之和计算。即建筑面积是以外墙体的正墙身外边线为准进行计算的。如图 4-3 所示。结构层高在 2.20m 及以上的，应计算全面积；结构层高在 2.20m 以下的，应计算 1/2 面积。

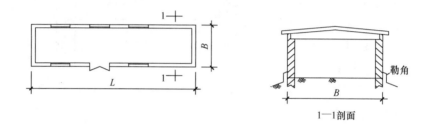

图 4-3　单层建筑物的建筑面积

建筑面积可按如下公式计算：

$$S = L \times B \qquad (4\text{-}2)$$

式中　S——单层建筑物的建筑面积（m^2）；

　　　L——两端山墙勒脚以上外表面水平长度（m）；

　　　B——两端纵墙勒脚以上外表面水平长度（m）。

要注意如下特殊的情况：

(1) 若外墙结构不等厚时，应按楼地面结构标高处的外围水平面积计算，如图 4-4 所示。

(2) 建筑物下部为砌体，上部为彩钢板时，计算建筑面积时要根据下部结构的高度，若 $h \geqslant 0.45m$，按下部砌体外围水平面积计算；若 $h < 0.45m$，按彩钢板外围水平面积计算，如图 4-5 所示。

2) 建筑物内设有局部楼层时，对于局部楼层的二层及以上楼层，有围护结构的应按其围护结构外围水平面积计算，无围护结构的应按其结构底板水平面积计算，且结构层高在 2.20m 及以上的，应计算全面积，结构层高在 2.20m 以下的，应计算 1/2 面积。如图 4-6、图 4-7 所示。

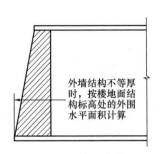

图 4-4 外墙结构不等厚时的
建筑面积计算示意图

图 4-5 建筑物下部为砌体,
上部为彩钢板

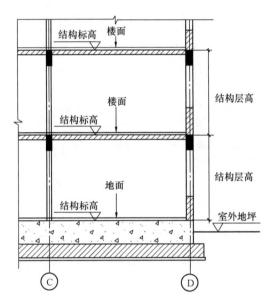

图 4-6 结构层高示意图

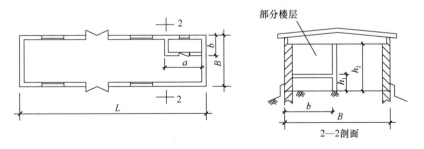

图 4-7 设有部分楼层的单层建筑物的建筑面积

带有部分楼层(二层高度超过 2.2m)的单层建筑物的建筑面积计算公式:

$$S = L \times B + \Sigma(a \times b) \tag{4-3}$$

式中 a、b——分别为二层及以上楼层的两个方向的外边线长度(m)。

3) 对于形成建筑空间的坡屋顶，结构净高在 2.10m 及以上的部位应计算全面积；结构净高在 1.20m 及以上至 2.10m 以下的部位应计算 1/2 面积；结构净高在 1.20m 以下的部位不应计算建筑面积。

4) 对于场馆看台下的建筑空间，结构净高在 2.10m 及以上的部位应计算全面积；结构净高在 1.20m 及以上至 2.10m 以下的部位应计算 1/2 面积；结构净高在 1.20m 以下的部位不应计算建筑面积。室内单独设置有围护设施的悬挑看台，应按看台结构底板水平投影面积计算建筑面积。有顶盖无围护结构的场馆看台应按其顶盖水平投影面积的 1/2 计算面积，如图 4-8 所示。

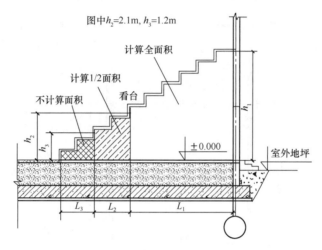

图 4-8　场馆看台下建筑面积的计算

5) 地下室、半地下室应按其结构外围水平面积计算。结构层高在 2.20m 及以上的，应计算全面积；结构层高在 2.20m 以下的，应计算 1/2 面积，如图 4-9 所示。

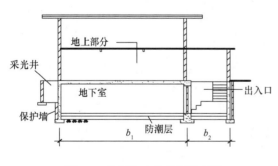

图 4-9　地下室建筑面积示意图

6) 出入口外墙外侧坡道有顶盖的部位，应按其外墙结构外围水平面积的 1/2 计算面积。

7) 建筑物架空层及坡地建筑物吊脚架空层，应按其顶板水平投影计算建筑面积。结构层高在 2.20m 及以上的，应计算全面积；结构层高在 2.20m 以下的，应计算 1/2 面积，如图 4-10 所示。

8) 建筑物的门厅、大厅应按一层计算建筑面积，门厅、大厅内设置的走廊应按走廊结构底板水平投影面积计算建筑面积。结构层高在 2.20m 及以上的，应计算全面积；结构层高在 2.20m 以下的，应计算 1/2 面积。

9) 对于建筑物间的架空走廊，有顶盖和围护设施的，应按其围护结构外围水平面积计算全面积，如图 4-11 所示；无围护结构、有围护设施的，应按其结构底板水平投影面积计算 1/2 面积。

10) 对于立体书库、立体仓库、立体车库，有围护结构的，应按其围护结构外围水平

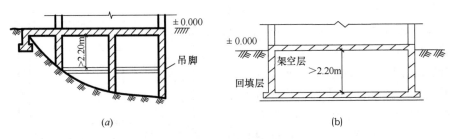

图 4-10 架空层示意图

(a) 吊脚空间；(b) 深基础架空层

面积计算建筑面积；无围护结构、有围护设施的，应按其结构底板水平投影面积计算建筑面积。无结构层的应按一层计算，有结构层的应按其结构层面积分别计算。结构层高在 2.20m 及以上的，应计算全面积；结构层高在 2.20m 以下的，应计算 1/2 面积，如图4-12所示。

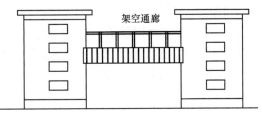

图 4-11 有顶盖的架空走廊示意图

11）有围护结构的舞台灯光控制室，应按其围护结构外围水平面积计算。结构层高在 2.20m 及以上的，应计算全面积；结构层高在 2.20m 以下的，应计算 1/2 面积。

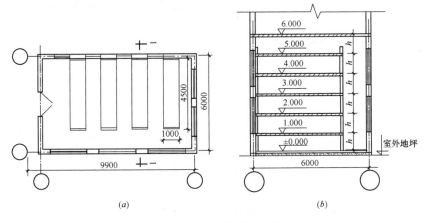

图 4-12 立体书库示意图

(a) 平面图；(b) 剖面图

12）附属在建筑物外墙的落地橱窗，应按其围护结构外围水平面积计算。结构层高在 2.20m 及以上的，应计算全面积；结构层高在 2.20m 以下的，应计算 1/2 面积，如图 4-13所示。

13）窗台与室内楼地面高差在 0.45m 以下且结构净高在 2.10m 及以上的凸（飘）窗，应按其围护结构外围水平面积计算 1/2 面积。

14）有围护设施的室外走廊（挑廊），应按其结构底板水平投影面积计算 1/2 面积；有围护设施（或柱）的檐廊，应按其围护设施（或柱）外围水平面积计算 1/2 面积。

15）门斗应按其围护结构外围水平面积计算建筑面积，且结构层高在 2.20m 及以上的，应计算全面积；结构层高在 2.20m 以下的，应计算 1/2 面积，如图 4-14 所示。

16）门廊应按其顶板的水平投影面积的 1/2 计算建筑面积；有柱雨篷应按其结构板水平投影面积的 1/2 计算建筑面积；无柱雨篷的结构外边线至外墙结构外边线的宽度在 2.10m 及以上的，应按雨篷结构板的水平投影面积的 1/2 计算建筑面积。

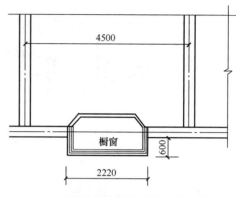

图 4-13　附属在建筑物外墙的落地橱窗

17）设在建筑物顶部的、有围护结构的楼梯间、水箱间、电梯机房等，结构层高在 2.20m 及以上的应计算全面积；结构层高在 2.20m 以下的，应计算 1/2 面积。

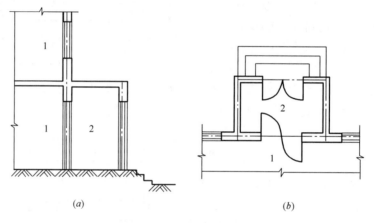

图 4-14　门斗示意图

18）围护结构不垂直于水平面的楼层，应按其底板面的外墙外围水平面积计算。结构净高在 2.10m 及以上的部位，应计算全面积；结构净高在 1.20m 及以上至 2.10m 以下的部位，应计算 1/2 面积；结构净高在 1.20m 以下的部位，不应计算建筑面积，如图 4-15 所示。

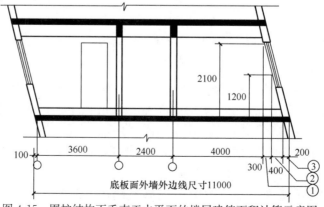

图 4-15　围护结构不垂直于水平面的楼层建筑面积计算示意图

19）建筑物的室内楼梯、电梯井（图 4-16）、提物井、管道井、通风排气竖井、烟道，应并入建筑物的自然层计算建筑面积。有顶盖的采光井应按一层计算面积，且结构净高在 2.10m 及以上的，应计算全面积；结构净高在 2.10m 以下的，应计算 1/2 面积。

20）室外楼梯应并入所依附建筑物自然层，并应按其水平投影面积的 1/2 计算建筑面积。

21）在主体结构内的阳台，应按其结构外围水平面积计算全面积；在主体结构外的阳台，应按其结构底板水平投影面积计算 1/2 面积。

22）有顶盖无围护结构的车棚、货棚、站台、加油站、收费站等，应按其顶盖水平投影面积的 1/2 计算建筑面积。

23）以幕墙作为围护结构的建筑物，应按幕墙外边线计算建筑面积。

24）建筑物的外墙外保温层，应按其保温材料的水平截面积计算，并计入自然层建筑面积，如图 4-17 所示。

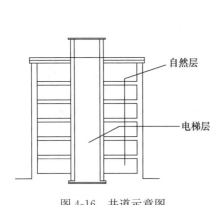

图 4-16　井道示意图

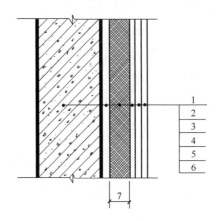

图 4-17　带保温层的建筑外墙结构示意图

1—墙体；2—粘结胶浆；3—保温材料；4—标准网；

5—加强网；6—抹面胶浆；7—计算建筑面积范围

25）与室内相通的变形缝，应按其自然层合并在建筑物建筑面积内计算。对于高低联跨的建筑物，当高低跨内部连通时，其变形缝应计算在低跨面积内，如图 4-18 所示。

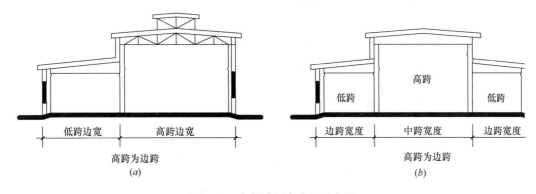

图 4-18　高低跨厂房分界示意图

26）对于建筑物内的设备层、管道层、避难层等有结构层的楼层，结构层高在 2.20m

及以上的，应计算全面积；结构层高在 2.20m 以下的，应计算 1/2 面积，如图 4-19 所示。

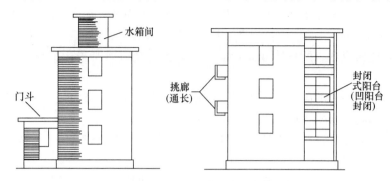

图 4-19　有围护结构的出屋面楼梯间示意图

4.2.3　不应计算建筑面积的项目

（1）与建筑物内不相连通的建筑部件；

（2）骑楼、过街楼底层的开放公共空间和建筑物通道；

（3）舞台及后台悬挂幕布和布景的天桥、挑台等；

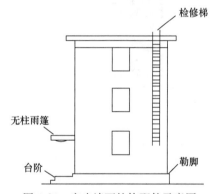

图 4-20　突出墙面的构配件示意图

（4）露台、露天游泳池、花架、屋顶的水箱及装饰性结构构件；

（5）建筑物内的操作平台、上料平台、安装箱和罐体的平台；

（6）勒脚、附墙柱、垛、台阶、墙面抹灰、装饰面、镶贴块料面层、装饰性幕墙，主体结构外的空调室外机搁板（箱）、构件、配件，挑出宽度在 2.10m 以下的无柱雨篷和顶盖高度达到或超过两个楼层的无柱雨篷，如图 4-20 所示；

（7）窗台与室内地面高差在 0.45m 以下且结构净高在 2.10m 以下的凸（飘）窗，窗台与室内地面高差在 0.45m 及以上的凸（飘）窗；

（8）室外爬梯、室外专用消防钢楼梯；

（9）无围护结构的观光电梯；

（10）建筑物以外的地下人防通道，独立的烟囱、烟道、地沟、油（水）罐、气柜、水塔、贮油（水）池、贮仓、栈桥等构筑物。

4.3　土石方工程量计算

4.3.1　土石方工程的工作内容

土石方工程根据施工条件和设计要求，按施工方法分为人工土石方和机械土石方两部分，工作内容主要包括平整场地、岩石爆破、土石方的挖掘、运输、回填土、碾压与夯实等。

计算土石方工程量前，应确定下列资料。

1. 土及岩石的类别

土及岩石有两类分类方法。一种是按地质勘测分类的方法（普氏分类），另一种是按定额分类的方法。对照归纳如表 4-1 所示。

土及岩石分类对照表　　　　　　　　　　　表 4-1

定额分类	普氏分类	土（或岩石）的状况	开挖方法及工具	平均密度（kg/m³）	紧固系数
一、二类土	Ⅰ、Ⅱ	普通土	锹、镐	600～1900	0.5～0.8
三类土	Ⅲ	坚土	尖锹与镐	1400～1900	0.8～1
四类土	Ⅳ	砂砾坚土	尖锹、镐、撬棍	1950～2000	1～1.5
松石	Ⅴ	砾岩、片岩等	手工凿、爆破	1800～2600	1.5～2
次坚石	Ⅵ、Ⅶ、Ⅷ	中等及坚实灰岩等	风镐、爆破开挖	1100～2900	2～8
普坚石	Ⅸ、Ⅹ	石灰岩、大理石等	爆破开挖	2400～3000	8～12
特坚石	Ⅺ、Ⅻ	花岗岩、硬石灰岩、玄武岩、石英岩等	爆破开挖	2600～3300	12～25

2. 地下水位标高及排（降）水方法

3. 土方、沟槽、基坑挖（填）起止标高，施工方法及运距，是否放坡、是否支挡土板

4. 岩石开凿、爆破方法、石渣清运方法及运距

4.3.2　土石方工程规范

土（石）方工程分为土方工程、石方工程和土石方回填三个子项，其工程量清单项目及工程量计算规则见表 4-2～表 4-4。

土方工程（编码：010101）　　　　　　　　　　表 4-2

项目编码	项目名称	项目特征	计量单位	工程量计算规则	工作内容
010101001	平整场地	1. 土壤类别 2. 弃土运距 3. 取土运距	m²	按设计图示尺寸以建筑物首层建筑面积计算	1. 土方挖填 2. 场地找平 3. 运输
010101002	挖一般土方			按设计图示尺寸以体积计算	1. 排地表水 2. 土方开挖 3. 围护（挡土板）、支撑 4. 基底钎探 5. 运输
010101003	挖沟槽土方	1. 土壤类别 2. 挖土深度	m³	1. 房屋建筑按设计图示尺寸以基础垫层底面积乘以挖土深度计算。 2. 构筑物按最大水平投影面积乘以挖土深度（原地面平均标高至坑底高度）以体积计算	
010101004	挖基坑土方				
010101005	冻土开挖	冻土厚度		按设计图示尺寸开挖面积乘以厚度以体积计算	1. 爆破 2. 开挖 3. 清理 4. 运输
010101006	挖淤泥、流砂	1. 挖掘深度 2. 弃淤泥、流砂距离		按设计图示位置、界限以体积计算	1. 开挖 2. 运输

项目编码	项目名称	项目特征	计量单位	工程量计算规则	工作内容
010101007	管沟土方	1. 土壤类别 2. 管外径 3. 挖沟深度 4. 回填要求	1. m 2. m³	1. 以米计量，按设计图示以管道中心线长度计算。 2. 以立方米计量，按设计图示管底垫层面积乘以挖土深度计算；无管底垫层的按管外径的水平投影面积乘以挖土深度计算	1. 排地表水 2. 土方开挖 3. 围护(挡土板)、支撑 4. 运输 5. 回填

石方工程（编码：010102）　　　　　　　　　　表 4-3

项目编码	项目名称	项目特征	计量单位	工程量计算规则	工作内容
010102001	挖一般石方	1. 岩石类别 2. 开凿深度 3. 弃碴运距	m³	按设计图示尺寸以体积计算	1. 排地表水 2. 凿石 3. 运输
010102002	挖沟槽石方			按设计图示尺寸沟槽底面积乘以挖石深度以体积计算	
010102003	挖基坑石方			按设计图示尺寸基坑底面积乘以挖石深度以体积计算	
010102004	基底摊座		m²	按设计图示尺寸以展开面积计算	
010102005	管沟石方	1. 岩石类别 2. 管外径 3. 挖沟深度	1. m 2. m³	1. 以米计量，按设计图示以管道中心线长度计算。 2. 以立方米计量，按设计图示截面积乘以长度计算	1. 排地表水 2. 凿石 3. 回填 4. 运输

土石方回填（编码：010103）　　　　　　　　表 4-4

项目编码	项目名称	项目特征	计量单位	工程量计算规则	工作内容
010103001	回填方	1. 密实度要求 2. 填方材料品种 3. 填方粒径要求 4. 填方来源、运距	m³	按设计图示尺寸以体积计算。 1. 场地回填：回填面积乘以平均回填厚度。 2. 室内回填：主墙间面积乘以回填厚度，不扣除间隔墙。 3. 基础回填：挖方体积减去自然地坪以下埋设的基础体积（包括基础垫层及其他构筑物）	1. 运输 2. 回填 3. 压实
010103002	余方弃置	1. 废弃料品种 2. 运距	m³	按挖方清单项目工程量减利用回填方体积（正数）计算	余方点装料运输至弃置点
010103003	缺方内运	1. 填方材料品种 2. 运距		按挖方清单项目工程量减利用回填方体积（负数）计算	取料点装料运输至缺方点

4.3.3 土石方工程量计算

1. 平整场地

平整场地是指在开工前为了方便施工现场进行放样、定线和施工等需要，对建筑场地厚度在±30cm以内的挖、填、运、找平。按《计量规范》要求，其工程量按建筑物（或构筑物）首层面积计算。但是如果是编制施工图预算或者施工企业投标报价时，可考虑建筑物首层每边外放两米计算平整场地工程量。

2. 挖一般土方

挖一般土方是指建筑场地竖向±30cm以外竖向布置的挖土或山坡切土。按《计量规范》要求，其工程量按挖方体积计算。

（1）挖土方体积应按挖掘前的天然密实体积计算。如需按天然密实体积折算时，应按表4-5所示系数计算。

土方体积折算系数表　　　　　　　　　表4-5

天然密实度体积	虚方体积	夯实后体积	松填体积
1.00	1.30	0.87	1.08
0.77	1.00	0.67	0.83
1.15	1.50	1.00	1.25
0.92	1.20	0.80	1.00

（2）实际施工时，要根据情况确定是否需要放坡，一般按施工组织设计或由施工现场技术决策人员确定，无资料时，放坡系数按表4-6计取（图4-21）。

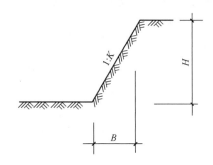

图4-21　放坡系数示意图（放坡系数 $K=B/H$）

放坡系数表　　　　　　　　　表4-6

土壤类别	放坡起点（m）	人工挖土	机械挖土		
			在坑内作业	在坑上作业	顺沟槽在坑上作业
一、二类土	1.20	1：0.5	1：0.33	1：0.75	1：0.5
三类土	1.50	1：0.33	1：0.25	1：0.67	1：0.33
四类土	2.00	1：0.25	1：0.10	1：0.33	1：0.25

（3）挖土深度应按自然地面测量标高至设计地坪标高间的平均厚度确定。

3. 挖基础土方

"挖基础土方"项目适用于基础土方开挖（包括人工挖孔桩土方），并包括指定范围内的土方运输。

（1）基础类型包括带形基础、独立基础、满堂基础（包括地下室基础）及设备基础。无论哪种基础类型，根据《计量规范》计算工程量时均按设计图示尺寸以基础垫层底面积乘以挖土深度确定。但在实际施工中，根据施工方案确定的放坡、操作工作面和机械挖土进出施工工作面等增加的施工量，应包括在挖基础土方报价中。

（2）基础施工增加的工作面，如无规定，可按表 4-7 计算。

基础施工时所需增加的工作面　　　　　　　　　　　　　　　　表 4-7

基础材料	地槽、地坑每面增加工作面（mm）
砖	200
浆砌毛石、条石	150
混凝土基础或垫层需支模者	300
混凝土基础支模板	300
基础垂直面做防水层	1000（防水层面）

（3）基础土方应按基础垫层底表面至交付施工场地标高确定，无交付施工场地标高时，应按自然地面标高确定。

（4）若施工组织设计确定需支挡土板时，其宽度按图示沟槽、基坑底宽，单面加10cm，双面加20cm计算。挡土板面积，按槽、坑垂直支撑面积计算，支挡土板后，不得再计算放坡。如图 4-22 所示。

支挡土板面积＝支挡土板长×支挡土板高

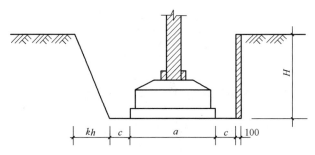

图 4-22　挖沟槽剖面示意图

a—基础（垫层）宽度；c—工作面宽度；h—挖土深度；

k—放坡系数；100—挡土板厚度（mm）

4. 管沟土方

管沟土石方有两种算法，一是按设计图示以管道中心线长度计算，二是按设计图示截面积乘以长度以立方米计算。有管沟设计时，平均深度以沟垫层底表面标高至交付施工场地标高计算；无管沟设计时，直埋管深度应按管底外表面标高至交付施工场地标高的平均高度计算。

5. 石方工程

"石方开挖"项目适用于人工凿石、人工打眼爆破、机械打眼爆破等，并包括指定范围内的石方清除运输。设计规定需光面爆破的坡面、需摊座的基底，工程量清单中应有详细描述。石方爆破的超挖量，也应包含在报价中。

6. 土石方回填

回填土的范围有场地回填、室内回填和基础回填。土石方回填工程量按设计图示尺寸以体积计算，如图 4-23 所示。

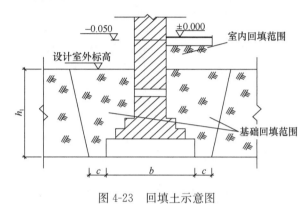

图 4-23　回填土示意图

（1）场地回填是将基坑填至设计高度。

$$场地回填＝挖土方－地下基础及垫层体积 \qquad (4-4)$$

其中，地下基础体积应是从自然地面向下至基底的基础体积。

（2）基础回填土是指柱基或设备基础，砌筑到地面以上后，将坑基四周用土填平。

$$基础回填＝挖基础土方－地下基础及垫层体积 \qquad (4-5)$$

其中，地下基础体积应是从自然地面向下至基底的基础体积。

（3）室内回填，也叫房心回填，是指室外地坪至室内设计地坪垫层下表皮范围内的夯填土。

$$室内回填＝主墙间净面积×回填厚度$$
$$回填厚度＝室内外高差－地坪构筑体厚度 \qquad (4-6)$$

这里的"主墙"是指结构厚度在 120mm 以上（不含 120mm）的各类墙体。地坪构筑体厚度应包括面层砂浆、块料及垫层等的厚度，按设计要求而定。

4.4　地基处理与边坡支护工程工程量计算

4.4.1　地基处理与边坡支护工程的工作内容

当建筑物建造在软土层上，不能以天然土壤地基作基础，而进行人工地基处理又不经济时，往往采用桩基础来提高地基的承载力。

地基处理与边坡支护工程的工作内容包括地基处理和基坑与边坡支护两部分内容。

4.4.2　地基处理与边坡支护工程的计量规范

地基处理与边坡支护工程的工程量清单项目及工程量计算规则见表 4-8、表 4-9。

地基处理（编号：010201）　　　　　　　　表 4-8

项目编码	项目名称	项目特征	计量单位	工程量计算规则	工作内容
010201001	换填垫层	1. 材料种类及配比 2. 压实系数 3. 掺加剂品种	m³	按设计图示尺寸以体积计算	1. 分层铺填 2. 碾压、振密或夯实 3. 材料运输
010201002	铺设土工合成材料	1. 部位 2. 品种 3. 规格		按设计图示尺寸以面积计算	1. 挖填锚固沟 2. 铺设 3. 固定 4. 运输
010201003	预压地基	1. 排水竖井种类、断面尺寸、排列方式、间距、深度 2. 预压方法 3. 预压荷载、时间 4. 砂垫层厚度	m²	按设计图示尺寸以加固面积计算	1. 设置排水竖井、盲沟、滤水管 2. 铺设砂垫层、密封膜 3. 堆载、卸载或抽气设备安拆、抽真空 4. 材料运输
010201004	强夯地基	1. 夯击能量 2. 夯击遍数 3. 地耐力要求 4. 夯填材料种类			1. 铺设夯填材料 2. 强夯 3. 夯填材料运输
010201005	振冲密实（不填料）	1. 地层情况 2. 振密深度 3. 孔距			1. 振冲加密 2. 泥浆运输
010201006	振冲桩（填料）	1. 地层情况 2. 空桩长度、桩长 3. 桩径 4. 填充材料种类		1. 以米计量，按设计图示尺寸以桩长计算 2. 以立方米计量，按设计桩截面乘以桩长以体积计算	1. 振冲成孔、填料、振实 2. 材料运输 3. 泥浆运输
010201007	砂石桩	1. 地层情况 2. 空桩长度、桩长 3. 桩径 4. 成孔方法 5. 材料种类、级配	1. m 2. m³	1. 以米计量，按设计图示尺寸以桩长（包括桩尖）计算 2. 以立方米计量，按设计桩截面乘以桩长（包括桩尖）以体积计算	1. 成孔 2. 填充、振实 3. 材料运输

项目编码	项目名称	项目特征	计量单位	工程量计算规则	工作内容
010201008	水泥粉煤灰碎石桩	1. 地层情况 2. 空桩长度、桩长 3. 桩径 4. 成孔方法 5. 混合料强度等级	m	按设计图示尺寸以桩长（包括桩尖）计算	1. 成孔 2. 混合料制作、灌注、养护

基坑与边坡支护（编码：010202）   表 4-9

项目编码	项目名称	项目特征	计量单位	工程量计算规则	工作内容
010202001	地下连续墙	1. 地层情况 2. 导墙类型、截面 3. 墙体厚度 4. 成槽深度 5. 混凝土类别、强度等级 6. 接头形式	m³	按设计图示墙中心线长乘以厚度乘以槽深以体积计算	1. 导墙挖填、制作、安装、拆除 2. 挖土成槽、固壁、清底置换 3. 混凝土制作、运输、灌注、养护 4. 接头处理 5. 土方、废泥浆外运 6. 打桩场地硬化及泥浆池、泥浆沟
010202002	咬合灌注桩	1. 地层情况 2. 桩长 3. 桩径 4. 混凝土类别、强度等级 5. 部位	1. m 2. 根	1. 以米计量，按设计图示尺寸以桩长计算 2. 以根计量，按设计图示数量计算	1. 成孔、固壁 2. 混凝土制作、运输、灌注、养护 3. 套管压拔 4. 土方、废泥浆外运 5. 打桩场地硬化及泥浆池、泥浆沟
010202003	圆木桩	1. 地层情况 2. 桩长 3. 材质 4. 尾径 5. 桩倾斜度	1. m 2. 根	1. 以米计量，按设计图示尺寸以桩长（包括桩尖）计算 2. 以根计量，按设计图示数量计算	1. 工作平台搭拆 2. 桩机竖拆、移位 3. 桩靴安装 4. 沉桩

续表

项目编码	项目名称	项目特征	计量单位	工程量计算规则	工作内容
010202004	预制钢筋混凝土板桩	1. 地层情况 2. 送桩深度、桩长 3. 桩截面 4. 混凝土强度等级			1. 工作平台搭拆 2. 桩机竖拆、移位 3. 沉桩 4. 接桩
010202005	型钢桩	1. 地层情况或部位 2. 送桩深度、桩长 3. 规格型号 4. 桩倾斜度 5. 防护材料种类 6. 是否拔出	1. t 2. 根	1. 以吨计量，按设计图示尺寸以质量计算 2. 以根计量，按设计图示数量计算	1. 工作平台搭拆 2. 桩机竖拆、移位 3. 打（拔）桩 4. 接桩 5. 刷防护材料
010202006	钢板桩	1. 地层情况 2. 桩长 3. 板桩厚度	1. t 2. m²	1. 以吨计量，按设计图示尺寸以质量计算 2. 以平方米计量，按设计图示墙中心线长乘以桩长以面积计算	1. 工作平台搭拆 2. 桩机移位 3. 打拔桩钢板桩
010202007	预应力锚杆、锚索	1. 地层情况 2. 锚杆（索）类型、部位 3. 钻孔深度 4. 钻孔直径 5. 杆体材料品种、规格、数量 6. 浆液种类、强度等级	1. m 2. 根	1. 以米计量，按设计图示尺寸以钻孔深度计算 2. 以根计量，按设计图示数量计算	1. 钻孔、浆液制作、运输、压浆 2. 锚杆、锚索制作、安装 3. 张拉锚固 4. 锚杆、锚索施工平台搭设、拆除
010202008	其他锚杆、土钉	1. 地层情况 2. 钻孔深度 3. 钻孔直径 4. 置入方法 5. 杆体材料品种、规格、数量 6. 浆液种类、强度等级			1. 钻孔、浆液制作、运输、压浆 2. 锚杆、土钉制作、安装 3. 锚杆、土钉施工平台搭设、拆除

4.4.3 工程量计算注意事项

地层情况根据岩土工程勘察报告按单位工程各地层所占比例（包括范围值）进行描述。对无法准确描述的地层情况，可注明由投标人根据岩土工程勘察报告自行决定报价。

基坑与边坡的检测、变形观测等费用按国家相关取费标准单独计算，不在本清单项目中。

地下连续墙和喷射混凝土的钢筋网及咬合灌注桩的钢筋笼制作、安装，按混凝土和钢筋混凝土中相关项目编码列项。本分部未列的基坑与边坡支护的排桩按桩基础中相关项目编码列项。水泥土墙、坑内加固按表 4.7 中相关项目编码列项。砖、石挡土墙、护坡按砌筑工程中相关项目编码列项。混凝土挡土墙按混凝土及钢筋混凝土中相关项目编码列项。弃土（不含泥浆）清理、运输按土石方工程中相关项目编码列项。

4.5 桩基工程工程量计算

4.5.1 桩基工程的工作内容

桩基工程主要包括各种预制桩的沉桩、接桩、送桩、截凿桩头以及灌注桩工程。

4.5.2 桩基工程的计量规范

桩基工程量的计算分成打桩和灌注桩两个子项，详见表 4-10、表 4-11。

打桩（编号：010301）　　　　　　　　　　　　　　　　　　　　　表 4-10

项目编码	项目名称	项目特征	计量单位	工程量计算规则	工作内容
010301001	预制钢筋混凝土方桩	1. 地层情况 2. 送桩深度、桩长 3. 桩截面 4. 桩倾斜度 5. 混凝土强度等级	1. m 2. 根	1. 以米计量，按设计图示尺寸以桩长（包括桩尖）计算 2. 以根计量，按设计图示数量计算	1. 工作平台搭拆 2. 桩机竖拆、移位 3. 沉桩 4. 接桩 5. 送桩
010301002	预制钢筋混凝土管桩	1. 地层情况 2. 送桩深度、桩长 3. 桩外径、壁厚 4. 桩倾斜度 5. 混凝土强度等级 6. 填充材料种类 7. 防护材料种类			1. 工作平台搭拆 2. 桩机竖拆、移位 3. 沉桩 4. 接桩 5. 送桩 6. 填充材料、刷防护材料
010301003	钢管桩	1. 地层情况 2. 送桩深度、桩长 3. 材质 4. 管径、壁厚 5. 桩倾斜度 6. 填充材料种类 7. 防护材料种类	1. t 2. 根	1. 以吨计量，按设计图示尺寸以质量计算 2. 以根计量，按设计图示数量计算	1. 工作平台搭拆 2. 桩机竖拆、移位 3. 沉桩 4. 接桩 5. 送桩 6. 切割钢管、精割盖帽 7. 管内取土 8. 填充材料、刷防护材料

续表

项目编码	项目名称	项目特征	计量单位	工程量计算规则	工作内容
010301004	截(凿)桩头	1. 桩头截面、高度 2. 混凝土强度等级 3. 有无钢筋	1. m³ 2. 根	1. 以立方米计量，按设计桩截面乘以桩头长度以体积计算 2. 以根计量，按设计图示数量计算	1. 截桩头 2. 凿平 3. 废料外运

灌注桩（编号：010302） 表 4-11

项目编码	项目名称	项目特征	计量单位	工程量计算规则	工作内容
010302001	泥浆护壁成孔灌注桩	1. 地层情况 2. 空桩长度、桩长 3. 桩径 4. 成孔方法 5. 护筒类型、长度 6. 混凝土类别、强度等级	1. m 2. m³ 3. 根	1. 以米计量，按设计图示尺寸以桩长（包括桩尖）计算 2. 以立方米计量，按不同截面在桩长范围内以体积计算 3. 以根计量，按设计图示数量计算	1. 护筒埋设 2. 成孔、固壁 3. 混凝土制作、运输、灌注、养护 4. 土方、废泥浆外运 5. 打桩场地硬化及泥浆池、泥浆沟
010302002	沉管灌注桩	1. 地层情况 2. 空桩长度、桩长 3. 复打长度 4. 桩径 5. 沉管方法 6. 桩尖类型 7. 混凝土类别、强度等级			1. 打（沉）拔钢管 2. 桩尖制作、安装 3. 混凝土制作、运输、灌注、养护
010302003	干作业成孔灌注桩	1. 地层情况 2. 空桩长度、桩长 3. 桩径 4. 扩孔直径、高度 5. 成孔方法 6. 混凝土类别、强度等级			1. 成孔、扩孔 2. 混凝土制作、运输、灌注、振捣、养护

项目编码	项目名称	项目特征	计量单位	工程量计算规则	工作内容
010302004	挖孔桩土（石）方	1. 土（石）类别 2. 挖孔深度 3. 弃土（石）运距	m³	按设计图示尺寸截面积乘以挖孔深度以立方米计算	1. 排地表水 2. 挖土、凿石 3. 基底钎探 4. 运输
010302005	人工挖孔灌注桩	1. 桩芯长度 2. 桩芯直径、扩底直径、扩底高度 3. 护壁厚度、高度 4. 护壁混凝土类别、强度等级 5. 桩芯混凝土类别、强度等级	1. m³ 2. 根	1. 以立方米计量，按桩芯混凝土体积计算 2. 以根计量，按设计图示数量计算	1. 护壁制作 2. 混凝土制作、运输、灌注、振捣、养护
010302006	钻孔压浆桩	1. 地层情况 2. 空钻长度、桩长 3. 钻孔直径 4. 水泥强度等级	1. m 2. 根	1. 以米计量，按设计图示尺寸以桩长计算 2. 以根计量，按设计图示数量计算	钻孔、下注浆管、投放骨料、浆液制作、运输、压浆
010302007	桩底注浆	1. 注浆导管材料、规格 2. 注浆导管长度 3. 单孔注浆量 4. 水泥强度等级	孔	按设计图示以注浆孔数计算	1. 注浆导管制作、安装 2. 浆液制作、运输、压浆

4.5.3 工程量计算注意事项

（1）项目特征中的桩截面、混凝土强度等级、桩类型等可直接用标准图代号或设计桩型进行描述。桩长应包括桩尖，空桩长度＝孔深－桩长，孔深为自然地面至设计桩底的深度。

（2）桩项目包括成品桩购置费，如果用现场预制桩，应包括现场预制的所有费用。

（3）打试验桩和打斜桩应按相应项目编码单独列项，并应在项目特征中注明试验桩或斜桩（斜率）。

（4）泥浆护壁成孔灌注桩是指在泥浆护壁条件下成孔，采用水下灌注混凝土的桩。其成孔方法包括冲击钻成孔、冲抓锥成孔、回旋钻成孔、潜水钻成孔、泥浆护壁的旋挖成孔等。

（5）桩基础的承载力检测、桩身完整性检测等费用按国家相关取费标准单独计算，不在本清单项目中。

（6）沉管灌注桩的沉管方法包括锤击沉管法、振动沉管法、振动冲击沉管法、内夯沉管法等。

（7）干作业成孔灌注桩是指不用泥浆护壁和套管护壁的情况下，用钻机成孔后，下钢筋笼，灌注混凝土的桩，适用于地下水位以上的土层。其成孔方法包括螺旋钻成孔、螺旋钻成孔扩底、干作业的旋挖成孔等。

（8）桩基础的承载力检测、桩身完整性检测等费用按国家相关取费标准单独计算，不在本清单项目中。

（9）混凝土灌注桩的钢筋笼制作、安装，按混凝土及钢筋混凝土工程相关项目编码列项。

4.6 砌筑工程量计算

4.6.1 砌筑工程的工作内容

砌筑工程是指用砖、石和各类砌块进行建筑物或构筑物的砌筑。主要工作内容包括基础、墙体、柱和其他零星砌体等的砌筑。

标准砖以 240mm×115mm×53mm 为准，砖墙每增 1/2 砖厚，计算厚度增加 125mm。其砌体厚度按表 4-12 计算。使用非标准砖时，其砌体厚度应按砖的实际规格和设计厚度计算。

标准砖砌体计算厚度表　　　　表 4-12

砖数（厚度）	1/4	1/2	3/4	1	1.5	2	2.5	3
计算厚度（mm）	53	115	180	240	365	490	615	740

4.6.2 砌筑工程规范

砌筑工程部分包括砖砌体、砌块砌体、石砌体、垫层四个子项，下文详细列出了砖砌体和垫层的工程量清单项目及工程量计算规则（表 4-13、表 4-14），砌块砌体和石砌体的工程量计算规则与砖砌体基本相同，考虑篇幅问题本书没有列出，请参加相关规范。

砖砌体（编号：010401）　　　　表 4-13

项目编码	项目名称	项目特征	计量单位	工程量计算规则	工作内容
010401001	砖基础	1. 砖品种、规格、强度等级 2. 基础类型 3. 砂浆强度等级 4. 防潮层材料种类	m³	按设计图示尺寸以体积计算。 包括附墙垛基础宽出部分体积，扣除地梁（圈梁）、构造柱所占体积，不扣除基础大放脚T形接头处的重叠部分及嵌入基础内的钢筋、铁件、管道、基础砂浆防潮层和单个面积≤0.3m² 的孔洞所占体积，靠墙暖气沟的挑檐不增加。 基础长度：外墙按外墙中心线，内墙按内墙净长线计算	1. 砂浆制作、运输 2. 砌砖 3. 防潮层铺设 4. 材料运输
010401002	砖砌挖孔桩护壁	1. 砖品种、规格、强度等级 2. 砂浆强度等级		按设计图示尺寸以立方米计算	1. 砂浆制作、运输 2. 砌砖 3. 材料运输

续表

项目编码	项目名称	项目特征	计量单位	工程量计算规则	工作内容
010401003	实心砖墙			按设计图示尺寸以体积计算。扣除门窗洞口、过人洞、空圈、嵌入墙内的钢筋混凝土柱、梁、圈梁、挑梁、过梁及凹进墙内的壁龛、管槽、暖气槽、消火栓箱所占体积，不扣除梁头、板头、檩头、垫木、木楞头、沿缘木、木砖、门窗走头、砖墙内加固钢筋、木筋、铁件、钢管及单个面积 ≤0.3m² 的孔洞所占的体积。凸出墙面的腰线、挑檐、压顶、窗台线、虎头砖、门窗套的体积亦不增加。凸出墙面的砖垛并入墙体体积内计算。 1. 墙长度：外墙按中心线、内墙按净长计算。 2. 墙高度： （1）外墙：斜（坡）屋面无檐口顶棚者算至屋面板底；有屋架且室内外均有顶棚者算至屋架下弦底另加 200mm；无顶棚者算至屋架下弦底另加 300mm，出檐宽度超过 600mm 时按实砌高度计算；与钢筋混凝土楼板隔层者算至板顶。平屋顶算至钢筋混凝土板底。 （2）内墙：位于屋架下弦者，算至屋架下弦底；无屋架者算至顶棚底另加 100mm；有钢筋混凝土楼板隔层者算至楼板顶；有框架梁时算至梁底。 （3）女儿墙：从屋面板上表面算至女儿墙顶面（如有混凝土压顶时算至压顶下表面）。 （4）内、外山墙：按其平均高度计算。 3. 框架间墙：不分内外墙按墙体净尺寸以体积计算。 4. 围墙：高度算至压顶上表面（如有混凝土压顶时算至压顶下表面），围墙柱并入围墙体积内	1. 砂浆制作、运输 2. 砌砖 3. 刮缝 4. 砖压顶砌筑 5. 材料运输
010401004	多孔砖墙	1. 砖品种、规格、强度等级 2. 墙体类型 3. 砂浆强度等级、配合比	m³		
010401005	空心砖墙				

续表

项目编码	项目名称	项目特征	计量单位	工程量计算规则	工作内容
010401006	空斗墙	1. 砖品种、规格、强度等级 2. 墙体类型 3. 砂浆强度等级、配合比	m³	按设计图示尺寸以空斗墙外形体积计算。墙角、内外墙交接处、门窗洞口立边、窗台砖、屋檐处的实砌部分体积并入空斗墙体积内	1. 砂浆制作、运输 2. 砌砖 3. 装填充料 4. 刮缝 5. 材料运输
010401007	空花墙			按设计图示尺寸以空花部分外形体积计算,不扣除空洞部分体积	
010401008	填充墙			按设计图示尺寸以填充墙外形体积计算	
010401009	实心砖柱	1. 砖品种、规格、强度等级 2. 柱类型 3. 砂浆强度等级、配合比		按设计图示尺寸以体积计算。扣除混凝土及钢筋混凝土梁垫、梁头所占体积	1. 砂浆制作、运输 2. 砌砖 3. 刮缝 4. 材料运输
010401010	多孔砖柱				
010401011	砖检查井	1. 井截面 2. 垫层材料种类、厚度 3. 底板厚度 4. 井盖安装 5. 混凝土强度等级 6. 砂浆强度等级 7. 防潮层材料种类	座	按设计图示数量计算	1. 土方挖、运 2. 砂浆制作、运输 3. 铺设垫层 4. 底板混凝土制作、运输、浇筑、振捣、养护 5. 砌砖 6. 刮缝 7. 井池底、壁抹灰 8. 抹防潮层 9. 回填 10. 材料运输
010401012	零星砌砖	1. 零星砌砖名称、部位 2. 砂浆强度等级、配合比	1. m³ 2. m² 3. m 4. 个	1. 以立方米计量,按设计图示尺寸截面积乘以长度计算。 2. 以平方米计量,按设计图示尺寸水平投影面积计算。 3. 以米计量,按设计图示尺寸长度计算。 4. 以个计量,按设计图示数量计算	1. 砂浆制作、运输 2. 砌砖 3. 刮缝 4. 材料运输

项目编码	项目名称	项目特征	计量单位	工程量计算规则	工作内容
010401013	砖散水、地坪	1. 砖品种、规格、强度等级 2. 垫层材料种类、厚度 3. 散水、地坪厚度 4. 面层种类、厚度 5. 砂浆强度等级	m²	按设计图示尺寸以面积计算	1. 土方挖、运 2. 地基找平、夯实 3. 铺设垫层 4. 砌砖散水、地坪 5. 抹砂浆面层
010401014	砖地沟、明沟	1. 砖品种、规格、强度等级 2. 沟截面尺寸 3. 垫层材料种类、厚度 4. 混凝土强度等级 5. 砂浆强度等级	m	以米计量，按设计图示以中心线长度计算	1. 土方挖、运 2. 铺设垫层 3. 底板混凝土制作、运输、浇筑、振捣、养护 4. 砌砖 5. 刮缝、抹灰 6. 材料运输

垫层（编码：010404）　　　　　　　　　　　　　　　　表 4-14

项目编码	项目名称	项目特征	计量单位	工程量计算规则	工作内容
010404001	垫层	垫层材料种类、配合比、厚度	m³	按设计图示尺寸以立方米计算	1. 垫层材料的拌制 2. 垫层铺设 3. 材料运输

4.6.3　砌筑工程的工程量计算

1. 砖基础

最常见的砖基础为条形基础，工程量的计算规则是不分基础厚度和高度，均按图示尺寸以立方米计算。

1) 基础长度

外墙基础的长度按外墙中心线计算，内墙基础的长度按内墙基础净长线计算。

2) 墙基厚度

墙基厚度为基础主墙身的厚度，按表 4-12 中的规定计算。

3) 基础高度

基础高度为墙身墙基分界线至基础底面距离。

4) 砖基础与砖墙身的划分遵循的原则

(1) 砖(石)基础与墙身，以设计室内地面为界(有地下室者，以地下室室内设计地面为界)，以下为基础，以上为墙身。

(2) 基础与墙身使用不同材料，当材料分界线位于设计室内地面±300mm 以内时，以不同材料分界线为界，超过±300mm 时，以设计室内地面为分界线。

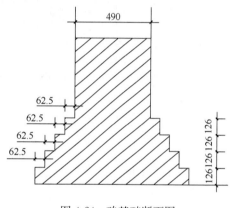

图 4-24　砖基础断面图

(3) 砖(石)围墙，以设计室外地坪为分界线，以下为基础，以上为墙身。

5) 基础断面计算

砖基础受刚性角的限制，需在基础底部做成逐步放阶的形式，俗称大放脚。根据大放脚的断面形式分为等阶式大放脚和间隔式大放脚，如图 4-24 所示。

为了简便砖大放脚基础工程量的计算，可将放脚部分的面积折成相等墙基断面的面积，即墙基厚×折算高，也可以计算增加断面。每种规格的墙基折算高度见表 4-15。

砖基础大放脚折算高度表　　　　　　　　　　　　　　　　　表 4-15

大放脚层数	放脚形式	各种墙基厚度的折算高度（m）						增加断面面积（m²）
		0.115	0.180	0.240	0.365	0.490	0.615	
一	等高式	0.137	0.087	0.066	0.043	0.032	0.026	0.01575
	间隔式	0.137	0.087	0.066	0.043	0.032	0.026	0.01575
二	等高式	0.411	0.262	0.197	0.0129	0.096	0.077	0.04725
	间隔式	0.342	0.219	0.164	0.108	0.080	0.064	0.039375
三	等高式	0.822	0.525	0.394	0.269	0.193	0.154	0.09450
	间隔式	0.685	0.437	0.328	0.216	0.161	0.128	0.07875
四	等高式	1.370	0.875	0.656	0.432	0.321	0.256	0.15750
	间隔式	1.096	0.700	0.525	0.345	0.257	0.205	0.12600
五	等高式	2.054	1.312	0.984	0.647	0.482	0.384	0.23625
	间隔式	1.643	1.050	0.787	0.518	0.386	0.307	0.18900
六	等高式	2.876	1.837	1.378	0.906	0.675	0.538	0.33075
	间隔式	2.260	1.444	1.083	0.712	0.530	0.423	0.25988

续表

大放脚层数	放脚形式	各种墙基厚度的折算高度（m）						增加断面面积（m²）
		0.115	0.180	0.240	0.365	0.490	0.615	
七	等高式	3.835	2.450	1.837	1.208	0.900	0.717	0.44100
	间隔式	3.013	1.925	1.444	0.949	0.707	0.563	0.34650
八	等高式	4.930	3.150	2.362	1.553	1.157	0.922	0.56700
	间隔式	3.835	2.450	1.838	1.208	0.900	0.717	0.44100
九	等高式	6.163	3.937	2.953	1.942	1.446	1.152	0.70875
	间隔式	4.793	3.062	2.297	1.510	1.125	0.896	0.55125
十	等高式	7.533	4.812	3.609	2.373	1.768	1.409	0.86625
	间隔式	5.821	3.719	2.789	1.834	1.366	1.088	0.669375

6）应扣除（或并入）的体积

计算砖基础工程量时，基础大放脚 T 形接头处的重叠部分以及嵌入基础的钢筋、铁件、管道、基础防潮层及单个面积在 0.3m² 以内孔洞所占体积不予扣除，但靠墙暖气沟的挑檐亦不增加。附墙垛基础宽出部分体积应并入基础工程量内。

7）砖基础工程量＝基础长度×墙基厚度×（基础高度＋折算高度）－扣除体积＋并入体积

或＝基础长度×（墙基厚度×基础高度＋增加断面面积）－扣除体积＋并入体积 （4-7）

2. 砖砌体

1）实心砖墙

砖墙工程量的计算规则是不分墙体厚度和高度，均按图示尺寸以立方米计算。

（1）墙体长度

外墙按外墙中心线计算；内墙按内墙净长线计算；围墙按设计长度计算。

（2）墙身高度

① 外墙墙身高度：斜（坡）屋面无檐口顶棚者算至屋面板底；有屋架且室内外均有顶棚者算至屋架下弦底另加 200mm；无顶棚者算至屋架下弦底另加 300mm，出檐宽度超过 600mm 时按实砌高度计算；平屋面算至钢筋混凝土板底。如图 4-25 所示。

② 内墙墙身高度：内墙位于屋架下弦者，算至屋架下弦底；无屋架者算至顶棚底另加 100mm；有钢筋混凝土楼板隔层者算至楼板顶。有框架梁时算至梁底。

③ 围墙高度：从设计室外地坪至围墙砖顶面。有砖压顶算至压顶顶面；无压顶算至围墙顶面；其他材料压顶算至压顶底面。

④ 女儿墙高度，自外墙顶面至图示女儿墙顶面高度，分别以不同墙厚并入外墙计算。

（3）墙体厚度

墙体厚度为主墙身的厚度，按表 4-13 中的规定计算。

（4）应扣除（或并入）的体积

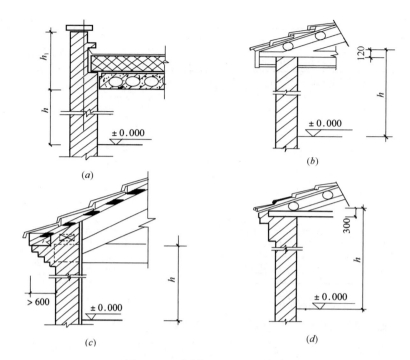

图 4-25　不同情况下的外墙高度

(a) 平屋面；(b) 斜屋面且室内外有顶棚；(c) 出檐宽度大于600mm的坡屋面；

(d) 坡屋架无顶棚

① 计算墙体工程量时，应扣除门窗洞口、过人洞、空圈、嵌入墙身的钢筋混凝土柱、梁（包括过梁、圈梁、挑梁）和暖气包壁龛及内墙板头的体积，不扣除梁头、板头、檩头、垫木、木楞头、沿椽木、木砖、门窗走头、砖墙内的加固钢筋、木筋、铁件、钢管及每个面积在 0.3m² 以下的孔洞等所占的体积，突出墙面的窗台虎头砖、压顶线、山墙泛水、烟囱根、门窗套、腰线和挑檐等体积亦不增加。

② 凸出墙面的砖垛，并入墙身体积内计算。

③ 附墙烟囱、通风道、垃圾道应按设计图示尺寸体积（扣除孔洞所占体积）计算，并入所依附的墙体积内。

④ 墙内砖平碹、砖拱碹、砖过梁的体积不扣除，应包括在报价中。

（5）砖墙工程量＝墙体长度×墙体高度×墙体厚度－应扣除体积＋应并入体积　（4-8）

2）实心砖柱

"实心砖柱"项目适用于各种类型柱：矩形柱、异形柱、圆柱、包柱等，其工程量按实体体积，应并入砖柱基大放脚的体积，必须扣除混凝土及钢筋混凝土梁垫、梁头、板头所占体积。柱身与柱基的划分同墙身和墙基。

需要注意的是：独立柱的基础是四面大放脚形式。

$$柱身工程量＝柱断面积×柱高×根数　（4-9）$$

3）其他砖砌体

（1）"空斗墙"项目适用于各种砌法的空斗墙，其工程量是以空斗墙外形体积计算，包括墙角、内外墙交接处、门窗洞口立边、窗台砖、屋檐处实砌部分的体积；窗间墙、窗台下、楼板下、梁头下的实砌部分，应另行计算。按零星砌砖项目编码列项。

（2）使用混凝土花格砌筑的空花墙，分实砌墙体与混凝土花格分别计算工程量，混凝土花格按混凝土及钢筋混凝土预制零星构件编码列项。

（3）"零星砌砖"适用于台阶、台阶挡墙、梯带、锅台、炉灶、蹲台等。

台阶工程量可按水平投影面积计算（不包括梯带和台阶挡墙）；小型池槽、锅台、炉灶可按个计算，以"长×宽×高"顺序标明外形尺寸；砖砌小便池等可按长度计算。

4.7 混凝土及钢筋混凝土工程量计算

4.7.1 混凝土及钢筋混凝土工程的工作内容

在现代建筑工程中，建筑物的基础、主体骨架、结构构件、楼地面工程往往采用混凝土及钢筋混凝土作材料。根据施工方法不同，混凝土及钢筋混凝土分部的工作内容包括现浇混凝土和预制混凝土构件的制作、运输、浇筑、振捣、养护以及钢筋工程。

混凝土及钢筋混凝土工程的主要用材由水泥、石子、砂、钢筋以及模板组成，但由于模板项目不构成工程实体，所以在措施项目中列项计算。

4.7.2 混凝土及钢筋混凝土工程规范

混凝土及钢筋混凝土工程部分包括现浇混凝土基础、现浇混凝土柱、现浇混凝土梁、现浇混凝土墙、现浇混凝土板、现浇混凝土楼梯、现浇混凝土其他构件、后浇带、预制混凝土柱、预制混凝土梁、预制混凝土屋架、预制混凝土板、预制混凝土楼梯、其他预制构件、混凝土构筑物、钢筋工程、螺栓铁件等十七个子项，其工程量清单项目及工程量计算规则见表4-16～表4-30。

现浇混凝土基础（编号：010501）　　　　　　　　　　　　　表 4-16

项目编码	项目名称	项目特征	计量单位	工程量计算规则	工作内容
010501001	垫层	1. 混凝土类别 2. 混凝土强度等级	m³	按设计图示尺寸以体积计算。不扣除构件内钢筋、预埋铁件和伸入承台基础的桩头所占体积	1. 模板及支撑制作、安装、拆除、堆放、运输及清理模内杂物、刷隔离剂等 2. 混凝土制作、运输、浇筑、振捣、养护
010501002	带形基础				
010501003	独立基础				
010501004	满堂基础				
010501005	桩承台基础				
010501006	设备基础	1. 混凝土类别 2. 混凝土强度等级 3. 灌浆材料、灌浆材料强度等级			

現浇混凝土柱（编号：010502） 表 4-17

项目编码	项目名称	项目特征	计量单位	工程量计算规则	工作内容
010502001	矩形柱	1. 混凝土类别 2. 混凝土强度等级	m³	按设计图示尺寸以体积计算。不扣除构件内钢筋、预埋铁件所占体积。型钢混凝土柱扣除构件内型钢所占体积。柱高： 1. 有梁板的柱高，应以自柱基上表面（或楼板上表面）至上一层楼板上表面之间的高度计算。 2. 无梁板的柱高，应以自柱基上表面（或楼板上表面）至柱帽下表面之间的高度计算。 3. 框架柱的柱高：应以自柱基上表面至柱顶高度计算。 4. 构造柱按全高计算，嵌接墙体部分（马牙槎）并入柱身体积。 5. 依附柱上的牛腿和升板的柱帽，并入柱身体积计算	1. 模板及支架（撑）制作、安装、拆除、堆放、运输及清理模内杂物、刷隔离剂等 2. 混凝土制作、运输、浇筑、振捣、养护
010502002	构造柱				
010502003	异形柱	1. 柱形状 2. 混凝土类别 3. 混凝土强度等级			

現浇混凝土梁（编码：010503） 表 4-18

项目编码	项目名称	项目特征	计量单位	工程量计算规则	工作内容
010503001	基础梁	1. 混凝土种类 2. 混凝土强度等级	m³	按设计图示尺寸以体积计算。不扣除构件内钢筋、预埋铁件所占体积，伸入墙内的梁头、梁垫并入梁体积内。 梁长： 1. 梁与柱连接时，梁长算至柱侧面。 2. 主梁与次梁连接时，次梁长算至主梁侧面	1. 模板及支架制作、安装、拆除、堆放、运输及清理模内杂物、刷隔离剂等 2. 混凝土制作、运输、浇筑、振捣、养护
010503002	矩形梁				
010503003	异形梁				
010503004	圈梁				
010503005	过梁				
010503006	弧形、拱形梁				

現浇混凝土墙（编号：010504） 表 4-19

项目编码	项目名称	项目特征	计量单位	工程量计算规则	工作内容
010504001	直形墙	1. 混凝土类别 2. 混凝土强度等级	m³	按设计图示尺寸以体积计算。不扣除构件内钢筋、预埋铁件所占体积，扣除门窗洞口及单个面积>0.3m²的孔洞所占体积，墙垛及突出墙面部分并入墙体体积内计算	1. 模板及支架（撑）制作、安装、拆除、堆放、运输及清理模内杂物、刷隔离剂等 2. 混凝土制作、运输、浇筑、振捣、养护
010504002	弧形墙				
010504003	短肢剪力墙				
010504004	挡土墙				

现浇混凝土板（编码：010505）　　　　　表 4-20

项目编码	项目名称	项目特征	计量单位	工程量计算规则	工作内容
010505001	有梁板	1. 混凝土种类 2. 强度等级	m³	按设计图示尺寸以体积计算，不扣除构件内钢筋、预埋铁件及单个面积 0.3 m² 以内的孔洞所占体积，有梁板（包括主、次梁与板）按梁、板体积之和，无梁板按板和柱帽体积之和计算，各类板伸入墙内的板头并入板体积内，薄壳板的肋、基梁并入薄壳体积内计算	1. 模板及支架制作、安装、拆除、堆放、运输及清理模内杂物、刷隔离剂等 2. 混凝土制作、运输、浇筑、振捣、养护
010505002	无梁板				
010505003	平板				
010505004	拱板				
010505005	薄壳板				
010505006	栏板				
010505007	天沟（檐沟、挑檐板）			按设计图示尺寸以体积计算	
010505008	雨篷、悬挑板、阳台板			按设计图示尺寸以墙外部分体积计算。包括伸出墙外的牛腿和雨篷反挑檐的体积	
010505009	其他板			按设计图示尺寸以体积计算。空心板（GBF 高强薄壁蜂巢芯板等）应扣除空心部分体积	
010505010	空心板			按设计图示尺寸以体积计算	

现浇混凝土楼梯（编码：010506）　　　　　表 4-21

项目编码	项目名称	项目特征	计量单位	工程量计算规则	工作内容
010506001	直形楼梯	1. 混凝土种类 2. 混凝土强度等级	1. m² 2. m³	1. 以平方米计量，按设计图示尺寸以水平投影面积计算。不扣除宽度小于 500mm 的楼梯井，伸入墙内部分不计算。 2. 以立方米计量，按设计图示尺寸以体积计算	1. 模板及支架制作、安装、拆除、堆放、运输及清理模内杂物、刷隔离剂等 2. 混凝土制作、运输、浇筑、振捣、养护
010506002	弧形楼梯				

现浇混凝土其他构件（编码：010507）　　　　　　表 4-22

项目编码	项目名称	项目特征	计量单位	工程量计算规则	工作内容
010507001	散水、坡道	1. 垫层材料种类、厚度 2. 面层厚度 3. 混凝土类别 4. 混凝土强度等级 5. 变形缝填塞材料种类	m^2	以平方米计量，按设计图示尺寸以面积计算。不扣除单个 $\leqslant 0.3m^2$ 的孔洞所占面积	1. 地基夯实 2. 铺设垫层 3. 模板及支撑制作、安装、拆除、堆放、运输及清理模内杂物、刷隔离剂等 4. 混凝土制作、运输、浇筑、振捣、养护 5. 变形缝填塞
010507002	室外地坪	1. 地坪厚度 2. 混凝土强度等级			
010507003	电缆沟、地沟	1. 土壤类别 2. 沟截面净空尺寸 3. 垫层材料种类、厚度 4. 混凝土类别 5. 混凝土强度等级 6. 防护材料种类	m	以米计量，按设计图示以中心线长计算	1. 挖填、运土石方 2. 铺设垫层 3. 模板及支撑制作、安装、拆除、堆放、运输及清理模内杂物、刷隔离剂等 4. 混凝土制作、运输、浇筑、振捣、养护 5. 刷防护材料
010507004	台阶	1. 踏步高宽比 2. 混凝土类别 3. 混凝土强度等级	1. m^2 2. m^3	1. 以平方米计量，按设计图示尺寸水平投影面积计算。 2. 以立方米计量，按设计图示尺寸以体积计算	1. 模板及支撑制作、安装、拆除、堆放、运输及清理模内杂物、刷隔离剂等 2. 混凝土制作、运输、浇筑、振捣、养护
010507005	扶手、压顶	1. 断面尺寸 2. 混凝土类别 3. 混凝土强度等级	1. m 2. m^3	1. 以米计量，按设计图示的延长米计算。 2. 以立方米计量，按设计图示尺寸以体积计算	1. 模板及支架（撑）制作、安装、拆除、堆放、运输及清理模内杂物、刷隔离剂等 2. 混凝土制作、运输、浇筑、振捣、养护
010507006	化粪池、检查井	1. 部位 2. 混凝土强度等级 3. 防水、抗渗要求	1. m^3 2. 座	1. 按设计图示尺寸以体积计算。 2. 以座计量，按图示数量计算	1. 模板及支架（撑）制作、安装、拆除、堆放、运输及清理模内杂物、刷隔离剂等 2. 混凝土制作、运输、浇筑、振捣、养护
010507007	其他构件	1. 构件的类型 2. 构件规格 3. 部位 4. 混凝土类别 5. 混凝土强度等级	m		

后浇带（编码：010508）　　　　　　　　　表 4-23

项目编码	项目名称	项目特征	计量单位	工程量计算规则	工作内容
010508001	后浇带	1. 混凝土种类 2. 混凝土强度等级	m³	按设计图示尺寸以体积计算	1. 模板及支架制作、安装、拆除、堆放、运输及清理模内杂物、刷隔离剂等 2. 混凝土制作、运输、浇筑、振捣、养护

预制混凝土柱（编码：010509）　　　　　　表 4-24

项目编码	项目名称	项目特征	计量单位	工程量计算规则	工作内容
010509001	矩形柱	1. 图代号 2. 单件体积 3. 安装高度 4. 混凝土强度等级 5. 砂浆（细石混凝土）强度等级、配合比	1. m³ 2. 根	1. 按设计图示尺寸以体积计算。 2. 按设计图示尺寸以"数量"计算	1. 模板制作、安装、拆除、堆放、运输及清理模内杂物、刷隔离剂等 2. 混凝土制作、运输、浇筑、振捣、养护 3. 构件制作、运输 4. 砂浆制作、运输 5. 接头灌缝、养护
010509002	异形柱				

预制混凝土梁（编码：010510）　　　　　　表 4-25

项目编码	项目名称	项目特征	计量单位	工程量计算规则	工作内容
010510001	矩形梁	1. 图代号 2. 单件体积 3. 安装高度 4. 混凝土强度等级 5. 砂浆（细石混凝土）强度等级、配合比	1. m³ 2. 根	1. 按设计图示尺寸以体积计算。 2. 按设计图示尺寸以数量计算	1. 模板制作、安装、拆除、堆放、运输及清理模内杂物、刷隔离剂等 2. 混凝土制作、运输、浇筑、振捣、养护 3. 构件制作、运输 4. 砂浆制作、运输 5. 接头灌缝、养护
010510002	异形梁				
010510003	过梁				
010510004	拱形梁				
010510005	鱼腹式吊车梁				
010510006	其他梁				

预制混凝土屋架（编码：010511）　　　　　　　　　　　表 4-26

项目编码	项目名称	项目特征	计量单位	工程量计算规则	工作内容
010511001	折线型	1. 图代号 2. 单件体积 3. 安装高度 4. 混凝土强度等级 5. 砂浆（细石混凝土）强度等级、配合比	1. m³ 2. 榀	1. 按设计图示尺寸以体积计算。 2. 按设计图示尺寸以数量计算	1. 模板制作、安装、拆除、堆放、运输及清理模内杂物、刷隔离剂等 2. 混凝土制作、运输、浇筑、振捣、养护 3. 构件制作、运输 4. 砂浆制作、运输 5. 接头灌缝、养护
010511002	组合				
010511003	薄腹				
010511004	门式刚架				
010511005	天窗架				

预制混凝土板（编码：010512）　　　　　　　　　　　　表 4-27

项目编码	项目名称	项目特征	计量单位	工程量计算规则	工作内容
010512001	平板	1. 图代号 2. 单件体积 3. 安装高度 4. 混凝土强度等级 5. 砂浆（细石混凝土）强度等级、配合比	1. m³ 2. 块	1. 按设计图示尺寸以体积计算。不扣除构件内钢筋、预埋铁件及单个尺寸 ≤ 300mm × 300mm 的空洞所占体积，扣除空心板空洞体积。 2. 按设计图示尺寸以数量计算	1. 模板制作、安装、拆除、堆放、运输及清理模内杂物、刷隔离剂等 2. 混凝土制作、运输、浇筑、振捣、养护 3. 构件制作、运输 4. 砂浆制作、运输 5. 接头灌缝、养护
010512002	空心板				
010512003	槽形板				
010512004	网架板				
010512005	折线板				
010512006	带肋板				
010512007	大型板				
010512008	沟盖板、井盖板、井圈		1. m³ 2. 块（套）	1. 按设计图示尺寸以体积计算。不扣除构件内钢筋、预埋铁件所占体积。 2. 按设计图示尺寸以数量计算	

预制混凝土楼梯（编码：010513）　　　　　　　　　　　表 4-28

项目编码	项目名称	项目特征	计量单位	工程量计算规则	工作内容
010513001	楼梯	1. 楼梯类型 2. 单件体积 3. 混凝土强度等级 4. 砂浆（细石混凝土）强度等级	1. m³ 2. 段	1. 按设计图示尺寸以体积计算。扣除空心踏步板空洞体积。 2. 按设计图示尺寸以数量计算	1. 模板制作、安装、拆除、堆放、运输及清理模内杂物、刷隔离剂等 2. 混凝土制作、运输、浇筑、振捣、养护 3. 构件制作、运输 4. 砂浆制作、运输 5. 接头灌缝、养护

其他预制构件（编码：010514） 表4-29

项目编码	项目名称	项目特征	计量单位	工程量计算规则	工作内容
010514001	烟道、垃圾道、通风道	1. 单件体积 2. 混凝土强度等级 3. 砂浆（细石混凝土）强度等级	1. m³ 2. m² 3. 根（块、套）	1. 按设计图示尺寸以体积计算。不扣除构件内钢筋、预埋铁件及单个尺寸≤300mm×300mm的孔洞所占体积。 2. 按设计图示尺寸以面积计算。不扣除单个面积单个尺寸≤300mm×300mm的孔洞所占面积。 3. 按设计图示尺寸以数量计算	1. 模板制作、安装、拆除、堆放、运输及清理模内杂物、刷隔离剂等 2. 混凝土制作、运输、浇筑、振捣、养护 3. 构件制作、运输 4. 砂浆制作、运输 5. 接头灌缝、养护
010514002	其他构件	1. 单件体积 2. 构件的类型 3. 混凝土强度等级 4. 砂浆强度等级			

钢筋工程（编码：010516） 表4-30

项目编码	项目名称	项目特征	计量单位	工程量计算规则	工作内容
010516001	现浇构件钢筋			按设计图示钢筋（网）长度（面积）乘以单位理论质量计算	1. 钢筋（网、笼）制作、运输 2. 钢筋（网、笼）安装 3. 焊接（绑扎）
010516002	预制构件钢筋				
010516003	钢筋网片				
010516004	钢筋笼				
010516005	先张法预应力钢筋			按设计图示钢筋长度乘以单位理论质量计算	1. 钢筋制作、运输 2. 钢筋张拉
010516006	后张法预应力钢筋	1. 钢筋种类、规格 2. 钢丝束种类、规格 3. 钢绞线种类、规格 4. 锚具种类 5. 砂浆强度等级	t	按设计图示钢筋（丝束、绞线）长度乘以单位理论质量计算。 1. 低合金钢筋两端均采用螺杆锚具时，钢筋长度按孔道长度减0.35m计算，螺杆另行计算。 2. 低合金钢筋一端采用镦头插片、另一端采用螺杆锚具时，钢筋长度按孔道长度计算，螺杆另行计算。 3. 低合金钢筋一端采用镦头插片、另一端采用帮条锚具时，钢筋增加0.15m计算；两端均采用帮条锚具时，钢筋长度按孔道长度增加0.3m计算。 4. 低合金钢筋采用后张混凝土自锚时，钢筋长度按孔道长度增加0.35m计算。 5. 低合金钢筋（钢绞线）采用JM、XM、QM型锚具，孔道长度在20m以内时，钢筋长度增加1m计算；孔道长度在20m以外时，钢筋（钢绞线）长度按孔道长度增加1.8m计算。 6. 碳素钢丝采用锥形锚具，孔道长度在20m以内时，钢丝束长度按孔道长度增加1m计算；孔道长度在20m以上时，钢丝束长度按孔道长度增加1.8m计算。 7. 碳素钢丝束采用镦头锚具时，钢丝束长度按孔道长度增加0.35m计算	1. 钢筋、钢丝束、钢绞线制作、运输 2. 钢筋、钢丝束、钢绞线安装 3. 预埋管孔道铺设 4. 锚具安装 5. 砂浆制作、运输 6. 孔道压浆、养护
010516007	预应力钢丝				
010516008	预应力钢绞线				

4.7.3　现浇混凝土工程量计算

现浇混凝土构件除现浇楼梯、散水、坡道以及电缆沟、地沟以外，均按图示尺寸实体体积以立方米计算。不扣除构件内钢筋、铁件、螺栓及墙、板中 $0.3m^2$ 内的孔洞所占体积，超过 $0.3m^2$ 的孔洞所占体积应予扣除。

1. 现浇混凝土基础

现浇基础包括现场支模浇筑的各种混凝土基础，如带形基础、独立基础、桩承台、满堂基础和设备基础等。

1）带形基础

常见的带形基础的截面有梯形、阶梯形和矩形三种，如图 4-26 所示。

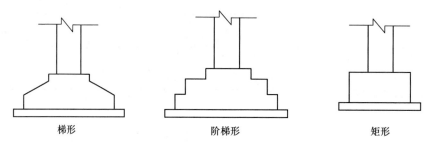

梯形　　　　　　阶梯形　　　　　　矩形

图 4-26　带形基础截面形式

（1）混凝土带形基础工程量的一般计算公式为：

$$V = L \times S \tag{4-10}$$

式中　V——带形基础体积（m^3）；

　　　L——带形基础长度（m），外墙按中心线长度计算，内墙按基础净长线计算；

　　　S——带形基础断面面积（m^2）。

（2）内外墙若是有梁式带形基础，其交接处 T 形接头部分（图 4-27）体积计算如下：

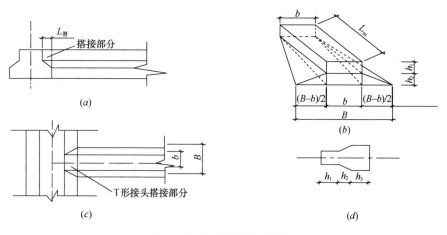

图 4-27　基础搭接头示意图

$$V_搭 = V_1 + V_2$$
$$V_1 = L_搭 \times b \times h_1$$

$$V_2 = L_{搭} \times h_2 \times (2b + B)/6 \tag{4-11}$$

式中　$V_{搭}$——T形接头搭接体积（m^3）；

　　　V_1——（b）图中 h_1 断面部分搭接体积（m^3）；

　　　V_2——（b）图中 h_2 断面部分搭接体积（m^3）。

（3）内外墙若是无梁式带形基础，$V_{搭} = V_2$。

2）独立柱基础

独立柱基础一般为阶梯式或截锥式形状，当基础体积为阶梯式时，其体积为各阶矩形的长、宽、高相乘后相加。截锥式形状（图4-28），其体积可由矩形体积和棱台体积之和构成。

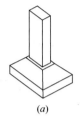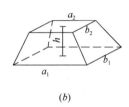

（a）　　　　　　（b）

图 4-28　截锥式独立柱基础

3）杯形基础

杯形基础体积如图 4-29 所示。其体积为两个矩形体积、一个棱台体积减一个倒棱台体积（杯口净空体积 $V_{杯}$）构成。

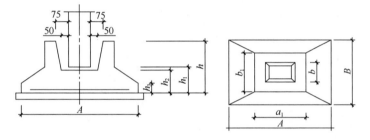

图 4-29　杯形基础体积示意图

4）满堂基础

满堂基础分无梁式和有梁式，一般厢式满堂基础的工程量应拆开计算，分为无梁式满堂基础、墙、板等三部分。此外，框架式设备基础也按此方法处理。

【例 4-1】某构造柱断面尺寸为 400mm×600mm，杯形基础尺寸如图 4-30 所示。其中，下部矩形高 500mm，上部矩形高 600mm，内杯高度为 700mm，试计算杯形基础工程量。

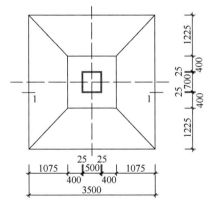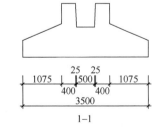

1—1

图 4-30　杯形基础

解：将杯形基础体积分为四部分：

（1）下部矩形体积 $V_1 = 3.50 \times 4.00 \times 0.50 = 7.00\text{m}^3$

（2）下部棱台体积

$V_2 = 0.5/3 \times [3.50 \times 4.00 + (3.50 \times 4.00 \times 1.35 \times 1.55)^{1/2} + 1.35 \times 1.55] = 3.58\text{m}^3$

（3）上部矩形体积 $V_3 = 1.35 \times 1.55 \times 0.6 = 1.26\text{m}^3$

（4）杯口净空部分体积

$V_4 = 0.7/3 \times [0.50 \times 0.70 + (0.50 \times 0.70 \times 0.55 \times 0.75)^{1/2} + 0.55 \times 0.75] = 0.27\text{m}^3$

（5）杯形基础工程量 $= V_1 + V_2 + V_3 - V_4 = 7.00 + 3.58 + 1.26 - 0.27 = 11.57\text{m}^3$

2. 现浇混凝土柱

现浇柱是现场支模、就地浇捣的钢筋混凝土柱，如框架柱和构造柱等，其工程量是按图示断面尺寸乘以柱高以立方米计算。

1）柱断面按图示尺寸的平面几何形状计算，常见的几何断面有矩形、圆形、圆环形（空心柱）和工字形。

其中，构造柱的截面积计算公式为：

构造柱断面积 $= d_1 d_2 + 0.03 (n_1 d_1 + n_2 d_2)$ (4-12)

式中　d_1、d_2——构造柱两个方向的尺寸；

　　　n_1、n_2——d_1、d_2方向咬接的边数。

2）柱高按下列规定确定：

（1）有梁板的柱高，应以自柱基上表面（或楼板上表面）至上一层楼板上表面之间的高度计算。如图 4-31 所示。

（2）无梁板的柱高，应以自柱基上表面（或楼板上表面）至柱帽（头）下表面之间的高度计算。如图 4-31 所示。

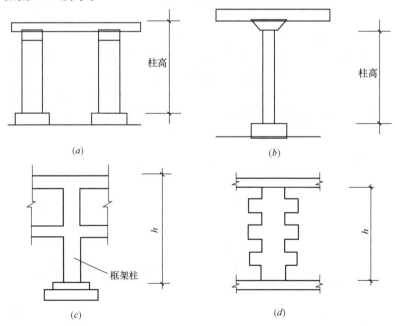

图 4-31　柱高示意图

(a) 有梁板；(b) 无梁板；(c) 框架柱；(d) 构造柱

（3）框架柱的柱高，应以自柱基上表面至柱顶高度计算。如图 4-31 所示。

（4）构造柱按全高计算，嵌接墙体部分的体积并入柱身体积。如图 4-31 所示。

（5）依附于柱身上的牛腿体积，并入柱身体积内计算。如图 4-32 所示。

图 4-32　带牛腿的柱

计算时应注意：同一柱有几个不同断面时，工程量应按断面分别计算后体积相加。

【例 4-2】 某构造柱高 3m，截面尺寸 365mm×240mm，丁字墙，计算该柱工程量。

解： $V=\left[\ (0.365+0.03\times2)\ \times0.24+0.365\times0.03\right]\times3=0.339\mathrm{m}^3$

3. 现浇混凝土梁

现浇梁包括基础梁、一般梁和圈梁。其工程量是按图示断面尺寸乘以梁长以立方米计算。

梁长按下列规定确定：

（1）梁与柱交接时，梁长应按柱与柱之间的净距计算；

（2）主梁与次梁连接时，次梁长算至主梁侧面。伸入墙内梁头、梁垫体积并入梁体积内计算。

简言之，截面小的梁长度计算至截面大的梁侧面。如图 4-33 所示。

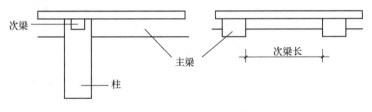

图 4-33　主、次梁长度示意图

4. 现浇混凝土墙

现浇混凝土墙工程量按图示中心线长度乘以墙高及厚度以体积计算，"直形墙""弧形墙"项目也适用于电梯井。应注意的是与墙连接的薄壁柱（也称隐壁柱，在框剪结构中，隐藏在墙体中的钢筋混凝土柱，抹灰后不再有柱的痕迹）按墙项目编码列项。

5. 现浇混凝土板

现浇混凝土板的构造形式可分为有梁板、无梁板、平板、拱板等。其工程量是按图示面积乘以板厚以立方米计算。

1）现浇板：

（1）有梁板是指带有梁的板，工程量按梁、板体积之和计算。

（2）无梁板是指不带梁、直接用柱头支承的板，其体积按板与柱帽体积之和计算。

（3）平板系指无柱无梁、四边直接搁置在承重墙上的板，其工程量按板实体体积计算。有多种板连接时，应以墙中线划分，伸入墙内的板头并入板内计算。

（4）现浇挑檐天沟与板（包括屋面板、楼板）连接时，以外墙为分界线，与圈梁（包括其他梁）连接时，以梁外边线为分界线。外墙边线以外或梁外边线以外为挑檐天沟。

2）混凝土板若采用浇筑复合高强薄型空心管时，其工程量应扣除管所占体积，复合高强薄型空心管应包括在报价中。采用轻质材料浇筑在有梁板内时，轻质材料应包括在报价中。

3）阳台、雨篷：

阳台、雨篷按伸出外墙体积计算，伸出外墙的牛腿并入板的工程量计算。带反挑檐的雨篷，也应计算其全部体积。如图4-34所示。

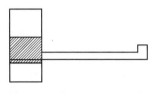

图4-34 带反挑檐的雨篷

6. 整体楼梯

整体楼梯包括踏步、休息平台、平台梁、斜梁和楼层板的连接梁，应分层按其水平投影面积计算。楼梯井宽度超过500mm时，其面积应扣除。伸入墙内部分不计算。当整体楼梯与现浇楼板无梯梁连接时，以楼梯的最后一个踏步边缘加300mm为界。但楼梯基础、栏杆、扶手，应另列项目计算。如图4-35所示。

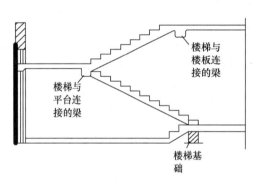

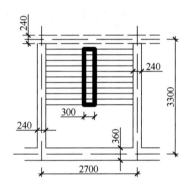

图4-35 整体楼梯示意图

单跑楼梯的工程量计算与直形楼梯、弧形楼梯的工程量计算相同，单跑楼梯如无休息平台时，应在工程量清单中进行描述。

7. 后浇带

"后浇带"项目适用于梁、板、墙的后浇带。

4.7.4 预制混凝土工程量计算

（1）在预制混凝土工程量规范中，有些计量单位为"根""块""榀"，其含义是：

有相同截面、长度的预制混凝土柱、梁的工程量可按根数计算。

同类型、相同跨度的预制混凝土屋架的工程量可按榀数计算。

同类型、相同构件尺寸的预制混凝土板工程量可按块数计算。

同类型、相同构件尺寸的预制混凝土沟盖板的工程量可按块数计算；混凝土井圈、井盖板工程量可按套数计算。

（2）预制混凝土板的工程量计算时应注意单个尺寸在300mm×300mm以内的孔洞所占的体积不扣除，这与现浇混凝土板不同。

（3）预制混凝土楼梯按设计图示尺寸以体积或者段来计算，这与现浇楼梯按水平投影面积计算工程量不同。

4.7.5 钢筋工程量计算

钢筋工程内容一般包括钢筋的除锈、制作、绑扎（点焊）、安装以及浇灌混凝土时维护钢筋及安放垫块等操作过程。

1. 钢筋工程的一般规定

（1）钢筋工程应区别现浇、预制构件、不同钢种和规格，分别按设计长度乘以单位理论质量，以吨计算。

（2）计算钢筋工程量时，设计已规定钢筋搭接长度的，按规定搭接长度计算，设计未规定搭接长度的，已包括在钢筋的损耗率之内，不另计算搭接长度。钢筋电渣压力焊接、套筒挤压等接头，以个计算。

（3）先张法预应力钢筋，按构件外形尺寸计算长度。后张法预应力钢筋按设计规定的预应力钢筋预留孔道长度，并区别不同的锚具类型计算。

（4）现浇构件中固定位置的支撑钢筋、双层钢筋用的"铁马"、伸出构件的锚固钢筋、预制构件的吊钩等，并入钢筋工程量内。

（5）钢筋均按施工图的要求分不同规格以吨为单位计算，不分柱、梁、板、墙等不同部位。

2. 钢筋工程量计算

1）钢筋长度计算

（1）通长钢筋长度计算

通长钢筋一般指钢筋两端不做弯钩的情况，长度计算公式为：

$$l = l_j - l_b \tag{4-13}$$

式中　l——钢筋长度（m）；

　　l_j——构件的结构长度（m）；

　　l_b——钢筋保护层厚度（m），见表 4-31。

混凝土保护层最小厚度（mm）　　　　表 4-31

环境条件	构件类别	混凝土强度等级		
		≤C20	C25、C30	≥C35
室内正常环境	板、墙、壳	15		
	梁和柱	25		
露天或室内高湿度环境	板、墙、壳	35	25	15
	梁和柱	45	35	25

（2）弯钩的钢筋长度计算

钢筋的弯钩形式可分为三种：半圆弯钩（180°）、直弯钩（90°）和斜弯钩（45°）。如图 4-36 所示。

一般情况下，弯钩的增加长度如表 4-32 所示。

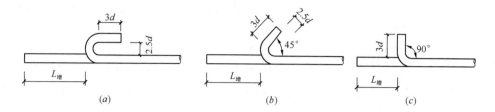

图 4-36   钢筋的弯钩形式

（a）半圆弯钩；（b）斜弯钩；（c）直弯钩

钢筋弯钩增加长度表   表 4-32

弯钩角度		180°	90°	135°
增加长度	HPB300 级钢筋	6.25d	3.50d	4.90d
	HRB335 级钢筋	—	X+0.90d	X+2.90d
	HRB400 级钢筋	—	X+1.20d	X+3.60d

注：表中 X 为钢筋平直部分长度，HRB335、HRB400 级钢筋的平直部分长度由设计决定。

带弯钩的直钢筋长度计算公式为：

$$l = l_j - l_b + \sum l_z \tag{4-14}$$

式中 l_z——钢筋单个弯钩增加长度（m），其他符号同上。

（3）弯起钢筋长度计算

① 常用弯起钢筋的弯起角度有 30°、45°、60°三种，如图 4-37 所示。弯起钢筋中间部分弯折处的弯曲直径 $D \geqslant 5d$，h 为减去保护层的弯起钢筋净高，$s-l_0$ 为弯起部分增加长度，它与弯起角度和弯起高度有关（见图 4-37）。

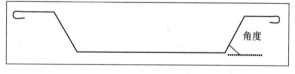

图 4-37   弯起钢筋

② 量度差是指钢筋弯曲时的自然伸长值，与弯起角度有关，常用的弯起角度及伸长值为：

弯起 30°   伸长 0.3d；

弯起 45°   伸长 0.5d；

弯起 60°   伸长 0.8d；

弯起 90°   伸长 1.0d。

在实际计算中，有时为计算简便，上述伸长值可忽略不计。至于弯起 180°，多用于钢筋两端的半圆弯钩，此量度差已并入弯钩长度内，故不另行计算。

对有钩弯起钢筋的长度计算公式为：

$$l = l_j - l_b + 2 \times (s - l_0) + \sum l_z - 量度差 \tag{4-15}$$

③ 注意：

若配筋图中没有标注弯起角度，可按下述方法确定：若已给出弯起部分的任两个尺寸，可按其比值确定角度；若什么值也没有给出，可根据梁板高度来确定，当梁断面高度 ≥0.8m 时，按 60°计算；梁断面高度<0.8m 时，按 45°计算；板均按 30°计算。

（4）箍筋的长度计算

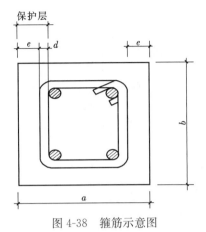

图 4-38 箍筋示意图

箍筋计算有两个数据，即单根箍筋长度和箍筋根数。

一般箍筋多采用封闭式弯成矩形，常见箍筋形式如图 4-38 所示。

① 单根箍筋长度计算公式如下：

$$l_g = (a-2e) \times 2 + (b-2e) \times 2 + 钩长 - 3 量度差$$
$$= 2(a+b) - (8e + 3 量度差 - 钩长)$$
$$= 构件周长 - 折算系数 \quad (4\text{-}16)$$

式中 l_g——单根箍筋长度。

折算系数 $= 8e + 3 量度差 - 钩长$，见表 4-33。

箍筋长度折算系数表   表 4-33

构件	箍筋直径 (mm)	$e-d$ (mm)	$8e$ (mm)	量度差 $3d$(mm)	两端钩长(mm)		折算系数(mm)		
					半圆钩	斜钩	半圆钩	斜钩	平均
梁、柱	4	21	168	12	50	39	130	141	135
	6	19	152	18	75	59	95	111	103
	8	17	136	24	100	78	60	82	71
	10	15	120	30	125	98	25	52	38
	12	13	104	36	150	117	—10	23	6
墙、板	4	11	88	12	50	39	50	61	55
	6	9	72	18	75	59	15	31	23
基础梁	4	31	248	12	50	39	210	221	215
	6	29	232	18	75	59	175	191	183
	8	27	216	24	100	78	140	162	151
	10	25	200	30	125	98	105	132	118

② 箍筋根数：在配筋图中一般以@200 等形式表示箍筋的间距，一般根数计算公式如下（特殊情况除外）：

$$箍筋根数 = 箍筋配置段长度/箍筋间距 + 1 \quad (4\text{-}17)$$

箍筋根数计算时，要注意箍筋配置段的位置灵活调整，而不是简单地+1。

2）钢筋质量计算

钢筋工程量最终是以质量（t）表示的。但在计算中，一般先给出公斤数，汇总后换算成吨。

【例 4-3】试计算图 4-39 所示某梁中的钢筋工程量。

解：（1）①号钢筋长度

$L_1 = 6 - 0.025 \times 2 + 6.25 \times 0.02 \times 2 + 0.414 \times (0.7 - 0.025 \times 2) \times 2 - 0.5 \times 0.02 \times 4$
$= 6.6982m$

（2）②号钢筋

$$L_2 = (6 - 0.025 \times 2 + 6.25 \times 0.02 \times 2) \times 2 = 12.4m$$

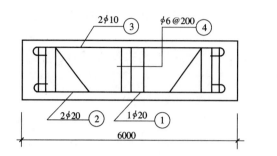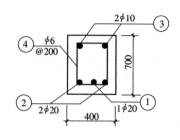

图 4-39 某梁中钢筋示意图

（3）③号钢筋

$$L_3 = (6 - 0.025 \times 2 + 6.25 \times 0.01 \times 2) \times 2 = 12.15\text{m}$$

（4）④号钢筋

$$L_4 = [(0.7 + 0.4) \times 2 - 0.103] \times [(6 - 0.05)/0.2 + 1] = 64.4828\text{m}$$

（5）钢筋总工程量

$$W = (6.6982 + 12.4) \times 2.466 + 12.15 \times 0.617 + 64.4828 \times 0.222 = 68.908\text{kg}$$

4.8 木结构工程量计算

4.8.1 木结构工程工作内容

木结构工程一般是由木屋架、木构件和屋面木基层三大部分构成。

4.8.2 木结构工程工作内容工程量计算

见表 4-34～表 4-36。

木屋架（编码：010701）   表 4-34

项目编码	项目名称	项目特征	计量单位	工程量计算规则	工作内容
010701001	木屋架	1. 跨度 2. 材料品种、规格 3. 刨光要求 4. 拉杆及夹板种类 5. 防护材料种类	1. 榀 2. m³	1. 以榀计量，按设计图示数量计算。 2. 以立方米计量，按设计图示的规格尺寸以体积计算	1. 制作 2. 运输 3. 安装 4. 刷防护材料
010701002	钢木屋架	1. 跨度 2. 木材品种、规格 3. 刨光要求 4. 钢材品种、规格 5. 防护材料种类	榀	以榀计量，按设计图示数量计算	

注：① 屋架的跨度应以上、下弦中心线两交点之间的距离计算。

② 带气楼的屋架和马尾、折角以及正交部分的半屋架，按相关屋架项目编码列项。

③ 以榀计量，按标准图设计，项目特征必须标注标准图代号。

木构件（编码：010702） 表 4-35

项目编码	项目名称	项目特征	计量单位	工程量计算规则	工作内容
010702001	木柱	1. 构件规格尺寸 2. 木材种类 3. 刨光要求 4. 防护材料种类	m³	按设计图示尺寸以体积计算	1. 制作 2. 运输 3. 安装 4. 刷防护材料
010702002	木梁				
010702003	木檩		1. m³ 2. m	1. 以立方米计量，按设计图示尺寸以体积计算。 2. 以米计量，按设计图示尺寸以长度计算	
010702004	木楼梯	1. 楼梯形式 2. 木材种类 3. 刨光要求 4. 防护材料种类	m²	按设计图示尺寸以水平投影面积计算。不扣除宽度≤300mm 的楼梯井，伸入墙内部分不计算	
010702005	其他木构件	1. 构件名称 2. 构件规格尺寸 3. 木材种类 4. 刨光要求 5. 防护材料种类	1. m³ 2. m	1. 以立方米计量，按设计图示尺寸以体积计算。 2. 以米计量，按设计图示尺寸以长度计算	

注：① 木楼梯的栏杆（栏板）、扶手，应按《房屋建筑与装饰装修工程工程量计算规范》GB 50854—2013 附录 O 中的相关项目编码列项。

② 以米计量，项目特征必须描述构件规格尺寸。

屋面木基层（编码：010703） 表 4-36

项目编码	项目名称	项目特征	计量单位	工程量计算规则	工作内容
010703001	屋面木基层	1. 椽子断面尺寸及椽距 2. 望板材料种类、厚度 3. 防护材料种类	m²	按设计图示尺寸以斜面积计算。不扣除房上烟囱、风帽底座、风道、小气窗、斜沟等所占面积。小气窗的出檐部分不增加面积	1. 椽子制作、安装 2. 望板制作、安装 3. 顺水条和挂瓦条制作、安装 4. 刷防护材料

4.9 门窗工程

4.9.1 门窗工程工作内容

门窗工程的材质种类比较多，因此分为木门、金属门、金属卷帘（闸）门、厂库房大门、特种门、其他门、木窗、金属窗、门窗套、窗台板、窗帘、窗帘盒、轨等。

4.9.2　门窗工程量计算

1）门、窗的工程量计算规则一般有两种：按设计图示洞口尺寸以面积计算，按设计图示数量以樘计算。

2）木门窗套/木筒子板/饰面夹板筒子板/金属门窗套/石材门窗套：

（1）以樘计量，按设计图示数量计算。

（2）以平方米计量，按设计图示尺寸以展开面积计算。

（3）以米计量，按设计图示中心以延长米计算。

3）门窗木贴脸：

（1）以樘计量，按设计图示数量计算。

（2）以米计量，按设计贴脸板安装图示尺寸以延长米计算。

4）成品木门窗套：

（1）以樘计量，按设计图示数量计算。

（2）以平方米计量，按设计图示尺寸以展开面积计算。

（3）以米计量，按设计图示中心以延长米计算。

5）窗台板：按设计图示尺寸以展开面积计算。

6）窗帘（杆）：

（1）以米计量，按设计图示尺寸以长度计算。

（2）以平方米计量，按图示尺寸以展开面积计算。

7）窗帘盒/窗帘轨：按设计图示尺寸以长度计算。

4.10　屋面及防水工程量计算

4.10.1　屋面的基本形式

屋面按结构形式划分，通常分为坡屋面和平屋面两种。屋面工程主要是指屋面结构层（屋面板）或屋面木基层以上的工作内容。

常见的坡屋面结构分两坡水和四坡水。

平屋面按照屋面的防水做法不同可分为卷材防水屋面、刚性防水屋面、涂料防水屋面等。其结构以上主要由找坡层、保温隔热层、找平层、防水层等构成。其中，又以找坡层和防水层为最基本的功能层，其他层可根据不同地区的要求设置。

4.10.2　屋面及防水工程量计算

见表 4-37～表 4-40。

瓦、型材及其他屋面（编码：010901） 表 4-37

项目编码	项目名称	项目特征	计量单位	工程量计算规则	工作内容
010901001	瓦屋面	1. 瓦品种、规格 2. 粘结层砂浆的配合比	m²	按设计图示尺寸以斜面积计算。不扣除房上烟囱、风帽底座、风道、小气窗、斜沟等所占面积。小气窗的出檐部分不增加面积	1. 砂浆制作、运输、摊铺、养护 2. 安瓦、作瓦脊
010901002	型材屋面	1. 型材品种、规格 2. 金属檩条材料品种、规格 3. 接缝、嵌缝材料种类			1. 檩条制作、运输、安装 2. 屋面型材安装 3. 接缝、嵌缝
010901003	阳光板屋面	1. 阳光板品种、规格 2. 骨架材料品种、规格 3. 接缝、嵌缝材料种类 4. 油漆品种、刷漆遍数		按设计图示尺寸以斜面积计算。 不扣除屋面面积≤0.3m² 孔洞所占面积	1. 骨架制作、运输、安装，刷防护材料、油漆 2. 阳光板安装 3. 接缝、嵌缝
010901004	玻璃钢屋面	1. 玻璃钢品种、规格 2. 骨架材料品种、规格 3. 玻璃钢固定方式 4. 接缝、嵌缝材料种类 5. 油漆品种、刷漆遍数			1. 骨架制作、运输、安装，刷防护材料、油漆 2. 玻璃钢制作、安装 3. 接缝、嵌缝
010901005	膜结构屋面	1. 膜布品种、规格 2. 支柱（网架）钢材品种、规格 3. 钢丝绳品种、规格 4. 锚固基座做法 5. 油漆品种、刷漆遍数		按设计图示尺寸以需要覆盖的水平投影面积计算	1. 膜布热压胶接 2. 支柱（网架）制作、安装 3. 膜布安装 4. 穿钢丝绳、锚头锚固 5. 锚固基座挖土、回填 6. 刷防护材料、油漆

注：① 瓦屋面，若是在木基层上铺瓦，项目特征不必描述粘结层砂浆的配合比，瓦屋面铺防水层，按 1.2 屋面防水及其他中相关项目编码列项。

② 型材屋面、阳光板屋面、玻璃钢屋面的柱、梁、屋架，按《房屋建筑与装饰装修工程工程量计算规范》GB 50854—2013 附录 F 金属结构工程、附录 G 木结构工程中相关项目编码列项。

屋面防水及其他（编码：010902） 表 4-38

项目编码	项目名称	项目特征	计量单位	工程量计算规则	工作内容
010902001	屋面卷材防水	1. 卷材品种、规格、厚度 2. 防水层数 3. 防水层做法	m²	按设计图示尺寸以面积计算。 1. 斜屋顶（不包括平屋顶找坡）按斜面积计算，平屋顶按水平投影面积计算。 2. 不扣除房上烟囱、风帽底座、风道、屋面小气窗和斜沟所占面积。 3. 屋面的女儿墙、伸缩缝和天窗等处的弯起部分，并入屋面工程量内	1. 基层处理 2. 刷底油 3. 铺油毡卷材、接缝
010902002	屋面涂膜防水	1. 防水膜品种 2. 涂膜厚度、遍数 3. 增强材料种类			1. 基层处理 2. 刷基层处理剂 3. 铺布、喷涂防水层
010902003	屋面刚性层	1. 刚性层厚度 2. 混凝土强度等级 3. 嵌缝材料种类 4. 钢筋规格、型号		按设计图示尺寸以面积计算。不扣除房上烟囱、风帽底座、风道等所占面积	1. 基层处理 2. 混凝土制作、运输、铺筑、养护 3. 钢筋制安
010902004	屋面排水管	1. 排水管品种、规格 2. 雨水斗、山墙出水口品种、规格 3. 接缝、嵌缝材料种类 4. 油漆品种、刷漆遍数	m	按设计图示尺寸以长度计算。如设计未标注尺寸，以檐口至设计室外散水上表面垂直距离计算	1. 排水管及配件安装、固定 2. 雨水斗、山墙出水口、雨水算子安装 3. 接缝、嵌缝 4. 刷漆
010902005	屋面排（透）气管	1. 排（透）气管品种、规格 2. 接缝、嵌缝材料种类 3. 油漆品种、刷漆遍数		按设计图示尺寸以长度计算	1. 排（透）气管及配件安装、固定 2. 铁件制作、安装 3. 接缝、嵌缝 4. 刷漆
010902006	屋面（廊、阳台）吐水管	1. 吐水管品种、规格 2. 接缝、嵌缝材料种类 3. 吐水管长度 4. 油漆品种、刷漆遍数	根（个）	按设计图示数量计算	1. 吐水管及配件安装、固定 2. 接缝、嵌缝 3. 刷漆

续表

项目编码	项目名称	项目特征	计量单位	工程量计算规则	工作内容
010902007	屋面天沟、檐沟	1. 材料品种、规格 2. 接缝、嵌缝材料种类	m²	按设计图示尺寸以展开面积计算	1. 天沟材料铺设 2. 天沟配件安装 3. 接缝、嵌缝 4. 刷防护材料
010902008	屋面变形缝	1. 嵌缝材料种类 2. 止水带材料种类 3. 盖缝材料 4. 防护材料种类	m	按设计图示以长度计算	1. 清缝 2. 填塞防水材料 3. 止水带安装 4. 盖缝制作、安装 5. 刷防护材料

注：① 屋面刚性层防水，按屋面卷材防水、屋面涂膜防水项目编码列项；屋面刚性层无钢筋，其钢筋项目特征不必描述。

② 屋面找平层按《房屋建筑与装饰装修工程工程量计算规范》GB 50854—2013 附录 K 楼地面装饰工程"平面砂浆找平层"项目编码列项。

③ 屋面防水搭接及附加层用量不另行计算，在综合单价中考虑。

墙面防水、防潮（编码：010903）　　　表 4-39

项目编码	项目名称	项目特征	计量单位	工程量计算规则	工作内容
010903001	墙面卷材防水	1. 卷材品种、规格、厚度 2. 防水层数 3. 防水层做法	m²	按设计图示尺寸以面积计算	1. 基层处理 2. 刷胶粘剂 3. 铺防水卷材 4. 接缝、嵌缝
010903002	墙面涂膜防水	1. 防水膜品种 2. 涂膜厚度、遍数 3. 增强材料种类			1. 基层处理 2. 刷基层处理剂 3. 铺布、喷涂防水层
010903003	墙面砂浆防水（防潮）	1. 防水层做法 2. 砂浆厚度、配合比 3. 钢丝网规格			1. 基层处理 2. 挂钢丝网片 3. 设置分格缝 4. 砂浆制作、运输、摊铺、养护
010903004	墙面变形缝	1. 嵌缝材料种类 2. 止水带材料种类 3. 盖缝材料 4. 防护材料种类	m	按设计图示以长度计算	1. 清缝 2. 填塞防水材料 3. 止水带安装 4. 盖缝制作、安装 5. 刷防护材料

注：① 墙面防水搭接及附加层用量不另行计算，在综合单价中考虑。

② 墙面变形缝，若做双面，工程量乘系数 2。

③ 墙面找平层按《房屋建筑与装饰装修工程工程量计算规范》GB 50854—2013 附录 L 墙、柱面装饰与隔断工程"立面砂浆找平层"项目编码列项。

楼（地）面防水、防潮（编码：010904）　　　　　　　表 4-40

项目编码	项目名称	项目特征	计量单位	工程量计算规则	工作内容
010904001	楼（地）面卷材防水	1. 卷材品种、规格、厚度 2. 防水层数 3. 防水层做法	m²	按设计图示尺寸以面积计算。 1. 楼（地）面防水：按主墙间净空面积计算，扣除凸出地面的构筑物、设备基础等所占面积，不扣除间壁墙及单个面积≤0.3m² 柱、垛、烟囱和孔洞所占面积。 2. 楼（地）面防水反边高度≤300mm 算作地面防水，反边高度＞300mm 算作墙面防水	1. 基层处理 2. 刷胶粘剂 3. 铺防水卷材 4. 接缝、嵌缝
010904002	楼（地）面涂膜防水	1. 防水膜品种 2. 涂膜厚度、遍数 3. 增强材料种类			1. 基层处理 2. 刷基层处理剂 3. 铺布、喷涂防水层
010904003	楼（地）面砂浆防水（防潮）	1. 防水层做法 2. 砂浆厚度、配合比			1. 基层处理 2. 砂浆制作、运输、摊铺、养护
010904004	楼（地）面变形缝	1. 嵌缝材料种类 2. 止水带材料种类 3. 盖缝材料 4. 防护材料种类	m	按设计图示以长度计算	1. 清缝 2. 填塞防水材料 3. 止水带安装 4. 盖缝制作、安装 5. 刷防护材料

注：① 楼（地）面防水找平层按《房屋建筑与装饰装修工程工程量计算规范》GB 50854—2013 附录 K 楼地面装饰工程"平面砂浆找平层"项目编码列项。

② 楼（地）面防水搭接及附加层用量不另行计算，在综合单价中考虑。

1. 屋面工程量计算

1）瓦屋面、金属压型板（包括挑檐部分）均按图示尺寸以斜面积计算，即按水平投影面积乘以屋面坡度系数以平方米计算（图 4-40、表 4-41）。不扣除房上烟囱、风帽底座、屋面小气窗和斜沟等所占面积。屋面小气窗的出檐与屋面重叠部分亦不增加，但天窗出檐部分重叠的面积并入相应屋面工程量内。

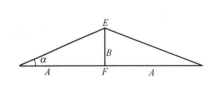
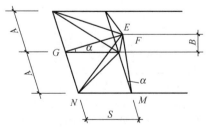

图 4-40　坡屋面示意图

坡屋面工程量计算公式如下：

坡屋面工程量＝屋面水平投影面积×延尺系数

＝屋前后檐宽×屋两山檐间之长×延尺系数　　　　　（4-18）

屋面坡度系数表　　　　　表 4-41

坡度			延尺系数 C	隔延尺系数 D	坡度			延尺系数 C	隔延尺系数 D
B/A	B/2A	角度 α			B/A	B/2A	角度 α		
1.00	1/2	45°	1.4142	1.7320	0.4	1/5	21°48′	1.0770	1.4697
0.75	—	36°52′	1.2500	1.6008	0.35	—	19°47′	1.0595	1.4569
0.70	—	35°	1.2207	1.5780	0.30	—	16°42′	1.0440	1.4457
0.666	1/3	33°40′	1.2015	1.5632	0.25	1/8	14°02′	1.0308	1.4362
0.65	—	33°01′	1.1927	1.5564	0.20	1/10	11°19′	1.0198	1.4283
0.6	—	30°58′	1.1662	1.5362	0.15	—	8°32′	1.0112	1.4222
0.577	—	30°	1.1545	1.5274	0.125	1/16	7°8′	1.0078	1.4197
0.55	—	28°49′	1.1413	1.5174	0.10	1/20	5°42′	1.0050	1.4178
0.50	1/4	26°34′	1.1180	1.5000	0.083	1/24	4°45′	1.0034	1.4166
0.45	—	24°14′	1.0966	1.4841	0.066	1/30	3°49′	1.0020	1.4158

2）"型材屋面"项目适用于压型钢板、金属压型夹心板、阳光板、玻璃钢等，应注意的是型材屋面的钢檩条或木檩条以及骨架、螺栓、挂钩等应包括在报价中。

3）"膜结构屋面"项目适用于膜布屋面。

（1）工程量的计算按设计图示尺寸以需要覆盖的水平投影面积计算（图 4-41）。

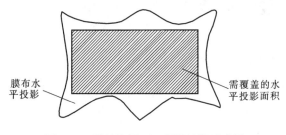

膜布水平投影

需覆盖的水平投影面积

图 4-41　膜结构屋面工程量计算示意图

（2）支撑和拉固膜布的钢柱、拉杆、金属网架、钢丝绳、锚固的锚头等应包括在报价中。

（3）支撑柱的钢筋混凝土柱基、锚固的钢筋混凝土基础以及地脚螺栓等按混凝土及钢筋混凝土相关项目编码列项。

2. 屋面防水与排水工程量计算

1）"屋面卷材防水"项目适用于利用胶结材料粘贴卷材进行防水的屋面，应注意的是：

（1）抹屋面找平层、基层处理（清理修补、刷基层处理剂）等应包括在报价中。

（2）檐沟、天沟、水落口、泛水收头、变形缝等处的卷材附加层应包括在报价中。

（3）浅色、反射涂料保护层、绿豆沙保护层、细砂、云母及蛭石保护层应包括在报价中。

（4）水泥砂浆保护层、细石混凝土保护层可包括在报价中，也可按有关项目编码列项。

2）"屋面涂膜防水"项目适用于厚质涂料、薄质涂料和有加增强材料或无加增强材料的涂膜防水屋面。

3)"屋面刚性防水"项目适用于细石混凝土、补偿收缩混凝土、块体混凝土、预应力混凝土和钢纤维混凝土刚性防水屋面。应注意的是刚性防水屋面的分格缝、泛水、变形缝部位的防水卷材、密封材料、背衬材料、沥青麻丝等应包括在报价中。

4)"屋面排水管"项目适用于各种排水管材(PVC管、玻璃钢管、铸铁管等)。应注意的是排水管、雨水口、箅子板、水斗、埋设管卡箍、裁管、接嵌缝等应包括在报价中。

5)"屋面天沟、沿沟"项目适用于水泥砂浆天沟、细石混凝土天沟、预制混凝土天沟板、卷材天沟、玻璃钢天沟、镀锌薄钢板天沟等;塑料沿沟、镀锌薄钢板沿沟、玻璃钢沿沟等。应注意的是天沟、沿沟固定卡件、支撑件以及接缝、嵌缝材料等应包括在报价中。

3. 墙、地面防水、防潮工程量计算

1)防水防潮的工程量均按设计图示尺寸以面积计算,仅变形缝是按长度计算的。

2)"卷材防水、涂膜防水"项目适用于基础、楼地面、墙面等部位的防水。应注意:

(1)抹找平层、刷基础处理剂、刷胶粘剂、胶粘防水卷材应包括在报价中。

(2)特殊处理部位(如:管道的通道部位)的嵌缝材料、附加卷材衬垫等应包括在报价中。

(3)永久性保护层(如:砖墙、混凝土坪等)应按相关项目编码列项。

3)"砂浆防水(潮)"项目适用于基础、墙体、屋面等部位的防震缝、温度缝、沉降缝。

4.11　防腐、保温、隔热工程量计算

4.11.1　防腐、保温、隔热工程的基本内容

1. 防腐工程的基本内容

在建筑物的使用过程中,由于酸、碱、盐及有机溶剂等介质的作用,会使建筑材料产生不同程度的物理和化学变化,即发生腐蚀现象。

在建筑工程中,常见的防腐工程内容包括水类防腐蚀工程、硫磺类防腐蚀工程、沥青类防腐蚀工程、树脂类防腐蚀工程、块料防腐蚀工程、聚氯乙烯防腐蚀工程、涂料防腐蚀工程等。根据不同的结构和材料,又可分为防腐隔离层、防腐整体面层和防腐块料面层三大类。

2. 保温隔热工程的基本内容

为了防止建筑物内部温度受到外界温度的影响,使建筑物内部维持一定的温度而增加的材料层称保温隔热层。

建筑物围护结构的保温隔热工程,用于一般工业和民用建筑,主要是屋面和外墙;用于冷库、恒温保湿车间、高低温实验室等建筑物,则包括屋面、墙体和地面等。

4.11.2　防腐与保温隔热工程量计算

(1)"防腐混凝土面层""防腐砂浆面层""防腐胶泥面层"均按实际面积计算,适用于平面或立面的水玻璃混凝土、水玻璃砂浆、水玻璃胶泥、沥青混凝土、沥青砂浆、沥青

胶泥、树脂胶泥以及聚合物水泥砂浆防腐工程。

（2）"玻璃钢防腐面层"项目适用于树脂材料与增强材料复合塑制而成的玻璃钢防腐。

（3）"聚氯乙烯面层"项目适用于地面、墙面的软、硬聚氯乙烯板防腐工程，聚氯乙烯板的焊接应包括在报价中。

（4）"块料防腐面层"项目适用于地面、沟槽、基础的各种块料防腐工程。

（5）"隔离层"项目适用于楼地面的沥青类、树脂玻璃钢类防腐工程隔离层。

（6）"砌筑沥青浸渍砖"项目适用于浸渍标准砖，工程量以体积计算，立砌按厚度 115mm 计算，平砌以 53mm 计算。

4.12 装饰装修工程量计算

4.12.1 装饰装修工程的主要内容

装饰装修工程的主要工作内容包括楼地面工程、墙（柱）面工程、顶棚工程、门窗工程以及油漆、涂料、裱糊工程、其他工程六个方面。

4.12.2 楼地面工程量计算

（1）楼地面的构成，自下而上一般有垫层、地面防潮层、保温层、找平层、面层。根据设计的不同，楼地面可能只有上述的部分项目。

楼地面工程按所在部位可分为地面和楼面两种，主要工作内容包括垫层、找平层、面层、台阶、散水、明沟及栏杆、扶手等。

（2）楼地面的工程一般应区别不同材料计算，均按设计图示尺寸以面积计算。扣除凸出地面的构筑物、设备基础、室内管道、地沟等所占体积，不扣除间壁墙和 0.3m² 以内的柱、垛、附墙烟囱及孔洞所占面积。门洞、空圈、暖气包槽、壁龛的开口部分不增加面积。

4.12.3 墙、柱面装饰工程量计算

墙面装饰是指建筑物空间垂直面的装饰，如墙面抹灰、镶贴块料面层、木墙面及木墙裙、幕墙、隔断、隔墙等。柱面装饰与墙面装饰的工程内容和施工工艺基本相同。

墙、柱面抹灰以及镶贴块料工程量计算的基本原则均是按实际抹灰以及镶贴块料的面积计算。计算时，应注意由于不同材料价格不同，所以应分别计算。其中，独立柱一般抹灰、装饰抹灰按结构断面周长乘以柱的高度以平方米计算；柱面镶贴块料装饰按柱外围饰面尺寸乘以柱的高度以平方米计算。

4.12.4 顶棚装饰工程量计算

（1）顶棚抹灰工程量按设计图示尺寸以水平投影面积计算。不扣除间壁墙、垛、柱、附墙烟囱、检查口和管道所占的面积，带梁顶棚、梁两侧抹灰面积并入顶棚面积内，板式楼梯底面抹灰按斜面积计算，锯齿形楼梯底板抹灰按展开面积计算。

（2）顶棚吊顶工程量按设计图示尺寸以水平投影面积计算。顶棚面中的灯槽及跌级、

锯齿形、倒挂式、藻井式顶棚面积不展开计算。不扣除间壁墙、检查口和管道所占的面积，扣除单个 0.3m² 以外的孔洞、独立柱及与顶棚相连的窗帘盒所占的面积。

4.12.5　油漆、喷涂、裱糊工程量计算

（1）门油漆、窗油漆工程量均按设计图示尺寸以数量计算。
（2）木材面油漆工程量按设计图示尺寸以面积计算。
（3）金属面油漆工程量按设计图示尺寸以质量计算。

4.12.6　其他工程

（1）柜类、货架工程量按设计图示尺寸以数量计算。
（2）暖气罩按设计图示尺寸以垂直投影面积（不展开）计算。
（3）洗漱台按设计图示尺寸以台面外接矩形面积计算，不扣除孔洞、挖弯、削角所占面积，挡板、吊沿板并入台面面积内。

4.13　措施项目工程量计算

4.13.1　措施项目的主要内容

措施项目是指为完成工程施工，发生于该工程施工前和施工过程中技术、生活、安全等方面的非工程实体项目。它包括环境保护、文明施工、安全施工、临时设施、夜间施工、二次搬运、大型机械进出场及安拆、混凝土及钢筋混凝土模板及支架、脚手架、已完工程及设备保护、施工排水、降水、垂直运输机械。

4.13.2　临时设施

临时设施是施工企业为进行建筑、安装、市政工程施工所必需的生活和生产用的临时性建筑。它包括临时宿舍、文化福利及公用事业房屋与构筑物、仓库、办公室、加工厂以及规定范围内道路、水、电、管线等临时设施和小型临时设施。

临时设施费应包括上述临时设施的搭设、维修、拆除费或摊销费。

临时设施费一般以费率形式包干使用，可以以直接费或人工费为基础计算。

4.13.3　夜间施工

夜间施工增加费，指合理工期内因施工工序需要连续施工而进行的夜间施工所发生的费用，包括照明设备的安拆、劳动工效降低、夜餐补助等费用。

夜间施工增加费的计算方法有两种：
（1）按费率形式常年计取。
（2）按估计的参加夜间施工人员数量计算。

4.13.4　二次搬运

二次搬运费指确因施工场地狭小，或由于现场施工情况复杂，工程所需材料、成品、

半成品堆放点距离建筑物或构筑物近边在 150m 以外时，按规定所计算的费用。

4.13.5　垂直运输

建筑物垂直运输包括单位工程在合理工期内完成所承包的全部工程项目所需要的垂直运输机械费。建筑物垂直运输项目根据建筑物结构类型和高度、所使用的垂直运输设备，按"建筑面积计量规则"计算工程量。

构筑物垂直运输机械台班以座计算，超过规定高度时再按每增高 1m 定额项目计算，其高度不足 1m 时，亦按 1m 计算。

4.13.6　脚手架

脚手架是为高空施工操作、堆放和运送材料而设置的架设工具或操作平台。脚手架工程的工作内容主要是各种类型脚手架工程量的计算。

1. 外脚手架

（1）凡设计室外地坪至檐口（或女儿墙上表面）的砌筑高度在 15m 以下的按单排脚手架计算；砌筑高度在 15m 以上的或砌筑高度虽不足 15m，但外墙门窗及装饰面积超过外墙表面积 60% 以上时，按双排脚手架计算。

（2）外墙脚手架按外墙外边线长度，乘以外墙砌筑高度以平方米计算，突出外墙宽度在 24cm 以内的墙垛、附墙烟囱等不计算脚手架；宽度超过 24cm 以外时按图示尺寸展开计算，并入外脚手架工程量之内。不扣除门窗洞口所占面积。

（3）石砌墙体，凡砌筑高度超过 1.0m 以上时，按外脚手架计算。

（4）同一建筑物高度不同时，应按不同高度分别计算。

（5）现浇钢筋混凝土框架柱，按柱图示周长尺寸另加 3.6m 乘以柱高，以双排外脚手架计算。

（6）砌筑贮仓、贮水池及大型设备基础，凡距地坪高度超过 1.2m 以上时，均按双排脚手架计算。

2. 里脚手架

（1）建筑物内墙，凡设计室内地坪至顶板下表面（或山墙高度的 1/2 处）的砌筑高度在 3.6m 以下时，按里脚手架计算。里脚手架按墙面垂直投影面积计算。砌筑高度超过 3.6m 以上时，按单排外脚手架计算。

（2）围墙脚手架，设计室外地坪至围墙顶面的砌筑高度在 3.6m 以下的，按里脚手架计算；砌筑高度超过 3.6m 以上时，按单排脚手架计算。

3. 满堂脚手架

（1）室内顶棚装饰面距设计室内地坪在 3.6m 以上时应计算满堂脚手架。计算满堂脚手架后，墙面装饰则不再计算脚手架。

（2）满堂脚手架按室内净面积计算，其高度在 3.6～5.2m 之间时，计算基本层，超过 5.2m 时，每增加 1.2m 按增加一层计算，不足 0.6m 的不计，以公式表示如下：

$$满堂脚手架增加层＝(室内净高度－5.2)/1.2 \tag{4-18}$$

计算结果四舍五入。

（3）整体满堂钢筋混凝土基础，凡其宽度超过 3m 以上时，按其底板面积计算满堂脚手架。

4. 其他脚手架

（1）高度超过 3.6m 的墙面装饰不能利用原砌筑脚手架时，可以计算装饰脚手架。装饰脚手架按双排脚手架乘以 0.3 计算。

（2）水平防护架，按实际铺板的水平投影面积，以平方米计算。

（3）悬空脚手架，按搭设水平投影面积以平方米计算。挑脚手架，按搭设长度和层数，以延长米计算。

（4）架空运输脚手架，按搭设长度以延长米计算。

（5）立挂式安全网，按架网部分的实挂长度以实挂高度计算。挑出式安全网，按挑出的水平投影面积计算。

【例 4-4】 某室内顶棚装修工程，需搭设满堂脚手架，室内净面积 200m²；从设计地坪到施工顶面高度为 9.2m，试计算脚手架工程量。若高度改为 9.7m，脚手架工程量又为多少？

解：（1）高度为 9.2m 时：

基本层：1 层，200m²

增加层：(9.2—5.2)/1.2＝3.33 层

0.33 舍去不计，故增加层按 3 层计算。

（2）高度为 9.7m 时：

基本层：1 层，200m²

增加层：(9.7—5.2)/1.2 ＝ 3.75 层

故增加层按 4 层计算。

思考题

1. 招标方编制工程量时计算的依据有哪些？

2. 计算工程量一般按照什么顺序？

3. 不计算建筑面积的范围有哪些？

4. 一矩形截面的钢筋混凝土预制桩，截面尺寸为 400mm×400mm，设计桩长为 5.2m，设计桩顶面标高为－2.6m，又知自然地坪标高为－0.6m，求钢筋混凝土预制桩的打桩、送桩工程量。

5. 某独立柱截面基础尺寸为 600mm×600mm，垫层尺寸比基础每边伸出 100mm，垫层厚 100mm，基础底面标高为－1.80m，自然地面标高为－0.45m，则该基础施工挖土方工程量是多少？

6. 某现浇混凝土条形基础长 30m，截面为阶梯形，自下而上截面尺寸分别为 500mm×500mm、300mm×300mm，高度分别为 0.3m、0.2m，计算该条基工程量。

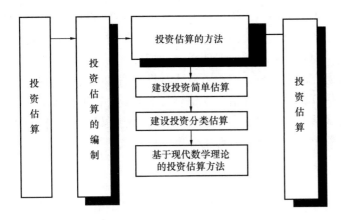

5.1 投资估算概述

5.1.1 投资估算的概念和内容

投资估算是在对项目的建设规模、技术方案、设备方案、工程方案及项目实施进度等进行研究并基本确定的基础上，估算项目投入的总资金（包括建设投资和流动资金）并测算建设期内分年资金需要量的过程。投资估算是制定融资方案、进行经济评价、编制初步设计概算的依据。

按照我国有关规定，从满足建设项目设计要求和投资规模的角度，建设项目投资估算应包括建设投资估算和流动资金估算两部分。建设投资估算内容按照费用的性质划分，包括建筑安装工程费、设备及工器具购置费、工程建设其他费、基本预备费、涨价预备费、建设期利息等。流动资金是指生产经营性项目投产后，用于购买原材料、燃料、支付工资及其他经营费用等所需的周转资金。流动资金是伴随着建设投资而发生的长期占用的流动资产投资，即为财务中的营运资金。

1978年，世界银行、国际咨询工程师联合会对项目的总建设成本（相当于我国的工程造价）作了统一规定，规定其主要包括四部分内容：项目直接建设成本、项目间接建设成本、应急费（包括未明确项目准备金和不可预见准备金）、建设成本上升费。

由此可见，无论是国内还是国际，对投资估算的内容总体上可划分为确定性造价的估算和不确定性造价的估算两部分。确定性造价的预测可以通过较为简单的办法获得，并且预测结论具有较强的可靠性；对于不确定性造价，由于其相互影响的不确定性因素太多，按照较为简单的方法无法对其进行较为满意的预测，大多只能通过粗略的判断，给出一个估计（如上文所提到的基本预备费、涨价预备费、应急费、建设成本上升费等），这往往对工程造价的事前管理和控制造成不利的影响。因此，对工程造价不确定性内容的估算是投资估算的重点，也是现阶段工程造价管理研究的主要课题之一。同时，由于不确定性的存在，必然导致风险造价的产生，而且风险造价一般伴随着"损失"的发生。所以，对风险性造价的估算是不确定性造价研究的重要分支。综上所述，投资估算的内容应包括确定性造价的估算、不确定性造价的估算以及风险性造价的估算三个部分。在工程造价的各组成部分中，建筑安装工程费用是最活跃、不确定性最强的部分，影响建筑安装工程费用变化的因素多且复杂。因此，国内外对投资估算的研究主要集中在建筑安装工程费用方面。

5.1.2　投资估算的作用

投资估算的准确性不仅影响到可行性研究工作的质量和经济评价结果，而且也直接关系到下一阶段设计概算和施工图预算的编制，同时对建设项目资金筹措方案也有直接的影响。因此，全面准确地估算建设项目的工程造价，是可行性研究乃至整个决策阶段造价管理的重要任务。

投资估算在项目开发建设过程中的作用有以下几点：

（1）项目建议书阶段的投资估算，是项目主管部门审批项目建议书的依据之一，并对项目的规划、规模起参考作用。

（2）项目可行性研究阶段的投资估算，是项目投资决策的重要依据，也是研究、分析、计算项目投资经济效果的重要条件。

（3）项目投资估算对工程设计概算起控制作用，当可行性研究报告被批准之后，设计概算就不得突破批准的投资估算额，并应控制在投资估算额以内。

（4）项目投资估算可作为项目资金筹措及制订建设贷款计划的依据，建设单位可根据批准的项目投资估算额，进行资金筹措和向银行申请贷款。

（5）项目投资估算是核算建设项目建设投资需要额和编制建设投资计划的重要依据。

（6）项目投资估算是进行工程设计招标、优选设计单位和设计方案的依据。在进行工程设计招标时，投标单位报送的标书中，除了具有设计方案的图纸说明、建设工期等，还包括项目的投资估算和经济性分析，以便衡量设计方案的经济合理性。

（7）项目投资估算是项目进度计划和费用控制的工具。投资估算不仅仅生成了项目预算，还是监管项目预算的准绳，是以此实行实际费用及资源监控、实行预算变更的依据。

5.1.3　投资估算的阶段划分与精度要求

1. 国外项目投资估算的阶段划分与精度要求

在国外，如英、美等国，一个建设项目从开发设想直至施工图设计，这期间各个阶段的项目投资的预计额均称估算，只是各阶段的设计深度不同，技术条件不同，对投资估算的精确度要求不同。英、美等国把建设项目的投资估算分为以下五个阶段。

第一阶段：项目的投资设想阶段。在尚无工艺流程图、平面布置图，也未进行设备分析的情况下，即根据假想条件比照同类型已投产项目的投资额，并考虑涨价因素来编制项目所需要的投资额，所以这一阶段称为毛估阶段，或称比照估算。这一阶段投资估算的意义是判断一个项目是否需要进行下一步的工作，对投资估算精度的要求为允许误差大于±30%。

第二阶段：项目的投资机会研究阶段。此时应有初步的工艺流程图、主要生产设备的生产能力及项目建设的地理位置等条件，故可套用相近规模项目的单位生产能力建设费来估算拟建项目所需要的投资额，据以初步判断项目是否可行，或据以审查项目引起投资兴趣的程度。这一阶段称为粗估阶段，或称因素估算。其对投资估算精度的要求为误差控制在±30%以内。

第三阶段：项目的初步可行性研究阶段。此时已对相关项目形成初步了解，具有设备规格表、主要设备的生产能力和尺寸、项目的总平面布置、各建筑物的大致尺寸、公用设施的初步位置等条件。此时期的投资估算额，可据以决定拟建项目是否可行，或据以列入投资计划。这一阶段称为初步估算阶段，或称认可估算。其对投资估算精度的要求为误差控制在±20%以内。

第四阶段：项目的详细可行性研究阶段。此时项目的细节已经清楚，并已经进行了建筑材料、设备的询价，亦已进行了设计和施工的咨询，但工程图纸和技术说明尚不完备。可根据此时期的投资估算额进行筹款。这一阶段称为确定估算，或称控制估算。其对投资估算精度的要求为误差控制在±10%以内。

第五阶段：项目的工程设计阶段。此时应具有工程的全部设计图纸、详细的技术说明、材料清单、工程现场勘察资料等，故可根据单价逐项计算并汇总出项目所需要的投资额，再据此投资估算来控制项目的实际建设。这一阶段称为详细估算，或称投标估算。其对投资估算精度的要求为误差控制在±5%以内。

2. 我国项目投资估算的阶段划分与精度要求

在我国，项目投资估算是在做初步设计之前的一项工作。在做工程初步设计之前，根据需要可邀请设计单位参与编制项目规划和项目建议书，并可委托设计单位承担项目的初步可行性研究、可行性研究的编制工作，同时应根据项目已明确的技术经济条件，编制和估算出精确度不同的投资估算额。

我国建设项目的投资估算分为以下几个阶段。

1）项目规划阶段的投资估算

建设项目规划阶段是指有关部门根据国民经济发展规划、地区发展规划和行业发展规划的要求，编制一个建设项目的建设规划。此阶段是按项目规划的要求和内容，粗略地估算建设项目所需要的投资额。其对投资估算精度的要求为允许误差大于±30%。

2）项目建议书阶段的投资估算

在项目建议书阶段，按项目建议书中的产品方案、项目建设规模、产品主要生产工艺、企业车间组成、初选建厂地点等，估算建设项目所需要的投资额。其对投资估算精度的要求为误差控制在±30%以内。此阶段项目投资估算是为了判断一个项目是否需要进行下一阶段的工作。

3）初步可行性研究阶段的投资估算

初步可行性研究阶段，是在掌握了更详细、更深入的资料条件下，估算建设项目所需的投资额。其对投资估算精度的要求为误差控制在±20%以内。此阶段项目投资估算是为了确定是否进行详细可行性研究。

4）详细可行性研究阶段的投资估算

详细可行性研究阶段的投资估算至关重要，因为这个阶段的投资估算经审查批准之后，便是工程设计任务书中规定的项目投资限额，并可据此列入项目年度基本建设计划。其对投资估算精度的要求为误差控制在±10%以内。

上述内容可总结如表 5-1。

投资估算阶段划分及其对比表　　　　　表 5-1

工作阶段	工作性质	投资估算方法	投资估算误差率	投资估算作用
项目规划阶段	项目规划	毛估	允许误差大于±30%	判断是否继续研究，仅供参考，无约束力
项目建议书阶段	项目设想	生产能力指数法 资金周转率法	±30%	鉴别投资方向 寻找投资机会 提出项目投资建议
初步可行性研究阶段	项目初选	比例系数法 指标估算法	±20%	广泛分析，筛选方案 确定项目初步可行 确定专题研究课题
详细可行性研究阶段	项目拟订	模拟概算法	±10%	多方案比较，提出结论性建议，确定项目投资的可行性

5.2 投资估算的编制依据和编制程序

5.2.1 投资估算的编制依据

（1）专门机构发布的建设工程造价费用构成、估算指标、计算方法以及其他有关计算工程造价的文件。

费用的主要组成，见表 2-1。另外，要依据政策条件中规定的投资估算所需要的规费、税费及有关的取费标准等。

估算指标是以概算定额和概算指标为基础，结合现行工程造价资料，确定结构部分或建筑平方米造价投资费用的标准。它是设计单位在可行性研究阶段编制建设项目设计任务书时进行投资估算的依据。由于项目建议书、可行性研究报告的编制深度不同，为了方便使用，应该选用不同的估算指标，具体包括单位生产能力的投资估算指标或技术经济指标、单项工程投资估算指标或技术经济指标、单位工程投资估算指标或技术经济指标、建设项目综合指标等。建设项目综合指标反映建设项目从立项筹建到竣工验收交付使用所需的全部投资指标，包括建设投资（单项工程投资建设其他费用）和流动资金投资。单项工程指标是反映建造能独立发挥生产能力或使用效益的单项工程内的全部投资额，包括建筑工程费、安装工程费、设备、工器具及生产家具购置费和其他费用。单位工程指标是按规定应列入能独立设计、施工的工程项目的费用，即建筑安装工程费用。另外，设计参数（指标）、概算指标和概算定额等也是编制投资估算的依据之一。

其他计算工程造价的文件包括：①根据项目决策阶段即项目意向书、项目建议书、可行性研究等阶段产生的工程技术文件进行编制，主要有：项目策划文件、功能描述书、项目建议书、可行性研究报告等。②历史数据、类似工程数据资料以及类似建设项目的投资经济指标、概（预）算指标、预（决）算资料等。

（2）专门机构发布的工程建设其他费用计算办法和费用标准，以及政府部门发布的物价指数。包括当地的取费标准以及当地材料、设备预算价格及市场价格，当地历年、历季调价系数，年成季材料价差、价格指数等。

（3）拟建项目各单项工程的建设内容及工程量。

主要是指筹建项目的类型、建设规模、建设地点、建设时间、工期、总体结构、施工方案、主要设备类型、建设标准等，具体体现在产品方案、工程项目一览表、主要设备材料表等文件里，它们是进行投资估算的最基本的内容。现场有关情况（水、电、交通、水文地质条件等）也是估算费用确定和调整的依据之一。这些内容越明确，则估算结果相对就越准确。

（4）政府有关部门、金融机构等发布的价格指数、利率、汇率、税率等有关参数。

（5）委托单位提供的其他技术经济资料。

5.2.2 投资估算的编制要求

（1）输入数据必须完整、可靠。

（2）工程内容和费用构成齐全，计算合理，不重复计算，不提高或者降低估算标准，不漏项，不少算。

（3）选用的估算方法要与项目实际相适应，将选用的指标和费用水平均调整到建设项目所在地当期编制的实际水平。选用指标与具体工程之间存在标准或者条件差异时，应进行必要的换算或调整。

（4）技术参数方程、经验曲线、费用性能分解及重要系数的推导或技术模型的建立都要有明确的规定。

（5）对影响造价变动的因素进行敏感性分析，注意分析市场的变动因素，充分估计物价上涨因素和市场供求情况对造价的影响。

（6）综合考虑设计标准和工程造价两方面问题，在满足设计功能的前提下，节约建设成本。

（7）投资估算精度应能满足控制初步设计概算要求，并尽量减少投资估算的误差。

（8）估算文档要求完整归档。

5.2.3 工程造价信息

工程造价信息是一切有关工程估价过程的数据、资料的组合。在工程发、承包市场和工程建设中，无论是工程造价主管部门还是工程承、发包者，都要接收、加工、传递和利用工程造价信息。从广义上说,所有对工程造价的估算与控制过程起作用的资料都可以称为工程造价信息,但是最能体现信息动态性变化特征,并且在工程价格市场机制中起重要作用的工程造价信息包括三类:工程价格信息、已完工程信息和工程造价指数。

1. 工程价格信息

工程价格信息主要包括各种建筑材料、装修材料、安装材料、人工工资、施工机械等的市场价格。这些信息是比较初级的微观信息。一般没有经过系统的加工处理,也可以称其为数据或者原始信息。

2. 已完工程信息

已完工程信息的内容应包括"量"(如主要工程量、材料量、设备量等)和"价",还要包括对造价确定有重要影响的技术经济文件,如工程的概况、建设条件等。

3. 工程造价指数

工程造价指数是反映一定时期由于价格变化对工程造价影响程度的一种指标,它是调整工程造价价差的依据。工程造价指数反映了报告期与基期相比的价格变动趋势,实际工作中可以利用工程造价指数分析价格变动趋势及其原因、估计工程造价变化对宏观经济的影响。

(1)各种单项价格指数。这其中包括了反映各类工程的人工费、材料费、施工机械使用费报告期价格对基期价格的变化程度的指标。可利用它研究主要单项价格变化的情况及其发展变化的趋势。其计算过程可以简单表示为报告期价格与基期价格之比。依此类推,可以把各种费率指数也归于其中,例如措施费指数、间接费指数,甚至工程建设其他费用指数等。这些费率指数的编制可以直接用报告期费率与基期费率之比求得。很明显,这些单项价格指数都属于个体指数。其编制过程相对比较简单。

(2)设备、工器具价格指数。设备、工器具的种类、品种和规格很多。设备、工器具费用的变动通常是由两个因素引起的,即设备、工器具单件采购价格的变化和采购数量的变化,并且工程所采购的设备、工器具是由不同规格、不同品种组成的,因此,设备、工器具价格指数属于总指数。由于采购价格与采购数量的数据无论是基期还是报告期都比较容易获得,因此设备、工器具价格指数可以用综合指数的形式来表示。

(3)建筑安装工程造价指数。建筑安装工程造价指数也是一种综合指数,其中包括了人工费指数、材料费指数、施工机械使用费指数以及企业管理费等各项个体指数的综合影响。由于建筑安装工程造价指数相对比较复杂,涉及的方面较广,利用综合指数来进行计算分析难度较大。因此,可以通过对各项个体指数的加权平均,用平均数指数的形式来表示。

(4)建设项目或单项工程造价指数。该指数是由设备、工器具指数、建筑安装工程造价指数、工程建设其他费用指数综合得到的。它也属于总指数,并且与建筑安装工程造价指数类似,一般也用平均数指数的形式来表示。

5.2.4 投资估算的编制步骤

投资估算是根据项目建议书或可行性研究报告中建设项目的总体构思和描述报告,利用以往积累的工程造价资料和各种经济信息,凭借估价师的知识、技能和经验编制而成的。其编制步骤如下。

1. 估算建筑工程费用

根据总体构思和描述报告中的建筑方案和结构方案构思、建筑面积分配计划和单项工程描述，列出各单项工程的用途、结构和建筑面积；利用工程计价的技术经济指标和市场经济信息，估算出建设项目中的建筑工程费用。

2. 估算设备、工器具购置费用以及需安装设备的安装工程费用

根据可研报告中机电设备构思和设备购置及安装工程描述，列出设备购置清单；参照设备安装工程估算指标及市场经济信息，估算出设备、工器具购置费用以及需安装设备的安装工程费用。

3. 估算其他费用

根据建设中可能涉及的其他费用构思和前期工作设想，按照国家、地方有关法规和政策，编制其他费用估算（包括预备费用和贷款利息）。

4. 估算流动资金

根据产品方案，参照类似项目流动资金占用率，估算流动资金。

5. 汇总出总投资

将建筑安装工程费用，设备、工器具购置费用，其他费用和流动资金汇总，估算出建设项目总投资。如图 5-1 所示。

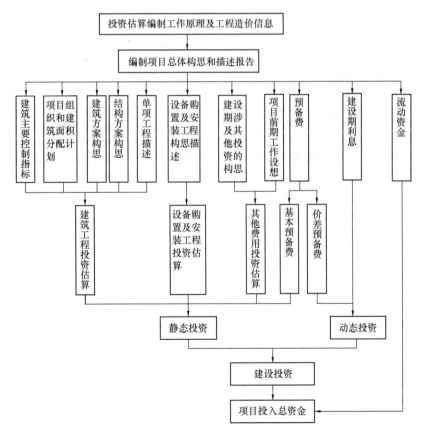

图 5-1　建设项目投资估算编制原理

5.3　投资估算的编制方法

现行建设投资估算的方法，以类似工程对比为主要思路，利用各种数学模型和统计经验公式进行估算，大体包括简单估算法、投资分类估算法和近年来发展的以现代数学为理论基础的估算方法。简单估算方法有生产能力指数法、比例估算法、系数估算法和投资估算指标法等，前三种估算方法估算精度相对不高，主要是用于投资机会研究和项目预可行性研究阶段，在项目可行性研究阶段常采用投资估算指标法和投资分类估算法，而一些理论探讨比较多的是以模糊数学估算法和基于人工神经网络的估算方法为代表的现代方法。

5.3.1　建设投资简单估算方法

1. 单位生产能力估算法

单位生产能力估算法是根据已建成的、性质类似的建设项目（或生产装置）的投资额或生产能力，以及拟建项目（或生产装置）的生产能力，作适当的调整之后得出拟建项目估算值。其计算模型如下：

$$C_2 = \left(\frac{C_1}{Q_1}\right) Q_2 f \qquad (5-1)$$

式中　C_1——已建类似项目的投资额；

　　　Q_1——已建类似项目的生产能力；

　　　C_2——拟建项目的投资额；

　　　Q_2——拟建项目的生产能力；

　　　f——不同时期、不同地点的定额、单价、费率等的综合调整系数。

该方法一般只能进行粗略快速的估计。因为项目之间时间、空间等因素的差异性，往往生产能力和造价之间并不是一种线性关系，所以，在使用这种方法时要注意拟建项目的生产能力和类似项目的可比性，否则误差很大。

由于在实际工作中不容易找到与拟建项目完全类似的项目，通常是把项目按其下属的车间、设施和装置进行分解，分别套用类似车间、设施和装置的单位生产能力投资指标计算，然后加总求得项目总投资。或根据拟建项目的规模和建设条件，将投资进行适当调整后估算项目的投资。

【例 5-1】 1990 年在某地动工兴建一座年产 58 万 t 尿素的化肥厂，其单位产品的造价为：每吨尿素 780～820 元，又知该厂在建设时的总投资为 47000 万元，若在 2000 年开工兴建这样的一个厂需要投资多少？假定从 1990 年至 2000 年每年平均工程造价指数为 1.15，即每年递增 15%。

解： $780 \times 58 \times (1.15)^{10} = 780 \times 58 \times 4.05 = 183222$ 万元

$$820 \times 58 \times (1.15)^{10} = 192618 \text{ 万元}$$

$$47000 \times (1.15)^{10} = 190350 \text{ 万元}$$

从上述三式计算结果可以看出，按单位生产能力造价计算的投资额为 18.3 亿～19.3 亿元之间；按总投资计算的投资额为 19.035 亿元。由此可见，2000 年兴建此项工程的费用在 19 亿元左右。

2. 生产能力指数法

同单位生产能力估算法的原理一样，它的改进之处在于将生产能力和造价之间的关系考虑为一种非线性的指数关系，在一定程度上提高了估算的精度。其计算模型如下：

$$C_2 = C_1 \left(\frac{Q_2}{Q_1}\right)^n f \tag{5-2}$$

式中　　n——生产能力指数，$0 \leqslant n \leqslant 1$。

其他符号含义同前。

运用这种方法的重要条件是要有合理的生产能力指数。当已建类似项目和拟建项目规模相差不大，生产规模比值关系在 $0.5 \sim 2$ 之间时，n 的取值近似为 1；当已建类似项目和拟建项目规模相差小于 50 倍，且拟建项目生产规模的扩大仅靠增大设备规模来达到时，则 n 取 $0.6 \sim 0.7$ 之间；若是靠增加相同规模设备的数量达到时，则 n 取 $0.8 \sim 0.9$ 之间。

该方法主要应用于设计深度不足，拟建项目与类似项目的规模不同，设计定型并系列化，行业内相关指数和系数等基础资料完备的情况。

【例 5-2】 已知建设年产 30 万 t 乙烯装置的投资额为 60000 万元，现有一年产 70 万 t 乙烯的装置，工程条件与上述装置类似，试估算该装置的投资额（生产能力指数 $n=0.6$，$f=1.2$）。

解：
$$C_2 = C_1 \left(\frac{Q_2}{Q_1}\right)^n f = 60000 \times (70/30)^{0.6} \times 1.2$$
$$= 119706.73 \text{ 万元}$$

3. 系数估算法

系数估算法也称为因子估算法，它是以拟建项目的主体工程费或主要设备费为基数，以其他工程费占主体工程费的百分比为系数来估算项目总投资的方法。该方法主要应用于设计深度不足，拟建项目与已建类似项目的主体工程费或主要生产工艺设备投资比重较大，行业内相关系数等资料完备的情况。系数估算法的方法较多，有代表性的包括设备系数法、主体专业系数法、朗格系数法等。

（1）设备或主体专业系数法。该法以拟建项目的设备费为基数，根据已建成的同类项目中建筑安装工程费和其他工程费（或建设项目中各专业工程费用）等占设备价值的百分比，求出拟建项目建筑安装工程费和其他工程费，进而求出项目总投资。其计算公式如下：

$$C = E(1 + f_1 P_1 + f_2 P_2 + f_3 P_3 + \cdots\cdots) + I \tag{5-3}$$

式中　　　　　　C——拟建项目投资额；

　　　　　　　　E——拟建项目的设备费；

P_1、P_2、P_3……——已建项目中建筑安装工程费和其他工程费（或建设项目中各专业工程费用）等占设备费的比重；

f_1、f_2、f_3……——因时间、空间等因素变化的综合调整系数；

　　　　　　　　I——拟建项目的其他费用。

（2）朗格系数法。这种方法以拟建项目的设备费为基数，乘以适当的系数来推算项目的建设费用。其计算公式如下：

$$C = E(1 + \Sigma K_i)K_c \tag{5-4}$$

式中　C——拟建项目投资额；

　　　E——拟建项目的主要设备费；

　　　K_i——管线、仪表、建筑物等项费用的估算系数；

　　　K_c——管理费、合同费、应急费等项费用的总估算系数。

其中，我们把 $L = (1 + \Sigma K_i)K_c$ 称为朗格系数。根据不同的项目，朗格系数有不同的取值，其包含的内容如表 5-2 所示。

朗格系数表　　　　　　　　　　　　　　　表 5-2

项目		固体流程	固流流程	流体流程
朗格系数 L		3.1	3.63	4.74
内容	① 包括基础、设备、绝热、油漆及设备安装费	$E \times 1.43$		
	② 包括上述在内和配管工程费	①×1.1	①×1.25	①×1.6
	③ 装置直接费	②×1.5		
	④ 包括上述在内和间接费，即总费用 C	③×1.31	③×1.35	③×1.38

朗格系数法较为简单，只要对各大类行业设备费中上述各分项所占的比重有较规律的收集，估算精度就可以达到较高的水平。但是，朗格系数法由于没有考虑设备规格、材质的差异，所以在某些情况下又表现出较低的精度。

应用朗格系数法进行工程项目或装置估价的精度仍不是很高，原因体现在：①装置规模大小发生变化的影响；②不同地区的自然地理条件、经济地理条件、气候条件的不同造成的影响；③主要设备材质发生变化时，设备费用变化较大而安装费变化不大所产生的影响。尽管如此，由于朗格系数法是以设备费为计算基础，而对于石油、石化、化工工程而言设备费在工程中所占的比重约为 $45\% \sim 55\%$，同时一项工程中每台设备所含有的管道、电气、自控仪表、绝热、油漆、建筑等，都有一定的规律，所以，只要对各种不同类型工程的朗格系数掌握得准确，估算精度仍可较高。朗格系数法估算误差在 $10\% \sim 15\%$。

4. 比例估算法

这种方法是根据统计资料，先求出已有同类企业主要设备占全厂建设投资的比例，然后估算出拟建项目的主要设备投资，即可以按比例求出拟建项目的建设投资。本方法的应用条件同系数估算法。

其计算模型如下：

$$I = \frac{1}{K} \sum_{i=1}^{n} Q_i P_i \tag{5-5}$$

式中　I——拟建项目的建设投资；

　　　K——主要设备投资占项目总造价的比重；

　　　Q_i——第 i 种主要设备的数量；

　　　P_i——第 i 种主要设备的单价（到厂价格）；

　　　n——主要设备种类数。

5. 混合法

混合法是根据主体专业设计的阶段和深度，投资估算编制者所掌握的国家及地区、行业或部门相关投资估算基础资料和数据（包括造价咨询机构自身统计和积累的可靠的相关造价基础资料），对一个拟建建设项目采用生产能力指数法与比例估算法或系数估算法混合估算其相关投资额的方法。

6. 指标估算法

指标估算法是把拟建建设项目以单项工程或单位工程，按建设内容纵向划分为各个主要生产设施、辅助及公用设施、行政及福利设施、各项其他基本建设费用，按费用性质横向划分为建筑工程、设备购置、安装工程等，根据各种具体的投资估算指标，进行各单位工程或单项工程投资的估算，在此基础上汇成拟建建设项目的各个单项工程费用和拟建建设项目的工程费用投资估算。再按相关规定估算工程建设其他费用、预备费、建设期贷款利息等，最后形成拟建建设项目总投资。

5.3.2 建设投资分类估算法

建设投资由建筑工程费、设备及工器具购置费、安装工程费、工程建设其他费用、基本预备费、涨价预备费、建设期利息构成。预备费在投资估算或概算编制阶段按第一、二部分费用比例分别摊入相应资产，在工程决算时按实际发生情况计入相应资产。具体详细构成见第 2 章。

1. 建筑工程费的估算

建筑工程投资估算一般采用以下方法。

1）单位建筑工程投资估算法

单位建筑工程投资估算法，以单位建筑工程量投资乘以建筑工程总量计算。一般工业与民用建筑以单位建筑面积（平方米）的投资，工业窑炉砌筑以单位容积（立方米）的投资，水库以水坝单位长度（米）的投资，铁路路基以单位长度（公里）的投资，矿山掘进以单位长度（米）的投资，乘以相应的建筑工程总量计算建筑工程费。

2）单位实物工程量投资估算法

单位实物工程量投资估算法，以单位实物工程量的投资乘以实物工程总量计算。土石方工程按每立方米投资，矿井巷道衬砌工程按每延米投资，路面铺设工程按每平方米投资，乘以相应的实物工程总量计算建筑工程费。

3）概算指标投资估算法

对于没有上述估算指标且建筑工程费占总投资比例较大的项目，可采用概算指标投资估算法。采用这种估算法，应占有较为详细的工程资料、建筑材料价格和工程费用指标，投入的时间和工作量较大。具体估算方法见有关专门机构发布的概算编制办法。

应编制建筑工程费用估算表，如表 5-3 所示。

表 5-3

建筑工程费用估算表

序号	建（构）筑物名称	单位	工程量	单价(元)	费用合计(万元)

2. 设备及工器具购置费估算

设备购置费估算应根据项目主要设备表及价格、费用资料编制。工器具购置费一般按占设备费的一定比例计取。

设备及工器具购置费,包括设备的购置费、工器具购置费、现场制作非标准设备费、生产用家具购置费和相应的运杂费。对于价值高的设备应按单台(套)估算购置费;价值较小的设备可按类估算。国内设备和进口设备的设备购置费应分别估算。

国内设备购置费为设备出厂价加运杂费,运杂费可按设备出厂价的一定百分比计算。应编制国内设备购置费估算表,如表 5-4 所示。

国内设备购置费估算表　　　　　　　　　　　　表 5-4

序号	设备名称	型号规格	单位	数量	设备购置费		
					出厂价 (元)	运杂费 (元)	总价 (万元)
	合计						

进口设备购置费由进口设备货价、进口从属费用及国内运杂费组成。进口从属费用包括国外运费、国外运输保险费、进口关税、消费税、进口环节增值税、外贸手续费、银行财务费和海关监管手续费。国内运杂费包括运输费、装卸费、运输保险费等。

应编制进口设备购置费估算表,如表 5-5 所示。

进口设备购置费估算表　　　　　　　　　　　　表 5-5

单位:万元或万美元

序号	设备名称	台(套)数	离岸价	国外运费	国外运输保险费	到岸价	进口关税	消费税	增值税	外贸手续费	银行财务费	海关监管手续费	国内运杂费	设备购置费总价
1	设备 A													
2	设备 B													
3	设备 C													
4	设备 D													
5	设备 E													
	……													
	合计													

注:难以按单台(套)计算进口设备从属费用的,可按进口设备总离岸价估算。

现场制作非标准设备,由材料费、人工费和管理费组成,按其占设备总费用的一定比例估算。非标准设备估价应考虑完成非标准设备设计、制造、包装、利润、税金等全部费用内容。

备品备件费估算一般根据设计所选用的设备特点,按设备原价与设备运杂费之和的百分比估算,此费用是指初期生产运行期间为保证设备的正常运转必须购置的备品备件费用,不包括已计入设备原价的调试备件费用。

3. 安装工程费估算

需要安装的设备应估算安装工程费,包括各种机电设备装配和安装工程费用,与设备相连的工作台、梯子及其装设工程费用，附属于被安装设备的管线敷设工程费用；安装设备的绝缘、保温、防腐等工程费用；单体试运转和联动无负荷试运转费用等。

安装工程费通常按行业或专门机构发布的安装工程定额、取费标准和指标估算投资。具体计算可按安装费率、每吨设备安装费或者每单位安装实物工程量的费用估算，即：

$$安装工程费 = 设备原价 \times 安装费率 \tag{5-6}$$

$$安装工程费 = 设备吨位 \times 每吨安装费 \tag{5-7}$$

$$安装工程费 = 安装工程实物量 \times 安装费用指标 \tag{5-8}$$

应编制安装工程费估算表，如表 5-6 所示。

安装工程费用估算表

表 5-6

序号	安装工程名称	单位	数量	指标(费率)	安装费用(万元)
1	设备				
	A				
	B				
	……				
2	管线工程				
	A				
	B				
……	……				
	合计				

4. 工程建设其他费用估算

工程建设其他费用按各项费用科目的费率或者取费标准估算。应编制工程建设其他费用估算表，如表 5-7 所示。

工程建设其他费用估算表

表 5-7

单位：万元

序号	费用名称	计算依据	费率或标准	总价
1	建设管理费			
2	可行性研究费			
3	研究试验费			
4	勘察设计费			
5	环境影响评价费			
6	劳动安全卫生评价费			
7	场地准备及临时设施费			
8	引进技术和进口设备其他费			
9	工程保险费			
10	联合试运转费			
11	特殊设备安全监督检验费			
12	市政公用设施建设及绿化补偿费			

序号	费用名称	计算依据	费率或标准	总价
13	建设用地费			
14	专利及专有技术使用费			
15	生产准备及开办费			
……	……			
	合计			

注：上表所列费用科目，仅供估算工程建设其他费用参考。项目的其他费用科目，应根据拟建项目实际发生的具体情况确定。

5. 预备费估算

预备费估算分为基本预备费估算和价差预备费估算。

基本预备费是指投资估算或工程概算阶段预留的，由于工程实施中不可预见的工程变更洽商、一般自然灾害处理、地下障碍物清理、超规超限设备运输等而可能增加的费用。基本预备费估算是以项目的工程费用和工程建设其他费用之和为基础，乘以基本预备费率进行计算。

价差预备费是在建设期内因利率、汇率或价格等因素的变化而预留的可能增加的费用，也叫不可预见费。价差预备费的估算一般根据国家或行业主管部门的具体规定和发布的指数计算。

6. 建设期利息

建设期利息是债务资金在建设期内发生并应计入固定资产原值的利息，包括支付金融机构的贷款利息和为筹集资金而发生的融资费用。建设期利息单独估算有利于对建设项目进行融资前后的财务分析。

7. 流动资金估算

流动资金是指生产经营性项目投资后，为进行正常生产运营，用于购买原材料、燃料，支付工资及其他经营费用等所需的周转资金。流动资金估算一般采用分项详细估算法，个别情况或者小型项目可采用扩大指标估算法。

1）分项详细估算法

对构成流动资金的各项流动资产和流动负债应分别进行估算。在可行性研究中，为简化计算，仅对存货、现金、应收账款和应付账款四项内容进行估算，计算公式为：

$$流动资金 = 流动资产 - 流动负债 \qquad (5-9)$$

$$流动资产 = 应收账款 + 存货 + 现金 \qquad (5-10)$$

$$流动负债 = 应付账款 \qquad (5-11)$$

$$流动资金本年增加额 = 本年流动资金 - 上年流动资金 \qquad (5-12)$$

估算的具体步骤：首先计算各类流动资产和流动负债的年周转次数，然后再分项估算占用资金额。

（1）周转次数计算，周转次数等于360天除以最低周转天数。存货、现金、应收账款和应付账款的最低周转天数，可参照同类企业的平均周转天数并结合项目特点确定。

（2）应收账款估算，应收账款是指企业已对外销售商品、提供劳务尚未收回的资金，包括若干科目，在可行性研究时，只计算应收销售款。计算公式为：

$$应收账款 = 年销售收入 / 应收账款周转次数 \tag{5-13}$$

（3）存货估算，存货是企业为销售或者生产耗用而储备的各种货物，主要有原材料、辅助材料、燃料、低值易耗品、维修备件、包装物、在产品、自制半成品和产成品等。为简化计算，仅考虑外购原材料、外购燃料、在产品和产成品，并分项进行计算。计算公式为：

$$存货 = 外购原材料 + 外购燃料 + 在产品 + 产成品 \tag{5-14}$$

$$外购原材料 = 年外购原材料 / 按种类分项周转次数 \tag{5-15}$$

$$在产品 = （年外购原材料 + 年外购燃料 + 年工资及福利费 + 年修理费$$
$$+ 年其他制造费用）/ 在产品周转次数 \tag{5-16}$$

$$产成品 = 年经营成本 / 产成品周转次数 \tag{5-17}$$

（4）现金需要量估算，项目流动资金中的现金是指货币资金，即企业生产运营活动中停留于货币形态的那部分资金，包括企业库存现金和银行存款。计算公式为：

$$现金需要量 = （年工资及福利费 + 年其他费用）/ 现金周转次数 \tag{5-18}$$

$$年其他费用 = 制造费用 + 管理费用 + 销售费用 - （以上三项费用中所含的$$
$$工资及福利费、折旧费、维简费、摊销费、修理费） \tag{5-19}$$

（5）流动负债估算，流动负债是指在一年或者超过一年的一个营业周期内，需要偿还的各种债务。在可行性研究中，流动负债的估算只考虑应付账款一项。计算公式为：

$$应付账款 = （年外购原材料 + 年外购燃料）/ 应付账款周转次数 \tag{5-20}$$

根据流动资金各项估算的结果，编制流动资金估算表，如表 5-8 所示。

流动资金估算表　　　　　　　　　　　　　　表 5-8

单位：万元

序号	项目	最低周转天数	周转次数	投产期		达产期			
				3	4	5	6	……	n
1	流动资产								
1.1	应收账款								
1.2	存货								
1.2.1	原材料								
1.2.2	燃料								
1.2.3	在产品								
1.2.4	产成品								
1.3	现金								
2	流动负债								
2.1	应付账款								
3	流动资金(1-2)								
4	流动资金本年增加额								

2）扩大指标估算法

扩大指标估算法是一种简化的流动资金估算方法，一般可参照同类企业流动资金占销售收入、经营成本的比例，或者单位产量占用流动资金的数额估算。

5.3.3 基于现代数学理论的投资估算方法

通过对一般估算方法体系的分析可以看出，大多数方法一般是从工程特征的相似性出发，找到已建工程和拟建工程的联系，用类比、回归分析等方法，进而推算出拟建工程的造价。其原理较简单，并且计算容易，应用方便。但是由于影响工程造价的因素很多，如工程用途、规模、结构特征、工期等，且这些因素之间呈现高度的非线性关系，对造价的影响程度也不一样，一般的估算方法很大程度上不能解释这些变量之间繁复的关系。同时，一般的估算方法是以函数模型来表达已建工程和拟建工程之间的关系，而函数的局限性使其不能完全表达清楚各个变量之间的关系。这些局限性导致一般的估算模型精度都较低，从而限制了其在建筑业的应用。

近年来，随着计算机应用的全面普及，出现了多种以现代数学为理论基础的投资估算方法。这些方法从更为全面的角度对已建工程和拟建工程之间的关系进行了表述，利用数学理论建立估算系统，全面、客观、有效地对工程造价进行估算。其代表方法主要有指数平滑方法、模糊数学估算法和基于人工神经网络的估算方法。

1. 指数平滑方法

投资估算可以看作是对拟建工程的造价进行预测。因此，可以运用预测技术中的指数平滑法原理推导投资估算的公式。根据指数平滑法预测原理，可选择若干个与拟建工程类似的已建典型工程，用这些工程的造价来估算拟建工程的造价。这些典型工程的造价对应于指数平滑预测公式中的以往时间序列观测数据 $x(t)$、$x(t-1)$……指数平滑预测公式权系数中的衰减因子 a 对应于工程间的相似程度。

选取近期的 k 个与拟建工程类似的已建工程 $A_i(i=1,2……k)$，它们与拟建欲估工程 B 的相似程度为 a_i（$0 \leqslant a_i \leqslant 1$，其具体值可由专家确定或用其他方法求得）。将 a_i 从大到小排列成一个有序数列 a_1，a_2，a_3，…，a_k，相对应的已建工程每平方米建筑面积的造价为 E_1，E_2，E_3……E_k。设第 i 个类似工程 A_i 每平方米建筑面积的造价预测值为 E_i^*，其预测误差为 $E_i - E_i^*$，则根据指数平滑预测公式，得第 i-1 个类似工程 A_{i-1} 每平方米建筑面积的造价预测值为：

$$E_{i-1}^* = E_i^* + a_i(E_i - E_i^*) \tag{5-21}$$

式（5-21）的意义是：对第 i 个类似工程 A_i 每平方米建筑面积的造价预测值 E_i^* 进行修正，方法是加上其预测误差 $E_i - E_i^*$ 和该工程与拟建工程的相似程度值 a_i 的乘积，然后把修正后的造价作为与拟建工程类似的第 i-1 个类似工程 A_{i-1} 每平方米建筑面积的造价预测值。式（5-21）可改写为：

$$E_{i-1}^* = a_i E_i + (1-a_i)E_i^* \tag{5-22}$$

将上式依次类推并展开，则可得拟建工程每平方米建筑面积的造价预测值为：

$$Eg = a_1 E_1 + (1-a_1)E_1^*$$
$$= a_1 E_1 + (1-a_1)[a_2 E_2 + (1-a_2)E_2^*]$$

$$= a_1 E_1 + a_2(1-a_1)E_2 + a_3(1-a_1)(1-a_2)E_3 + \cdots\cdots +$$

$$a_k(1-a_1)(1-a_2)\cdots\cdots(1-a_{k-1})E_k + (1-a_1) \qquad (5\text{-}23)$$

$$(1-a_2)\cdots\cdots(1-a_k)E_k^*$$

其中，E_k^* 为预测初始值，取为 k 个典型工程每平方米建筑面积造价的算术平均值，即：

$$E_k^* = \frac{1}{k}\sum_{i=1}^{k}E_i \qquad (5\text{-}24)$$

一般只要取与拟建欲估工程最相似的三个已建工程就完全可以满足拟建工程的造价估算精度要求，则拟建欲估工程每平方米建筑面积的造价估算公式可以表示为：

$$E_g = a_1 E_1 + a_2 E_2(1-a_1) + a_3 E_3(1-a_1)(1-a_2) +$$

$$(1-a_1)(1-a_2)(1-a_3)(E_1 + E_2 + E_3)/3 \qquad (5\text{-}25)$$

式（5-24）可改写为：

$$E_g = \left[a_1 + \frac{1}{3}(1-a_1)(1-a_2)(1-a_3)\right]E_1 +$$

$$\left[a_2(1-a_1) + \frac{1}{3}(1-a_1)(1-a_2)(1-a_3)\right]E_2 + \qquad (5\text{-}26)$$

$$\left[a_3(1-a_1)(1-a_2) + \frac{1}{3}(1-a_1)(1-a_2)(1-a_3)\right]E_3$$

从式（5-25）可以看出，拟建欲估工程每平方米建筑面积的造价估算值 E_g 实际上就是与其最相似的三个典型工程每平方米建筑面积造价的加权平均值。其中，E_1 的权值为 $W_1 = a_1 + W$，E_2 的权值为 $W_2 = a_2(1-a_1) + W$，E_3 的权值为 $W_3 = a_3(1-a_1)(1-a_2) + W$，这里，$W = \frac{1}{3}(1-a_1)(1-a_2)(1-a_3)$。由于 $a_1 \geqslant a_2 \geqslant a_3$，且 $0 \leqslant a_i \leqslant 1$，所以有 $a_1 \geqslant a_2(1-a_1) \geqslant a_3(1-a_1)(1-a_2)$，即 $W_1 \geqslant W_2 \geqslant W_3$，这说明在此公式中，与欲估工程越相似的典型工程其权值越大，与欲估工程相似程度小的典型工程其权值也小，即它对相似程度大的典型工程更为重视。

从上面对估算公式的推导和说明中可以看出，这个估算公式有充分的理论依据，是可以应用的。

2. 模糊数学估算法

基本原理：模糊数学估算法是从系统的角度出发，将投资估算系统划分为若干个子系统，并且确定每个子系统对于总体的贡献程度，即权重；然后将各个子系统分别进行特征量化工作，完成定性分析到定量分析的转变；最后，将拟建工程和已建工程资料的特征量化值进行对比，找出与拟建工程相似程度最高的已建工程，进而得出估算结果。

具体的计算方法和步骤可描述如下：

（1）选定因素集 U：$U = (u_1, u_2, \cdots, u_i)$，其中 u_i 表示第 i 个特征。

（2）确定各特征因素的权重。权向量 W 为：$W = (w_1, w_2, \cdots, w_i)$，其中 w_i 表示第 i 个特征因素的权重。

（3）按上述 i 个因素，由已建工程资料和调研收集的典型工程资料，作出比较模式标准库，将拟建工程与已建工程进行比较。

（4）根据模糊数学原理，分别计算各典型工程的贴近度。贴近度的计算公式由下列公式导出：

内积：
$$B \textcircled{\vee} A_i = (b_1 \wedge a_{i1}) \vee \cdots\cdots \vee (b_n \wedge a_{in}) \qquad (5-27)$$

外积：
$$B \odot A_i = (b_1 \vee a_{i1}) \wedge \cdots\cdots \wedge (b_n \vee a_{in}) \qquad (5-28)$$

贴近度：
$$\alpha(B, A_i) = \frac{1}{2} [B \textcircled{\vee} A_i + (1 - B \odot A_i)] \qquad (5-29)$$

式中　A_i——第 i 个典型工程；

　　　B——拟建工程；

$a_{i1}\cdots\cdots a_{in}$——第 i 个典型工程第 n 个特征元素的隶属函数值；

$b_1\cdots\cdots b_n$——拟建工程第 n 个特征元素的隶属函数值。

（5）取贴近度大的前 n 个工程，并按贴近度由大到小的顺序排列，即 $\alpha_1 > \alpha_2 > \cdots\cdots \alpha_n$。设第 n 个工程的单方造价为 C_n，用指数平滑法进行计算，可得拟建工程的单方造价 C_x。计算公式：

$$\begin{aligned}
C_x = \lambda[&\alpha_1 C_1 + \alpha_2 C_2 (1 - \alpha_1) + \alpha_3 C_3 (1 - \alpha_1)(1 - \alpha_2) + \cdots\cdots \\
&+ \alpha_n C_n (1 - \alpha_1)(1 - \alpha_2)\cdots\cdots(1 - \alpha_{n1}) + (C_1 + C_2 + \cdots\cdots \\
&+ C_n)(1 - \alpha_1)(1 - \alpha_2)\cdots\cdots(1 - \alpha_n)/n]
\end{aligned} \qquad (5-30)$$

其中：λ 为其调整系数，可根据公式计算或经验取定值。

（6）设拟建工程建筑面积为 A，则可以计算出拟建工程总造价为：

$$C = \gamma \xi C_x A \qquad (5-31)$$

式中　ξ——拟建工程与所贴近的已建工程的价格调整系数；

　　　γ——拟建工程的其他调整系数（如建设环境、政府政策的变化、业主的特殊要求、外界不可抗力的影响等）。

至此，得到了工程造价模糊数学估算结果。

3. 基于人工神经网络的估算方法

模糊数学估算法运用系统层次分析和模糊评价的思想，较为成功地实现了对建设投资的估算。但是，由于其模糊评价多采用专家评价法，主观因素干扰过大，因此，在模糊数学估算法的基础上，许多文献又提出了基于人工神经网络的估算方法。

人工神经网络作为一门新兴的学科，目前已被视为人工智能发展的一个重要方向。它是由大量简单处理单元广泛连接而成，用以模拟人脑行为的复杂网络系统。人工神经网络由于具有自动"学习"和"记忆"功能，从而十分容易进行知识获取工作；由于其具有"联想"功能，所以在只有部分信息的情况下也能回忆起系统全貌；由于其具有"非线形映射"能力，可以自动逼近那些刻画最佳的样本数据内部最佳规律的函数，揭示出样本数据的非线形关系，因此，基于人工神经网络的估算方法可以克服模糊数学估算法中主观因素干扰过大的缺点，特别适合于对不精确和模糊信息的处理。目前，应用最广、最具代表性的是无反馈网络中的多层前向神经网络。该法的学习解析式十分明确，学习算法称为反向传播算法（Back Propagation），因而称之为 BP 算法。

BP 算法是一种由教师示教的训练算法，它通过对 N 对输入输出样本（该样本须刻画出工程特征并实行归一化处理）(X_1, Y_1)、$(X_2, Y_2)\cdots\cdots(X_n, Y_n)$ 的自我学习训练，得到神经元（即样本）之间的连接权 W_{ij}、W_{jk}……和阈值 θ_j、θ_k……使 n 维空间对 m 维空间的非线形映射获得成功。利用该过程训练后得到的连接权和阈值，输入新的具有样本对应特征的 X_x，则可以得到满足已训练好的成功映射的 Y_x，而 Y_x 即为我们所需要的估算结果。对于这个得到的成功映射，即是我们的估算模型。

BP 算法学习过程包括正向传播学习和反向传播学习两个过程。正向传播学习过程是根据输入的样本通过隐含层向所期望的输出结果逼近的过程；反向传播学习过程则是当通过正向学习得到的输出结果与期望值相差较大时，将误差信息按原路返回传递，并通过相应方法修正各个神经元的权值，直至输出结果达到与预期结果满意的逼近程度。这两个过程所得到的学习成果便是获得了神经元之间的连接权 W_{ij}、W_{jk}……和阈值 θ_j、θ_k……使 n 维空间对 m 维空间的非线形映射获得成功，进一步得到了所需要的估算模型。

5.3.4 影响投资估算准确程度的因素

（1）项目本身的复杂程度及对其认知的程度。如有些项目本身相当复杂，没有或很少有已建的类似项目资料，如磁浮工程。在估算此类项目总投资时，就容易发生漏项、过高或过低地估计某些费用。

（2）对项目构思和描述的详细程度。一般来说，构思愈深入，描述愈详细，则估算的误差率愈低。

（3）工程计价的技术经济指标的完整性和可靠程度。工程计价的技术经济指标，尤其是综合性较强的单位生产能力（或效益）投资指标，不仅要有价，而且要有量（主要工程量、材料量、设备量等），还应包括对投资有重大影响的技术经济条件（建设规模、建设时间、结构特征等），以利于准确使用和调整这些技术经济指标。工程计价的技术经济指标是平时对建设工程造价资料进行日积月累、去粗取精、去伪存真，用科学的方法编制而成的，且不是固定的，必须随生产力发展、技术进步进行不断的修正，使其能正确反映当前生产力水平，为现实服务。过时的、落后的技术经济指标应及时更新或淘汰。

（4）项目所在地的自然环境描述的翔实性。如建设场地的地形和地势，工程地质、水文地质和建筑结构抗地震的设防裂度，水文条件，气候条件等情况和有关数据的详细程度和真实性。

（5）对项目所在地的经济环境描述的翔实性。如城市规划、交通运输、基础设施和环境保护等条件的全面性和可靠性。

（6）有关建筑材料、设备的价格信息和预测数据的可信度。

（7）项目投资估算人员的知识结构、经验和水平等。

（8）投资估算编制所采用的方法。

5.3.5 提高投资估算精度的主要方法

1. 提高项目投资估算资料和信息的详细程度

一般来说，投资估算所需资料和信息越详细，则投资估算的精度就会越高。具体体现在：

（1）对项目构思描述的详细程度。这些信息不包括待建项目类型、规模、建设地点、时间、总体结构、施工方案、主要设备类型、建设标准等，这些内容是进行投资估算最基本的内容，该内容越明确，则估算结果相对越准确。

（2）项目所在地的自然环境描述的翔实性。包括建设场地的地形、地势，工程地质、水文地质、气候条件等情况和相关数据的详细程度。

（3）项目所在地的经济环境描述的全面性。包括城市规划、交通运输、基础设施和环境保护等条件的全面性。

2. 提高项目投资估算资料的准确程度

（1）深入开展调查研究，认真搜集、整理和积累各种建设项目的造价资料，掌握第一手资料。如上述关于项目所在地自然、经济环境描述的准确、可能性，项目本身特征描述的准确性，项目所在地的建筑材料、设备的价格信息和预测的可信度。

（2）实事求是地反映投资情况，不弄虚作假。

（3）合理选用技术经济指标，切忌生搬硬套。选择使用技术经济指标，必须充分考虑建设期的物价及其变动因素、项目所在地的有利和不利的自然、经济方面的因素。

（4）选用与拟建项目特征贴近度最大的已建项目资料进行比较。

3. 选用适用性高的投资估算方法

不同的投资估算方法具有一定的适用范围和适用阶段，因此，选取拟建项目的估算方法之前，要熟悉各种估算方法，根据要求的估算精度要求、项目特点、估算期选取最适合的估算方法。

4. 充分、全面考虑项目在各阶段的不确定因素及对估算价格带来的影响

如前所述，建设项目在决策阶段的信息量比较少，而产品建设周期一般又非常长，因此关于估算的"价""量"和其他方面都可能会有大量的不确定因素存在，因此，识别、分析这些不确定因素，充分考虑其对估算价格带来的影响，将使估算价格更符合实际。详细内容参见本节前述对投资估算风险的分析。

5. 不断提高估算人员的经验和水平

不同的估算机构和估算人员，由于其经验、知识结构、能力、水平、诚信意识等方面可能存在的差异，因此导致对项目的认知程度、在等价资料的理解和使用等方面均存在差异，这些都将导致最终投资估算精度的差异。知识、阅历丰富的估算人员能够凭借自身的经验，填补等价资料中的部分盲点，避免或减少估算过程中漏项的发生。

6. 加强投资估算审查

1）审查投资估算用数据资料的有效性、准确性

估算项目投资所需的数据资料，如已运行同类型项目的投资、设备和材料价格、运杂费率、有关的定额、指标、标准，以及有关规定等都与时间有密切关系，都可能随时间变化而发生不同程度的变化，必须注意其时效性和准确程度。

2）审查选用的投资估算方法的科学性、适用性

每种投资估算方法都各有自己的适用条件和范围，并具有不同的精确度，使用的投资估算方法应与项目的客观条件和情况相适应，且不得超出该方法的适用范围才能保证投资估算的质量。

3）审查投资估算内容与规定、规划要求的一致性

（1）审查项目投资估算的工程内容与规定要求是否一致，是否漏掉了某些辅助工程、室外工程等的建设费用。

（2）审查项目投资估算的项目产品生产装置的先进水平和自动化程度等，是否符合规划要求的先进程度。

（3）审查是否对拟建项目与已运行项目在工程成本、工艺水平、规模大小、自然条件、环境因素等方面的差异作了适当的调整。

4）审查投资估算的费用项目、费用数额与实际情况的相符性

（1）审查费用项目与规定要求、实际情况是否相符，有否漏项或多项现象，估算的费用项目是否符合国家规定，是否针对具体情况作了适当的增减。

（2）审查是否考虑了新技术、新材料以及先行标准和规范化，比已运行项目的要求提高者所需增加的投资额，考虑的额度是否合适。

（3）审查是否考虑了物价上涨和汇率变动对投资额的影响，考虑的波动变化幅度是否合适。

（4）审查"三废"处理所需投资是否进行了估算，其估算数额是否符合实际。

5.4 投资估算实例

5.4.1 项目概况

1. 项目拟建地点

根据 A 市的总体发展规划和经济发展布局，项目厂址定点在该市经济开发区。通过广泛的调查研究，有关技术人员对在开发区内可能用于厂址的两个地块进行现场踏勘，了解其地形地貌、地质、公用设施、交通、洪水水位、现有建（构）筑物情况、地下水位和农田水利情况，搜集了地块的规划图和地形图，对重点部位进行了钻探，向有关部门进行了咨询，对拟选地块进行了综合分析比较，经多次讨论写出选厂报告，并报上级有关部门批准，最后选定在 A 市经济开发区西南部××加工区××路北侧地块为本项目建设厂址。

2. 项目建设规模与目标

（1）建设规模为年产轿车 10 万辆。

（2）产品是具有当代世界先进水平的新型车型。

（3）生产线设计要充分考虑柔性，适应多品种生产的需要。

（4）产品系列化、多品种。

（5）广泛采用当代先进技术、装备和生产方式。

（6）注重环保与安全卫生，按国家有关规范及 A 市对环境保护的要求与规定，对污染物进行有效治理，并采取有效的安全卫生措施。

（7）产品成本与售价应具有竞争力，经济效益在行业平均水平之上。

3. 主要建设条件

（1）××加工区××路北侧地块面积 50hm²，能满足建厂要求且地势平坦。

（2）××加工区能提供建厂所需的公用设施，包括：在距拟选厂址东北部 2.5km 处有地区降压站，可向厂区供应 10kV 电源。在厂区东侧有直径为 500mm 的城市自来水管，可供工厂所需生产及生活用水。在厂区西北部有开发区集中供热站，可向工厂供应生产所需的热源。在厂区南、北两侧均有完善的开发区管网。

（3）工厂东侧为××路，向北延伸与××高速公路出口相连，北侧××路与西侧××路及东侧××路相接，公路交通十分便利。

（4）在××路北侧有大片空地可作未来零部件生产与供应基地使用。

（5）××路为市政主要通道，向东延伸可直通 A 市市区。

（6）在××路南侧 5km 处为规划的 A 市铁路编组站。

（7）厂区有较小的土堆和池塘，需要进行场地平整。

5.4.2 项目投资估算

1. 投资估算依据

（1）《投资项目可行性研究指南》。

（2）《国务院关于调整进口设备税收政策的通知》及附件《外商投资产业指导目录》。

（3）《机械工业建设项目概算编制办法及各项概算指标》（原机械工业部发布）。

（4）本项目有关会议纪要。

2. 建设投资估算

本估算的范围包括：年产 10 万辆 Z 型系列轿车的冲压、焊接、油漆、总装配生产线及与之配套的厂区内辅助设施、公用工程等费用，还包括工程建设其他费用、预备费和建设期贷款利息。

给水排水、通信等设施由开发区配套建设、10kV 供电工程费用计入本项目投资。

1）建筑工程费

根据本项目建（构）筑物工程量和当地单位造价指标估算建筑工程费，单位造价指标的确定参照当地建筑工程定额和类似建筑物造价水平，调整至目前价格。建筑工程费为27208 万元。详见建筑工程费用估算表（表 5-9）。

建筑工程费用估算表   表 5-9

序号	建（构）筑物名称	单位	建筑面积	单价（元）	费用合计（万元）
1	冲压车间	m²	10783	1500	1617
2	焊装车间	m²	26611	1500	3992
3	涂装车间	m²	46720	1500	7008
4	总装车间	m²	30912	1500	4637
5	冲压件库	m²	5288	1500	793
6	外协件库	m²	14016	1500	2102
7	油漆库	m²	927	800	74
8	油化库	m²	1112	800	89
9	综合库	m²	1298	800	104
10	燃油库	m²	371	800	30
11	质量中心	m²	3337	1500	501
12	联合动力站	m²	2621	1500	393
13	水泵房	m²	148	1200	18

序号	建(构)筑物名称	单位	建筑面积	单价(元)	费用合计
14	集装箱开箱棚	m²	2880	200	58
15	成品车发送站	m²	297	500	15
16	输送天桥	m²	1248	800	100
17	冲焊厂房生活间	m²	3560	1000	356
18	涂装厂房生活间	m²	1483	1000	148
19	总装厂房生活间	m²	3114	1000	311
20	行政办公楼	m²	10800	1600	1728
21	食堂	m²	2670	1200	320
22	自行车棚	m²	1300	200	26
23	门卫	m²	245	1200	29
24	总图工程				2758
	合计		171741		27208

注：由于计算机取整问题，计算表中可能有个别数据的合计或累加等对应关系有一定误差，此问题不影响计算结果，本范例中其他表格数据同此。

2）设备及工器具购置费

引进部分按外商报 FOB 价，根据《外商投资产业指导目录》中的规定，分别计算引进设备的关税和增值税，并计算了进口设备从属费。

国内采购设备按现行市场价格资料估算。

外汇与人民币汇率暂按 1 美元折合 8.3 元人民币计。

本项目设备及工器具购置费为 290114 万元，含外汇 20157 万美元。见设备及工器具购置费估算表（表 5-10～表 5-13）。

进口设备购置费估算表　　　　　　　　　　　　　　表 5-10

序号	设备名称	离岸价(万美元)	国外运费(万美元)	国外运保费(万美元)	到岸价(万美元)	折人民币(万元)	进口关税(万元)	增值税(万元)	外贸手续费(万元)	银行财务费(万元)	国内运杂费(万元)	设备购置费总价(万元)
1	冲压车间	3100	155	13.07	3268	27125	2631	5059	407	129	386	35736
2	焊装车间	650	33	2.74	685	5688	910	1122	85	27	81	7912
3	涂装车间	6000	300	25.30	6325	52500	6300	9996	788	249	747	70580
4	总装车间	2000	100	8.43	2108	17500	2100	3332	263	83	249	23527
5	仓库运输											
6	质量中心	980	49	4.13	1033	8575	1029	1633	129	41	122	11528
7	水泵房											
8	电气设备											
9	动力设备											
10	暖通设备											

续表

序号	设备名称	离岸价(万美元)	国外运费(万美元)	国外运保费(万美元)	到岸价(万美元)	折人民币(万元)	进口关税(万元)	增值税(万元)	外贸手续费(万元)	银行财务费(万元)	国内运杂费(万元)	设备购置费总价(万元)
11	跑道及停车场设备											
12	计算机网络、通信	210	11	0.89	221	1838	276	359	28	9	26	2535
	合计	12940	647	55	13642	113225	13246	21500	1698	537	1611	151817

注：应列举设备表，因篇幅所限，本案例略。

国内设备购置估算表（万元）　　　　表5-11

序号	设备名称	型号规格	单位	数量	设备购置费		
					出厂价	运杂费	总价
1	冲压车间		套	1	9200	460	9660
2	焊装车间		套	1	6800	340	7140
3	涂装车间		套	1	12000	600	12600
4	总装车间		套	1	3500	175	3675
5	仓库运输		套	1	2500	125	2625
6	质量中心		套	1	1200	60	1260
7	水泵房		套	1	2520	126	2646
8	电气设备		套	1	9024	451	9475
9	动力设备		套	1	1520	76	1596
10	暖通设备		套	1	3200	160	3360
11	跑道及停车场设备		套	1	1840	92	1932
12	计算机、通信		套	1	340	17	357
	合计				53644	2682	56326

进口工夹模具购置费估算表　　　　表5-12

序号	设备名称	离岸价(万美元)	国外运费(万美元)	国外运保费(万美元)	到岸价(万美元)	折人民币(万元)	进口关税(万元)	增值税(万元)	外贸手续费(万元)	银行财务费(万元)	国内运杂费(万元)	设备购置费总价(万元)
1	冲压车间模具	2200	110	9.28	2319	19250	1867	3590	289	91	274	25361
2	焊装车间	3500	175	14.76	3690	30625	4900	6039	459	145	436	42605
3	涂装车间	100	5	0.42	105	875	105	167	13	4	12	1176
4	总装车间	300	15	1.27	316	2625	315	500	39	12	37	3529
5	仓库运输	80	4	0.34	84	700	84	133	11	3	10	941
	合计	6180	309	26	6515	54075	7271	10429	811	256	769	73612

国内工器具购置费估算表（万元）　　　　　表 5-13

序号	设备名称	型号规格	单位	数量	设备购置费		
					出厂价	运杂费	总价
1	冲压车间		套	1	560	28	588
2	焊装车间		套	1	2100	105	2205
3	涂装车间		套	1	800	40	840
4	总装车间		套	1	1500	75	1575
5	仓库运输		套	1	3000	150	3150
	合计				7960	398	8358

3）安装工程费

应根据单项工程的设备费按综合指标估算安装工程费。

根据现行有关政策计算进口材料关税、增值税及引进部分的从属费。

安装工程费为 9124 万元。见安装工程费用估算表（表 5-14）。

安装工程费用估算表（万元）　　　　　表 5-14

序号	安装工程名称	单位	数量	国产设备安装费率（%）	进口设备安装费率（%）	安装费用
1	冲压车间			3.0	0.90	612
2	焊装车间			1.8	0.54	172
3	涂装车间			8.0	2.40	2702
4	总装车间			4.0	1.20	429
5	仓库运输			2.0	0.60	53
6	质量中心			1.0	0.30	48
7	水泵房			15.0	4.50	397
8	电气设备			30.0	9.00	2843
9	动力设备			35.0	10.50	559
10	暖通设备			20.0	6.00	672
11	跑道及停车场设备					
12	计算机网络、通信			8.0	2.40	90
13	其他					547
	合计					9124

4）工程建设其他费用

工程建设其他费用中主要包括：引进技术和进口设备其他费用、工程保险费、勘察设计费、技术入门费、土地使用费、建设单位管理费、生产准备费、联合试运转费、进出国人员费用、办公及生活家具购置费等。工程建设其他费用估算值为 37129 万元，含外汇

500 万美元。见工程建设其他费用估算表（表 5-15）。

工程建设其他费用估算表（万元）   表 5-15

序号	费用名称	计算依据	费率或标准	总价	含外汇
1	建设管理费	工程费	0.011	3627	
2	研究试验费	估价		200	
3	勘察设计费	报价		2682	
4	引进技术和进口设备其他费			4547	500
5	工程保险费	工程费	0.0026	849	
6	联合试运转费	设备费	0.01	13164	
7	建设用地费	750 亩	15 万元/亩	11250	
8	生产准备及开办费			810	
	合计			37129	500

5）基本预备费

引进部分基本预备费按 5%计算，国内部分按 10%计算，其估算值为 24859 万元，含外汇 1033 万美元。见工程建设其他费用估算表。

6）价差预备费

根据有关规定，本项目不计取价差预备费。

7）建设期利息

按照拟定的融资方案，计算出建设期利息为 25549 万元。

8）建设投资

按《投资项目可行性研究指南》的规定，以上合计为建设投资，其估算值为 413982 万元，其中含 21689 万美元。见项目投入总资金估算汇总表（表 5-16）。

项目投入总资金估算汇总表   表 5-16

序号	工程和费用名称	投资额 合计（万元）	其中：外汇（万美元）	占项目投入总资金的百分比（%）
1	建设投资	413982	21689	55.67
1.1	建设投资静态部分	388433	21689	52.24
1.1.1	建筑工程费	27208		3.66
1.1.2	设备及工器具购置费	290114	20157	39.01
1.1.3	安装工程费	9124		1.23
1.1.4	工程建设其他费用	37129	500	4.99
1.1.5	基本预备费	24859	1033	3.34
1.2	建设投资动态部分	25549		3.44
1.2.1	价差预备费			
1.2.2	建设期利息	25549		3.44
2	流动资金	329621		44.33
3	项目投入总资金（1+2）	743603	21689	100.00

3. 流动资金估算

流动资金采用详估法计算，按各项分别确定的最低周转天数，计算各年的流动资金额，达产年流动资金为 329621 万元。见流动资金估算表（表 5-17）。

表 5-17

流动资金估算表（万元）

序号	项目	最低周转天数	周转次数	建设期			生产期											
				1	2	3	4	5	6	7	8	9	10	11	12	13	14	15
1	流动资产						150742	325572	395837	441602	441602	441602	441602	441602	441602	441602	441602	441602
1.1	应收账款	30	12				53333	115000	146667	162083	162083	162083	162083	162083	162083	162083	162083	162083
1.2	存货																	
1.2.1	原材料及燃料动力	30	12				41464	86560	100710	111981	111981	111981	111981	111981	111981	111981	111981	111981
1.2.2	在产品	30	12				42426	90078	106225	118885	118885	118885	118885	118885	118885	118885	118885	118885
1.2.3	产成品	7	51				10877	23881	28458	31954	31954	31954	31954	31954	31954	31954	31954	31954
1.2.4	备品备件	180	2				250	250	250	250	250	250	250	250	250	250	250	250
1.3	现金	30	12				2392	9803	13528	16448	16448	16448	16448	16448	16448	16448	16448	16448
2	流动负债						41464	86560	100710	111981	111981	111981	111981	111981	111981	111981	111981	111981
2.1	应付账款	30	12				41464	86560	100710	111981	111981	111981	111981	111981	111981	111981	111981	111981
3	流动资金（1—2）						109278	239012	295128	329621	329621	329621	329621	329621	329621	329621	329621	329621
4	本年增加额						109278	129734	56116	34493								
5	流动资金借款						76494	167308	206589	230735	230735	230735	230735	230735	230735	230735	230735	230735
6	流动资金借款利息						4475	9788	12085	13498	13498	13498	13498	13498	13498	13498	13498	13498
7	自筹流动资金						32783	71704	88538	98886	98886	98886	98886	98886	98886	98886	98886	98886

4. 项目投入总资金及分年投入计划

1）项目投入总资金

建设投资和流动资金之和为项目投入总资金，合计为 743603 万元，其中含外汇 21689 万美元，详见表 5-16。

2）分年投资计划

根据项目具体情况及实施计划，确定建设期为 3 年，建设投资（不含建设期利息）分年投资计划比例为 20％、55％、25％。各年建设期利息按照需要计算。根据各年产量安排流动资金的用款计划，见项目资金筹措表（表 5-18）。

项目资金筹措表（万元）　　　　　　　表 5-18

序号	项目	建设期			生产期				合计
		1	2	3	4	5	6	7	
1	项目投入总资金	79413	221913	112655	109278	129734	56116	34493	743603
1.1	建设投资（不含建设期利息）	77687	213638	97108					388433
1.2	建设期利息	1726	8275	15547					25549
1.3	流动资金	0	0	0	109278	129734	56116	34493	329621
1.4	用于偿还长期借款								0
2	资金筹措	79413	221913	112655	109278	129734	56116	34493	743603
2.1	公司自筹	23824	66574	33797	32783	38920	16835	10348	223081
2.1.1	用于建设期投资	23824	66574	33797					124194
2.1.2	用于流动资金	0	0	0	32783	38920	16835	10348	98886
2.2	借款	55589	155339	78859	76494	90814	39281	24145	520522
2.2.1	基建长期借款	55589	155339	78859					289787
2.2.2	流动资金借款				76494	90814	39281	24145	230735

思考题

1. 投资估算的内容和作用有哪些？

2. 我国投资估算的阶段划分与精度要求是什么？

3. 如何编制建设项目的投资估算？

4. 假定某地拟建一座 2000 套客房的豪华旅馆，另有一座豪华旅馆最近在该地竣工，且掌握了以下资料：它有 2500 套客房，有餐厅、会议室、游泳池、夜总会、网球场等设施。总造价为 10250 万美元。估算新建项目的总投资。

5. 在南美某地建设一座年产 35 万套汽车轮胎的工厂，已知该工厂的设备到达工地的费用为 2400 万美元，试估算该工厂的投资。

6. 某公司拟从国外进口一套机电设备，重量 1500t，装运港船上交货价，即离岸价（FOB 价）为 400 万美元。其他有关费用参数为：国际运费标准为 360 美元/t；海上运输保险费率为 0.266％；中国银行费率为 0.5％；外贸手续费率为 1.5％；关税税率为 22％；增值税的税率为 13％；美元的银行牌价为 8.27 元人民币，设备的国内运杂费率为 2.5％。现对该套设备进行估价。

7. 某工业建设项目投资构成中，设备及工器具购置费为 500 万元，建筑安装工程费为 1500 万元，建设工程其他费用为 200 万元。本项目预计建设期为 3 年，初步估算假定，建筑安装工程费在建设期内每年等额投入，设备及工器具购置费和建设工程其他费用在第三年投入，基本预备费率为 10%，建设期内预计年平均价格总水平上涨率为 6%，贷款利息为 135 万元。试估算该项目的建设投资。

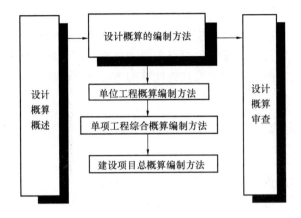

6.1 概述

6.1.1 设计概算及其作用

1. 设计概算的定义

设计概算是设计文件的重要组成部分，是在投资估算的控制下由设计单位根据初步设计（或技术设计）图纸及说明、概算定额（或概算指标）、各项费用定额或取费标准（指标）、设备、材料预算价格等资料或参照类似工程预决算文件，编制和确定的建设项目从筹建至竣工交付使用所需全部费用的文件。按照国家规定，采用两阶段设计的建设项目，初步设计阶段必须编制设计概算；采用三阶段设计的，技术设计阶段必须编制修正概算，在施工图设计阶段，必须按照经批准的初步设计及其相应的设计概算进行施工图的设计工作。

2. 设计概算的作用

（1）设计概算是国家确定和控制建设投资的依据。对于国家投资项目按照规定报请有关部门或单位批准初步设计及总概算，一经上级批准，总概算就是总造价的最高限额，不得有任意突破，如有突破须报原审批部门批准。

（2）设计概算是编制建设计划的依据。建设项目年度计划的安排、其投资需要量的确定、建设物资供应计划和建筑安装施工计划等，都以主管部门批准的设计概算为依据。若实际投资超过了总概算，设计单位和建设单位需要共同提出追加投资的申请报告，经上级计划部门批准后，方能追加投资。

（3）设计概算是选择设计方案的依据。设计概算是设计方案的技术经济效果的反映，是考核设计经济合理性的依据。

（4）设计概算是签订总承包合同的依据。对于施工期限较长的大中型建设项目，可以根据批准的建设计划、初步设计和总概算文件确定工程项目的总承包价，采用工程总承包的方式进行建设。

（5）设计概算是考核设计方案的经济合理性和控制施工图预算和施工图设计的依据。

（6）设计概算是考核和评价工程建设项目成本和投资效果的依据。可以将以概算造价为基础计算的项目技术经济指标与以实际发生造价为基础计算的指标进行对比，从而对工程建设项目成本及投资效果进行评价。

6.1.2 设计概算的编制依据和内容

1. 设计概算的编制依据

（1）国家及主管部门有关建设和造价管理的法律、法规和方针政策。

（2）经批准的建设项目可行性研究报告及投资估算等有关资料。

（3）设计单位提供的初步设计或扩大初步设计图纸文件、说明及主要设备材料表。例如建筑工程包括：建筑专业平面、立面、剖面图和初步设计文字说明，包括工程做法及门窗表；结构专业的布置草图、构件截面尺寸和特殊构件配筋率；给水排水、电气、采暖、通风、空调等专业的平面布置图、系统图、文字说明、设备材料表等；室外平面布置图、土石方工程量、道路、围墙等构筑物断面尺寸。

（4）国家现行的建筑工程和专业安装工程概算定额、概算指标及各省、市、地区经地方政府或其授权单位颁发的地区单位估价表和地区材料、构件、配件价格、费用定额及建设项目设计概算编制办法。

（5）现行的有关人工和材料价格、设备原价及运杂费率等。

（6）现行有关的费用定额取费标准。

（7）类似工程的概、预算及技术经济指标。

（8）有关文件、合同、协议等。

（9）建设单位提供的有关工程造价的其他资料。

2. 设计概算的内容

设计概算可分为单位工程概算、单项工程综合概算和建设项目总概算三级。各级概算之间的相互关系如图 6-1 所示。

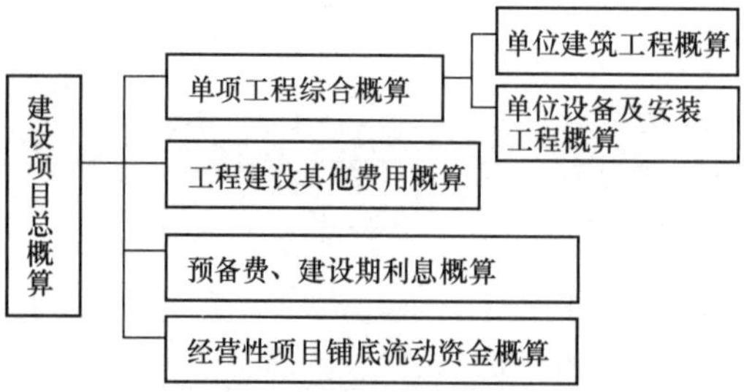

图 6-1 设计概算文件的组成内容

1）单位工程概算

单位工程概算是确定各单位工程建设费用的文件，它是根据初步设计或扩大初步设计图纸和概算定额或概算指标以及市场价格信息等资料编制而成的。

对一般工业与民用建筑工程而言，单位工程概算按其工程性质分为建筑工程概算和设备及安装工程概算两大类。建筑工程概算包括土建工程概算、给水排水采暖工程概算、通风空调工程概算、电气照明工程概算、弱电工程概算、特殊构筑物工程概算等；设备及安装工程概算包括机械设备及安装工程概算、电气设备及安装工程概算、热力设备及安装工程概算以及工器具及生产家具购置费概算等。

单位工程概算只包括单位工程费用，由人、料、机费用和企业管理费、利润规费、税金组成。

2）单项工程综合概算

单项工程综合概算是确定一个单项工程所需建设费用的文件，是由单项工程中的各单位工程概算汇总编制而成的，是建设项目总概算的组成部分。对一般工业与民用建筑工程而言，单项工程综合概算的组成内容如

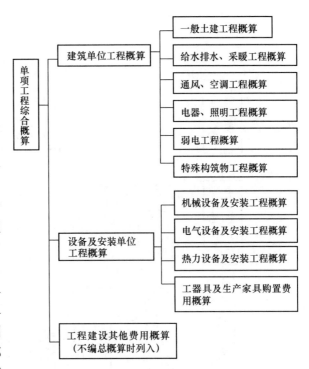

图 6-2　单项工程综合概算的组成内容

图 6-2 所示。单项工程综合概算表中要表明技术经济指标，经济指标包括计量指标单位、数量、单位造价。

3）建设项目总概算

建设项目总概算是确定整个建设项目从筹建开始到竣工验收、交付使用所需的全部费用的文件，它是由各单项工程综合概算、工程建设其他费用概算、预备费和建设期利息概算等汇总编制而成，如图 6-3 所示。

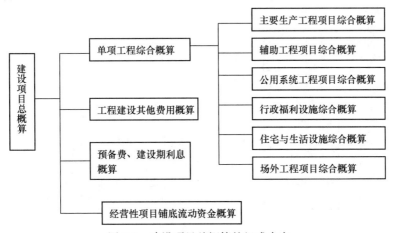

图 6-3　建设项目总概算的组成内容

3. 设计概算编制的程序和步骤

建设工程设计概算一般按照图 6-4 所示顺序编制。

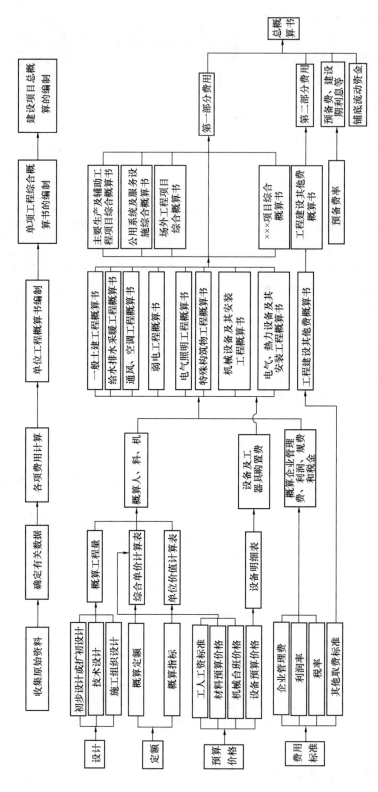

图 6-4　建设工程设计概算编制程序示意图

6.2 单位工程设计概算编制方法

单位工程概算分建筑工程概算和设备及安装工程概算两大类。建筑工程概算的编制方法有概算定额法、概算指标法、类似工程预算法；设备及安装工程概算的编制方法有预算单价法、扩大单价法、设备价值百分比法和综合吨位指标法等。

初步设计阶段，单位工程概算需包含装配式建筑相关的设计、生产、运输、施工安装等费用。

6.2.1 单位建筑工程概算编制方法

1. 概算定额法

概算定额法又叫扩大单价法或扩大结构定额法。它与利用预算定额编制单位建筑工程施工图预算的方法基本相同。其不同之处在于编制概算所采用的依据是概算定额，所采用的工程量计算规则是概算工程量计算规则。该方法要求初步设计达到一定深度，建筑结构比较明确时方可采用。

利用概算定额法编制设计概算的具体步骤如下：

（1）按照概算定额分部分项顺序，列出各分项工程的名称。工程量计算应按概算定额中规定的工程量计算规则进行，并将计算所得各分项工程量按概算定额编号顺序，填入工程概算表内。

（2）确定各分部分项工程项目的概算定额单价。工程量计算完毕后，逐项套用相应概算定额单价和人工、材料消耗指标，然后分别将其填入工程概算表和工料分析表中。如遇设计图中的分项工程项目名称、内容与采用的概算定额手册中相应的项目有某些不相符时，则按规定对定额进行换算后方可套用。

有些地区根据地区人工工资、物价水平和概算定额编制了与概算定额配合使用的扩大单位估价表，该表确定了概算定额中各扩大分项工程或扩大结构构件所需的全部人工费、材料费、机械台班使用费之和，即概算定额单价。在采用概算定额法编制概算时，可以将计算出的扩大分部分项工程的工程量，乘以扩大单位估价表中的概算定额单价进行人、料、机费用的计算。计算概算定额单价的计算公式为：

$$概算定额单价 = 概算定额人工费 + 概算定额材料费 + 概算定额机械台班使用费$$
$$= \Sigma(概算定额中人工消耗量 \times 人工单价) + \Sigma(概算定额中材料消$$
$$耗量 \times 材料预算单价) + \Sigma(概算定额中机械台班消耗量 \times$$
$$机械台班单价) \tag{6-1}$$

（3）计算单位工程的人、料、机费用。将已算出的各分部分项工程项目的工程量分别乘以概算定额单价、单位人工、材料消耗指标，即可得出各分项工程的人、料、机费用和人工、材料消耗量。再汇总各分项工程的人、料、机费用及人工、材料消耗量，即可得到该单位工程的人、料、机费用和工料总消耗量。如果规定有地区的人工、材料价差调整指标，计算人、料、机费用时，按规定的调整系数或其他调整方法进行调整计算。

（4）根据人、料、机费用，结合其他各项取费标准，分别计算企业管理费、利润、规费和税金。

（5）计算单位工程概算造价，其计算公式为：

单位工程概算造价 ＝ 人、料、机费用＋企业管理费＋利润＋规费税金 　　（6-2）

采用概算定额法编制的某中心医院急救中心病原实验楼土建单位工程概算书具体参见表 6-1 所示。

某中心医院急救中心病原实验楼土建单位工程概算书　　　　表 6-1

工程定额编号	工程费用名称	计量单位	工程量	金额(元)	
				概算定额基价	合价
3-1	实心砖基础(含土方工程)	10m³	19.60	1722.55	33761.98
3-27	多孔砖外墙	100m²	20.78	4048.42	84126.17
3-29	多孔砖内墙	100m²	21.45	5021.47	107710.53
4-21	无筋混凝土带基	m³	521.16	566.74	295362.22
4-33	现浇混凝土矩形梁	m³	637.23	984.22	627174.51
……	……	……	……	……	
(一)	项目人、料、机费用小计	元			7893244.79
(二)	项目定额人工费	元			1973311.20
(三)	企业管理费(一)×5%	元			394662.24
(四)	利润[(一)+(三)]×8%	元			663032.56
(五)	规费[(二)×38%]	元			749858.26
(六)	税金[(一)+(三)+(四)+(五)]×9%	元			873071.81
(七)	造价总计[(一)+(三)+(四)+(五)+(六)]	元			10573869.71

2. 概算指标法

当初步设计深度不够，不能准确地计算工程量，但工程设计采用技术比较成熟而又有类似工程概算指标可以利用时，可以采用概算指标法编制工程概算。概算指标法将拟建厂房、住宅的建筑面积或体积乘以技术条件相同或基本相同的概算指标而得出人、料、机费用，然后按规定计算出企业管理费、利润、规费和税金等。概算指标法计算精度较低，但由于其编制速度快，因此对一般附属、辅助和服务工程等项目，以及住宅和文化福利工程项目或投资比较小、比较简单的工程项目投资概算有一定实用价值。

1）拟建工程结构特征与概算指标相同时的计算

在使用概算指标法时，如果拟建工程在建设地点、结构特征、地质及自然条件、建筑面积等方面与概算指标相同或相近，就可直接套用概算指标编制概算。

根据选用的概算指标的内容，可选用两种套算方法：

一种方法是以指标中所规定的工程每平方米或立方米的造价，乘以拟建单位工程建筑面积或体积，得出单位工程的人、料、机费用，再计算其他费用，即可求出单位工程的概算造价。人、料、机费用计算公式为：

$$人、料、机费用 ＝ 概算指标每平方米(立方米)人、料、机费用单价 \times$$
$$拟建工程建筑面积(体积) \qquad (6-3)$$

这种简化方法的计算结果参照的是概算指标编制时期的价值标准，未考虑拟建工程建设时期与概算指标编制时期的价差，所以在计算人、料、机费用后还应用物价指数另行调整。

另一种方法以概算指标中规定的每 $100m^2$ 建筑物面积（或 $1000m^3$）所耗人工工日数、主要材料数量为依据，首先计算拟建工程人工、主要材料消耗量，再计算人、料、机费用，并取费。在概算指标中，一般规定了 $100m^2$ 建筑物面积（或 $1000m^3$）所耗工日数、主要材料数量，通过套用拟建地区当时的人工工日单价和主材预算单价，便可得到每 $100m^2$（或 $1000m^3$）建筑物的人工费和主材费而无需再作价差调整。计算公式为：

$$100m^2 \text{ 建筑物面积的人工费} = \text{指标规定的工日数} \times \text{本地区人工工日单价} \quad (6\text{-}4)$$

$$100m^2 \text{ 建筑物面积的主要材料费} = \Sigma(\text{指标规定的主要材料数量} \times$$
$$\text{相应的地区材料预算单价}) \quad (6\text{-}5)$$

$$100m^2 \text{ 建筑物面积的其他材料费} = \text{主要材料费} \times \text{其他材料费占主要}$$
$$\text{材料费的百分比} \quad (6\text{-}6)$$

$$100m^2 \text{ 建筑物面积的机械使用费} = (\text{人工费} + \text{主要材料费} + \text{其他材料费}) \times$$
$$\text{机械使用费所占百分比} \quad (6\text{-}7)$$

$$\text{每平方米建筑面积的人、料、机费用} = (\text{人工费} + \text{主要材料费} + \text{其他材料费} +$$
$$\text{机械使用费}) \div 100 \quad (6\text{-}8)$$

根据人、料、机费用，结合其他各项取费方法，分别计算措施费、企业管理费、利润、规费和税金，得到每平方米建筑面积的概算单价，乘以拟建单位工程的建筑面积，即可得到单位工程概算造价。

2）拟建工程结构特征与概算指标有局部差异时的调整

由于拟建工程往往与类似工程概算指标的技术条件不尽相同，而且概算编制年份的设备、材料、人工等价格与拟建工程当时当地的价格也会不同，在实际工作中，还经常会遇到拟建对象的结构特征与概算指标中规定的结构特征有局部不同的情况，因此必须对概算指标进行调整后方可套用。调整方法如下所述。

第一，调整概算指标中的每平方米（立方米）造价

当设计对象的结构特征与概算指标有局部差异时需要进行这种调整。这种调整方法是将原概算指标中的单位造价进行调整（仍使用人、料、机费用指标），扣除每平方米（立方米）原概算指标中与拟建工程结构不同部分的造价，增加每平方米（立方米）拟建工程与概算指标结构不同部分的造价，使其成为与拟建工程结构相同的工程单位人、料、机费用造价。计算公式为：

$$\text{结构变化修正概算指标}(元/m^2) = J + Q_1 P_1 - Q_2 P_2 \quad (6\text{-}9)$$

式中　J——原概算指标；

　　Q_1——概算指标中换入结构的工程量；

　　Q_2——概算指标中换出结构的工程量；

　　P_1——换入结构的人、料、机费用单价；

　　P_2——换出结构的人、料、机费用单价。

则拟建单位工程的人、料、机费用为：

$$\text{人、料、机费用} = \text{修正后的概算指标} \times \text{拟建工程建筑面积（或体积）} \quad (6\text{-}10)$$

求出人、料、机费用后，再按照规定的取费方法计算其他费用，最终得到单位工程概算价值。

第二，调整概算指标中的工、料、机数量

这种方法是将原概算指标中每 $100m^2$（$1000m^3$）建筑面积（体积）中的工、料、机数量进行调整，扣除原概算指标中与拟建工程结构不同部分的工、料、机消耗量，增加拟建工程与概算指标结构不同部分的工、料、机消耗量，使其成为与拟建工程结构相同的每 $100m^2$（$1000m^3$）建筑面积（体积）工、料、机数量。计算公式为：

结构变化修正概算指标的工、料、机数量 ＝原概算指标的工、料、机数量＋
换入结构件工程量×相应定额工、料、
机消耗量－换出结构件工程量×
相应定额工、料、机消耗量　　　　(6-11)

以上两种方法，前者是直接修正概算指标单价，后者是修正概算指标工、料、机数量。修正之后，方可按上述第一种情况分别套用。

【例 6-1】某新建住宅的建筑面积为 $4000m^2$，按概算指标和地区材料预算价格等算出一般土建工程单位造价为 680.00 元/m^2（其中人、料、机费用为 480.00 元/m^2），采暖工程 34.00 元/m^2，给水排水工程 38.00 元/m^2，照明工程 32.00 元/m^2。按照当地造价管理部门规定，企业管理费费率为 8%，按人、料、机和企业管理费总费用计算的规费费率为 15%，利润率为 7%，税率为 9%。但新建住宅的设计资料与概算指标相比较，其结构构件有部分变更，设计资料表明外墙为一砖半外墙，而概算指标中外墙为一砖外墙，根据当地土建工程预算定额，外墙带形毛石基础的预算单价为 150 元/m^3，一砖外墙的预算单价为 177 元/m^3，一砖半外墙的预算单价为 178 元/m^3；概算指标中每 $100m^2$ 建筑面积中含外墙带形毛石基础为 $18m^3$，一砖外墙为 $46.5m^3$，新建工程设计资料表明，每 $100m^2$ 中含外墙带形毛石基础为 $19.6m^3$，一砖半外墙为 $61.2m^3$。

请计算调整后的概算单价和新建宿舍的概算造价。

解： 对土建工程中结构构件的变更和单价调整过程如表 6-2 所示。

土建工程概算指标调整表　　　　　　表 6-2

序号	结构名称	单位	数量 （每 $100m^2$ 含量）	单价	合价（元）
1	土建工程单位人、料、机费用造价换出部分： 外墙带形毛石基础 一砖外墙 合计	 m^3 m^3 元	 18.00 46.50	 150.00 177.00	480.00 2700.00 8230.50 10930.50
2	换入部分： 外墙带形毛石基础 一砖半外墙 合计	 m^3 m^3 元	 19.60 61.20	 150.00 178.00	 2940.00 10893.60 13833.60
结构变化修正指标	480.00－10930.50/100＋13833.60/100＝509.00 元				

以上计算结果为人、料、机费用单价，需取费得到修正后的土建单位工程造价，即

$$509.00 \times (1＋8\%) \times (1＋15\%) \times (1＋7\%) \times (1＋9\%) = 737.31 \text{ 元}/m^2$$

其余工程单位造价不变，因此经过调整后的概算单价为：

$$737.31 + 34.00 + 38.00 + 32.00 = 841.31 元/m^2$$

新建宿舍楼概算造价为：

$$841.31 \times 4000 = 3365240 元$$

3. 类似工程预算法

类似工程预算法是利用技术条件与设计对象相类似的已完工程或在建工程的工程造价资料来编制拟建工程设计概算的方法。该方法适用于拟建工程初步设计与已完工程或在建工程的设计相类似且没有可用的概算指标的情况，但必须对建筑结构差异和价差进行调整。

1）建筑结构差异的调整

调整方法与概算指标法的调整方法相同。即先确定有差别的项目，然后分别按每一项目算出结构构件的工程量和单位价格（按编制概算工程所在地区的单价），然后以类似预算中相应（有差别）的结构构件的工程数量和单价为基础，算出总差价。将类似预算的人、料、机费用总额减去（或加上）这部分差价，就得到结构差异换算后的人、料、机费用，再行取费得到结构差异换算后的造价。

2）价差调整

类似工程造价的价差调整方法通常有两种：一是类似工程造价资料有具体的人工、材料、机械台班的用量时，可按类似工程造价资料中的主要材料用量、工日数量、机械台班用量乘以拟建工程所在地的主要材料预算价格、人工工日单价、机械台班单价，计算出人、料、机费用，再行取费即可得出所需的造价指标；二是类似工程造价资料只有人工、材料、机械台班费用和其他费用时，可作如下调整：

$$D = AK \tag{6-12}$$

$$K = a\%K_1 + b\%K_2 + c\%K_3 + d\%K_4 + e\%K_5 \tag{6-13}$$

式中　　　　　　　　D——拟建工程单方概算造价；

　　　　　　　　　　A——类似工程单方预算造价；

　　　　　　　　　　K——综合调整系数；

$a\%$、$b\%$、$c\%$、$d\%$、$e\%$——类似工程预算的人工费、材料费、机械台班费、措施费、间接费占预算造价比重；

K_1、K_2、K_3、K_4、K_5——拟建工程地区与类似工程地区人工费、材料费、机械台班费、措施费、间接费价差系数。

$$K_1 = \frac{拟建工程概算的人工费（或工资标准）}{类似工程预算人工费（或工资标准）} \tag{6-14}$$

$$K_2 = \frac{\Sigma（类似工程主要材料数量 \times 编制概算地区材料预算价格）}{\Sigma 类似地区各主要材料费} \tag{6-15}$$

类似地，可得出其他指标的表达式。

【例 6-2】 拟建办公楼建筑面积为 3000m²，类似工程的建筑面积为 2800m²，预算造价为 3200000 元。各种费用占预算造价的比例为：人工费 10%，材料费 60%，机械使用费 7%，措施费 3%，其他费用 20%。试用类似工程预算法编制概算。

解：根据前面的公式计算出各种价格差异系数为：人工费 $K_1 = 1.02$，材料费 $K_2 =$

1.05，机械使用费 $K_3=0.99$，措施费 $K_4=1.04$，其他费用 $K_5=0.95$。

综合调整系数 $K=10\%\times1.02+60\%\times1.05+7\%\times0.99+3\%\times1.04+20\%\times0.95=1.023$

价差修正后的类似工程预算造价 $=3200000\times1.023=3273600$ 元

价差修正后的类似工程预算单方造价 $=3273600/2800=1169.14$ 元

由此可得，拟建办公楼概算造价 $=1169.14\times3000=3507420$ 元

【例 6-3】 拟建砖混结构住宅工程 $3400m^2$，结构形式与已建成的某工程相同，只有外墙保温贴面不同，其他部分均较为接近。具体数据见表 6-3。

基础数据　　　　　　　　　　　　　　　　　　　表 6-3

		每平方米建筑面积消耗量	造价
类似工程	外墙保温 A	$0.05m^3$	153.00 元 $/m^3$
	水泥砂浆抹面	$0.84m^2$	9.00 元 $/m^2$
拟建工程	外墙保温 B	$0.08m^3$	185.00 元 $/m^3$
	贴釉面砖	$0.82m^2$	50.00 元 $/m^2$

类似工程单方人、料、机费用为 480 元 $/m^2$，其中，人工费、材料费、机械费占单方人、料、机费用比例分别为：15%、75%、10%，综合费率为 20%。拟建工程与类似工程预算造价在这些方面的差异系数分别为：2.01、1.06 和 1.92。

问题：(1) 应用类似工程预算法确定拟建工程的单位工程概算造价。

(2) 若类似工程预算中，每平方米建筑面积主要资源消耗为：人工消耗 5.08 工日，钢材 $23.8kg$，水泥 $205kg$，原木 $0.05m^3$，铝合金门窗 $0.24m^2$，其他材料费为主材费的 45%，机械费占人、料、机费用比例为 8%，拟建工程主要资源的现行预算价格分别为人工 20.31 元/工日，钢材 3.1 元 $/kg$，水泥 0.35 元 $/kg$，原木 1400 元 $/m^3$，铝合金门窗平均 350 元 $/m^2$，拟建工程综合费率为 20%，应用概算指标法，确定拟建工程的单位工程概算造价。

解：(1) 首先计算人、料、机费用差异系数，通过人、料、机费用部分的价差调整进而得到人、料、机费用单价，再作结构差异调整，最后取费得到单位造价，计算步骤如下所述。

拟建工程人、料、机费用差异系数 $=15\%\times2.01+75\%\times1.06+10\%\times1.92=1.2885$

拟建工程概算指标(人、料、机费用) $=480\times1.2885=618.48$ 元 $/m^2$

结构修正概算指标(人、料、机费用) $=618.48+(0.08\times185.00+0.82\times50.00)-$
$$(0.05\times153.00+0.84\times9.00)$$
$$=659.07 \text{ 元}/m^2$$

拟建工程单位造价 $=659.07\times(1+20\%)=790.89$ 元 $/m^2$

拟建工程概算造价 $=790.89\times3400=2689026$ 元

(2) 首先，根据类似工程预算中每平方米建筑面积的主要资源消耗和现行预算价格，计算拟建工程单位建筑面积的人工费、材料费、机械费。

人工费 $=$ 每平方米建筑面积人工消耗指标 $\times$ 现行人工工日单价
$$=5.08\times20.31=103.17 \text{ 元}$$

材料费＝Σ（每平方米建筑面积材料消耗指标×相应材料预算价格）

$$＝(23.8×3.1＋205×0.35＋0.05×1400＋0.24×350)×(1＋45\%)$$

$$＝434.32 元$$

机械费＝人、料、机费用×机械费占人、料、机费用的比率

$$＝人、料、机费用×8\%$$

人、料、机费用＝103.17＋434.32＋人、料、机费用×8%

则人、料、机费用＝(103.17＋434.32)/(1－8%)＝584.23 元/m²

其次，进行结构差异调整，按照所给综合费率计算拟建单位工程概算指标、修正概算指标和概算造价。

结构修正概算指标
（人、料、机费用）＝拟建工程概算指标＋换入结构指标－换出结构指标

$$＝584.23＋0.08×185.00＋0.82×50.00－$$

$$(0.05×153.00＋0.84×9.00)$$

$$＝624.82 元/m²$$

拟建工程单位造价＝结构修正概算指标×（1＋综合费率）

$$＝624.82×(1＋20\%)＝749.78 元/m²$$

拟建工程概算造价＝拟建工程单位造价×建筑面积

$$＝749.78×3400＝2549252 元$$

6.2.2 设备及安装工程概算编制方法

1. 设备购置费概算

设备购置费由设备原价和运杂费两项组成。设备购置费是根据初步设计的设备清单计算出设备原价，并汇总求出设备总原价，然后按有关规定的设备运杂费率乘以设备总原价，两项相加即为设备购置费概算，计算公式为：

设备购置费概算 ＝Σ（设备清单中的设备数量 × 设备原价）×（1＋运杂费率）

(6-16)

或： 设备购置费概算 ＝Σ（设备清单中的设备数量 × 设备预算价格） (6-17)

国产标准设备原价可根据设备型号、规格、性能、材质、数量及附带的配件，向制造厂家询价或向设备、材料信息部门查询或按主管部门规定的现行价格逐项计算。非主要标准设备和工器具、生产家具的原价可按主要标准设备原价的百分比计算，百分比指标按主管部门或地区有关规定执行。

国产非标准设备原价在设计概算时可以根据非标准设备的类别、重量、性能、材质等情况，以每台设备规定的估价指标计算原价，也可以以某类设备所规定吨重估价指标计算。

2. 设备安装工程概算的编制方法

（1）预算单价法。当初步设计较深，有详细的设备清单时，可直接按安装工程预算定额单价编制设备安装工程概算，概算程序与安装工程施工图预算程序基本相同。

（2）扩大单价法。当初步设计深度不够，设备清单不完备，只有主体设备或仅有成套设备重量时，可采用主体设备、成套设备的综合扩大安装单价来编制概算。

（3）设备价值百分比法，又叫安装设备百分比法。当初步设计深度不够，只有设备出厂价而无详细规格、重量时，安装费可按其占设备费的百分比计算。其百分比值（即安装费率）由主管部门制定或由设计单位根据已完类似工程确定。该法常用于价格波动不大的定型产品和通用设备产品。计算公式为：

$$设备安装费 = 设备原价 \times 安装费率 \qquad (6\text{-}18)$$

（4）综合吨位指标法。当初步设计提供的设备清单有规格和设备重量时，可采用综合吨位指标编制概算，其综合吨位指标由主管部门或由设计单位根据已完类似工程资料确定。该法常用于设备价格波动较大的非标准设备和引进设备的安装工程概算。计算公式为：

$$设备安装费 = 设备吨重 \times 每吨设备安装费指标 \qquad (6\text{-}19)$$

6.3 单项工程综合概算的编制方法

单项工程综合概算是以其所包含的建筑工程概算表和设备及安装工程表为基础汇总编制的。当建设工程只有一个单项工程时，单项工程综合概算（实为总概算）还应包括工程建设其他费用概算（含建设期利息、预备费和固定资产投资方向调节税）。

单项工程综合概算文件一般包括编制说明（不编制总概算时列入）和综合概算表两部分。

1. 编制说明

主要包括编制依据、编制方法、主要设备和材料的数量及其他有关问题。

2. 综合概算表

综合概算表是根据单项工程所辖范围内的各单位工程概算等基础资料，按照国家规定的统一表格进行编制。对于工业建筑而言，其概算包括建筑工程和设备及安装工程；对于民用建筑工程而言，其概算包括一般土木建筑工程、给水排水、采暖、通风及电气照明工程等。某综合试验室综合概算表如表 6-4 所示。

某综合试验室综合概算表 表 6-4

序号	单位工程或费用名称	概算价值(万元)				技术经济指标			占总投资比例（%）
		建安工程费	设备购置费	工程建设其他费用	合计	单位	数量	指标（元/m²）	
1	建筑工程	168.97			168.97	m²	1360	1242.45	58.50
1.1	土建工程	115.54			115.54			894.54	
1.2	给水排水工程	2.89			2.89			31.86	
1.3	采暖工程	4.33			4.33	m²	1360	286.72	
1.4	通风空调工程	38.99			38.99			53.10	
1.5	电气照明工程	7.22			7.22			21.24	
2	设备及安装工程	8.67	109.76		118.43	m²	1360	870.77	41.00
2.1	设备购置		109.76		109.76			807.06	
2.1	设备安装工程	8.67			8.67			63.71	
3	工器具购置		1.44		1.44	m²	1360	10.62	0.50
	合计	177.64	111.20		288.84			2123.85	100

6.4　建设项目总概算编制方法

建设项目总概算是设计文件的重要组成部分。它由各单项工程综合概算、工程建设其他费用、建设期利息、预备费、固定资产投资方向调节税和经营性项目的铺底流动资金组成，并按主管部门规定的统一表格编制而成。

设计概算文件一般应包括以下六部分。

1. 封面、签署页及目录

2. 编制说明

编制说明应包括下列内容：

（1）工程概况。简述建设项目性质、特点、生产规模、建设周期、建设地点等主要情况。对于引进项目要说明引进内容及与国内配套工程等主要情况。

（2）资金来源及投资方式。

（3）编制依据及编制原则。

（4）编制方法。说明设计概算是采用概算定额法，还是采用概算指标法等。

（5）投资分析。主要分析各项投资的比重、各专业投资的比重等经济指标。

（6）其他需要说明的问题。

3. 总概算表

总概算表应反映静态投资和动态投资两个部分，静态投资是按设计概算编制期价格、费率、利率、汇率等因素确定的投资；动态投资则是指概算编制期到竣工验收前的工程和价格变化等多种因素所需的投资，如表 6-5 所示。

某市第一中心医院急救中心卫生防病中心新扩建工程项目总概算　　表 6-5

序号	工程项目和费用名称	概算价值(万元)				技术经济指标			备注
		建筑工程	安装工程	设备费	合计	单位	数量	指标	
一	工程费用								
（一）	建筑、安装工程费								
1	病原实验楼	5254.7	579.61	831.62	6665.93	m²	21617	3083.65	
2	动力中心	534.88	240.17	317.16	1092.21	m²	1547	7060.18	
	小计	5789.58	819.78	1148.78	7758.14	m²	23164	3349.22	
二	工程建设其他费用								
1	建设管理费				99.46	m²	23164	42.94	
2	可行性研究费				32	m²	23164	13.81	
3	勘察设计费				433.78	m²	23164	187.26	
4	环境影响评价费				11	m²	23164	4.75	
5	劳动安全卫生评价费				9	m²	23164	3.89	
6	场地准备及临时设施费				85	m²	23164	36.69	
7	市政公用设施建设及绿化补偿费				565.39	m²	23164	244.08	
8	建设用地费				6711	m²	23164	2897.17	
	小计				7946.63	m²	23164	3430.59	

续表

序号	工程项目和费用名称	概算价值(万元)				技术经济指标			备注
		建筑工程	安装工程	设备费	合计	单位	数量	指标	
三	预备费				280.45	m²	23164	121.07	
1	基本预备费				250.45	m²	23164	108.12	
2	涨价预备费				30	m²	23164	12.95	
四	建设期利息				220	m²	23164	94.97	
五	造价合计				16205.22	m²	23164	6995.86	

4. 工程建设其他费用概算表

工程建设其他费用概算按国家或地区或部委所规定的项目和标准确定，并按统一表式编制。

5. 单项工程综合概算表和建筑安装单位工程概算表

6. 工程量计算表和工、料数量汇总表

6.5 设计概算的审查

6.5.1 设计概算审查的内容

1. 设计概算审查的一般内容

1）设计概算的编制依据

审查编制依据的合法性、时效性和适用范围。采用的各种编制依据必须经过国家和授权机关的批准，符合国家的现行编制规定，并且在规定的适用范围之内使用。

2）审查概算编制深度

（1）审查编制说明。审查编制说明可以检查概算的编制方法、深度和编制依据等重大原则问题，若编制说明有差错，具体概算必有差错。

（2）审查概算编制深度。审查是否有符合规定的"三级概算"，各级概算的编制、校对、审核是否按规定签署，有无随意简化，有无把"三级概算"简化为"二级概算"，甚至"一级概算"的现象。

（3）审查概算的编制范围。审查概算的编制范围及具体内容是否与主管部门批准的建设项目范围及具体工程内容一致；审查分期建设项目的建筑范围及具体工程内容有无重复交叉，是否重复计算或漏算；审查其他费用应列的项目是否符合规定，静态投资、动态投资和经营性项目铺底流动资金是否分别列出等。

3）审查建设规模、标准

审查概算的投资规模、生产能力、设计标准、建设用地、建筑面积、主要设备、配套工程、设计定员等是否符合原批准可行性研究报告或立项批文的标准。如超过投资可能增加，如概算总投资超过原批准投资估算 10% 以上，应进一步审查超估算的原因。

4）审查设备规格、数量和配置

审查所选用的设备规格、台数是否与生产规模一致，材质、自动化程度有无提高标准，引进设备是否配套、合理，备用设备台数是否适当，消防、环保设备是否合理等。此外，还要重点审查设备价格是否合理、是否符合有关规定。

5）审查工程量

建筑安装工程投资随工程量增加而增加，要认真审查。要根据初步设计图纸、概算定额及工程量计算规则、专业设备材料表、建构筑物和总图运输一览表进行审查，有无多算、重算、漏算的现象。

6）审查计价指标

审查建筑工程采用工程所在地区的定额、价格指数和有关人工、材料、机械台班单价是否符合现行规定；审查安装工程所采用的专业或地区定额是否符合工程所在地区的市场价格水平，概算指标调整系数，以及主材价格、人工、机械台班和辅材调整系数是否按当时最新规定执行；审查引进设备安装费率或计取标准、部分行业专业设备安装费率是否按有关规定计算等。

7）审查其他费用

审查费用项目是否按国家统一规定计列，具体费率或计取标准是否按国家、行业或有关部门规定计算，有无随意列项，有无多列、交叉计列和漏项等。

2. 财政部对设计概算评审的要求

根据财政部办公厅财办建〔2002〕619号文件《财政投资项目评审操作规程》（试行）的规定，对建设项目概算的评审包括以下内容：

1）项目概算评审包括对项目建设程序、建筑安装工程概算、设备投资概算、待摊投资概算和其他投资概算等的评审。

2）项目概算应由项目建设单位提供，项目建设单位委托其他单位编制项目概算的，由项目单位确认后报送评审机构进行评审。项目建设单位没有编制项目概算的，评审机构应督促项目建设单位尽快编制。

3）项目建设程序评审包括对项目立项、项目可行性研究报告、项目初步设计概算、项目征地拆迁及开工报告等批准文件的程序性评审。

4）建筑安装工程概算评审包括对工程量计算、概算定额选用、取费及材料价格等进行评审。

（1）工程量计算的评审包括：

① 审查施工图工程量计算规则的选用是否正确；

② 审查工程量的计算是否存在重复计算现象；

③ 审查工程量汇总计算是否正确；

④ 审查施工图设计中是否存在擅自扩大建设规模、提高建设标准等现象。

（2）定额套用、取费和材料价格的评审包括：

① 审查是否存在高套、错套定额现象；

② 审查是否按照有关规定计取工程企业管理费、规费及税金；

③ 审查材料价格的计取是否正确。

5）设备投资概算评审，主要对设备型号、规格、数量及价格进行评审。

6）待摊投资概算和其他投资概算的评审，主要对项目概算中除建筑安装工程概算、设备投资概算之外的项目概算投资进行评审。评审内容包括：

（1）建设单位管理费、勘察设计费、监理费、研究试验费、招标投标费、贷款利息等待摊投资概算，按国家规定的标准和范围等进行评审；对土地使用权费用概算进行评审时，应在核定用地数量的基础上，区别土地使用权的不同取得方式进行评审。

（2）其他投资的评审，主要评审项目建设单位按概算内容发生并构成基本建设实际支出的房屋购置和基本禽畜、林木等购置、饲养、培育支出以及取得各种无形资产和递延资产等发生的支出。

7）部分项目发生的特殊费用，应视项目建设的具体情况和有关部门的批复意见进行评审。

8）对已招标投标或已签订相关合同的项目进行概算评审时，应对招标投标文件、过程和相关合同的合法性进行评审，并据此核定项目概算。对已开工的项目进行概算评审时，应对截止评审日的项目建设实施情况，分别按已完、在建和未建工程进行评审。

9）概算评审时需要对项目投资细化、分类的，按财政细化基本建设投资项目概算的有关规定进行评审。

6.5.2　设计概算审查的方法

1. 对比分析法

对比分析法主要是指通过建设规模、标准与立项批文对比，工程数量与设计图纸对比，综合范围、内容与编制方法、规定对比，各项取费与规定标准对比，材料、人工单价与统一信息对比，引进设备、技术投资与报价要求对比，技术经济指标与同类工程对比，等等。通过以上对比分析，容易发现设计概算存在的主要问题和偏差。

2. 查询核实法

查询核实法是对一些关键设备和设施、重要装置、引进工程图纸不全、难以核算的较大投资进行多方查询核对，逐项落实的方法。主要设备的市场价向设备供应部门或招标公司查询核实；重要生产装置、设施向同类企业（工程）查询了解；引进设备价格及有关费税向进出口公司调查落实，复杂的建安工程向同类工程的建设、承包、施工单位征求意见；深度不够或不清楚的问题直接同原概算编制人员、设计者询问清楚。

3. 联合会审法

联合会审前，可先采取多种形式分头审查，包括：设计单位自审，主管、建设、承包单位初审，工程造价咨询公司评审，邀请同行专家预审，审批部门复审等，经层层审查把关后，由有关单位和专家进行联合会审。在会审大会上，由设计单位介绍概算编制情况及有关问题，各有关单位、专家汇报初审及预审意见。然后进行认真分析、讨论，结合对各专业技术方案的审查意见所产生的投资增减，逐一核实原概算出现的问题。经过充分协商，认真听取设计单位意见后，实事求是地处理、调整。

思考题

1. 设计概算分哪三级概算？各级概算的组成是怎样的？
2. 如何编制建设项目的设计概算？
3. 单位建筑工程概算的编制有哪三种基本方法？各种方法的优缺点及其适用条件是什么？
4. 单位设备安装工程概算有哪些编制方法？各种方法的适用条件是什么？

5. 设计概算的审查内容一般包括什么？有哪些审查方法？

6. 某市拟建一栋框架结构的办公楼 3000m²，采用钢筋混凝土带形基础，其造价为 52 元/m²，已知本市普通框架结构的办公楼，建筑面积 2600m²，建筑工程人、料、机费用为 380 元/m²，其中毛石基础的造价为 40 元/m²，其他结构相同。求新拟建办公楼建筑工程人、料、机费用造价？

施工图预算

7

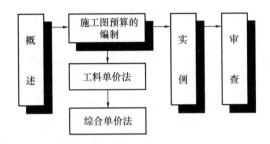

7.1 施工图预算概述

7.1.1 施工图预算的概念

施工图预算是指在施工图设计完成以后，以批准的施工图为依据，根据消耗量定额、计费规则及人、机、材的预算价格编制的确定工程造价的经济文件。

7.1.2 施工图预算的两种模式

按照预算造价的计算方式和管理方式的不同，施工图预算可以划分为两种计价模式，即传统计价模式和工程量清单计价模式。

1. 传统计价模式

我国的传统计价模式是采用国家、部门或地区统一规定的定额和取费标准进行工程造价计价的模式，通常也称为定额计价模式。传统计价模式是我国长期使用的一种施工图预算编制方法。

传统计价模式下，由国家制定消耗量定额，各个省、自治区、直辖市制定当地的工程预算定额，并且规定取费的标准。建设单位和施工单位均先根据预算定额中规定的工程量计算规则、定额单价计算工程直接费，再按照规定的费率和取费程序计取其他费用、利润和税金，汇总得到工程造价。其中，预算定额一般既包括消耗量标准，又含有单位估价。

虽然传统计价模式对我国建设工程的投资计划管理和招标投标起到过很大的作用，但也存在着一些缺陷。传统计价模式的工、料、机消耗量是根据"社会平均生产力水平"综合测定，取费标准是根据不同地区价格水平平均测算，企业自主报价的空间很小，不能结合项目具体情况、自身技术管理水平和市场价格自主报价，也不能满足招标人对建筑产品质优价廉的要求。同时，由于工程量计算由招标投标的各方单独完成，计价基础不统一，不利于招标工作的规范性。在工程完工后，工程结算繁琐，易引起争议。

2. 工程量清单计价模式

工程量清单计价模式是指按照工程量清单规范规定的各个专业统一的工程量计算规则，由招标方提供工程量清单和有关技术说明，投标方根据企业自身的定额水平和市场价格进行计价的模式。

工程量清单计价是国际通行的计价方法，国际工程的招标投标一般均采用工程量清单计价。我国现行的《建设工程工程量清单计价规范》规定，全部使用国有资产投资或国有资产投资为主的工程建设项目，必须采用工程量清单计价；非国有资金投资的工程建设项目，可采用工程量清单计价。由于工程量清单计价模式是符合市场经济和国际工程惯例的计价方式，今后我国将以使用工程量清单计价模式为主。工程量清单计价的具体内容将在本书第8章详细介绍。

7.1.3　施工图预算的作用

1. 施工图预算对投资方的作用

1）施工图预算是控制造价及资金合理使用的依据

施工图预算确定的预算造价是工程的计划成本，投资方或业主按施工图预算修正建设资金，并控制资金的合理使用，具有实际意义。

2）施工图预算是确定招标工程招标控制价（或者标底）的依据

一般情况下，建筑及安装工程招标的招标控制价（或者标底）可按照施工图预算确定。招标控制价（或者标底）通常在施工图预算的基础上考虑工程特殊施工措施费、工程质量要求、目标工期、招标工程的范围、自然条件等因素编制。

3）施工图预算可以作为确定合同价款、拨付进度款及办理结算的依据

2. 施工图预算对施工企业的作用

1）施工图预算是确定投标报价的依据

在竞争激烈的建筑市场，施工企业需要根据施工图预算造价，结合企业的投标策略，确定投标报价。

2）施工图预算是施工企业进行施工准备的依据

施工企业中标和签订工程承包合同后，劳动力的调配、材料的采购和施工机械台班的安排以及内部承包合同的签订等，均可以施工图预算为依据安排。

3）施工图预算是控制工程成本的依据

根据施工图预算确定的中标价格是施工企业收取工程款的依据，企业只有合理利用各项资源，采取技术措施、经济措施和组织措施等降低成本，将成本控制在施工图预算以内，企业才能获得良好的经济效益。

3. 施工图预算对其他方面的作用

（1）对于设计方而言，设计单位完成施工图预算以后要与设计概算作比较，突破概算时要决定设计方案是否需要修正。

（2）对于工程咨询单位而言，尽可能客观、准确地为委托方做出施工图预算，是其业务水平、素质和信誉的体现。

（3）对于工程造价管理部门而言，施工图预算是监督检查执行定额标准、合理确定工程造价、测算造价指数及审定招标工程标底的重要依据。

7.1.4　施工图预算的编制依据

1. 经批准和会审的施工图设计文件及有关标准图集

施工图纸须经主管部门批准，经业主、设计单位参加图纸会审并签署"图纸会审纪要"。通过施工图设计文件及有关标准图集，可熟悉编制对象的工程性质、内容、构造等工程情况。

2. 施工组织设计

施工组织设计是编制施工图预算的重要依据之一，通过它可充分了解各分部分项工程的施工方法、施工进度计划、施工机械的选择、施工平面图的布置及主要技术措施等内容，是传统计价中工程量计算和定额套用的依据，也是工程量清单计价中计取措施费的依据。

3. 与施工图预算计价模式有关的计价依据

所采用的预算造价计价模式不同，预算编制依据也不同。根据所采用的计价模式，需要相应的计价依据。若采用传统计价模式，则需要预算定额、地区单位估价表、费用定额和相应的工程量计算规则等计价依据。若采用工程量清单计价模式，则需要人、材、机的市场价格，有关分部分项工程的综合指导价和《计价规范》中规定的相关工程量计算规则等计价依据。

4. 经批准的设计概算文件

经批准的设计概算文件是控制工程拨款或贷款的最高限额，也是控制单位工程预算的主要依据。如果工程预算确定的投资总额超过设计概算，须补做调整设计概算，经原批准机构批准后方可实施。

5. 招标文件

编制施工图预算时须按照招标文件的要求进行，以满足招标方对工期、质量等的要求，认真执行合同条件规定的有关条款。

6. 预算工作手册

预算工作手册是编制预算必备的工具书之一，主要有各种常用数据、计算公式、金属材料的规格、单位重量等项内容。查用预算手册可以加快预算编制速度。

7.2　施工图预算的编制方法与步骤

《建筑工程施工发包与承包计价管理办法》（中华人民共和国建设部令第 107 号）第五条规定：施工图预算、招标标底和投标报价由成本、利润和税金构成。其编制可以采用工料单价法和综合单价法两种计价方法。工料单价法是传统计价模式采用的计价方式，综合单价法是工程量清单计价模式采用的计价方式。

7.2.1 工料单价法

工料单价法是根据分项工程的定额单价表来编制施工图预算的方法，按照预算定额的分部分项工程量乘以对应分部分项工程单价后的合计为单位工程人、料、机费用，汇总后另加企业管理费、利润、税金生成单位工程的施工图预算。

按照分部分项工程单价产生方法的不同，工料单价法又可以分为预算单价法和实物法。

1. 预算单价法

预算单价法就是用地区统一单位估价表中的各分项工料预算单价乘以相应的各分项工程的工程量，求和后得到包括人工费、材料费和机械使用费在内的单位工程人、料、机费用。措施费、间接费、利润和税金可根据统一规定的费率乘以相应的计取基数求得。将上述费用汇总后得到单位工程的施工图预算。

预算单价法编制施工图预算的基本步骤如下。

1) 准备资料，熟悉施工图纸

准备施工图纸、施工组织设计、施工方案、现行建筑安装定额、取费标准、统一工程量计算规则和地区材料预算价格等各种资料。在此基础上详细了解施工图纸，全面分析工程各分部分项工程，充分了解施工组织设计和施工方案，注意影响费用的关键因素。

2) 计算工程量

工程量计算一般按如下步骤进行：

(1) 根据工程内容和定额项目，列出需计算工程量的分部分项工程。

(2) 根据一定的计算顺序和计算规则，列出分部分项工程量的计算式。

(3) 根据施工图纸上的设计尺寸及有关数据，代入计算式进行数值计算。

(4) 对计算结果的计量单位进行调整，使之与定额中相应的分部分项工程的计量单位保持一致。

3) 套预算单价，计算人、料、机费用

核对工程量计算结果后，利用地区统一单位估价表中的分项工程预算单价，计算出各分项工程合价，汇总求出单位工程人、料、机费用。

单位工程人、料、机费用计算公式如下：

单位工程人、料、机费用＝Σ（分项工程量×预算单价）

计算人、料、机费用时需注意以下几项内容：

(1) 分项工程的名称、规格、计量单位与预算单价或单位估价表中所列内容完全一致时，可以直接套用预算单价。

(2) 分项工程的主要材料品种与预算单价或单位估价表中规定材料不一致时，不可以直接套用预算单价；需要按实际使用材料价格换算预算单价。

(3) 分项工程施工工艺条件与预算单价或单位估价表不一致而造成人工、机械的数量增减时，一般调量不换价。

(4) 分项工程不能直接套用定额、不能换算和调整时，应编制补充单位估价表。

4) 编制工料分析表

根据各分部分项工程项目实物工程量和预算定额项目中所列的用工及材料数量，计算各分部分项工程所需人工及材料数量，汇总后算出该单位工程所需各类人工、材料的数量。

5）按计价程序计取其他费用，并汇总造价

根据规定的税率、费率和相应的计取基础，分别计算企业管理费、利润、税金。将上述费用累计后与人、料、机费用进行汇总，求出单位工程预算造价。

6）复核

对项目填列、工程量计算公式、计算结果、套用的单价、采用的取费费率、数字计算、数据精确度等进行全面复核，以便及时发现差错，及时修改，提高预算的准确性。

7）填写封面、编制说明

封面应写明工程编号、工程名称、预算造价和单方造价、编制单位名称、负责人和编制日期以及审核单位的名称、负责人和审核日期等。编制说明主要应写明预算所包括的工程内容范围、依据的图纸编号、承包方式、有关部门现行的调价文件号、套用单价需要补充说明的问题及其他需说明的问题等。

预算单价法的编制步骤可参见图 7-1 所示。

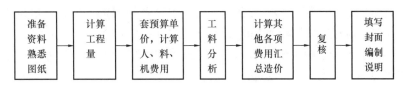

图 7-1　预算单价法的编制步骤

2. 实物法

实物法编制施工图预算是按工程量计算规则和预算定额确定分部分项工程的人工、材料、机械消耗量，再按照资源的市场价格计算出各分部分项工程的工料单价，以工料单价乘以工程量汇总得到人、料、机费用，再按照市场行情计算企业管理费、利润和税金等，汇总得到单位工程费用。实物法中单位工程人、料、机费用的计算公式为：

分部分项工程工料单价＝Σ（材料预算定额用量×当时当地材料预算价格）＋Σ（人工预算定额用量×当时当地人工工资单价）＋Σ（施工机械预算定额台班用量×当时当地机械台班单价）＋仪器仪表使用费

单位工程人、料、机费用＝Σ（分部分项工程量×分部分项工程工料单价）

通常采用实物法计算预算造价时，在计算出分部分项工程的人工、材料、机械消耗量后，先按类相加求出单位工程所需的各种人工、材料、施工机械台班的消耗量，再分别乘以当时当地各种人工、材料、机械台班的实际单价，求得人工费、材料费和施工机械使用费再加上仪器仪表使用费，汇总求和。

实物法编制施工图预算的步骤具体如下。

1）准备资料、熟悉施工图纸

全面收集各种人工、材料、机械的当时当地的实际价格，应包括不同品种、不同规格的材料预算价格；不同工种、不同等级的人工工资单价；不同种类、不同型号的机械台班单价等。要求获得的各种实际价格应全面、系统、真实、可靠。具体可参考预算单价法相应步骤的内容。

2）计算工程量

本步骤的内容与预算单价法相同，不再赘述。

3）套用消耗量定额，计算人、料、机消耗量

定额消耗量中的"量"在相关规范和工艺水平等未有较大突破性变化之前具有相对稳定性，据此确定符合国家技术规范和质量标准要求、并反映当时施工工艺水平的分项工程计价所需的人工、材料、施工机械的消耗量。

根据预算人工定额所列各类人工工日的数量，乘以各分项工程的工程量，计算出各分项工程所需各类人工工日的数量，统计汇总后确定单位工程所需的各类人工工日消耗量。同理，根据预算材料定额、预算机械台班定额分别确定出工程各类材料消耗数量和各类施工机械台班数量。

4）计算并汇总人工费、材料费、施工机具使用费

根据当时当地工程造价管理部门定期发布的或企业根据市场价格确定的人工工资单价、材料预算价格、施工机械台班单价分别乘以人工、材料、机械消耗量，汇总即为单位工程人工费、材料费和施工机具使用费。计算公式为：

单位工程人、料、机费用＝Σ（工程量×材料预算定额用量×当时当地材料预算价格）＋Σ（工程量×人工预算定额用量×当时当地人工工资单价）＋Σ（工程量×施工机械预算定额台班用量×当时当地机械台班单价）＋仪器仪表使用费

5）计算其他各项费用，汇总造价

对于企业管理费、利润和税金等的计算，可以采用与预算单价法相似的计算程序，只是有关的费率是根据当时当地建筑市场供求情况予以确定。将上述单位工程人、料、机费用与企业管理费、利润和税金等汇总即为单位工程造价。

6）复核

检查人工、材料、机械台班的消耗量计算是否准确，有无漏算、重算或多算；套取的定额是否正确；检查采用的实际价格是否合理。其他内容可参考预算单价法相应步骤的介绍。

7）填写封面、编制说明

本步骤的内容和方法与预算单价法相同。

实物法的编制步骤可参见图7-2。

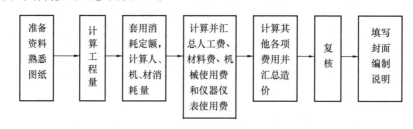

图7-2 实物法的编制步骤

实物法编制施工图预算的步骤与预算单价法基本相似，但在具体计算人工费、材料费和机具使用费及汇总三种费用之和方面有一定的区别。实物法编制施工图预算所用人工、材料和机械台班的单价都是当时当地的实际价格，编制出的预算可较准确地反映实际水

平，误差较小，适用于市场经济条件波动较大的情况。由于采用该方法需要统计人工、材料、机械台班消耗量，还需搜集相应的实际价格，因而工作量较大、计算过程繁琐。但是在 BIM 技术广泛应用的今天，采用实物法更容易与 BIM 技术相结合。

【例 7-1】某住宅楼工程，以工料单价法计算得到人、料、机费用为 650 万元，措施费为人、料、机费用的 5%，企业管理费为人料机费用、措施费总和的 9%，利润为人料机费用、措施费、企业管理费总和的 4%，税金按规定计取，税率取 9%。计算该工程的建安工程造价（保留到小数点后 2 位数）。

解：

列表计算该工程的建安工程造价，计算过程如表 7-1 所示。

某住宅楼工程的建安工程造价计算表 表 7-1

序号	费用项目	计算结果(万元)
1	人、料、机费用	650
2	措施费	650×5%＝32.5
3	小计	682.5
4	企业管理费	682.5×9%＝61.425
5	利润	(682.5＋61.425)×4%＝29.757
6	合计	682.5＋61.425＋29.757＝773.682
7	含税造价	773.682×(1＋9%)＝843.31

7.2.2 综合单价法

综合单价是指分部分项工程单价综合了除人、料、机费用以外的多项费用内容。按照单价综合内容的不同，综合单价可分为完全费用综合单价和部分费用综合单价。

1. 完全费用综合单价

完全费用综合单价即单价中综合了人、料、机费用、措施费、管理费、规费、利润和税金等，以各分项工程量乘以综合单价的合价汇总后，就生成工程发承包价。

2. 部分费用综合单价

我国目前实行的工程量清单计价采用的综合单价是部分费用综合单价，分部分项工程单价是指完成一个规定计量单位的分部分项工程量清单项目所需的人工费、材料费、施工机械使用费和企业管理费与利润，以及一定范围内的风险费用。单价中未包括措施费、规费和税金，是不完全费用单价。以各分项工程量乘以部分费用综合单价的合价汇总，再加上项目措施费、规费和税金后，生成工程发承包价。

综合单价法的计算过程参见第 8 章。

7.3 工料单价法编制施工图预算案例

某住宅楼项目主体设计采用七层轻型框架结构，基础形式为钢筋混凝土筏式基础。现以基础部分为例说明预算单价法和实物法编制施工图预算的过程。

7.3.1 预算单价法编制施工图预算

预算单价法编制工程预算采用的预算定额套用的是某年建筑工程单位计价表中有关分项工程的预算单价，并考虑了部分材料价差。

采用预算单价法编制某住宅楼基础工程预算书具体参见表 7-2。

采用预算单价法编制某住宅楼基础工程预算书　　　　表 7-2

工程定额编号	工程费用名称	计量单位	工程量	金额（元）	
				单价	合价
1042	平整场地	m²	1362.59	1.21	1648.73
1063	挖土机挖土（砂砾坚土）	m³	2786.25	1.96	5461.05
1092	干铺土石屑层	m³	890.48	68.36	60873.21
1090	C10 混凝土基础垫层（10cm 以内）	m³	118.24	226.95	26834.57
5006	C20 带形钢筋混凝土基础（有梁式）	m³	366.18	504.08	184584.01
5014	C20 独立式钢筋混凝土基础	m³	43.26	425.12	18390.69
5047	C20 矩形钢筋混凝土柱（1.8m 外）	m³	9.35	896.65	8383.68
13002	矩形柱与异形柱差价	元	102		102.00
3001	M5 砂浆砌砖基础	m³	32.55	130.5	4247.78
5003	C10 带形无筋混凝土基础	m³	54.22	604.38	32769.48
4028	满堂红脚手架（3.6m 以内）	m²	370.13	4.16	1539.74
1047	槽底钎探	m²	1233.77	0.86	1061.04
1040	回填土（夯填）	m³	1281.32	20.56	26343.94
3004	基础抹隔潮层（有防水粉）	元	260		260.00
（一）	项目人、料、机费用小计	元			372499.93
（二）	措施费	元			35900.00
（三）	［（一）+（二）］	元			408399.93
（四）	企业管理费［（三）×10%］	元			40839.99
（五）	利润［（三）+（四）］×5%	元			22462.00
（六）	税金［（三）+（四）+（五）］×9%	元			42453.17
（七）	造价总计［（三）+（四）+（五）+（六）］	元			514155.09

7.3.2 实物法编制施工图预算

实物法编制同一工程的预算，采用的定额与预算单价法采用的定额相同，但资源单价为当时当地的价格。

采用实物法编制某住宅楼基础工程预算书具体参见表 7-3、表 7-4。

表 7-3

某住宅楼基础工程实物工程量汇总表

项目编号	工程或费用名称	计量单位	工程量	人工实物量 人工用量（工日）		土石屑（m³）		C10素混凝土（m³）		C20钢筋混凝土（m³）		M5砂浆（m³）	
				单位用量	合计用量	单位用量	合计用量	单位用量	合计用量	单位用量	合计用量	单位用量	合计用量
(1)	(2)	(3)	(4)	(5)	(6)	(7)	(8)	(9)	(10)	(11)	(12)	(13)	(14)
1	平整场地	m²	1362.59	0.058	79.03022								
2	挖土机挖土（砂砾坚土）	m³	2786.25	0.0298	83.03025								
3	干铺土石屑层	m³	890.48	0.444	395.37312	1.34	1193.2432						
4	C10混凝土基础垫层（10cm以内）	m³	118.24	2.211	261.42864			1.01	119.4224				
5	C20带形钢筋混凝土基础（有梁式）	m³	366.18	2.097	767.87946					1.015	371.6727		
6	C20独立式钢筋混凝土基础	m³	43.26	1.813	78.43038					1.015	43.9089		
7	C20矩形钢筋混凝土柱（1.8m外）	m³	9.35	6.323	59.12005					1.015	9.49025		
8	矩形柱与异形柱差价	元	102										
9	M5砂浆砌砖基础	m³	32.55	1.053	34.27515							0.24	7.812
10	C10带形无筋混凝土基础	m³	54.22	1.8	97.596			1.015	55.0333				
11	满堂红脚手架（3.6m以内）	m²	370.13	0.0932	34.496116								
12	槽底钎探	m²	1233.77	0.0578	71.311906								
13	回填土（夯填）	m³	1281.32	0.22	281.8904								
14	基础抹隔潮层	元	260										
	合计				2243.861692		1193.2432		174.4557		425.07185		7.812

续表

项目编号	材料实物量						机械实物量							
	机砖(千块)		脚手架材料费(元)		黄土(m³)		蛙式打夯机(台班)		挖土机(台班)		推土机(台班)			
	单位用量	合计用量	单位用量	合计用量	单位用量	合计用量	单位用量	合计用量	单位用量	合计用量	单位用量	合计用量	单位用量	合计用量
(1)	(15)	(16)	(17)	(18)	(19)	(20)	(21)	(22)	(23)	(24)	(25)	(26)	(27)	(28)
1														
2									0.024	66.87	0.0009	2.507625		
3							0.024	21.37152						
4													3.676	434.65024
5													5.525	2023.1445
6													4.897	211.84422
7													17.189	160.71715
8														
9	0.509	16.56795											0.61	19.8555
10													4.6017	249.504174
11			0.2596	96.085748									0.0927	34.311051
12														
13					1.5	1921.98	0.059	75.59788						
14														
		16.56795		96.085748		1921.98		96.9694		66.87		2.507625		3134.026835

采用实物法编制某住宅楼基础工程预算书　　表 7-4

序号	人工、材料、机械费用名称	计量单位	实物工程数量	金额（元）	
				当时当地单价	合价
1	人工(综合工日)	工日	2243.861692	40	89754.47
2	土石屑	m³	1193.2432	66	78754.05
3	黄土	m³	1921.98	18	34595.64
4	C10 素混凝土	m³	174.4557	205.4	35833.20
5	C20 钢筋混凝土	m³	425.07185	450	191282.33
6	M5 砂浆	m³	7.812	180.65	1411.24
7	机砖	千块	16.56795	260	4307.67
8	脚手架材料费	元	96.085748		96.09
9	蛙式打夯机	台班	96.9694	40.12	3890.41
10	挖土机	台班	66.87	650	43465.50
11	推土机	台班	2.507625	480.65	1205.29
12	其他机械费	元	3134.026835		3137.19
13	矩形柱与异形柱差价	元	102		102.00
14	基础抹隔潮层(有防水粉)	元	260		260.00
(一)	项目人、料、机费用小计	元			488095.07
(二)	措施费	元			35900.00
(三)	[(一)+(二)]	元			523995.07
(四)	企业管理费[(三)×10%]	元			52399.51
(五)	利润[(三)+(四)]×5%	元			28819.73
(六)	税金[(三)+(四)+(五)]×9%	元			54469.29
(七)	造价总计[(三)+(四)+(五)+(六)]	元			659683.60

7.4　施工图预算的审查

7.4.1　施工图预算审查的内容

审查的重点是施工图预算的工程量计算是否准确，定额套用、各项取费标准是否符合现行规定或单价计算是否合理等方面。审查的具体内容如下。

1. 审查工程量

是否按照规定的工程量计算规则计算工程量，编制预算时是否考虑到了施工方案对工程量的影响，定额中要求扣除项或合并项是否按规定执行，工程计量单位的设定是否与要求的计量单位一致。

2. 审查单价

套用预算单价时，各分部分项工程的名称、规格、计量单位和所包括的工程内容是否与定额一致，有单价换算时，换算的分项工程是否符合定额规定及换算是否正确。

采用实物法编制预算时，资源单价是否反映了市场供需状况和市场趋势。

3. 审查其他的有关费用

采用预算单价法计算造价时，审查的主要内容有：是否按本项目的性质计取费用，有无高套取费标准；企业管理费的计取基础是否符合规定；利润和税金的计取基础和费率是否符合规定，有无多算或重算。

7.4.2　施工图预算审查的步骤

1. 审查前准备工作

(1)熟悉施工图纸。施工图是编制与审查预算的重要依据，必须全面熟悉了解。

(2)根据预算编制说明，了解预算包括的工程范围。如配套设施、室外管线、道路，以及会审图纸后的设计变更等。

(3)弄清所用单位工程计价表的适用范围，搜集并熟悉相应的单价、定额资料。

2. 选择审查方法、审查相应内容

工程规模、繁简程度不同，编制施工图预算的繁简和质量就不同，应选择适当的审查方法进行审查。

3. 整理审查资料并调整定案

综合整理审查资料，同编制单位交换意见，定案后编制调整预算。经审查如发现差错，应与编制单位协商，统一意见后进行相应增加或核减的修正。

7.4.3　施工图预算审查的方法

1. 逐项审查法

逐项审查法又称全面审查法，即按定额顺序或施工顺序，对各项工程细目逐项全面详细审查的一种方法。其优点是全面、细致，审查质量高、效果好。缺点是工作量大，时间较长。这种方法适合于一些工程量较小、工艺比较简单的工程。

2. 标准预算审查法

标准预算审查法就是对利用标准图纸或通用图纸施工的工程，先集中力量编制标准预算，以此为准来审查工程预算的一种方法。按标准设计图纸施工的工程，一般上部结构和做法相同，只是根据现场施工条件或地质情况不同，仅对基础部分作局部改变。凡这样的工程，以标准预算为准，对局部修改部分单独审查即可，不需逐一详细审查。该方法的优点是时间短、效果好、易定案。其缺点是适用范围小，仅适用于采用标准图纸的工程。

3. 分组计算审查法

分组计算审查法就是把预算中有关项目按类别划分若干组，利用同组中的一组数据审查分项工程量的一种方法。这种方法首先将若干分部分项工程按相邻且有一定内在联系的项目进行编组，利用同组分项工程间具有相同或相近计算基数的关系，审查一个分项工程数，由此判断同组中其他几个分项工程的准确程度。如一般的建筑工程中将底层建筑面积可编为一组。先计算底层建筑面积或楼(地)面面积，从而得知楼面找平层、顶棚抹灰的工程量等，依次类推。该方法特点是审查速度快、工作量小。

4. 对比审查法

对比审查法是当工程条件相同时，用已完工程的预算或未完但已经过审查修正的工程预算对比审查拟建工程的同类工程预算的一种方法。采用该方法一般须符合下列条件：

(1)拟建工程与已完或在建工程预算采用同一施工图，但基础部分和现场施工条件不同，则相同部分可采用对比审查法。

(2)工程设计相同，但建筑面积不同，两工程的建筑面积之比与两工程各分部分项工程量之比大体一致。此时可按分项工程量的比例，审查拟建工程各分部分项工程的工程量，或用两工程每平方米建筑面积造价、每平方米建筑面积的各分部分项工程量对比进行审查。

(3)两工程面积相同，但设计图纸不完全相同，则相同的部分，如厂房中的柱子、层架、层面、砖墙等，可进行工程量的对照审查。对不能对比的分部分项工程可按图纸计算。

5. "筛选"审查法

"筛选"是能较快发现问题的一种方法。建筑工程虽面积和高度不同，但其各分部分项工程的单位建筑面积指标变化却不大。将这样的分部分项工程加以汇集、优选，找出其单位建筑面积工程量、单价、用工的基本数值，归纳为工程量、价格、用工三个单方基本指标，并注明基本指标的适用范围。这些基本指标用来筛选各分部分项工程，对不符合条件的应进行详细审查，若审查对象的预算标准与基本指标的标准不符，就应对其进行调整。

"筛选法"的优点是简单易懂，便于掌握，审查速度快，便于发现问题。但问题出现的原因尚需继续审查。该方法适用于审查住宅工程或不具备全面审查条件的工程。

6. 重点审查法

重点审查法就是抓住工程预算中的重点进行审核的方法。审查的重点一般是工程量大或者造价较高的各种工程、补充定额、计取的各种费用(计费基础、取费标准)等。重点审查法的优点是突出重点，审查时间短、效果好。

思考题

1. 什么是施工图预算？施工图预算有什么作用？
2. 有哪两种施工图预算的模式？这两种模式有什么区别？
3. 简述施工图预算的编制依据。
4. 施工图预算的编制方法有哪些？分别用公式描述人、料、机费用的计算方法。
5. 施工图预算可采用哪些方法进行审查？这些审查方法各自适用的范围是什么？

工程量清单计价

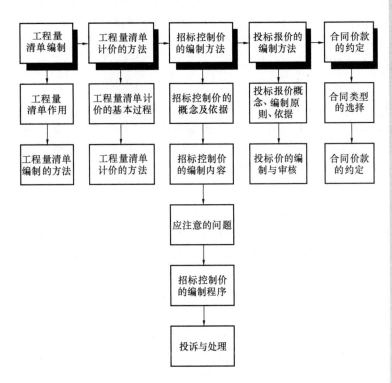

8.1 工程量清单编制

8.1.1 工程量清单的作用

1. 工程量清单计价规范概述

工程量清单计价是一种主要由市场定价的计价模式。为适应我国工程投资体制改革和建设管理体制改革的需要，加快我国建筑工程计价模式与国际接轨的步伐，自 2003 年起开始在全国范围内逐步推广工程量清单计价方法。使用国有资金投资的建设工程发承包，必须采用工程量清单计价；非国有资金投资的建设工程，宜采用工程量清单计价；不采用工程量清单计价的建设工程，应执行《建设工程工程量清单计价规范》GB 50500—2013 除工程量清单等专门性规定外的其他规定。

《建设工程工程量清单计价规范》GB 50500—2013 包括

规范条文和附录两部分。规范条文共 16 章：总则、术语、一般规定、工程量清单编制、招标控制价、投标报价、合同价款约定、工程计量、合同价款调整、合同价款期中支付、竣工结算与支付、合同解除的价款结算与支付、合同价款争议的解决、工程造价鉴定、工程计价资料与档案、工程计价表格，具体内容涵盖了从工程招标投标开始到工程竣工结算办理完毕的全过程。附录共有十一个，附录 A 规定了物价变化合同价款调整办法，附录 B～附录 K 是在计价表格基础上编写形成的，分别为：工程计价文件封面、工程计价文件扉页、工程计价总说明、工程计价汇总表、分部分项工程和单价措施项目清单与计价表、其他项目计价表、规费和税金项目计价表、工程量申请（核准）表、合同价款支付申请（核准）表、主要材料和工程设备一览表。

2. 工程量清单的作用

工程量清单是指建设工程的分部分项工程项目、措施项目、其他项目、规费项目和税金项目的名称和相应数量等的明细清单。工程量清单是工程量清单计价的基础，贯穿于建设工程的招标投标阶段和施工阶段，是编制招标控制价、投标报价、计算工程量、支付工程款、调整合同价款、办理竣工结算以及工程索赔等的依据。工程量清单的主要作用如下。

1）工程量清单为投标人的投标竞争提供了一个平等和共同的基础

工程量清单由招标人负责编制，将要求投标人完成的工程项目及其相应工程实体数量全部列出，为投标人提供拟建工程的基本内容、实体数量和质量要求等的基础信息。这样，在建设工程的招标投标中，投标人的竞争活动就有了一个共同基础，投标人机会均等，受到的待遇是公正和公平的。

2）工程量清单是建设工程计价的依据

在招标投标过程中，招标人根据工程量清单编制招标工程的招标控制价；投标人按照工程量清单所表述的内容，依据企业定额计算投标价格，自主填报工程量清单所列项目的单价与合价。

3）工程量清单是工程付款和结算的依据

在施工阶段，发包人根据承包人完成的工程量清单中规定的内容以及合同单价支付工程款。工程结算时，承发包双方按照工程量清单计价表中的序号对已实施的分部分项工程或计价项目，按合同单价和相关合同条款核算结算价款。

4）工程量清单是调整工程价款、处理工程索赔的依据

在发生工程变更和工程索赔时，可以选用或者参照工程量清单中的分部分项工程或计价项目及合同单价来确定变更价款和索赔费用。

8.1.2　工程量清单编制的方法

招标工程量清单必须作为招标文件的组成部分，由招标人提供，并对其准确性和完整性负责。招标工程量清单是工程量清单计价的基础，应作为编制招标控制价、投标报价、计算或调整工程量、索赔等的依据之一，一经中标签订合同，招标工程量清单即为合同的组成部分。招标工程量清单应由具有编制能力的招标人或受其委托、具有相应资质的工程造价咨询人进行编制。

招标工程量清单应以单位（项）工程为单位编制，应由分部分项工程量清单、措施项

目清单、其他项目清单、规费和税金项目清单组成。招标工程量清单编制的依据有：

（1）《建设工程工程量清单计价规范》GB 50500—2013 和相关工程的国家计量规范；

（2）国家或省级、行业建设主管部门颁发的计价定额和办法；

（3）建设工程设计文件及相关材料；

（4）与建设工程有关的标准、规范、技术资料；

（5）拟定的招标文件；

（6）施工现场情况、地勘水文资料、工程特点及常规施工方案；

（7）其他相关资料。

1. 分部分项工程项目清单的编制

分部分项工程量清单所反映的是拟建工程分部分项工程项目名称和相应数量的明细清单，招标人负责编制，包括项目编码、项目名称、项目特征、计量单位、工程量和工作内容。

1）项目编码的设置

项目编码是分部分项工程和措施项目清单名称的阿拉伯数字标识。分部分项工程量清单项目编码分五级设置，用 12 位阿拉伯数字表示。其中，1、2 位为相关工程国家计量规范代码，3、4 位为专业工程顺序码，5、6 位为分部工程顺序码，7、8、9 位为分项工程项目名称顺序码，这九位应按《房屋建筑与装饰工程工程量计算规范》GB 50854、《通用安装工程工程量计算规范》GB 50856、《市政工程工程量计算规范》GB 50857、《园林绿化工程工程量计算规范》GB 50858、《仿古建筑工程工程量计算规范》GB 50855 等各专业计量规范（上述规范以下简称《计量规范》）的规定设置；10～12 位为清单项目编码，应根据拟建工程的工程量清单项目名称设置，同一招标工程编码不得有重码，这三位清单项目编码由招标人针对招标工程项目具体编制，并应自 001 起顺序编制。

项目编码结构如图 8-1 所示（以《房屋建筑与装饰工程工程量计算规范》GB 50854 为例）：

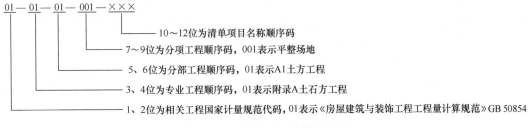

图 8-1　工程量清单项目编码结构

2）项目名称的确定

分部分项工程量清单的项目名称应根据《计量规范》的项目名称结合拟建工程的实际确定。《计量规范》中规定的"项目名称"为分项工程项目名称，一般以工程实体命名。编制工程量清单时，应以附录中的项目名称为基础，考虑该项目的规格、型号、材质等特征要求，并结合拟建工程的实际情况，对其进行适当的调整或细化，使其能够反映影响工程造价的主要因素。如《房屋建筑与装饰工程工程量计算规范》GB 50854—2013 中编号为"010502001"的项目名称为"矩形柱",可根据拟建工程的实际情况写成"C30 现浇混凝土矩形柱 400×400"。

3）项目特征的描述

项目特征是指构成分部分项工程量清单项目、措施项目自身价值的本质特征。分部分项工程量清单项目特征应按《计量规范》的项目特征,结合拟建工程项目的实际予以描述。分部分项工程量清单的项目特征是确定一个清单项目综合单价的重要依据,在编制的工程量清单中必须对其项目特征进行准确和全面的描述。工程量清单项目特征描述的重要意义在于:

（1）项目特征是区分清单项目的依据。工程量清单项目特征是用来表述分部分项清单项目的实质内容,用于区分计价规范中同一清单条目下各个具体的清单项目。没有项目特征的准确描述,对于相同或相似的清单项目名称,就无从区分。

（2）项目特征是确定综合单价的前提。由于工程量清单项目的特征决定了工程实体的实质内容,必然直接决定了工程实体的自身价值。因此,工程量清单项目特征描述的准确与否,直接关系到工程量清单项目综合单价的准确确定。

（3）项目特征是履行合同义务的基础。实行工程量清单计价,工程量清单及其综合单价则构成施工合同的组成部分。因此,如果工程量清单项目特征的描述不清甚至漏项、错误,就会引起在施工过程中的更改,从而引起分歧、导致纠纷。

由此可见,清单项目特征的描述应根据现行计量规范附录中有关项目特征的要求,结合技术规范、标准图集、施工图纸,按照工程结构、使用材质及规格或安装位置等,予以详细而准确的表述和说明。一旦离开了清单项目特征的准确描述,清单项目也将没有生命力。

清单项目特征主要涉及项目的自身特征（材质、型号、规格、品牌）、项目的工艺特征以及对项目施工方法可能产生影响的特征。如:锚杆（锚索）支护项目特征描述为:①地层情况;②锚杆（索）类型、部位;③钻孔深度;④钻孔直径;⑤杆体材料品种、规格、数量;⑥预应力;⑦浆液种类、强度等级。这些特征对投标人的报价影响很大。特征描述不清,将导致投标人对招标人的需求理解不全面,达不到正确报价的目的。对清单项目特征不同的项目应分别列项,如基础工程,仅混凝土强度等级不同,足以影响投标人的报价,故应分开列项。

4）计量单位的选择

分部分项工程量清单的计量单位应按《计量规范》的计量单位确定。当计量单位有两个或两个以上时,应根据所编工程量清单项目的特征要求,选择最适宜表述该项目特征并方便计量的单位。除各专业另有特殊规定外,均按以下基本单位计量:

（1）以重量计算的项目——吨或千克（t 或 kg）;

（2）以体积计算的项目——立方米（m^3）;

（3）以面积计算的项目——平方米（m^2）;

（4）以长度计算的项目——米（m）;

（5）以自然计量单位计算的项目——个、套、块、组、台……

（6）没有具体数量的项目——宗、项……

以"吨"为计量单位的应保留小数点后三位数字,第四位小数四舍五入;以"立方米""平方米""米""千克"为计量单位的应保留小数点后两位数字，第三位小数四舍五入；以"项""个"等为计量单位的应取整数。

5）工程量的计算

分部分项工程量清单中所列工程量应按《计量规范》的工程量计算规则计算。工程量计算规则是指对清单项目工程量计算的规定。除另有说明外，所有清单项目的工程量以实体工程量为准，并以完成后的净值来计算。因此，在计算综合单价时应考虑施工中的各种损耗和需要增加的工程量，或在措施费清单中列入相应的措施费用。采用工程量清单计算规则，工程实体的工程量是唯一的。统一的清单工程量为各投标人提供了一个公平竞争的平台，也方便招标人对各投标人的报价进行对比。

6）补充项目

编制工程量清单时如果出现《计量规范》附录中未包括的项目，编制人应作补充，并报省级或行业工程造价管理机构备案。补充项目的编码由对应计量规范的代码X（即01～09）与B和三位阿拉伯数字组成，并应从XB001起顺序编制，同一招标工程的项目不得重码。工程量清单中需附有补充项目的名称、项目特征、计量单位、工程量计算规则、工作内容。

【例 8-1】补充项目举例（表 8-1）

附录 M 墙、柱面装饰与隔断、幕墙工程

M. 11 隔墙（编码：011211）

表 8-1

项目编码	项目名称	项目特征	计量单位	工程量计算规则	工作内容
01 B001	成品 GRC 隔墙	1. 隔墙材料品种、规格 2. 隔墙厚度 3. 嵌缝、塞口材料品种	m^2	按设计图示尺度以面积计算，扣除门窗洞口及单个 ≥ $0.3m^2$ 的孔洞所占面积	1. 骨架及边框安装 2. 隔板安装 3. 嵌缝、塞口

2. 措施项目清单的编制

措施项目清单是指为完成工程项目施工，发生于该工程施工准备和施工过程中的技术、生活、安全、环境保护等方面的项目清单。鉴于已将"08 规范"中"通用措施项目一览表"中的内容列入相关工程国家计量规范，因此《建设工程工程量清单计价规范》GB 50500—2013 规定：措施项目清单必须根据相关工程现行国家计量规范的规定编制。规范中将措施项目分为能计量和不能计量两类。对能计量的措施项目（即单价措施项目），同分部分项工程量一样，编制措施项目清单时应列出项目编码、项目名称、项目特征、计量单位，并按现行计量规范规定，采用对应的工程量计算规则计算其工程量。对不能计量的措施项目（即总价措施项目），措施项目清单中仅列出了项目编码、项目名称，但未列出项目特征、计量单位的项目，编制措施项目清单时，应按现行计量规范附录（措施项目）的规定执行。由于工程建设施工特点和承包人组织施工生产的施工装备水平、施工方案及其管理水平的差异，同一工程、不同承包人组织施工采用的施工措施有时并不完全一致，因此，《建设工程工程量清单计价规范》GB 50500—2013 规定：措施项目清单应根据拟建工程的实际情况列项。

措施项目清单的编制应考虑多种因素，除了工程本身的因素外，还要考虑水文、气象、环境、安全和施工企业的实际情况。措施项目清单的设置，需要：

（1）参考拟建工程的常规施工组织设计，以确定环境保护、安全文明施工、临时设施、材料的二次搬运等项目；

（2）参考拟建工程的常规施工技术方案，以确定大型机械设备进出场及安拆、混凝土模板及支架、脚手架、施工排水、施工降水、垂直运输机械、组装平台等项目；

（3）参阅相关的施工规范与工程验收规范，以确定施工方案没有表述的，但为实现施工规范与工程验收规范要求而必须发生的技术措施；

（4）确定设计文件中不足以写进施工方案，但要通过一定的技术措施才能实现的内容；

（5）确定招标文件中提出的某些需要通过一定的技术措施才能实现的要求。

【例 8-2】 措施项目清单举例

例如：房屋建筑与装饰工程中的综合脚手架（表 8-2）、安全文明施工和夜间施工（表 8-3）。

分部分项工程和单价措施项目清单与计价表　　　　　　　　表 8-2

序号	项目编码	项目名称	项目特征描述	计量单位	工程量	金额（元）	
						综合单价	合价
1	011701001001	综合脚手架	1. 建筑结构形式：框剪 2. 檐口高度：60m	m²	18000		

总价措施项目清单与计价表　　　　　　　　表 8-3

序号	项目编码	项目名称	计算基础	费率（%）	金额（元）	调整费率（%）	调整后金额	备注
1	011707001001	安全文明施工	定额基价					
2	011707002001	夜间施工	定额人工费					

3. 其他项目清单的编制

其他项目清单是指分部分项工程量清单、措施项目清单所包含的内容以外，因招标人的特殊要求而发生的与拟建工程有关的其他费用项目和相应数量的清单。工程建设标准的高低、工程的复杂程度、工程的工期长短、工程的组成内容、发包人对工程管理的要求等都直接影响其他项目清单的具体内容。因此，其他项目清单应根据拟建工程的具体情况，参照《建设工程工程量清单计价规范》GB 50500—2013 提供的下列四项内容列项：

（1）暂列金额；

（2）暂估价：包括材料暂估单价、工程设备暂估价、专业工程暂估价；

（3）计日工；

（4）总承包服务。

出现《建设工程工程量清单计价规范》GB 50500—2013 未列的项目，可根据工程实际情况补充。

　　1）暂列金额

　　暂列金额是招标人暂定并包括在合同中的一笔款项。用于施工合同签订时尚未确定或者不可预见的所需材料、设备、服务的采购，施工中可能发生的工程变更、合同约定调整因素出现时的工程价款调整以及发生的索赔、现场签证确认等的费用。

　　2）暂估价

　　暂估价是指招标人在工程量清单中提供的用于支付必然发生但暂时不能确定价格的材料价款、工程设备价款以及专业工程金额。暂估价是在招标阶段预见肯定要发生，但是由于标准尚不明确或者需要由专业承包人来完成，暂时无法确定具体价格时所采用的一种价格形式。

　　3）计日工

　　计日工是为了解决现场发生的零星工作的计价而设立的。计日工以完成零星工作所消耗的人工工时、材料数量、机械台班进行计量，并按照计日工表中填报的适用项目的单价进行计价支付。计日工适用的所谓零星工作一般是指合同约定之外的或者因变更而产生的、工程量清单中没有相应项目的额外工作，尤其是那些不允许事先商定价格的额外工作。

　　编制工程量清单时，计日工表中的人工应按工种，材料和机械应按规格、型号详细列项。其中，人工、材料、机械，应由招标人根据工程的复杂程度，工程设计质量的优劣及设计深度等因素，按照经验来估算一个比较贴近实际的数量，并作为暂定量写到计日工表中，纳入有效投标竞争，以期获得合理的计日工单价。

　　4）总承包服务费

　　总承包服务费是为了解决招标人在法律、法规允许的条件下进行专业工程发包以及自行采购供应材料、设备时，要求总承包人对发包的专业工程提供协调和配合服务（如分包人使用总包人的脚手架、水电接驳等）；对供应的材料、设备提供收、发和保管服务以及对施工现场进行统一管理；对竣工资料进行统一汇总整理等发生并向总承包人支付的费用。招标人应当预计该项费用并按投标人的投标报价向投标人支付该项费用。

　　4. 规费项目清单的编制

　　规费是指按国家法律、法规规定，由省级政府和省级有关权力部门规定必须缴纳或计取，应计入建筑安装工程造价的费用。规费项目清单应按照下列内容列项：

　　（1）社会保险费：包括养老保险费、失业保险费、医疗保险费、工伤保险费、生育保险费；

　　（2）住房公积金。

　　出现《建设工程工程量清单计价规范》GB 50500—2013 未列的项目，应根据省级政府或省级有关部门的规定列项。

　　5. 税金项目清单的编制

　　税金是指国家税法规定的应计入建筑安装工程造价的增值税销项税额。

　　出现《建设工程工程量清单计价规范》GB 50500—2013 未列的项目，应根据税务部门的规定列项。

　　6. 工程量清单总说明的编制

　　工程量清单编制总说明包括以下内容：

（1）工程概况。工程概况中要对建设规模、工程特征、计划工期、施工现场实际情况、自然地理条件、环境保护要求等作出描述。其中，建设规模是指建筑面积；工程特征应说明基础及结构类型、建筑层数、高度、门窗类型及各部位装饰、装修做法；计划工期是指按工期定额计算的施工天数；施工现场实际情况是指施工场地的地表状况；自然地理条件，是指建筑场地所处地理位置的气候及交通运输条件；环境保护要求，是针对施工噪声及材料运输可能对周围环境造成的影响和污染所提出的防护要求。

（2）工程招标及分包范围。招标范围是指单位工程的招标范围，如建筑工程招标范围为"全部建筑工程"，装饰装修工程招标范围为"全部装饰装修工程"，或招标范围不含桩基础、幕墙、门窗等。工程分包是指特殊工程项目的分包，如招标人自行采购安装"铝合金门窗"等。

（3）工程量清单编制依据。包括建设工程工程量清单计价规范、设计文件、招标文件、施工现场情况、工程特点及常规施工方案等。

（4）工程质量、材料、施工等的特殊要求。工程质量的要求，是指招标人要求拟建工程的质量应达到合格或优良标准；对材料的要求，是指招标人根据工程的重要性、使用功能及装饰装修标准提出，诸如对水泥的品牌、钢材的生产厂家、花岗石的出产地、品牌等的要求；施工要求，一般是指建设项目中对单项工程的施工顺序等的要求。

（5）其他需要说明的事项。

7. 招标工程量清单汇总

在分部分项工程量清单、措施项目清单、其他项目清单、规费和税金项目清单编制完成以后，经审查复核，与工程量清单封面及总说明汇总并装订，由相关责任人签字和盖章，形成完整的招标工程量清单文件。

8.2　工程量清单计价的方法

8.2.1　工程量清单计价的基本过程

工程量清单计价过程可以分为两个阶段：工程量清单编制和工程量清单应用。工程量清单的编制程序如图 8-2 所示，工程量清单的应用过程如图 8-3 所示。

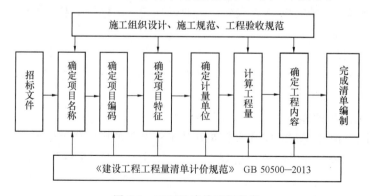

图 8-2　工程量清单编制程序

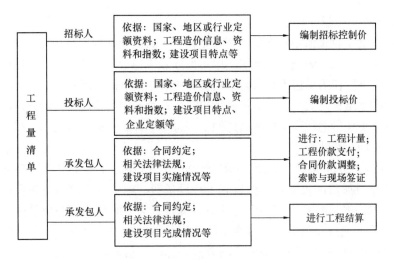

图 8-3　工程量清单计价应用过程

8.2.2　工程量清单计价的方法

1. 工程造价的计算

采用工程量清单计价，建筑安装工程造价由分部分项工程费、措施项目费、其他项目费、规费和税金组成。在工程量清单计价中，如按分部分项工程单价组成来分，工程量清单计价主要有三种形式：①工料单价法；②综合单价法；③全费用综合单价法。

$$工料单价＝人工费＋材料费＋施工机具使用费 \tag{8-1}$$

$$综合单价＝人工费＋材料费＋施工机具使用费＋管理费＋利润 \tag{8-2}$$

$$全费用综合单价＝人工费＋材料费＋施工机具使用费$$
$$＋管理费＋利润＋规费＋税金 \tag{8-3}$$

《计价规范》规定，分部分项工程量清单应采用综合单价计价。但在 2015 年发布实施的《建设工程造价咨询规范》GB/T 51095—2015 中，为了贯彻工程计价的全费用单价，强调最高投标限价、投标报价的单价应采用全费用综合单价。本教材主要依据《计价规范》编写，即采用综合单价法计价。利用综合单价法计价需分项计算清单项目，再汇总得到工程总造价。

$$分部分项工程费＝\Sigma分部分项工程量×分部分项工程综合单价 \tag{8-4}$$

$$措施项目费＝\Sigma措施项目工程量×措施项目综合单价$$
$$＋\Sigma单项措施费 \tag{8-5}$$

$$其他项目费＝暂列金额＋暂估价＋计日工＋总承包服务费＋其他 \tag{8-6}$$

$$单位工程报价＝分部分项工程费＋措施项目费$$
$$＋其他项目费＋规费＋税金 \tag{8-7}$$

$$单项工程报价＝\Sigma单位工程报价 \tag{8-8}$$

$$总造价＝\Sigma单项工程报价 \tag{8-9}$$

2. 分部分项工程费计算

根据公式（8-4），利用综合单价法计算分部分项工程费需要解决两个核心问题，即确定各分部分项工程的工程量及其综合单价。

1) 分部分项工程量的确定

招标文件中的工程量清单标明的工程量是招标人编制招标控制价和投标人投标报价的共同基础，它是工程量清单编制人按施工图图示尺寸和工程量清单计算规则计算得到的工程净量。但该工程量不能作为承包人在履行合同义务中应予完成的实际和准确的工程量，发承包双方进行工程竣工结算时的工程量应按发承包双方在合同中约定应予计量且实际完成的工程量确定，当然该工程量的计算也应严格遵照工程量清单计算规则，以实体工程量为准。

2) 综合单价的编制

《建设工程工程量清单计价规范》GB 50500—2013 中的工程量清单综合单价是指完成一个规定清单项目所需的人工费、材料和工程设备费、施工机具使用费和企业管理费、利润以及一定范围内的风险费用。该定义并不是真正意义上的全费用综合单价，而是一种狭义上的综合单价，规费和税金等不可竞争的费用并不包括在项目单价中。

综合单价的计算通常采用定额组价的方法，即以计价定额为基础进行组合计算。由于"计价规范"与"定额"中的工程量计算规则、计量单位、工程内容不尽相同，综合单价的计算不是简单地将其所含的各项费用进行汇总，而是要通过具体计算后综合而成。综合单价的计算可以概括为以下步骤。

（1）确定组合定额子目

清单项目一般以一个"综合实体"考虑，包括了较多的工程内容，计价时，可能出现一个清单项目对应多个定额子目的情况。因此，计算综合单价的第一步就是将清单项目的工程内容与定额项目的工程内容进行比较，结合清单项目的特征描述，确定拟组价清单项目应该由哪几个定额子目来组合。如"预制预应力 C20 混凝土空心板"项目，《计量规范》规定此项目包括制作、运输、吊装及接头灌浆，若定额分别列有制作、安装、吊装及接头灌浆，则应用这四个定额子目来组合综合单价；又如"M5 水泥砂浆砌砖基础"项目，按《计量规范》不仅包括主项"砖基础"子目，还包括附项"混凝土基础垫层"子目。

（2）计算定额子目工程量

由于一个清单项目可能对应几个定额子目，而清单工程量计算的是主项工程量，与各定额子目的工程量可能并不一致；即便一个清单项目对应一个定额子目，也可能由于清单工程量计算规则与所采用的定额工程量计算规则之间的差异，而导致二者的计价单位和计算出来的工程量不一致。因此，清单工程量不能直接用于计价，在计价时必须考虑施工方案等各种影响因素，根据所采用的计价定额及相应的工程量计算规则重新计算各定额子目的施工工程量。定额子目工程量的具体计算方法，应严格按照与所采用的定额相对应的工程量计算规则计算。

（3）测算人、料、机消耗量

人、料、机的消耗量一般参照定额进行确定。在编制招标控制价时一般参照政府颁发的消耗量定额；编制投标报价时一般采用反映企业水平的企业定额，投标企业没有企业定额时可参照消耗量定额进行调整。

（4）确定人、料、机单价

人工单价、材料价格和施工机械台班单价，应根据工程项目的具体情况及市场资源的供求状况进行确定，采用市场价格作为参考，并考虑一定的调价系数。

（5）计算清单项目的人、料、机总费用

按确定的分项工程人工、材料和机械的消耗量及询价获得的人工单价、材料单价、施工机械台班单价，与相应的计价工程量相乘得到各定额子目的人、料、机总费用，将各定额子目的人、料、机总费用汇总后算出清单项目的人、料、机总费用。

$$人、料、机总费用 = \Sigma 计价工程量 \times (\Sigma 人工消耗量 \times 人工单价$$
$$+ \Sigma 材料消耗量 \times 材料单价$$
$$+ \Sigma 台班消耗量 \times 台班单价) \qquad (8\text{-}10)$$

（6）计算清单项目的管理费和利润

企业管理费及利润通常根据各地区规定的费率乘以规定的计价基础得出。通常情况下，计算公式如下：

$$管理费 = 人、料、机总费用 \times 管理费费率 \qquad (8\text{-}11)$$
$$利润 = (人、料、机总费用 + 管理费) \times 利润率 \qquad (8\text{-}12)$$

（7）计算清单项目的综合单价

将清单项目的人、料、机总费用、管理费及利润汇总得到该清单项目合价，将该清单项目合价除以清单项目的工程量即可得到该清单项目的综合单价。

$$综合单价 = (人、料、机总费用 + 管理费 + 利润) / 清单工程量 \qquad (8\text{-}13)$$

如果采用全费用综合单价计价，则还需计算清单项目的规费和税金。

【例 8-3】 某多层砖混住宅土方工程，土壤类别为三类土；沟槽为砖大放脚带形基础；沟槽宽度为 920mm，挖土深度为 1.8m，沟槽为正方形，总长度为 1590.6m。根据施工方案，土方开挖的工作面宽度各边 0.25m，放坡系数为 0.2。除沟边堆土 1000m³ 外，现场堆土 2170.5m³，运距 60m，采用人工运输。其余土方需装载机装，自卸汽车运，运距 4km。已知人工挖土单价为 8.4 元/m³，人工运土单价为 7.38 元/m³，装载机装、自卸汽车运土需使用的机械有装载机（280 元/台班，0.00398 台班/m³）、自卸汽车（340 元/台班，0.04925 台班/m³）、推土机（500 元/台班，0.00296 台班/m³）和洒水车（300 元/台班，0.0006 台班/m³）。另外，装载机装、自卸汽车运土需用工（25 元/工日，0.012 工日/m³）、用水（1.8 元/m³，每 1m³ 土方需耗水 0.012m³）。试根据建筑工程量清单计算规则计算土方工程的综合单价（不含措施费、规费和税金），其中管理费取人、料、机总费用的 14%，利润取人、料、机总费用与管理费和的 8%。试计算该工程挖沟槽土方的工程量清单综合单价，并进行综合单价分析。

解： ① 招标人根据清单规则计算的挖方量为：

$$0.92 \times 1.8 \times 1590.6 = 2634.034 m^3$$

② 投标人根据地质资料和施工方案计算挖土方量和运土方量

a. 需挖土方量

工作面宽度各边 0.25m，放坡系数为 0.2，则基础挖土方总量为：

$$(0.92 + 2 \times 0.25 + 0.2 \times 1.8) \times 1.8 \times 1590.6 = 5096.282 m^3$$

b. 运土方量

沟边堆土 1000m³；现场堆土 2170.5m³，运距 60m，采用人工运输；装载机装，自卸汽车运，运距 4km，运土方量为：

$$5096.282 - 1000 - 2170.5 = 1925.782 m^3$$

③ 人工挖土人、料、机费用

人工费：5096.282×8.4＝42808.77 元

④ 人工运土（60m 内）人、料、机费用

人工费：2170.5×7.38＝16018.29 元

⑤ 装载机装、自卸汽车运土（4km）人、料、机费用

a. 人工费：25×0.012×1925.782＝0.3×1925.782＝577.73 元

b. 材料费：1.8×0.012×1925.782＝0.022×1925.782＝41.60 元

c. 机械费：

装载机：280×0.00398×1925.782＝2146.09 元

自卸汽车：340×0.04925×1925.782＝32247.22 元

推土机：500×0.00296×1925.782＝2850.16 元

洒水车：300×0.0006×1925.782＝346.64 元

机械费小计：37590.11 元

机械费单价＝280×0.00398＋340×0.04925＋500×0.00296＋300×0.0006

＝19.519 元/m³

d. 机械运土人、料、机费用合计：38209.44 元。

⑥ 综合单价计算

a. 人、料、机费用合计

42808.77＋16018.29＋38209.44＝97036.50 元

b. 管理费

人、料、机总费用×14％＝97036.50×14％＝13585.11 元

c. 利润

（人、料、机总费用＋管理费)×8％＝(97036.50＋13585.11)×8％＝8849.73 元

d. 总计：97036.50＋13585.11＋8849.73＝119471.34 元

e. 综合单价

按招标人提供的土方挖方总量折算为工程量清单综合单价：

119471.34/2634.034＝45.36 元/m³

⑦ 综合单价分析

a. 人工挖土方

单位清单工程量＝5096.282 /2634.034＝1.9348m³

管理费＝8.40×14％＝1.176 元/m³

利润＝(8.40＋1.176)×8％＝0.766 元/m³

管理费及利润＝1.176＋0.766＝1.942 元/m³

b. 人工运土方

单位清单工程量＝2170.5/2634.034＝0.8240m³

管理费＝7.38×14％＝1.033 元/m³

利润＝(7.38＋1.033)×8％＝0.673 元/m³

管理费及利润＝1.033＋0.673＝1.706 元/m³

c. 装载机自卸汽车运土方

单位清单工程量＝1925.782 /2634.034＝0.7311m³

$$人、料、机费用=0.3+0.022+19.519=19.841 元/m^3$$

$$管理费=19.841×14\%=2.778 元/m^3$$

$$利润=(19.841+2.778)×8\%=1.8095 元/m^3$$

$$管理费及利润=2.778+1.8095=4.588 元/m^3$$

表 8-4 为分部分项工程量清单与计价表，表 8-5 为工程量清单综合单价分析表。

3. 措施项目费计算

措施项目费是指为完成工程项目施工，而用于发生在该工程施工准备和施工过程中的技术、生活、安全、环境保护等方面的非工程实体项目所支出的费用。措施项目清单计价应根据建设工程的施工组织设计，可以计算工程量的措施项目，应按分部分项工程量清单的方式采用综合单价计价；其余的不能算出工程量的措施项目，则采用总价项目的方式，以"项"为单位的方式计价，应包括除规费、税金外的全部费用。措施项目清单中的安全文明施工费应按照国家或省级、行业建设主管部门的规定计价，不得作为竞争性费用。

分部分项工程量清单与计价表　　　　　　　表 8-4

工程名称：某多层砖混住宅工程　　　　　　标段：　　　　　　　　第　页　共　页

序号	项目编码	项目名称	项目特征描述	计量单位	工程量	金额（元）		
						综合单价	合价	其中：暂估价
	010101003001	挖沟槽土方	1. 土壤类别：三类土 2. 挖土深度：1.8m 3. 弃土距离：4km	m³	2634.034	45.36	119471.34	
			本页小计					
			合　计					

工程量清单综合单价分析表　　　　　　　表 8-5

工程名称：某多层砖混住宅工程　　　　　　标段：　　　　　　　　第　页　共　页

项目编码	010101003001		项目名称			挖沟槽土方	计量单位			m³

清单综合单价组成明细

定额编号	定额名称	定额单位	数量	单价（元）				合价（元）			
				人工费	材料费	机械费	管理费和利润	人工费	材料费	机械费	管理费和利润
	人工挖土	m³	1.9348	8.40			1.942	16.25			3.76
	人工运土	m³	0.8240	7.38			1.706	6.08			1.41
	装载机装、自卸汽车运土方	m³	0.7311	0.30	0.022	19.519	4.588	0.22	0.02	14.27	3.35
人工单价			小计					22.55	0.02	14.27	8.52
元/工日			未计价材料费								
清单项目综合单价								45.36			

材料费明细	主要材料名称、规格、型号	单位	数量	单价(元)	合价(元)	暂估单价(元)	暂估合价(元)
	水	m³	0.012	1.8	0.022		
	其他材料费			—		—	
	材料费小计			—	0.022	—	

措施项目费的计算方法一般有以下几种。

1）综合单价法

这种方法与分部分项工程综合单价的计算方法一样，就是根据需要消耗的实物工程量与实物单价计算措施费，适用于可以计算工程量的措施项目，主要是指一些与工程实体有紧密联系的项目，如混凝土模板、脚手架、垂直运输等。与分部分项工程不同，并不要求每个措施项目的综合单价必须包含人工费、材料费、机具费、管理费和利润中的每一项。计算可参考公式（8-14）。

$$措施项目费＝\Sigma（单价措施项目工程量×单价措施项目综合单价） \tag{8-14}$$

2）参数法计价

参数法计价是指按一定的基数乘以系数的方法或自定义公式进行计算。这种方法简单明了，但最大的难点是公式的科学性、准确性难以把握。这种方法主要适用于施工过程中必须发生，但在投标时很难具体分项预测，又无法单独列出项目内容的措施项目。如夜间施工费、二次搬运费、冬雨期施工的计价均可以采用该方法，计算公式如下。

（1）安全文明施工费

$$安全文明施工费＝计算基数×安全文明施工费费率（\%） \tag{8-15}$$

计算基数应为定额基价（定额分部分项工程费＋定额中可以计量的措施项目费）、定额人工费（或定额人工费＋定额机械费），其费率由工程造价管理机构根据各专业工程的特点综合确定。

（2）夜间施工增加费

$$夜间施工增加费＝计算基数×夜间施工增加费费率（\%） \tag{8-16}$$

（3）二次搬运费

$$二次搬运费＝计算基数×二次搬运费费率（\%） \tag{8-17}$$

（4）冬雨期施工增加费

$$冬雨期施工增加费＝计算基数×冬雨期施工增加费费率（\%） \tag{8-18}$$

（5）已完工程及设备保护费

$$已完工程及设备保护费＝计算基数×已完工程及设备保护费费率（\%） \tag{8-19}$$

上述（2）～（5）项措施项目的计费基数应为定额人工费（或定额人工费＋定额机械费），其费率由工程造价管理机构根据各专业工程特点和调查资料综合分析后确定。

3）分包法计价

在分包价格的基础上增加投标人的管理费及风险费进行计价的方法，这种方法适合可以分包的独立项目，如室内空气污染测试等。

　　有时招标人要求对措施项目费进行明细分析，这时采用参数法组价和分包法组价都是先计算该措施项目的总费用，这就需人为用系数或比例的办法分摊人工费、材料费、机械费、管理费及利润。

4. 其他项目费计算

　　其他项目费由暂列金额、暂估价、计日工、总承包服务费等内容构成。

　　暂列金额和暂估价由招标人按估算金额确定。招标人在工程量清单中提供的暂估价的材料、工程设备和专业工程，若属于依法必须招标的，由承包人和招标人共同通过招标确定材料、工程设备单价与专业工程分包价；若材料、工程设备不属于依法必须招标的，经发承包双方协商确认单价后计价；若专业工程不属于依法必须招标的，由发包人、总承包人与分包人按有关计价依据进行计价。

　　计日工和总承包服务费由承包人根据招标人提出的要求，按估算的费用确定。

5. 规费与税金的计算

　　规费和税金应按国家或省级、行业建设主管部门的规定计算，不得作为竞争性费用。每一项规费和税金的规定文件中，对其计算方法都有明确的说明，故可以按各项法规和规定的计算方式计取。

6. 风险费用的确定

　　风险是一种客观存在的、可能会带来损失的、不确定的状态，工程风险是指一项工程在设计、施工、设备调试以及移交运行等项目全寿命周期全过程中可能发生的风险。这里的风险具体指工程建设施工阶段承发包双方在招标投标活动和合同履约及施工中所面临的涉及工程计价方面的风险。建设工程发承包，必须在招标文件、合同中明确计价中的风险内容及其范围，不得采用无限风险、所有风险或类似语句规定计价中的风险内容及范围。

8.3　招标控制价的编制方法

8.3.1　招标控制价的概念

　　招标控制价是招标人根据国家以及当地有关规定的计价依据和计价办法、招标文件、市场行情，并按工程项目设计施工图纸等具体条件调整编制的，对招标工程项目限定的最高工程造价，也可称其为拦标价、预算控制价或最高报价等。

　　对于招标控制价及其规定，应注意从以下方面理解：

　　（1）国有资金投资的建设工程招标，招标人必须编制招标控制价。根据《中华人民共和国招标投标法》的规定，国有资金投资的工程项目进行招标，招标人可以设标底。当招标人不设标底时，为有利于客观、合理地评审投标报价和避免哄抬标价，造成国有资产流失，招标人必须编制招标控制价，作为投标人的最高投标限价，及招标人能够接受的最高交易价格。

　　（2）招标控制价超过批准的概算时，招标人应将其报原概算审批部门审核。因为我国对国有资金投资项目实行的是投资概算审批制度，国有资金投资的工程项目原则上不能超过批准的投资概算。

　　（3）投标人的投标报价高于招标控制价的，其投标应予以拒绝。国有资金投资的工程项目，招标人编制并公布的招标控制价相当于招标人的采购预算，同时要求其不能超过批准的概算，因此，招标控制价是招标人在工程招标时能接受投标人报价的最高限价，投标人的投标报价不能高于招标控制价，否则，其投标将被拒绝。

（4）招标控制价应由具有编制能力的招标人或受其委托具有相应资质的工程造价咨询人编制和复核。工程造价咨询人不得同时接受招标人和投标人对同一工程的招标控制价和投标报价的编制。

（5）招标控制价应在招标文件中公布，不应上调或下浮，招标人应将招标控制价及有关资料报送工程所在地工程造价管理机构备查。招标控制价的作用决定了招标控制价不同于标底，无需保密。为体现招标的公平、公正，防止招标人有意抬高或压低工程造价，招标人应在招标文件中如实公布招标控制价各组成部分的详细内容，不得对所编制的招标控制价进行上调或下浮。

8.3.2 招标控制价的计价依据

招标控制价的计价依据有：

（1）《建设工程工程量清单计价规范》GB 50500—2013；

（2）国家或省级、行业建设主管部门颁发的计价定额和计价办法；

（3）建设工程设计文件及相关资料；

（4）拟定的招标文件及招标工程量清单；

（5）与建设项目相关的标准、规范、技术资料；

（6）施工现场情况、工程特点及常规施工方案；

（7）工程造价管理机构发布的工程造价信息，当工程造价信息没有发布时，参照市场价；

（8）其他的相关资料。

8.3.3 招标控制价的编制内容

采用工程量清单计价时，招标控制价的编制内容包括：分部分项工程费、措施项目费、其他项目费、规费和税金。

1. 分部分项工程费的编制

分部分项工程费采用综合单价的方法编制。采用的分部分项工程量应是招标文件中工程量清单提供的工程量；综合单价应根据招标文件中的分部分项工程量清单的特征描述及有关要求、行业建设主管部门颁发的计价定额和计价办法等编制依据进行编制。

为使招标控制价与投标报价所包含的内容一致，综合单价中应包括招标文件中招标人要求投标人承担的风险内容及其范围（幅度）产生的风险费用，可以风险费率的形式进行计算。招标文件提供了暂估单价的材料，应按暂估单价计入综合单价。

2. 措施项目费的编制

措施项目费应依据招标文件中提供的措施项目清单和拟建工程项目的施工组织设计进行确定。可以计算工程量的措施项目，应按分部分项工程量清单的方式采用综合单价计价；其余的措施项目可以以"项"为单位的方式计价，应包括除规费、税金外的全部费用。措施项目费中的安全文明施工费应当按照国家或地方行业建设主管部门的规定标准计价。

3. 其他项目费

1）暂列金额

应按招标工程量清单中列出的金额填写。

2）暂估价

暂估价中的材料、工程设备单价、控制价应按招标工程量清单列出的单价计入综合单价；暂估价中的专业工程金额应按招标工程量清单中列出的金额填写。

3）计日工

编制招标控制价时，对计日工中的人工单价和施工机械台班单价应按省级、行业建设主管部门或其授权的工程造价管理机构公布的单价计算；材料应按工程造价管理机构发布的工程造价信息中的材料单价计算，工程造价信息未发布材料单价的材料，其价格应按市场调查确定的单价计算。

4）总承包服务费

编制招标控制价时，总承包服务费应按照省级或行业建设主管部门的规定，并根据招标文件列出的内容和要求估算。在计算时可参考以下标准：

（1）招标人仅要求总包人对其发包的专业工程进行施工现场协调和统一管理、对竣工材料进行统一汇总整理等服务时，总承包服务费按发包的专业工程估算造价的 1.5% 左右计算；

（2）招标人要求总包人对其发包的专业工程既进行总承包管理和协调，又要求提供相应配合服务时，总承包服务费应根据招标文件列出的配合服务内容，按发包的专业工程估算造价的 3%～5% 计算；

（3）招标人自行供应材料、设备的，按招标人供应材料、设备价值的 1% 计算。

4. 规费和税金

规费和税金必须按国家或省级、行业建设主管部门规定的标准计算，不得作为竞争性费用。

8.3.4 编制招标控制价应注意的问题

招标控制价编制时，应该注意以下问题：

（1）《建设工程工程量清单计价规范》GB 50500—2013 将原规范中"国有资金投资的工程建设项目应实行工程量清单招标，并应编制招标投标控制价……"上升为强制性条文，即：国有资金投资的工程建设招标投标，必须编制招标控制价。

（2）招标控制价编制的表格格式等应执行《建设工程工程量清单计价规范》GB 50500—2013 的有关规定。

（3）一般情况下，编制招标控制价，采用的材料价格应是工程造价管理机构通过工程造价信息发布的材料单价，工程造价信息未发布材料单价的材料，其材料价格应通过市场调查确定。另外，未采用工程造价管理机构发布的工程造价信息时，需在招标文件或答疑补充文件中对招标控制价采用的与造价信息不一致的市场价格予以说明，采用的市场价格则应通过调查、分析确定，有可靠的信息来源。

（4）施工机械设备的选型直接关系到基价综合单价水平，应根据工程项目特点和施工条件，本着经济实用、先进高效的原则确定。

（5）应该正确、全面地使用行业和地方的计价定额以及相关文件。

（6）不可竞争的措施项目和规费、税金等费用的计算均属于强制性条款，编制招标控制价时应该按国家有关规定计算。

（7）不同工程项目、不同施工单位会有不同的施工组织方法，所发生的措施费也会有所不同。因此，对于竞争性的措施费用，应该首先编制施工组织设计或施工方案，然后依据经过专家论证后的施工方案，合理地确定措施项目与费用。

8.3.5 招标控制价的编制程序

编制招标控制价时应当遵循如下程序：

（1）了解编制要求与范围；

（2）熟悉工程图纸及有关设计文件；

（3）熟悉与建设工程项目有关的标准、规范、技术资料；

（4）熟悉拟订的招标文件及其补充通知、答疑纪要等；

（5）了解施工现场情况、工程特点；

（6）熟悉工程量清单；

（7）掌握工程量清单涉及计价要素的信息价格和市场价格，依据招标文件确定其价格；

（8）进行分部分项工程量清单计价；

（9）论证并拟定常规的施工组织设计或施工方案；

（10）进行措施项目工程量清单计价；

（11）进行其他项目、规费项目、税金项目清单计价；

（12）工程造价汇总、分析、审核；

（13）成果文件签认、盖章；

（14）提交成果文件。

8.3.6 投诉与处理

《建设工程工程量清单计价规范》GB 50500—2013 新增了投标人对招标人不按规范的规定编制招标控制价进行投诉的权利。具体规定如下：

（1）投标人经复核认为招标人公布的招标控制价未按照《建设工程工程量清单计价规范》GB 50500—2013 的规定进行编制的，应在招标控制价公布后 5 天内向招标投标监督机构和工程造价管理机构投诉。

（2）投诉人投诉时，应当提交由单位盖章和法定代表人或其委托人签名或盖章的书面投诉书。投诉书包括下列内容：

①投诉人与被投诉人的名称、地址及有效联系方式；

②投诉的招标工程名称、具体事项及理由；

③投诉依据及有关证明材料；

④相关的请求及主张。

（3）投诉人不得进行虚假、恶意投诉，阻碍招标投标活动的正常进行。

（4）工程造价管理机构在接到投诉书后应在 2 个工作日内进行审查，对有下列情况之一的，不予受理：

①投诉人不是所投诉招标工程招标文件的收受人；

②投诉书提交的时间不符合上述第（1）条规定的；

③投诉书不符合上述第（2）条规定的；

④投诉事项已进入行政复议或行政诉讼程序的。

（5）工程造价管理机构应在不迟于结束审查的次日将是否受理投诉的决定书面通知投诉人、被投诉人以及负责该工程招标投标监督的招标投标管理机构。

（6）工程造价管理机构受理投诉后，应立即对招标控制价进行复查，组织投诉人、被投诉人或其委托的招标控制价编制人等单位人员对投诉问题逐一核对。有关当事人应当予以配合，并应保证所提供资料的真实性。

（7）工程造价管理机构应当在受理投诉的 10 天内完成复查，特殊情况下可适当延长，并作出书面结论通知投诉人、被投诉人及负责该工程招标投标监督的招标投标管理机构。

（8）当招标控制价复查结论与原公布的招标控制价误差＞±3％的，应当责成招标人改正。

（9）招标人根据招标控制价复查结论需要重新公布招标控制价的，其最终公布的时间至招标文件要求提交投标文件截止时间不足 15 天的，应相应延长提交投标文件的截止时间。

8.4 投标报价的编制方法

8.4.1 投标报价的概念

《建设工程工程量清单计价规范》GB 50500—2013 规定，投标价是投标人参与工程项目投标时报出的工程造价。即投标价是指在工程招标发包过程中，由投标人或受其委托具有相应资质的工程造价咨询人按照招标文件的要求以及有关计价规定，依据发包人提供的工程量清单、施工设计图纸、结合工程项目特点、施工现场情况及企业自身的施工技术、装备和管理水平等，自主确定的工程造价。

投标价是投标人希望达成工程承包交易的期望价格，但不能高于招标人设定的招标控制价。投标报价的编制是指投标人对拟承建工程项目所要发生的各种费用的计算过程。作为投标计算的必要条件，应预先确定施工方案和施工进度，此外，投标计算还必须与采用的合同形式相一致。

8.4.2 投标价的编制原则

报价是投标的关键性工作，报价是否合理直接关系到投标工作的成败。工程量清单计价下编制投标报价的原则如下：

（1）投标报价由投标人自主确定，但必须执行《建设工程工程量清单计价规范》GB 50500—2013 的强制性规定。投标价应由投标人或受其委托具有相应资质的工程造价咨询人编制。

（2）投标人的投标报价不得低于工程成本。《中华人民共和国招标投标法》中规定：
"中标人的投标应当符合下列条件……（二）能够满足招标文件的实质性要求，并且经评
审的投标价格最低；但是投标价格低于成本的除外。"《评标委员会和评标方法暂行规定》
中规定："在评标过程中，评标委员会发现投标人的报价明显低于其他投标报价或者在设
有标底时明显低于标底的，使得其投标报价可能低于其个别成本的，应当要求该投标人作
出书面说明并提供相关证明材料。投标人不能合理说明或者不能提供相关证明材料的，由
评标委员会认定该投标人以低于成本报价竞标，其投标应作为废标处理。"上述法律法规
的规定，特别要求投标人的投标报价不得低于工程成本。

（3）投标人必须按招标工程量清单填报价格。实行工程量清单招标，招标人在招标文
件中提供工程量清单，其目的是使各投标人在投标报价中具有共同的竞争平台。因此，为
避免出现差错，要求投标人必须按招标人提供的招标工程量清单填报投标价格，填写的项
目编码、项目名称、项目特征、计量单位、工程量必须与招标工程量清单一致。

（4）投标报价要以招标文件中设定的承发包双方责任划分，作为设定投标报价费用项
目和费用计算的基础。承发包双方的责任划分不同，会导致合同风险分摊不同，从而导致
投标人报价不同；不同的工程承发包模式会直接影响工程项目投标报价的费用内容和计算
深度。

（5）应该以施工方案、技术措施等作为投标报价计算的基本条件。企业定额反映企业
技术和管理水平，是计算人工、材料和机械台班消耗量的基本依据；更要充分利用现场考
察、调研成果、市场价格信息和行情资料等编制基础标价。

（6）报价计算方法要科学严谨，简明适用。

8.4.3　投标价的编制依据

投标报价编制的依据有：

（1）《建设工程工程量清单计价规范》GB 50500—2013；

（2）国家或省级、行业建设主管部门颁发的计价办法；

（3）企业定额，国家或省级、行业建设主管部门颁发的计价定额和计价办法；

（4）招标文件、招标工程量清单及其补充通知、答疑纪要；

（5）建设工程设计文件及相关资料；

（6）施工现场情况、工程特点及投标时拟定的施工组织设计或施工方案；

（7）与建设项目相关的标准、规范等技术资料；

（8）市场价格信息或工程造价管理机构发布的工程造价信息；

（9）其他的相关资料。

8.4.4　投标价的编制与审核

在编制投标报价之前，需要先对清单工程量进行复核。因为工程量清单中的各分部分
项工程量并不十分准确，若设计深度不够则可能有较大的误差，而工程量的多少是选择施
工方法、安排人力和机械、准备材料必须考虑的因素，自然也影响分项工程的单价，因此
一定要对工程量进行复核。

投标报价的编制过程，应首先根据招标人提供的工程量清单编制分部分项工程量清单

计价表、措施项目清单计价表、其他项目清单计价表、规费和税金项目清单计价表，计算完毕后汇总而得到单位工程投标报价汇总表，再层层汇总，分别得出单项工程投标报价汇总表和工程项目投标总价汇总表。工程项目投标报价的编制过程，如图 8-4 所示。

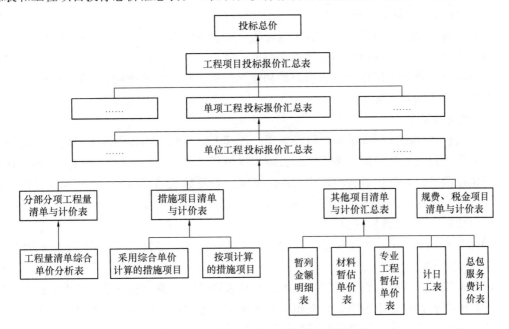

图 8-4　工程项目工程量清单投标报价流程

1. 综合单价

综合单价中应包括招标文件中划分的应由投标人承担的风险范围及其费用，招标文件中没有明确的，应提请招标人明确。

2. 单价项目

分部分项工程和措施项目中的单价项目中最主要的是确定综合单价，应根据拟定的招标文件和招标投标工程清单项目中的特征描述及有关要求确定综合单价计算。

1）工程量清单项目特征描述

确定分部分项工程和措施项目中的单价项目综合单价的最重要依据之一是该清单项目的特征描述，投标人投标报价时应依据招标工程量清单项目的特征描述确定清单项目的综合单价。在招标投标过程中，若出现工程量清单特征描述与设计图纸不符，投标人应以招标工程量清单的项目特征描述为准，确定投标报价的综合单价；若施工中施工图纸或设计变更与招标工程量清单项目特征描述不一致，发承包双方应按实际施工的项目特征依据合同约定重新确定综合单价。

2）企业定额

企业定额是施工企业根据本企业具有的管理水平、拥有的施工技术和施工机械装备水平而编制的，完成一个规定计量单位的工程项目所需的人工、材料、施工机械台班的消耗标准，是施工企业内部进行施工管理的标准，也是施工企业投标报价确定综合单价的依据之一。投标企业没有企业定额时可根据企业自身情况参照消耗量定额进行调整。

3）资源可获取价格

综合单价中的人工费、材料费、机械费是以企业定额的人、料、机消耗量乘以人、料、机的实际价格得出的，因此投标人拟投入的人、料、机等资源的可获取价格直接影响综合单价的高低。

4）企业管理费费率、利润率

企业管理费费率可由投标人根据本企业近年的企业管理费核算数据自行测定，当然也可以参照当地造价管理部门发布的平均参考值。

利润率可由投标人根据本企业当前盈利情况、施工水平、拟投标工程的竞争情况以及企业当前经营策略自主确定。

5）风险费用

招标文件中要求投标人承担的风险费用，投标人应在综合单价中给予考虑，通常以风险费率的形式进行计算。风险费率的测算应根据招标人要求结合投标企业当前风险控制水平进行定量测算。在施工过程中，当出现的风险内容及其范围（幅度）在招标文件规定的范围（幅度）内时，综合单价不得变动，合同价款不作调整。

6）材料、工程设备暂估价

招标工程量清单中提供了暂估单价的材料、工程设备，按暂估的单价计入综合单价。

3. 总价项目

由于各投标人拥有的施工设备、技术水平和采用的施工方法有所差异，因此投标人应根据自身编制的投标施工组织设计或施工方案确定措施项目，投标人根据投标施工组织设计或施工方案调整和确定的措施项目应通过评标委员会的评审。

（1）措施项目中的总价项目应采用综合单价方式报价，包括除规费、税金外的全部费用；

（2）措施项目中的安全文明施工费应按照国家或省级、行业主管部门的规定计算确定。

4. 其他项目费

（1）暂列金额应按照招标工程量清单中列出的金额填写，不得变动。

（2）暂估价不得变动和更改。暂估价中的材料、工程设备必须按照暂估单价计入综合单价；专业工程暂估价必须按照招标工程量清单中列出的金额填写。

（3）计日工应按照招标工程量清单列出的项目和估算的数量，自主确定各项综合单价并计算费用。

（4）总承包服务费应根据招标工程量列出的专业工程暂估价内容和供应材料、设备情况，按照招标人提出的协调、配合与服务要求和施工现场管理需要自主确定。

5. 规费和税金

规费和税金必须按国家或省级、行业建设主管部门规定的标准计算，不得作为竞争性费用。

6. 投标总价

投标人的投标总价应当与组成招标工程量清单的分部分项工程费、措施项目费、其他项目费和规费、税金的合计金额相一致，即投标人在进行工程项目工程量清单招标的投标报价时，不能进行投标总价优惠（或降价、让利），投标人对投标报价的任何优惠（或降价、让利）均应反映在相应清单项目的综合单价中。

【例 8-4】某多层砖混住宅工程，其基础工程的招标工程量清单见表 8-6，投标人根据自主报价原则，管理费按人、料、机三项费用之和的 10% 计取，利润按人、料、机三项费用之和的 5% 计取，不考虑措施项目费、其他项目费和规费、税金和风险时，其投标报价见表8-7，试对该基础工程中的挖沟槽土方项目的综合单价和基础工程的投标价进行审核。

分部分项工程和单价措施项目清单与计价表（一）　　　　　　　　表 8-6

工程名称：多层砖混住宅工程　　　　　　　　　　　　　　　　　第　页 共　页

序号	项目编码	项目名称	项目特征描述	计量单位	工程量	金额（元）		
						综合单价	合价	其中
								暂估价
1	010101003001	挖沟槽土方	土类别：三类土 挖土深度：3m 运距：60m	m³	96.91			
2	010103001001	回填方	密实度要求：夯实	m³	47.06			
3	010103002001	余方弃置	运距：4km	m³	49.85			
4	010401001001	砖基础	砖品种、强度等级：页岩标砖、MU10 基础类型：带形基础 砂浆强度等级：M5 水泥砂浆	m³	37.60			
5	010404001001	垫层	垫层材料种类、厚度：3：7灰土、500mm 厚	m³	16.15			
……	……							

分部分项工程和单价措施项目清单与计价表（二）　　　　　　　表 8-7

工程名称：多层砖混住宅工程　　　　　　　　　　　　　　　　　第　页 共　页

序号	项目编码	项目名称	项目特征描述	计量单位	工程量	金额（元）		
						综合单价	合价	其中
								暂估价
1	010101003001	挖沟槽土方	土类别：三类土 挖土深度：3m 弃土运距：4km	m³	96.91	102.15	9899.36	
2	010103001001	回填方	密实度要求：机械夯实	m³	47.06	82.77	3895.16	
3	010103002001	余方弃置	运距：4km	m³	49.85	36.36	1812.55	
4	010401001001	砖基础	砖品种、强度等级：普通页岩标准砖、MU10 基础类型：带形基础 砂浆强度等级：M5 水泥砂浆	m³	37.60	459.16	17264.42	
5	010404001001	垫层	垫层材料种类、厚度：3：7灰土、500mm 厚	m³	16.15	191.42	3091.43	
本页小计							35962.91	
合　计							35962.91	

解：（1）挖沟槽土方项目的综合单价审核

① 投标人根据施工图纸及施工组织设计，按预算工程量计算规则得出的基础工程量，见表8-8。

基础工程预算量统计表　　　　　　　　　　　　　　表8-8

项目名称	计量单位	工程量
挖沟槽土方	m³	232.41
临时堆场人工运土（运距50m以内）	m³	162.69
回填方	m³	182.56
余方弃置（运距4km）	m³	49.85
砖基础	m³	37.60
垫层	m³	16.15

② 根据招标人掌握的基础工程所需人工工日、材料及机械台班的数量，见表8-9（节选）。

相关项目的人、料、机消耗量表（节选）　　　　　　表8-9

定额编号	项目名称	单位	数量
010101003-1-5	挖基础土方，深4m内，三类土	m³	1
R01	综合工日	工日	0.296
010103002-1-1	临时堆场人工运土，运距50m以内	m³	1
R01	综合工日	工日	0.087
……			

③ 通过人、料、机市场询价，结合表8-9确定对应项目的人、料、机单价，见表8-10（节选）。

基础工程基价计算表（节选）　　　　　　　　　　　表8-10

定额编号	项目名称	单位	数量	单价（元）	合价（元）	基价（元）
010101003-1-5	挖基础土方，深4m内，三类土	m³	1			31.08
人工费	综合工日	工日	0.296	105.00	31.08	31.08
010103002-1-1	临时堆场人工运土，运距50m以内	m³	1			9.14
人工费	综合工日	工日	0.087	105	9.14	9.14
……						

④ 计算综合单价

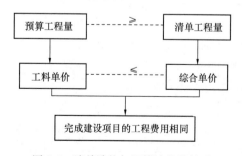

图 8-5　清单计价与预算计价的关系

工程量清单计价规范规定综合单价必须包括完成清单项目的全部费用，即施工方案等导致的增量费用应包含在综合单价内。由于工程量清单中的工程量不能变动，因此，在计算综合单价时，需要将增量费用分摊，进行组价，即由预算工程量乘以企业定额基价得出的总价应与清单工程量乘以综合单价得出的总价相等，两者的关系如图8-5所示。

根据现行工程量清单计量规范，挖沟槽土方项目的工作内容包括挖基础土方和临时堆场人工运土两项，进行综合单价分析时（表8-11），表中的"数量"按以下方法确定。

挖基础土方数量＝挖沟槽土方预算量÷挖沟槽土方清单量
$$=232.41÷96.91=2.398m^3$$

管理费和利润单价按人、料、机费用之和(本项目只有人工费)的百分比计算：

挖基础土方管理费和利润单价$=31.08×(10\%+5\%)=4.66$元/m^3

挖基础土方人工费合价：$31.08×2.398=74.53$元

挖基础土方管理费和利润合价：$4.66×2.398=11.17$元

人工运土数量＝临时堆土量运输预算量÷挖沟槽土方清单量
$$=162.69÷96.91=1.679m^3$$

其他费用的计算同挖基础土方，此处不再赘述。由此可得：

挖沟槽土方综合单价为：$89.88+13.47=103.35$元/m^3

综合单价分析表　　　　　　　　　　表8-11

工程名称：多层砖混住宅工程

项目编码	010101003001		项目名称	挖沟槽土方	计量单位	m^3

清单综合单价组成明细

定额编号	定额名称	定额单位	数量	单价（元）				合价（元）			
				人工费	材料费	机械费	管理费和利润	人工费	材料费	机械费	管理费和利润
010101003-1-5	挖基础土方	m^3	2.398	31.08			4.66	74.53			11.17
010103002-1-1	人工运土	m^3	1.679	9.14			1.37	15.35			2.3
人工单价	小　　计							89.88			13.47
105 元/工日	未 计 价 材 料 费										
清单项目综合单价								103.35			

材料费明细	主要材料名称、规格、型号		单位	数量	单价（元）	合价（元）	暂估单价（元）	暂估合价（元）
	其他材料费					—	—	—
	材料费小计					—	—	—

将所计算的综合单价（103.35 元/m^3）与投标人的报价（102.15 元/m^3）相比，基本吻合，可以认为报价合理。基础工程其他项目的综合单价按相同的方法审核，其报价均在合理范围。

（2）分部分项工程的投标价审核

多层砖混住宅工程基础部分的投标价由表8-7五个项目的合价构成，经验算，计算正确，基础工程的投标价为 35962.91 元。

8.5　合同价款的约定

实行招标的工程合同价款应由发承包双方依据招标文件和中标人的投标文件在书面合同中约定。合同约定不得违背招、投标文件中关于工期、造价、质量等方面的实质性内容。招标文件与中标人投标文件不一致的地方，以投标文件为准。

不实行招标的工程合同价款，在发承包双方认可的合同价款基础上，由发承包双方在合同中约定。

8.5.1　合同类型的选择

发包人和承包人应在合同协议书中选择下列一种合同价格形式。

1. 单价合同

单价合同是指合同当事人约定以工程量清单及其综合单价进行合同价格计算、调整和确认的建设工程施工合同，在约定的范围内合同单价不作调整。合同当事人应在专用合同条款中约定综合单价包含的风险范围和风险费用的计算方法，并约定风险范围以外的合同价格的调整方法，其中因市场价格波动引起的调整应按合同中"市场价格波动引起的调整"条款约定执行。

2. 总价合同

总价合同是指合同当事人约定以施工图、已标价工程量清单或预算书及有关条件进行合同价格计算、调整和确认的建设工程施工合同，在约定的范围内合同总价不作调整。合同当事人应在专用合同条款中约定总价包含的风险范围和风险费用的计算方法，并约定风险范围以外的合同价格的调整方法，其中因市场价格波动引起的调整、因法律变化引起的调整按合同约定执行。

3. 其他价格形式

合同当事人可在专用合同条款中约定其他合同价格形式。

8.5.2　合同价款的约定

合同价款的约定是建设工程合同的主要内容。实行招标的工程合同价款应在中标通知书发出之日起 30 天内，由发承包双方依据招标文件和中标人的投标文件在书面合同中约定。合同约定不得违背招、投标文件中关于工期、造价、质量等方面的实质性内容。招标文件与中标人投标文件不一致的地方应以投标文件为准。不实行招标的工程合同价款，应在发承包双方认可的工程价款基础上，由发承包双方在合同中约定。发承包双方认可的工程价款的形式可以是承包方或设计人编制的施工图预算，也可以是承发包双方认可的其他形式。

承发包双方应在合同条款中，对下列事项进行约定。

1. 预付工程款的数额、支付时间及抵扣方式

预付工程款是发包人为解决承包人在施工准备阶段资金周转问题提供的协助。如使用的水泥、钢材等大宗材料，可根据工程具体情况设置工程材料预付款。双方应在合同中约定预付款数额：可以是绝对数，如 50 万、100 万元，也可以是额度，如合同金额的 10%、

15%等；约定支付时间：如合同签订后一个月支付、开工日前 7 天支付等；约定抵扣方式：如在工程进度款中按比例抵扣；约定违约责任：如不按合同约定支付预付款的利息计算等。

2. 安全文明施工费

约定支付计划、使用要求等。

3. 工程计量与支付工程进度款的方式、数额及时间

双方应在合同中约定计量时间和方式：可按月计量，如每月 28 日；可按工程形象部位（目标）划分分段计量，如±0.000 以下基础及地下室、主体结构 1～3 层、4～6 层等。进度款支付周期与计量周期保持一致，约定支付时间：如计量后 7 天以内、10 天以内支付；约定支付数额：如已完工作量的 70%、80%等；约定违约责任：如不按合同约定支付进度款的利率、违约责任等。

4. 工程价款的调整因素、方法、程序、支付及时间

约定调整因素：如工程变更后综合单价调整，钢材价格上涨超过投标报价时的 3%，工程造价管理机构发布的人工费调整等；约定调整方法：如结算时一次调整，材料采购时报发包人调整等；约定调整程序：承包人将调整报告交发包人，由发包人现场代表审核签字等；约定支付时间：如与工程进度款支付同时进行等。

5. 施工索赔与现场签证的程序、金额确定与支付时间

约定索赔与现场签证的程序：如由承包人提出、发包人现场代表或授权的监理工程师核对等；约定索赔提出时间：如知道索赔事件发生后的 28 天内等；约定核对时间：收到索赔报告后 7 天以内、10 天以内等；约定支付时间：原则上与工程进度款同期支付等。

6. 承担计价风险的内容、范围以及超出约定内容、范围的调整办法

约定风险的内容范围：如全部材料、主要材料等；约定物价变化调整幅度：如钢材、水泥价格涨幅超过投标报价的 5%等。

7. 工程竣工价款结算编制与核对、支付及时间

约定承包人在什么时间提交竣工结算书，发包人或其委托的工程造价咨询企业在什么时间内核对完毕，核对完毕后，什么时间内支付等。

8. 工程质量保证金的数额、预留方式及时间

在合同中约定数额：如合同价款的 3%等；约定支付方式：竣工结算一次扣清等；约定归还时间：如质量缺陷期满退还等。

9. 违约责任以及发生合同价款争议的解决方法及时间

约定解决价款争议的办法是协商、调解、仲裁还是诉讼，约定解决方式的优先顺序、处理程序等。如采用调解应约定好调解人员；如采用仲裁应约定双方都认可的仲裁机构；如采用诉讼方式，应约定有管辖权的法院。

10. 与履行合同、支付价款有关的其他事项等

合同中涉及工程价款的事项较多，能够详细约定的事项应尽可能具体约定，约定的用词应尽可能唯一，如有几种解释，最好对用词进行定义，尽量避免因理解上的歧义造成合同纠纷。

国际工程投标报价

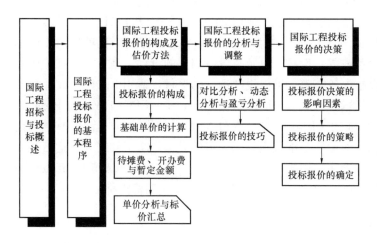

9.1 国际工程招标与投标概述

　　国际工程通常是指在策划、融资、设计、招标投标、施工、设备采购、监理、运营等阶段或环节中，其主要参与方来自不止一个国家或地区，并且按照国际惯例进行管理的工程项目。国际工程包括我国公司去海外参与投资或实施的各项工程（境外工程），也包括国外公司或国际组织在中国进行投资或实施的工程（涉外工程）。随着经济全球化的深入进展和我国"走出去"战略的长期实施，我国的国际工程事业蓬勃发展。此外，在招标程序、采购文件、投标策略、投标技巧等方面，国际工程的建设管理经验在国内工程中也得到了广泛的应用。

9.1.1 国际工程招标与投标的类型

　　招标投标是国际工程普遍采用的交易形式。招标是采购的重要形式之一，指业主就拟建工程、货物或服务项目，事先公布采购的条件和要求，在全球范围内以一定的方式邀请不特定或者一定数量的自然人、法人或其他组织投标，而业主按照公开规定的程序和条件确定中标人的行为。投标是指承包商作为卖方（Seller），根据业主的招标文件，以报价的形式争取承揽到工程项目的一种市场行为。从合同法的角度来看，招标属于要约行为，投标为承诺行为，二者形成合意，则合同成立。

世界银行根据标的的不同将招标分为货物采购、工程采购及咨询服务采购。根据FIDIC 出版的合同条件范本，国际工程招标投标可分为：①施工招标投标，包括土建施工招标投标、安装施工招标投标（含竣工试验）、土建与安装施工招标投标（含竣工试验）等，适用 FIDIC《施工合同条件》（Conditions of Contract for Construction）。②生产设备及设计、施工招标投标，即由承包商按照业主的要求，设计并提供生产设备和其他土建或安装工程，国内一般称为机电设备供应及安装，适用 FIDIC《生产设备和设计——施工合同条件》（Conditions of Contract for Plant and Design-Build）。③完整工程项目的交钥匙招标投标，即由承包商提供设备或成套设备，以及与设备相关的设计、施工、竣工检验和竣工后检验，最后提供一个设施配备完整、可以投产运行的项目，适用 FIDIC《设计采购施工（EPC）/交钥匙工程合同条件》（Conditions of Contract for EPC/Turnkey Project）（详细介绍可参阅张水波、陈勇强的《国际工程总承包 EPC 交钥匙合同与管理》）。④设计、建造及运营服务招标投标，即由一个承包商完成工程的设计、施工和安装、运营和维护，不包括融资，适用 FIDIC《设计－建造－运营合同条件》（Conditions of Contract for Design，Build and Operate Project）。上述②③均属于工程总承包招标投标。

9.1.2　国际上通用的招标方式

国际上通用的招标方式属于国际惯例的范畴，按照联合国贸易委员会《货物、工程和服务采购示范法》、世界贸易组织（WTO）《政府采购协议》、各国普遍接受的《世界银行贷款项目采购指南》以及世界银行等国际基金组织推荐的《FIDIC 招标程序》等规定，招标方式一般可分为公开招标、邀请招标和议标。其他招标方式一般是由这三种方式衍生而来。

（1）公开招标，又称无限竞争性公开招标（Unlimited Competitive Open Bidding），一般是由业主在国内外重要媒体上发布招标公告，向社会明示其招标项目要求，凡对此招标项目感兴趣的承包商均有机会获得资格预审文件，并且参加资格预审，预审合格者均可购买招标文件进行投标。公开招标具有公开性、广泛性和公正性的特点。一般各国的政府采购以及世行等国际组织的贷款项目均要求公开招标。

（2）邀请招标，又称有限竞争性选择招标（Limited Competitive Selected Bidding），一般不在报刊上刊登广告，而是根据招标人自己积累的经验或由咨询公司提供的承包商名单，向若干被认为有能力和信誉的承包商发出邀请。经过对应邀人进行资格预审后，通知其提出报价，递交投标书。经过选择的投标商在技术、信誉上都比较可靠，可以减少违约的风险，并可节省费用，简化手续，迅速成交。但是由于招标人所了解的情况和承包商的数量有限，在邀请时难免遗漏某些在技术上或报价上有竞争能力的承包商。

（3）议标，又称谈判招标（Negotiated Bidding），是指招标人直接选定一家或少数几家公司谈判承包条件及标价。议标没有资格预审、开标等过程，方式简单，通过直接谈判即可授标。严格地讲，议标不算一种招标方式，只是一种"谈判合同"，在国际工程承包实际业务中采用较少。

此外，"两阶段招标"（Two-Stage Bidding）、"双信封投标"（Two-Envelop Bidding Procedure）等招标方式也在实践中有所应用。

需要指出的是，资格预审并不是招标过程中的必要程序，不过世界银行、FIDIC 等权威国际组织都推荐使用资格预审程序，试图通过这一程序过滤掉不具备基本条件的投标商，从而避免业主和投标商双方在招标投标阶段的财力物力浪费。

9.1.3　国际招标投标的程序

《FIDIC 合同指南》中推荐使用的招标程序体现了招标投标的国际惯例，包括确定项目策略、资格预审、招标与投标、开标、评标与谈判和授予合同六个部分，如图 9-1～图 9-3所示。

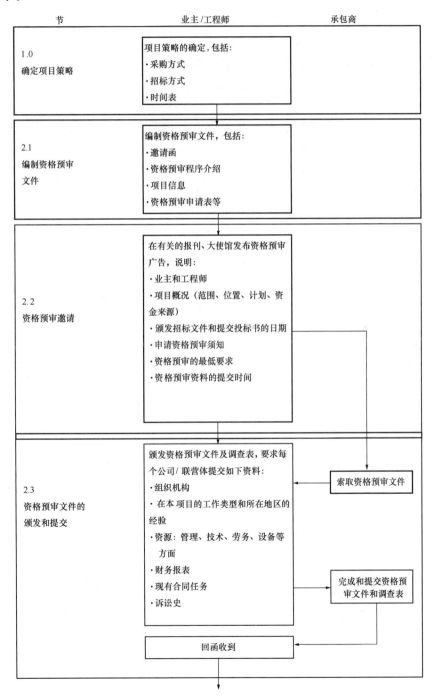

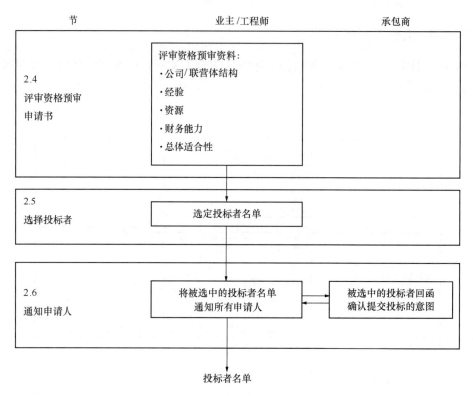

图 9-1　FIDIC 推荐使用的投标者资格预审程序

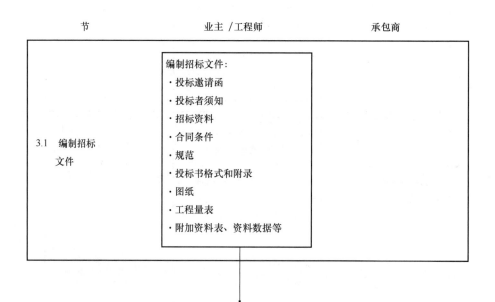

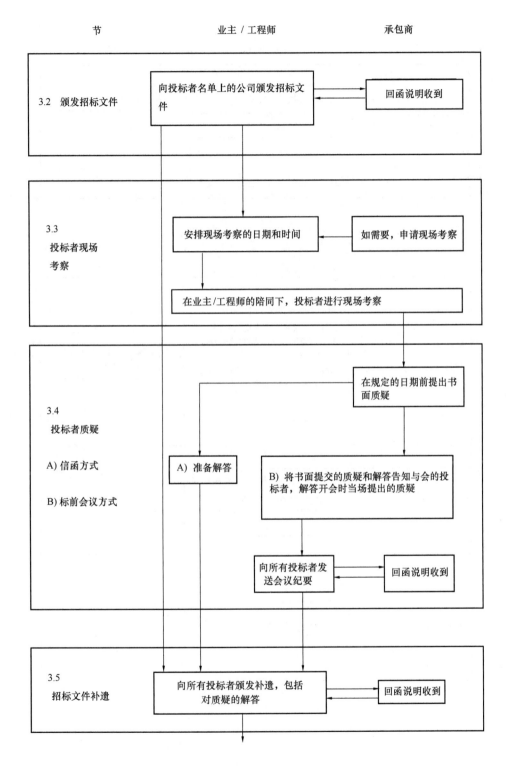

节　　　　　　　业主 / 工程师　　　　承包商

3.2　颁发招标文件

向投标者名单上的公司颁发招标文件 → 回函说明收到

3.3　投标者现场考察

安排现场考察的日期和时间 ← 如需要，申请现场考察

在业主/工程师的陪同下，投标者进行现场考察

3.4　投标者质疑

A) 信函方式

B) 标前会议方式

在规定的日期前提出书面质疑

A) 准备解答

B) 将书面提交的质疑和解答告知与会的投标者，解答开会时当场提出的质疑

向所有投标者发送会议纪要 → 回函说明收到

3.5　招标文件补遗

向所有投标者颁发补遗，包括对质疑的解答 → 回函说明收到

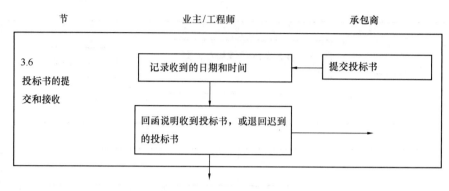

图 9-2　FIDIC 推荐的招标程序

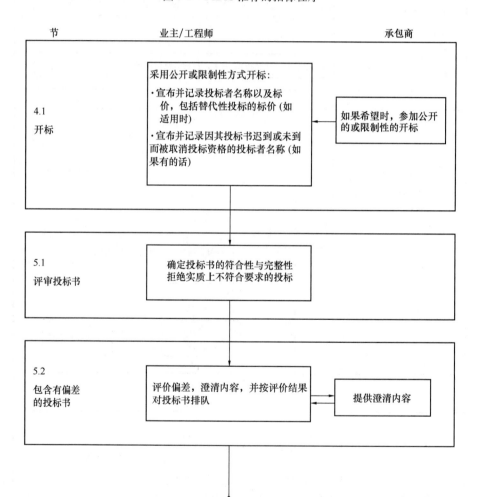

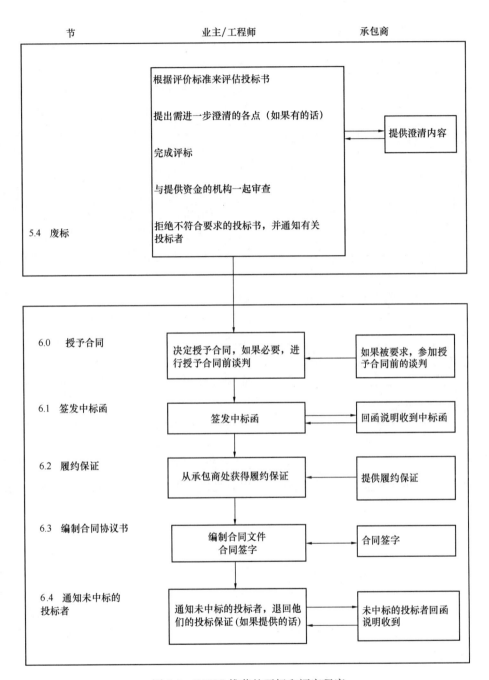

图 9-3 FIDIC 推荐的开标和评审程序

9.2 国际工程投标报价的基本程序

投标报价一般包括估价与报价两个过程。估价指估价师以招标文件中的合同条件、投标者须知、技术规程、设计图纸或工程数量表等为依据，以有关价格条件说明为基础，结合调研和现场考察获得的情况，根据本公司的工料消耗标准和水平、价格资料和费用指

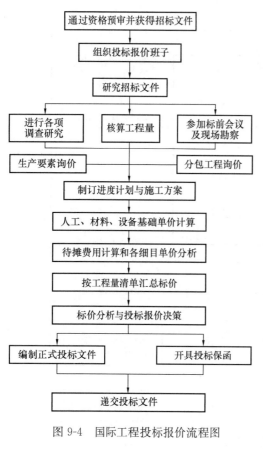

图 9-4　国际工程投标报价流程图

标，对本公司完成招标工程所需要支出的全部费用的估算。其原则是根据本公司的实际情况合理补偿成本，不考虑其他因素，不涉及投标决策问题。报价则是在估价的基础上，考虑本公司在该招标工程上的竞争地位、估价准确程度、风险偏好等因素，从本公司对于该工程的投标策略出发，确定在该工程上的预期利润水平。不难看出，报价实质上是投标决策问题，还要考虑运用适当的投标技巧，与估价的任务和性质是不同的。估价是一个预测工程建设费用的技术过程，而投标是随后基于净造价估算的一个单独商务与管理职能，二者密不可分，准确估价是报价的前提，合理报价是估价的目标。

投标报价作为国际工程投标过程中的关键环节，其工作内容繁多，工作量大，而时间往往十分紧迫，因而必须周密考虑，统筹安排，遵照一定的工作程序，使投标报价工作有条不紊、紧张而有序地进行。投标报价工作在投标人通过资格预审并获得招标文件后开始，其工作程序如图 9-4 所示。本章仅对组织投标报价班子、研究招标文件、进行各项调查研究、参加标前会议和现场勘察、工程量复核、生产要素与分包工程询价、编制施工进度计划和施工方案七个环节进行阐述。

9.2.1　组织投标团队

组织一个业务水平高、经验丰富的投标团队是投标获得成功的基本保证。投标团队的构成随公司的不同和标的项目规模大小不同而各不相同。一般情况下，国际工程投标团队分为标价测算组、商务及翻译组、施工组织设计组和文件组，主要构成人员有估价师和技术工程师，还包括采购工程师、计划工程师、财务人员、合同工程师等。如表 9-1 所示为承包商人员及其在报价编制过程中的作用。

承包商人员及其在报价编制过程中的作用　　　　　　　　　　表 9-1

人　员	人　员　的　作　用
承包商高级管理人员	决定是否参加投标，商谈资金，标价调整
工程估价人员	负责人工、材料、设备基础单价的计算，分摊费用的计算，单价分析和标价汇总
公司内部设计人员	编制替代设计方案
临时工程设计人员	全部临时工程结构、模板工程、脚手架、围堰等
设备经理	对施工设备的适用性和新设备的购置提出建议，分析设备维修费用
现场人员	对施工方法、资源需求和各项施工作业的大概时间提出建议

人　员	人　员　的　作　用
计划人员	编制施工方法说明，按施工进度表配置资源
采购人员	获取材料报价和估算运输费用
法律合同人员	对合同条款和融资提出建议
工程测量员	估算实施项目的工程量
市场人员	寻找未来工程的机会，保证充分了解业主要求，协助估价人员校核资料
财务顾问	同金融机构商谈按最佳条件获取资金，商谈保函事宜
人事部门人员	向估价部门提出有关可用的职员和关键人员的建议，编制人员雇佣条件，协助计算现场监理费用

此外，报价编制过程也有一些外单位人员的参与，其作用如表 9-2 所示。

外单位人员及其在报价编制过程中的作用　　　　　　　　　　　　表 9-2

人　员	人　员　的　作　用
业主的顾问（设计师、工程师、工料测量员）	澄清承包商在详细检查招标条件后提出的疑问
材料供应商	向承包商提交工程所需材料的报价
分包商	向承包商提交指定项目的报价以及详细资料
海运、包装及运输公司	对物资从装运港运至现场提出建议及报价
联营公司	按商定的比例分享利润，进行联合施工以减少承包商的风险
当地代理及当地使馆人员	向估价人员提供工程所在国的有关商务、社会、法律以及地理条件等方面的信息
银行及金融机构	为工程的实施提供资金和保函

9.2.2　研究招标文件

招标文件规定了承包商的职责和权利，承包商在标前会议、现场勘察之前和投标报价期间，均应组织投标报价人员认真细致地阅读招标文件。为进一步制订施工进度计划、施工方案和计算标价，投标人应从以下几个主要方面研究招标文件。

1. 关于合同条件方面

（1）要核准下列准确日期：投标截止日期和时间；投标有效期；招标文件中规定的由合同签订到开工的允许时间；总工期和分阶段验收的工期；缺陷通知期。

（2）关于保函与担保的有关规定：保函或担保的种类、保函额或担保额的要求、保函或担保的有效期等。

（3）关于保险的要求：要搞清楚保险种类，例如工程一切险、第三方责任险、现场人员的人身事故和医疗保险以及社会险等，同时要搞清楚这些险种的最低保险金额、保期和免赔额、索赔次数要求以及对保险公司要求的限制等。

（4）关于误期赔偿费的金额和最高限额的规定；提前竣工奖励的有关规定。

（5）关于付款条件：应搞清是否有预付款及其金额和扣还时间与方法；还要搞清对运抵施工现场的永久设备和成品（直接用到项目中的设备，如门窗、电梯、金属结构、闸门等）及施工材料（如钢材、水泥、木材、沥青等）是否可以获得材料设备预付款；永久设备和材料是否按订货、到港和到工地进行阶段付款；工程进度款的付款方法和付款比例；签发支付证书到付款的时间；拖期付款是否支付利息；扣留保留金的比例、最高限额和退还条件。

（6）关于物价调整条款：要搞清楚该项目是否对材料、设备价格和工资等有调整的规定，其限制条件和调整计算公式如何。

（7）应搞清楚商务条款中有关报价货币和支付货币的规定。

（8）关于税收：是否免税或部分免税等。

（9）关于不可抗力造成损害的补偿办法和规定、中途停工的处理办法和补救措施。

（10）关于争端解决的有关规定。

（11）承包商可能获得补偿的权利方面。要搞清楚招标文件中关于补偿的规定，可以在编制报价的过程中合理地预测风险程度并作正确的估价，如索赔条件等。

2. 关于承包商责任范围和报价要求方面

（1）应当注意合同属于单价合同、总价合同还是成本加酬金合同等，对于不同的合同类型，承包商的责任和风险是不一样的，应根据具体情况分别核算报价。

（2）认真落实需要报价的详细范围，不应有任何含糊不清之处。例如，报价是否包含勘察工作，是否包含施工详图设计，是否包括进场道路和临时水电设施以及永久设备的供货及其范围等。总之，应将工程量清单与投标人须知、合同条件、技术规范、图纸等认真核对，以保证在投标报价中不错报、不漏报。

3. 技术规范和图纸方面

工程技术规范是按工程类型来描述工程技术和工艺的内容和特点，对设备、材料、施工和安装方法等所规定的技术要求，以及对工程质量进行检验、试验和验收所规定的方法和要求。研究工程技术规范，特别要注意研究该规范是参照或采用英国规范、美国规范或是其他国际技术规范，本公司对此技术规范的熟悉程度，有无特殊施工技术要求和有无特殊材料设备技术要求，有关选择代用材料、设备的规定，以便采用相应的定额，计算有特殊要求的项目价格。对于招标文件中的技术规范要特别注意，涉及材料、工艺以及分包商的资格等。

图纸分析要注意平、立、剖面图之间尺寸、位置的一致性，结构图与设备安装图之间的一致性，当发现矛盾之处应及时提请招标人澄清并修正。

9.2.3　进行各项调查研究

开展各项调查研究是标价计算之前的一项重要准备工作，是成功投标报价的基础，主要内容包括以下方面：

1）市场、政治、经济环境调查，主要包括：

（1）工程所在国的政治形势：政局的稳定性、该国与周边国家的关系、该国与我国的关系、政策的开放性与连续性；

（2）工程所在国的经济状况：经济发展情况、金融环境（包括外汇储备、外汇管理、汇率变化、银行服务等）、对外贸易情况、保险公司的情况；

（3）当地的法律法规：需要了解的至少应包括与招标、投标、工程实施有关的法律法规；

（4）项目所在国工程市场的情况：工程市场容量与发展趋势、市场竞争的概况、生产要素（材料、设备、劳务等）的市场供应一般情况。

2）施工现场自然条件调查，主要包括气象资料、水文资料、地质情况、地震等自然灾害情况。

3）现场施工条件调查，主要包括现场的公共基础设施、现场用地范围、地形、地貌、交通、通信、现场"三通一平"情况、附近各种服务设施、当地政府对施工现场管理的一般要求等情况。

4）劳务规定、税费标准和进出口限额调查。工程所在国的劳务规定、税费标准和进出口限额等情况在很大程度上会影响工程的估价，甚至会制约工程的顺利实施。如有些国家禁止劳务输入，因此国外承包商只能派遣公司的管理人员进入该国，而施工所需的工人则必须在当地招募；有些国家为了防止本国工业企业受到冲击，规定国外工程公司在该国施工所使用的机械设备在工程竣工后必须运出该国，不能留在当地，否则要征收高额的进口税，这就使得国外工程公司不得不支出一笔费用将某些一次性折旧的机械设备运出该国，从而导致工程报价的增加。

5）工程项目业主的调查，主要包括本工程的资金来源情况、各项手续是否齐全、业主的工程建设经验、业主的信用水平及监理工程师的情况等。对于业主供材及设备的工程项目，应重点调查业主提供材料的质量标准，准确判断其是否能够满足工程要求。

6）竞争对手的调查，主要包括调查获得本工程投标资格、购买投标文件的公司情况，以及有多少家公司参加了标前会议和现场勘察，从而分析可能参加投标的公司。了解参加投标竞争公司的有关情况，包括规模和实力、技术特长、管理水平、经营状况、在建工程情况以及联营体情况等。

9.2.4　标前会议与现场勘察

1. 标前会议

标前会议是招标人给所有投标人提供的一次答疑机会，有利于加深对招标文件的理解。标前会议是投标人了解业主和竞争对手的最佳时机，应认真准备并积极参加标前会议。在标前会议之前应事先深入研究招标文件，并将研究过程中碰到的各类问题整理为书面文件，寄到招标单位要求给予书面答复，或在标前会议上提出并要求予以解释和澄清。参加标前会议应注意以下内容：

（1）对工程内容范围不清的问题应当提请说明，但不要表示或提出任何修改设计方案的要求。

（2）对招标文件中图纸与技术说明互相矛盾之处，可请求说明应以何者为准，但不要轻易提出修改技术要求。如果自己确实能提出对业主有利的修改方案，可在投标报价时提出，并做出相应的报价供业主选择而不必在会议中提出。

（3）对含糊不清、容易产生歧义理解的合同条件，可以请求给予澄清、解释，但不要提出任何改变合同条件的要求。

（4）投标人应注意提问的技巧，不要批评或否定业主在招标文件中的有关规定，提问的问题应是招标文件中比较明显的错误或疏漏，不要将对己方有利的错误或疏漏提出来，也不要将己方机密的设计方案或施工方案透露给竞争对手，同时要仔细倾听业主和竞争对手的谈话，从中探察他们的态度、经验和管理水平。

2. 现场勘察

现场勘察一般是标前会议的一部分，招标人会组织所有投标人进行现场参观和说明。投标人应准备好现场勘察提纲并积极参加这一活动。参加现场勘察的所有人员应事先认真地研究招标文件中的图纸和技术文件，同时应派有丰富工程施工经验的工程技术人员参加。现场勘察中，除一般性调查外，还应结合工程专业特点有重点地进行勘察。由于能到现场参加勘察的人员毕竟有限，因此可对大型项目进行现场录像，以便回国后给参与投标的全体人员和专家研究。

【例 9-1】某中国公司投标东南亚公路项目，在现场勘察时发现施工现场附近有一条河流，能够提供道路建设所需的大量砂子，并将其体现在报价之中。公司中标后，在施工中发现，该河流的砂子层厚度仅 30cm，其下为石料，因此亏损 100 万美元。

9.2.5 工程量复核

工程量复核不仅是为了便于准确计算投标价格，更是今后在实施工程中测量每项工程量的依据，同时也是安排施工进度计划、选定施工方案的重要依据。招标文件中通常情况下均附有工程量表，投标人应根据图纸，认真核对工程量清单中的各个分项，特别是工程量大的细目，力争做到这些分项中的工程量与实际工程中的施工部位能"对号入座"，数量平衡。如果招标的工程是一个大型项目，而且投标时间又比较短，不能在较短的时间内核算全部工程量，投标人至少也应重点核算那些工程量大和影响较大的子项。当发现遗漏或相差较大时，投标人不能随便改动工程量，仍应按招标文件的要求填报自己的报价，但可另在投标函中适当予以说明。对于单价合同，图纸的工程量复核不用太过细致，但是承包商应仔细研究图纸，确定每一项工程的复杂程度。对于总价合同，必须高度重视工程量复核。

关于工程量表中细目的划分方法和工程量的计算方法，世界各国目前还没有设置统一的规定，通常由工程设计的咨询公司确定。比较常用的是参照英国制定的《建筑工程量计算原则（国际通用）》《建筑工程量标准计算方法》。两者的内容基本是一致的，后者较前者更为详尽和具体。

在核算完全部工程量表中的细目后，投标人可按大项分类汇总工程总量，使对这个工程项目的施工规模有一个全面和清楚的概念，并用以研究采用合适的施工方法和经济适用的施工机具设备。对于一般土建工程项目主要工程量汇总的分类大致如下：建筑面积、土方工程、钢筋混凝土工程、砌筑工程、钢结构工程、门窗工程、木作工程、装修工程、设备及安装工程、管道安装工程、电气安装工程、室外工程。

【例 9-2】阿尔及利亚某超豪华五星级酒店项目是边设计、边招标的工程。投标阶段仅有 18 张建筑方案图和简单的招标文件，采用固定总价合同。标书要求执行欧洲规范或当地规范。中方公司派出施工技术人员对阿进行了实地考察，但由于没有施工图只能凭经验估算工程量。在计算工程量的讨论会上，设计和预算员提出每平方米建筑面积按 $1m^3$ 混凝土考虑，钢筋按每立方米混凝土 80kg 考虑。有援外项目经验的同志提出钢筋按每立方米混凝土 100kg 考虑，有国外监理估价师经验的同志建议钢筋按每立方米混凝土 250kg 考虑。最终设计人员拍板每平方米建筑面积按 $1m^3$ 混凝土计算，钢筋按每立方米混凝土 130kg 考虑。实际结果是，混凝土量与估算量基本吻合，钢筋每立方米混凝土 243kg。造成直接费缺口上百万美元，尽管多方索赔、挖掘潜力，但仍造成了少部分经济损失。

钢筋混凝土的钢筋含量是经验数据，是估价师必须掌握的参数，在匡算工程量、变更索赔中经常使用。如果没有这方面的经验积累，在国外项目的投标报价中就容易造成匡算失误而酿成一定的经济损失。按欧洲规范设计的钢筋混凝土柱、梁、板的钢筋含量分别为

250、300、200kg 左右，约是国内规范下柱、梁、板含量的两倍。

9.2.6　生产要素与分包工程询价

1. 生产要素询价

国际工程项目的价格构成比例中，材料部分会占有约 30％～50％ 的比重。因此，材料价格确定的准确与否直接影响标价中成本的准确性，是影响投标成败的重要因素。生产要素询价主要包括以下四方面：

（1）主要建筑材料的采购渠道、质量、价格、供应方式。

（2）施工机械的采购与租赁渠道、型号、性能、价格以及零配件的供应情况。

（3）当地劳务的技术水平、工作态度与工作效率、雇佣价格与手续。

（4）当地的生活费用指数、食品及生活用品的价格、供应情况。

2. 分包工程询价

分包工程是指总承包商委托另一承包商为其实施部分或全部合同标的的工程。分包商不是总承包商的雇佣人员，其赚取的不只是工资还有利润，分包工程报价的高低，必然对投标报价有一定的影响。因此，总承包商在投标报价前应进行分包询价。国际惯用的分包形式分为业主指定分包和总承包商确定分包两种形式。

确定完分包工作内容后，承包商发出分包询价单，分包询价单实际上与工程招标文件基本一致，一般包括以下内容：

（1）分包工程施工图及技术说明；

（2）详细说明分包工程在总包工程中的进度安排；

（3）提出需要分包商提供服务的时间，以及分包商允诺的这段时间的变化范围，以便日后总包进度计划不可避免发生变动时，可使这种变动的影响尽可能地减小；

（4）说明分包商对分包工程顺利进行应负的责任和应提供的技术措施；

（5）总包商提供的服务设施及分包商到总包现场认可的日期；

（6）分包商应提供的材料合格证明、施工方法及验收标准、验收方式；

（7）分包商必须遵守的现场安全和劳资关系条例；

（8）工程报价及报价日期、报价货币。

上述资料主要来源于招标文件和承包商的施工计划。当收到分包商的报价后，承包商应从分包保函是否完整、核实分项工程的单价、保证措施是否有力、确认工程质量及信誉、分包报价的合理性等方面进行分析。

9.2.7　确定施工进度计划与施工方案

施工进度计划与施工方案的制订可以与前述工作同步进行。招标文件中要求投标人在报价的同时要附上其施工规划（Construction Planning），施工规划内容一般包括施工进度计划、施工方案等。招标人将根据这些资料评价投标人是否采取了充分和合理的措施，保证按期完成工程任务。另外，施工规划对投标人也是十分重要的，因为进度安排是否合理、施工方案选择是否恰当，均与工程成本与报价有密切关系。制定施工规划的依据是设计图纸、技术规范、经过复核的工程量清单、现场施工条件以及开工、竣工日期要求、机械设备来源、劳动力来源等。

1. 工程进度计划

在投标阶段编制的工程进度计划不是工程施工计划，因此可以粗略一些，一般使用横道图表示即可，除招标文件中专门规定必须使用网络图以外，不一定使用网络计划图编制，但至少应当考虑和满足以下一些条件：

（1）总工期应符合招标文件的要求，如果合同条件要求分期、分批竣工交付使用，应标明分期、分批交付的时间和数量。

（2）表示各项主要工程（例如土方工程、基础工程、混凝土结构工程、屋面工程、装修工程和水电安装工程等）的开始和结束时间。

（3）体现主要工序相互衔接的合理安排。

（4）有利于基本上均衡安排劳动力，尽可能避免现场劳动力数量急剧起落，这样可以提高功效和节省临时设施。

（5）有利于充分有效地利用机械设备，减少机械设备占用周期。例如，尽可能将土方工程集中在一定时间内完成，以减少推土机、挖掘机、铲运机等大型机具设备占用周期。这样就可以降低机械设备使用费，或者有利于向外组织分包施工。

（6）便于相应地编制资金流动计划，可以降低流动资金占用量，节省资金利息。

2. 施工方案

制订施工方案要从工期要求、技术可行性、保证质量、降低成本等方面综合考虑，其内容应包括以下几个方面：

（1）根据分类汇总的工程数量和工程进度计划中该类工程的施工周期，以及招标文件的技术要求，选择和确定各项工程的主要施工方法。例如，土方工程的大面积开挖，根据地质水文情况，需降低地下水位施工，是采用井点降水，还是地下截水墙方案。对各种不同施工方法应当从保证完成计划目标、保证工程质量、节约设备费用、降低劳务成本等多方面综合比较，选定最适用的、经济的施工方案。

（2）根据上述各类工程的施工方法，选择相应的机具设备，并计算所需数量和使用周期，研究确定是采购新设备，或调进现有设备，或在当地租赁设备。

（3）研究确定哪些工程由自己施工，哪些分包，提出寻求分包的条件设想，以便询价。

（4）用概略指标估算直接生产劳务数量，考虑其来源及进场时间安排。另外，从所需直接劳务的数量，可参考以往的经验，估算所需间接劳务和管理人员的数量，并可估算生活临时设施的数量和标准等。

（5）用概略指标估算主要建筑材料的需用量，考虑其来源和分批进场的时间安排，从而可以估算现场用于存储、加工的临时设施。如有些构件（如预制混凝土构件等）拟在现场自制，应确定相应的设备、人员和场地面积，并计算自制构件的成本价格。

（6）根据现场设备、高峰人数和一切生产和生活方面的需要，估算现场用水、用电量，确定临时供电和供、排水设施。

（7）考虑外部和内部材料供应的运输方式，估计运输和交通车辆的需要和来源。

（8）考虑其他临时工程的需要和建设方案。例如进场道路、停车场地等。

（9）提出某些特殊条件下保证正常施工的措施。例如，降低地下水位以保证基础或地面以下工程施工的措施；冬期、雨期施工措施等。

（10）其他必须的临时设施安排。例如，现场保卫设施包括临时围墙或围篱、警卫设施、夜间照明、现场临时通信设施等。

9.3　国际工程投标报价的构成及估价方法

9.3.1　国际工程投标报价的构成

国际工程的投标报价是以核算的工程量以及施工方案为依托的，与生产要素的市场价格和公司的劳动生产率有密切的关系，其具体组成应随投标的工程项目内容和招标文件进行划分。为了便于计算工程量清单中各个分项的价格，进而汇总整个工程标价，通常将工程费用分为直接费、待摊费用及其他可单列项的费用，如表9-3所示。待摊费用的概念是工程项目实施所必需的，但在工程量清单中没有单列该项的项目费用，需要将其分摊到工程量清单的各个报价分项中去。国际工程投标报价要准确划分报价项目和待摊费用项目。报价项目就是工程量清单上所列的项目，例如平整场地、土方工程、混凝土工程、钢筋工程等，其具体项目随招标工程内容及招标文件规定的计算方法而异。待摊费用项目不在工程量清单上出现，而是作为报价项目的价格组成因素隐含在每项综合单价之内。

国际工程投标总报价组成　　　　　　　　　　表 9-3

直接费	人工费	
	材料费	
	施工机械费	
待摊费	现场管理费	工作人员费
		生产工人辅助工资
		工资附加费
		办公费
		差旅交通费
		文体宣教费
		固定资产使用费
		国外生活设施使用费
		工具用具使用费
		劳动保护费
		检验试验费
		其他费用
	投标费用	
	临时设施工程费	
	保险费	
	税金	
	保函手续费	
	经营业务费	
	物价上涨费	
	贷款利息	
	总部管理费	
	利润	
	风险费（不可预见费）	
	其他	
	开办费（如有）	
分包工程费	分包报价	
	总包管理费和利润	
	暂定金额（招标人备用金）	

英国皇家特许工料测量师学会（RICS）的《建筑工程量计算原则（国际通用）》的"总则"部分中明确规定，除非另有规定，工程单价中应包括：①人工及其有关费用；②材料货物及其一切有关费用；③机械设备的提供；④临时工程；⑤开办费、管理费及利润。

英国皇家特许建造师学会（CIOB）的《工程估价规程》（Code of Estimating Practice）中投标报价的组成如图9-5所示。

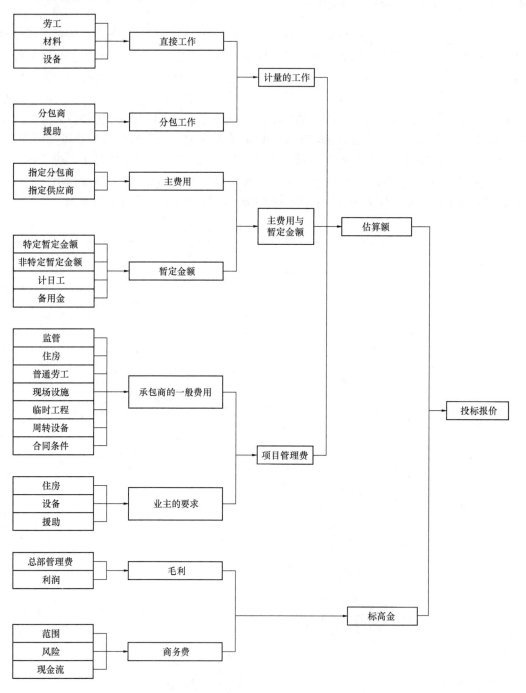

图 9-5　CIOB 投标报价的组成示意图

其中，主费用（Prime cost）是指在工程量清单与规范中由指定分包商承担的工作或供应商供应的货物的那一部分估算费用。主成本由业主的顾问决定并在招标文件中详细说明。在某些情况下，承包商也可能被邀请做某项主成本下的工作。援助（Attendance）是指总承包商提供其人员、设备和/或材料给分包商使用，一般是免费性质的。

9.3.2　人工、材料和施工机械基础单价计算

1. 人工单价的计算

人工单价是指国内派出的工人和工程所在国招募的工人每个工作日的平均工资。一般来说，在分别计算这两类工人的工资单价后，再考虑功效和其他一些有关因素以及人数，加权平均即可算出平均工资单价。

平均工资单价＝国内工人工资单价×国内工人工日占总工日的百分比＋当地工人工资单价×当地工人工日占总工日的百分比

1）国内工人工资单价的计算

我国出国工人工资单价一般不按下式计算：

工人日工资＝一名工人出国期间的费用÷（工作年数×年工作日）

出国期间的费用一般由下列费用组成：

（1）国外岗位工资及派出工人企业收取的管理费。

（2）置装费，指出国人员服装及购置生活用品的费用。

（3）差旅费，包括从出发地到海关的往返旅费和从海关到工程所在地的国际往返差旅费。

（4）国外零用费及艰苦地区补贴。

（5）人身意外保险费和税金。

（6）伙食费，指工人在工程所在国的主副食和水果饮料等费用。一般按规定的食品数量标准，以当地价格计算。

（7）奖金和加班工资。

（8）劳保福利费，指职工在国外的保健津贴费，如洗澡、理发、防暑、降温、医卫、水电费等，按当地具体条件确定。

（9）预涨工资。对于工期较长的投标工程，还应考虑工资上涨的因素，每年的上涨率一般可按 5%～10%估计。

除上述费用之外，有些国家还需要包括按职工人数征收的费用。

2）当地雇佣工人工资单价的确定

雇用当地人员费用包括以下几方面：

（1）日基本工资。

（2）带薪法定假日工资、带薪休假日工资。

（3）夜间施工、冬雨期施工增加的工资。

（4）规定由承包商支付的福利费、所得税和保险费等。

（5）工人招募和解雇费用。

（6）工人上、下班交通费。

此外，如招标文件或当地法令规定，雇主须为当地劳工支付个人所得税、雇员的社会

保险费等个人应纳税金，则也应计入工资单价之内。

2. 材料和工程设备单价的计算

应按当地采购、国内采购和从第三国采购分别确定。在实际工作中，采用哪一种采购方式要根据材料、设备的价格、质量，供货条件及当地有关规定等确定。国外采购物资的特点是供应商多，商业性强，价格差别大。投标者应向多方询价，货比三家，确定自己的材料设备价格。

材料设备的价格受时间和市场供需状态决定，波动很大。价格的构成往往又因为采购供货渠道和交货方式的不同而存在很大的差异。现就当地和国内（第三国）采购两种方式的价格计算方法，分别介绍如下：

（1）当地采购的材料、设备价格计算。如果由当地材料商供货到现场，可直接用材料商的报价作为材料设备价格；如果自行采购，可用下列公式计算：

材料、设备单价＝市场价＋运杂费＋运输保管损耗

（2）国内采购的材料、设备价格计算。可用以下公式计算：

材料、设备单价＝到岸价（CIF价）＋海关税＋港口费＋运杂费＋保管费＋运输保管损耗＋其他费用

在国内发生的部分费用包括以下项目：①原价：即市场采购价。②包装费：包括出厂时的一次包装和运达港口装船前的二次包装费用，根据材料设备所采用的包装方式计价。③国内运输费：包括公路、铁路、内河航运费与装卸费。费用按采购地点运至出口港这段的运费计算。④口岸费：包括港口卸车（船）费、港仓管理费、装卸费等费用标准按货物种类、仓储条件、运输装卸方式不同而异，以港口收费标准计算。⑤海运费：载货船从我国港口出发，抵达项目所在国港口的海上运输费，按货物的不同，以港口收费标准计算，有时由于体积、重量所限，货物需经中转国转船，这时将发生中转装卸费及二段海运费。⑥海运保险费。

在国外发生的部分费用包括以下项目：①进口关税：各国政府收税不统一，需要在现场考察时了解。②港口费：货物运达目的港或中转港之间发生的装卸、占用货位、仓储等费用，按当地规定的费用计算。③水、陆路运费：货物到达目的港后在项目所在国国内发生的水、陆路运费，以当地运费标准计算。④保险费：材料设备转运期间的保险。⑤清关和运输代理佣金。

3. 施工机械台班单价的计算

在国际承包工程施工中，用于施工的机械和重要工器具的费用，工程建成后不构成业主的固定资产，其内容包括基本折旧费、安装拆卸费、燃料动力费、机上人工费、维修保养费以及保险费等，其计算方法分别说明如下：

（1）基本折旧费，可按以下公式计算：

$$基本折旧费＝（机械总值－残值）\times 折旧率$$

机械总值可根据施工方案提出的机械设备清单及其来源确定。

残值是工程结束施工机械设备的残余价值，应按其可用程度和可能的去向考虑确定。除可转移到其他工程上继续使用或运回国内的贵重机械设备外，一般可不计残值。

折旧率，一般按折旧年限不超过五年计算。在工期较长（例如三年以上）的工程上，机械设备可考虑一次报销。

（2）安装拆卸费，可根据施工方案的安排，分别计算各种需拆装的机械设备在施工期间的拆装次数和每次拆装费用的总和。

（3）燃料动力费，按消耗定额乘以当地燃料、电力价格计算。

（4）机上人工费，按每一台机械上应配备的工人数乘以工资单价来确定。

（5）维修保养费，指日常维护保养和中小修理的费用。凡替换部件、工具附件、润滑油料等，均按消耗定额乘以当地价格来确定，人工费按定额工日乘以工资单价来确定，考虑到当地的具体工作条件，定额工日还应确定适当的降效系数。大修理费用一般不须考虑。

（6）保险费，指施工期间机械设备的保险费，其投保额一般为机械设备的重置价值。

台班单价计算方法如下：

台班单价＝（基本折旧费＋安装拆卸费＋维修费＋机械保险费）/总台班数＋机上人工费＋燃料动力费

其中，总台班数根据不同机械可按每年 200～250 台班计取。

由于各种小型机具设备难以在每个单项工程中计算其使用时间，可按照大型机具台班使用费的一定比例计算。

【例 9-3】某新购推土机到港价为 85370 美元，在本工程折旧率为 50%。新购推土机进口手续费、清关、内陆运输、安装拆卸退场等，按设备原值的 5% 计，为 85370×5%＝4268.5 美元。备件及维修二年按 20% 计，为 17074 美元。本工程可能使用台班为 12（月）×25（天/月）×2（班/天）×0.8（使用系数）＝480 台班，故每台班应摊销

$$\frac{42685＋4268.5＋17074}{480} = 133.4 \text{ 美元}$$

另加每台班燃料费 73×0.4×1.2（系数）＝35.04 美元。故本推土机台班使用费为 168.44 美元，或每小时为 21.055 美元（均未计人工工资）。

9.3.3 待摊费

1. 现场管理费

现场管理费是由于施工组织与管理工作而发生的各种费用，涵盖费用项目较多，主要包括下列几方面。

1）工作人员费

包括行政管理人员的国内工资、福利费、差旅费（国内外往返车船机票等）、服装费、卧具费、国外伙食费、国外零用费、人身保险费、奖金、加班费（如实行大礼拜休息制的补休工资等）、探亲及出国前后所需时间内的调遣工资等。如系雇用外国雇员，则包括工资、加班费、津贴（一般包括房租及交通津贴费等）、招聘及解雇费等。

2）生产工人辅助工资

包括非生产工日（如参加工程所在国的活动、因气候影响停工、工伤或病事假、国外短距离调遣等）的工资、夜间施工夜餐费等。

3）工资附加费

在国内系按工资总额提成的职工福利费及工会经费。在国外的福利费已包括在生产工人的工资及工作人员费用开支中,但如其中未包括医药卫生费、水电费等时,则可以列入。在国外一般没有工会经费,如有时,也可列入。此外,实际发生的生活物资运杂费(如由国内或国外采购的生活物资,包括习惯性食品、作料等),其本身物资在伙食费中开支,但其运杂费将近占生活物资费的80%,不宜列入伙食费者,也可列入。

4)办公费

包括行政管理部门的文具、纸张、印刷、账册、报表、邮电、会议、水电、烧水、采暖或空调等费用。

5)差旅交通费

包括国内外因公出差费(其中,包括病员及陪送人员回国机票等路费,临时出国、回国人员路费等)、交通工具使用费、养路费、牌照税等。

6)文体宣教费

包括学习资料、报纸、期刊、图书、电影、电视、录像设备的购置摊销、影片及录像带的租赁费、放映开支(如租用场地、招待费等)、体育设施及文体活动费等。

7)固定资产使用费

包括行政部门使用的房屋、设备、仪器、机动交通车辆等的折旧摊销、维修、租赁费、房地产税等。

8)国外生活设施使用费

包括厨房设备(如电冰箱、电冰柜、灶具等)、由个人保管使用的食具、食堂家具、洗碗用热水器、洗涤盆、职工日常生活用的洗衣机、缝纫机、电熨斗、理发用具、职工宿舍内的家具、开水、洗澡等设备的购置费及摊销、维修等。

9)工具用具使用费

包括除中小型机械和模板以外的零星机具、工具、卡具,人力运输车辆,办公用的家具、器具、计算机、消防器材和办公环境的遮光、照明、计时、清洁等低值易耗品的购置、摊销、维修,生产工人自备工具的补助费和运杂费等。

10)劳动保护费

包括安全技术设备,用具的购置、摊销、维修费,发给职工个人保管使用的劳动保护用品的购置费,防暑降温费,对有害健康作业者(如沥青等)发给的保健津贴、营养品等费用。

11)检验试验费

包括材料,半成品的检验、鉴定、试压、技术革新研究、试验、定额测定等费用。

12)其他费用

包括零星现场的图纸、摄影、现场材料保管等费用。

2. 其他待摊费用

其他待摊费用包括以下几方面。

1)投标费用

包括购买招标文件费用、投标期间差旅费、投标文件编制费、咨询费和礼品费等。投标费用在确定标价时大多已发生,可据实计算。

2)临时设施工程费

包括生活用房、生产用房和室外工程等临时房屋的建设费，施工临时供水、供电、通信等设施费用。有的招标文件将一些临时设施作为独立的工程分列入工程量清单，则应按要求单独报价，这对承包商是有利的，可以较早得到这些设施的进度支付。

3）保险费

承包工程中的保险项一般有工程保险、第三方责任险、雇员的人身意外保险、施工机械设备保险、材料设备运输保险等，其中后三项保险费已分别计入人工、材料、施工机械的单价，此处不再考虑。关于投保的公司，有的国家明确规定向政府指定的保险公司投保，也有的国家规定，允许选择较优惠的保险公司承保。

（1）工程保险

指工程建设和维护期间，因发生自然灾害或意外事故所造成的物质损失所得到的赔偿。中国人民保险公司一般将工程保险分为建筑工程保险和安装工程保险，根据工程性质和资金分配的大小投保其中一项。一般保险费率约为工程总造价的 $0.2\%\sim0.4\%$。

（2）第三方责任险

指在进行工程建设和执行合同时造成第三者的财产损失和人身意外伤害事故，为免除责任而投保的险种。在招标文件中均规定了承包商必须投保第三者责任险及投最低金额，有的招标文件规定不得少于合同总价的 1%，有的则列出具体金额。

4）税金

不同国家对外国企业课税的项目和税率有很大差别，常见的课税项目包括合同税、所得税、销售税（营业税）、产业税、社会福利税、社会安全税、养路费及车辆牌照税、地方政府开征的特种税、印花税等。如关税、转口税、过境税等可列入设备及器材价格内。所得税一项，凡属于工资的所得部分，当地工人已包括在工资内，可不再计列。中国工人的工资，如缴纳所得税，则应计入工资中。由于各个国家关于税收的规定不一，在考虑税金时务必调查清楚工程所在国的相关规定。

5）保函手续费

包括投标保函、履约保函、预付款保函、维修保函等，可按估计的各项保证金数额乘以银行保函年费率，再乘以各种保函有效期（以年计）即可。

6）经营业务费

包括为监理工程师在现场工作和生活而开支的费用（如监理工程师的办公室、交通车辆等）以及有关的加班工资，为争取中标或加快收取工程款的代理人佣金、法律顾问费、广告宣传费、考察联络费、业务资料费、咨询费、礼品费、宴请及投标期间开支的费用（包括购买资格预审文件、招标文件、投标期间的差旅费、投标文件编制费等）。

7）物价上涨费

指在合同实施期内，物价上涨所需调价费，根据国际市场价格动态分析与主要工程承包国历年价格指数，一般正常情况下，人工费年增长率为 $5\%\sim10\%$；材料和设备上涨率为 $7\%\sim10\%$左右。

8）贷款利息

指承包商为启动和实施工程常常需要先垫付一笔流动资金，以补充工程预付款的不足，这笔资金大部分是承包商从银行借贷的。因此，应将流动资金的利息计入工程报价中。

贷款的数量和期限，由工程进度、工程量、劳动力的来源和工资水平等因素确定，很难提出一个额度。但可考虑如下情况：

（1）尽可能增加在国内采购的设备材料及工资等开支的比重，用国内贷款解决，以减少外汇支出。

（2）安排好国外采购及工资，均匀借贷，少付利息。

（3）借贷的金额随工程进度而异，开工前借支较多，但随着工程的推进，业主付给的工程款越来越多，供支比重不断下降，承包者应争取尽早停止并归还贷款。

9）总部管理费

是指上级管理部门或公司总部对现场施工项目经理部收取的管理费。

10）利润

可按工程总价的某一个百分数计取。

11）风险费

指工程承包过程中由于各种不可预见的风险因素发生而增加的费用。通常由投标人经过对具体工程项目的风险因素分析之后，确定一个比较合理的工程总价的百分数作为风险费率。

12）其他待摊费用

如在交钥匙工程中或 EPC、BOT 等总承包一类工程项目中经常出现规划、设计项目，有时可单独列勘察设计费。

9.3.4　开办费

开办费（或称初级费用）指正式开工之前的各项现场准备工作所需的费用。国际工程中的开办费类似于国内清单报价中的措施费，一般是根据英国的 SMM7 编制，比国内的措施费要详细得多。开办费一般包括以下内容：现场勘察费、现场清理费、进场临时道路费、业主代表和现场工程师设施费、现场试验设施费、施工用水电费、施工机械费、脚手架及小型工具费、承包商临时设施费、现场保卫设施和安装费用、职工交通费和其他杂项等。如果招标文件没有规定单列，则所有开办费都应与其他管理费用一起摊入到工程量表的各计价分项价格中。开办费单列或者摊入工程量其他分项价格中，应根据招标文件的规定办理。

9.3.5　暂定金额

暂定金额（Provisional Sums）是业主在招标文件中明确规定了数额的一笔资金，标明用于工程施工，或供应货物与材料，或提供服务，或以应付意外情况，亦称待定金额或备用金。每个承包商在投标报价时均应将此暂定金额数计入工程总报价，但承包商无权做主使用此金额，这些项目的费用将按照业主工程师的指示与决定，或全部使用，或部分使用，或全部不予动用。

9.3.6　分包工程费

分包工程费一般包括分包工程报价、总包管理费和利润。

9.3.7 分项工程的单价分析与标价汇总

分项工程单价也叫工程量单价，指工程量清单上所列项目的单价，例如基槽开挖、钢筋混凝土梁、柱等。分项工程单价的估算是工程估价中最重要的基础工作。分项工程单价通常为综合单价，包括直接费、待摊费（施工管理费等）和利润等。

单价分析（Breakdown of Prices）就是对工程量清单中所列分项单价进行分析和计算，确定出每一分项的单价和合价。单价分析之前，应首先计算出工程中拟使用的劳务、材料、施工机械的基础单价，还要选择好适用的工程定额，然后对工程量清单中每一个分项进行分析与计算。单价分析通常列表进行，如表9-4所示为某分项工程单价分析表，下面说明单价分析的方法与步骤。

单价分析表示例 表 9-4

工程量表中分项编号	316	工程内容：水泥混凝土路面		单位：m³	数量：74115
序号	工料内容	单位	基价（美元）	定额消耗量	单位工程量计价（美元）	本分项计价（万美元）
1	2	3	4	5	6	7
Ⅰ	材料费					
1-1	水泥	t	74.60	0.338	25.21	
1-2	碎石	m³	6.00	0.890	5.34	
1-3	砂	m³	4.50	0.540	2.43	
1-4	沥青	kg	0.21	1.0	0.21	
1-5	木材	m³	400	0.00212	0.85	
1-6	水	t	0.05	1.18	0.06	
1-7	零星材料	—	—	—	1.70	
	小计				35.80	
	乘以上涨系数1.12后材料价				40.10	497.2.12
Ⅱ	劳务费					
2-1	机械操作手	工日	10.4	0.41	4.26	
2-2	一般熟练工	工日	7.8	0.62	4.84	
	劳务费小计				9.10	67.4447
Ⅲ	机械使用费					
9-1	混凝土搅拌站	台班	190	0.0052	0.99	
9-2	混凝土搅拌车	台班	100	0.01	1.00	
	小计				1.99	
	小型机具费				0.10	15.49
	机械费合计				2.09	
Ⅳ	直接费用（Ⅰ＋Ⅱ＋Ⅲ）				51.29	
Ⅴ	分摊管理费		33.64%		17.25	127.8484

续表

工程量表中 分项编号	316		工程内容: 水泥混凝土路面		单位: m³	数量: 74115
序号	工料内容	单位	基价 (美元)	定额消耗量	单位工程量计价 (美元)	本分项计价 (万美元)
Ⅵ	计算单价				68.54	
Ⅶ	考虑降价系数(暂不计)					
	拟填入工程量计价单中的单价　　　68.54 美元/m³					
	本分项总价 68.54×7.4115＝507.9842 万美元					

1. 计算分项工程的单位工程量直接费 a

a 的计算公式如下:

$$a = a_1 + a_2 + a_3 \tag{9-1}$$

式中　a_1——单位工程量劳务费;

　　　a_2——单位工程量的材料费;

　　　a_3——单位工程量施工机械使用费。

本分项工程直接费

$$A = 本分项工程的单位工程量直接费 a × 本分项工程量 Q \tag{9-2}$$

分项工程直接费常用的估价方法有定额估价法、作业估价法和匡算估价法等。

使用定额估价法时,应具备较正确的工效、材料、机械台班的消耗定额以及人工、材料和机械台班的使用单价。一般拥有较可靠定额标准的企业,定额估价法应用得较为广泛。各种材料、劳务、施工机械的单位工程量计价,均由基价乘以定额消耗量之积算出。材料费应根据市场行情预测考虑物价上涨系数,人工费可事先在工人工资计算中考虑工资上涨系数。应用定额估价法是以定额消耗标准为依据,并不考虑作业的持续时间,因此当机械设备所占比重较大,适用均衡性较差,机械设备搁置时间过长而使其费用增大,而这种机械搁置又无法在定额估价中给予恰当的考虑时,这时采用作业估价法进行计算更为合适。

作业估价法是先估算出总工作量、分项工程的作业时间和正常条件下劳动人员、施工机械的配备,然后计算出各项作业持续时间内的人工和机械费用。为保证估价的正确和合理性,作业估价法应包括:制订施工计划,计算各项作业的资源费用等。这种方法应用相当普遍,尤其是在那些广泛使用网络计划方法编制施工作业计划的企业中。

匡算估价法指估价师可以根据以往的实际经验或有关资料,直接估算出分项工程中人工、材料的消耗定额,从而估算出分项工程的直接费单价。采用这种方法,估价师的实际经验直接决定了估价的正确程度。因此,往往适用于工程量不大,所占费用比例较小的那部分分项工程。

2. 求整个工程项目的直接费

整个工程项目的直接费等于所有分项工程直接费之和,以 ΣA 表示。

3. 整个工程项目总间接费 ΣB

ΣB 应包含一个工程项目所有待摊费、分包费和开办费(如有时),即将上面所列举的各项费用分别计算，然后求出总和。

4. 计算分摊系数 β 和本分项工程分摊费 B

分摊系数等于整个工程项目的待摊费用之和除以所有分项的直接费之和。根据企业的经验数据库也可测算出分摊系数 β。

$$\beta = \frac{\sum B}{\sum A} \times 100\%$$ (9-3)

其中，本分项工程分摊费

$$B = 本分项工程直接费用 A \times 分摊系数 \beta$$ (9-4)

本分项工程的单位工程量分摊费

$$b = 本分项工程的单位工程量直接费 a \times 分摊系数 \beta$$ (9-5)

5. 计算本分项工程的单价 U 和合价 S

本分项工程单价

$$U = a \times (1 + \beta)$$ (9-6)

即

$U =$ 本分项工程的单位工程量直接费 $a +$ 本分项工程的单位工程量分摊费 b

$\quad =$ 本分项工程的单位工程量直接费 $a \times (1 +$ 分摊系数 $\beta)$

本分项工程合价

$$S = 本分项工程单价 U \times 本分项工程量 Q$$

$$\quad = 本分项工程直接费 A + 本分项工程分摊费 B$$ (9-7)

6. 标价汇总

将工程量清单中所有分项工程的合价汇总，即可算出工程的计算标价。其计算公式如下：

$$总标价 = 分项工程合价 + 分包工程总价 + 暂定金额$$ (9-8)

关于单价分析还应特别加以说明：有的招标文件要求投标人对部分项目要递交单价分析表，而一般招标文件不要求递交单价分析表。但是对于投标人自己来说，除了非常有经验和有把握的分项之外，都应进行单价分析，使投标报价建立在有充分依据、计算较为准确的基础上。

9.4 国际工程投标报价的分析与调整

国际工程投标报价的组成实质上包括两部分：直接成本估算价和标高金。直接成本估价包括所有直接费、开办费、分包工程费和一部分待摊费。标高金包括总部管理费、利润和风险费。投标报价的成功取决于两个因素，一是直接成本价的准确程度分析，准确度分析的目的是使投标总价格中反映的各项费用保证中标后都完全符合实际成本，减少项目管理过程中的风险；二是标高金的合理设置，既不会因为过高而落选，又不会中标后丧失利润。在计算出分项工程完全单价，编出单价汇总表后，在工程估价人员算出暂时标价的基础上，应对其进行全面的评估与分析，探讨投标报价的经济合理性，从而作出最终报价决策。

9.4.1 国际工程投标报价的对比分析

标价的对比分析是依据在长期的工程实践中积累的大量的经验数据，用类比的方法，从宏观上判断初步计算标价的合理性。对比分析的重点是工程直接费用，包括开办费、机械费、主要材料费和主要工程项目分包费用等。

1）分项统计计算书中的汇总数据，并计算其占标价的比例指标。

以一般房屋建筑工程为例，介绍汇总数据的统计内容。

（1）统计建筑总面积与各单项建筑物面积。

（2）统计材料费总价及各主要材料数量和分类总价；计算单位面积的总材料费用指标及各主要材料消耗指标和费用指标；计算材料费占标价的比重。

（3）统计总劳务费及主要生产工人、辅助工人和管理人员的数量；算出单位建筑面积的用工数和劳务费；算出按规定工期完成工程时，生产工人和全员的平均人月产值和人年产值；计算劳务费占总标价的比重。

（4）统计临时工程费用、机械设备使用费及模板、脚手架和工具等费用，计算它们占总标价的比重。

（5）统计各类管理费用，计算它们占总标价的比重；特别是利润、贷款利息的总数和所占比例。

（6）统计分包工程的总价，并计算其占总标价中直接费用的比例。

2）通过对上述各类指标及其比例关系的分析，从宏观上分析标价结构的合理性。

例如，分析总直接费和总管理费的比例关系，劳务费和材料费的比例关系，临时设施和机具设备费与总的直接费用的比例关系，利润、流动资金及其利息与总标价的比例关系等。实施过类似工程的有经验的承包商不难从这些比例关系中判断出标价的构成是否基本合理。如果发现有不合理的部分，应当初步探讨其原因。首先研究本工程与其他类似工程是否存在某些不可比因素，如果考虑了不可比因素的影响后，仍存在不合理的情况，就应当深入探讨其原因，并考虑调整某些基价、定额或分摊系数。

3）探讨上述平均人月产值和人年产值的合理性和实现的可能性。如果从本公司的实践经验角度判断这些指标过高或过低，就应当考虑所采用定额的合理性。

4）参照同类工程的经验，扣除不可比因素后，分析单位工程价格及用工、用料量的合理性。

5）从上述宏观分析得出初步印象后，对明显不合理的标价构成部分进行微观方面的分析检查。重点是在提高工效、改变施工方案、降低材料设备价格和节约管理费用等方面提出可行措施，并修正初步计算标价。

9.4.2　国际工程投标报价的动态分析

标价的动态分析是假定某些因素发生变化，测算标价的变化幅度，特别是这些变化对目标利润的影响。该项分析类似于项目投资的敏感性分析，主要考虑工期延误、物价和工资上涨以及其他可变因素的影响，通过对于各项价格构成因素的浮动幅度进行综合分析，从而为选定投标报价的浮动方向和浮动幅度提供一个科学的、符合客观实际的范围，并为盈亏分析提供量化依据，明确投标项目预期利润的受影响水平。

1. 工期延误的影响

由于承包商自身的原因，如材料设备交货拖延、管理不善造成工程延误、质量问题造成返工等，承包商可能会增大管理费、劳务费、机械使用费以及占用的资金及利息，这些费用的增加不可能通过索赔得到补偿，而且还会导致误期罚款。一般情况下，可以测算工期延长单位时间，上述各种费用增大的数额及其占总标价的比率。这种增大的开支部分只能用风险费和计划利润来弥补。因此，可以通过多次测算得知工期拖延多久，利润将全部丧失。

2. 物价和工资上涨的影响

通过调整标价计算中材料设备和工资的上涨系数，测算其对工程目标利润的影响。同时，切实调查工程物资和工资的升降趋势和幅度，以便作出恰当判断。通过这一分析，可以得知目标利润对物价和工资上涨因素的承受能力。

3. 其他可变因素的影响

影响标价的可变因素很多，而有些是投标人无法控制的，如汇率、贷款利率的变化、政策法规的变化等。通过分析这些可变因素，可以了解投标项目目标利润的受影响程度。

9.4.3 国际工程投标报价的盈亏分析

盈亏分析就是对盈亏进行预测，目的是使投标班子对标价心中有数，以便作出报价决策。经盈亏分析，提出可能的低标价和可能的高标价以供决策。虽然这种预测不一定十分准确，但毕竟要比凭个人主观愿望而盲目压价或层层加码更具科学性。盈亏预测可从盈余分析和亏损分析两方面着手。

1. 盈余分析

盈余分析是从标价组成的各个方面挖掘潜力、节约开支，计算出基础标价可能降低的数额，即所谓"挖潜盈余"进而算出低标价。盈余分析主要从下列几个方面进行。

1）定额和效率分析

即工料、机械台班（时）消耗量定额与人工、机械效率的分析。

（1）用工量：从若干大项的分部工程（如钢筋混凝土主体结构、砌体、地面、粉饰等）的用工量进行分析。

（2）材料用量：对损耗量大的材料，如玻璃、砖、砌块、铺地或墙面材料等是否可节约损耗量。模板和脚手架周转性材料，是否可能增加周转次数，减少配料量。

（3）机械台班（时）量：主要检查原来确定的实施方案中有关机械的作业计划，机械的使用是否集中、紧凑，能否加强一次性连续施工和工序间的衔接，以进一步合理降低机械台班的消耗量和停滞时间，缩短机械的台班（时）量或整个机械在该工程中的占用时间。

2）价格分析

（1）劳动力价格：从价格、效率等方面比较，雇用国内工人经济还是雇用外国工人经济。

（2）材料、设备价格：对影响标价较大的主要材料和设备，可重新核实原来确定的价格是否还有潜力。

（3）机械台班（时）价格：可将自己的定价与租赁价格进行比较，另外在节约燃料、动力消耗量上也可采取措施。

3）费用分析

如对管理费率逐项核算有无偏高而可降低者，临时设施费的面积、作价、回收是否有降低可能，以及开办费中，如业主工程师办公室及生活设施、施工用水、用电等，均可重新核实有无潜力等。

4）其他方面

如保证金、保险费、贷款利息、维修费、外汇作价以及利用外汇资金等方面。

经过上述分析，复核得出总的估计盈余总额，但要考虑实际上并不可能百分之百地实现，所以须乘以一定的修正系数（一般取 0.5～0.7），据以测出可能的低标价。即

$$低标价＝基础标价－估计盈余×修正系数$$

2. 亏损（风险）分析

亏损分析是分析在计算标价时，由于对未来施工过程中可能出现的不利因素（如质量问题、施工延期等因素）考虑不周或估计不足，可能产生的费用增加和损失进行预测，主要有以下几个方面：

（1）工资：如雇佣的当地工人与我方发生劳资纠纷，要求提高工资、增加津贴、消极怠工、工效低下，发生工资亏损。

（2）材料、设备价格：遇有订货不能按时到货，不得已采购价格较贵的材料、设备。

（3）延期罚款和保修期出现质量问题增加维修费用。

（4）估价失误：如进（转）口材料、设备漏算关税，低估开办费等。

（5）业主或驻地工程师刁难而增加的损失，不按时付款而增加的贷款利息等。

（6）不熟悉当地法规、手续所发生的罚款、赔偿等。

（7）地质、气候特殊而可能发生的损失。

（8）管理不善造成的损失或丢失材料、零件等。

（9）管理费控制不严造成超支等。

以上亏损估计总额同样也要乘以修正系数 0.5～0.7。并据此求出可能的高标价，即：

$$高标价＝基础标价＋估价亏损×修正系数$$

9.4.4　国际工程投标报价的调整——报价技巧

投标报价的技巧（Know-how）指在投标报价中采用适当的方法，在保证中标的前提下，尽可能多地获得更多的利润。报价技巧是国际工程公司在长期的工程实践中总结而来的，具有一定的局限性，不可照抄照搬，应根据不同国家、不同地区、不同项目的实际情况灵活运用，要坚持"双赢"甚至"多赢"的原则，诚信经营，从而提升公司的核心竞争力，实现可持续的发展。

1. 根据招标项目的不同特点采用不同报价

国际工程投标报价时，既要考虑自身的优势和劣势，也要分析招标项目的特点。按照工程项目的不同特点、类别、施工条件等来选择报价策略。

1）报价可高一些的情况

（1）施工条件差的工程；

（2）专业要求高的技术密集型工程，而本公司在这方面有专长，声望也较高；

（3）总价低的小工程以及自己不愿做、又不方便不投标的工程；

（4）特殊的工程，如港口码头、地下开挖工程等；

（5）工期要求急的工程；

（6）投标对手少的工程；

（7）支付条件不理想的工程。

2）报价可低一些的情况

（1）施工条件好的工程；

（2）工作简单、工程量大而一般公司都可以做的工程；

（3）本公司目前急于打入某一市场、某一地区，或在该地区面临工程结束，机械设备等无工地转移时；

（4）本公司在附近有工程，而本项目又可利用该工地的设备、劳务，或有条件短期内突击完成的工程；

（5）投标对手多，竞争激烈的工程；

（6）非急需工程；

（7）支付条件好的工程。

2. 适当运用不平衡报价法

不平衡报价法（Unbalanced bids）也叫前重后轻法（Front loaded）。不平衡报价是指一个工程项目的投标报价，在总价基本确定后，如何调整内部各个项目的报价，以期既不提高总价从而影响中标，又能在结算时得到更理想的经济效益。一般可以在以下几个方面考虑采用不平衡报价法。

（1）能够早日收款的项目（如开办费、土石方工程、基础工程等）可以报得高一些，以利资金周转，后期工程项目（如机电设备安装工程、装饰工程等）可适当降低。

（2）经过工程量核算，预计今后工程量会增加的项目，单价适当提高，这样在最终结算时可多赚钱，而将工程量可能减少的项目单价降低，工程结算时损失不大。

但是上述（1）、（2）两点要统筹考虑，针对工程量有错误的早期工程，如果不可能完成工程量表中的数量，则不能盲目抬高报价，要具体分析后再定。

（3）设计图纸不明确，估计修改后工程量要增加的，可以提高单价，而工程内容说不清的，则可降低一些单价。

（4）暂定项目（Optional Items）。暂定项目又叫任意项目，对这类项目要具体分析，因这一类项目要开工后再由业主研究决定是否实施，由哪一家承包商实施。因此，如果工程不分标，只由一家承包商施工，则其中肯定要做的单价可高一些，不一定做的则应低一些。如果工程分标，该暂定项目也可能由其他承包商实施时，则不宜报高价，以免抬高总价。

（5）在单价包干混合制合同中，有些项目业主要求采用包干报价时，宜报高价。一则这类项目多半有风险，二则这类项目在完成后可全部按报价结账，即可以全部结算回来，而其余单价项目则可适当降低。

但是不平衡报价一定要建立在对工程量表中工程量仔细核对分析的基础上，特别是对报低价的项目，如工程量执行时增多将造成承包商的重大损失。另外，一定要控制在合理幅度内（一般可以在10%左右），以免引起业主反对，甚至导致废标。如果不注意这一点，有时业主会挑选出报价过高的项目，要求投标者进行单价分析，而围绕单价分析中过高的内容进行压价，以致承包商得不偿失。

3. 注意计日工的报价

如果是单纯对计日工报价，可以报高一些，以便在日后业主用工或使用机械时可以多盈利。但如果招标文件中有一个假定的"名义工程量"时，则需要具体分析是否报高价，以免提高总报价。总之，要分析业主在开工后可能使用的计日工数量确定报价方针。

4. 适当运用多方案报价法

对一些招标文件，如果发现工程范围不很明确，条款不清楚或很不公正，或技术规范要求过于苛刻时，可在充分估计投标风险的基础上，按多方案报价法处理。即是按原招标文件报一个价，然后再提出："如某条款（如某规范规定）作某些变动，报价可降低多少……"，报一个较低的价。这样可以降低总价，吸引业主。或是对某些部分工程提出按"成本补偿合同"方式处理。其余部分报一个总价。

5. 适当运用"建议方案"报价

有时招标文件中规定，可以提出建议方案（Alternatives），即可以修改原设计方案，提出投标者的方案。投标者这时应组织一批有经验的设计和施工工程师，对原招标文件的设计和施工方案仔细研究，提出更合理的方案以吸引业主，促成自己的方案中标。这种新的建议方案一般要求能够降低总造价或提前竣工或使工程运用更合理。但对原招标方案一定要报价，以供业主比较。增加建议方案时，不要将方案写得太具体，保留方案的技术关键，防止业主将此方案交给其他承包商，同时要强调的是，建议方案一定要比较成熟，或过去有这方面的实践经验。由于投标时间不长，如果仅为中标而匆忙提出一些没有把握的建议方案，可能会引起很多后患。

6. 适当运用突然降价法

报价是一件保密性很强的工作，但是对手往往通过各种渠道、手段来刺探情况，因此在报价时可以采取迷惑对方的手法。即先按一般情况报价或表现出自己对该工程兴趣不大，而到快投标截止时，再突然降价。采用这种方法时，一定要在准备投标报价的过程中考虑好降价的幅度，在临近投标截止日期前，根据情报信息与分析判断，再作最后决策。此外，如果由于采用突然降价法而中标，因为开标只降总价，那么就可以在签订合同后可采用不平衡报价的思想调整工程量表内的各项单价或价格，以期取得更高收益。日本大成公司在鲁布格工程投标时采用此策略。

7. 注意暂定工程量的报价

暂定工程量有三种：一种是业主规定了暂定工程量的分项内容和暂定总价款，并规定所有投标人都必须在总报价中加入这笔固定金额，但由于分项工程量不很准确，允许将来按投标人所报单价和实际完成的工程量付款；另一种是业主列出了暂定工程量的项目和数量，但并没有限制这些工程量的估价总价款，要求投标人既列出单价，也应按暂定项目的数量计算总价，当将来结算付款时可按实际完成的工程量和所报单价支付；第三种是只有暂定工程的一笔固定总金额，将来这笔金额做什么用，由业主确定。第一种情况由于暂定总价款是固定的，对各投标人的总报价水平竞争力没有任何影响，因此投标时应当对暂定工程量的单价适当提高，这样既不会因今后工程量变更而吃亏，也不会削弱投标报价的竞争力。第二种情况时投标人必须慎重考虑。如果单价定高了，同其他工程量计价一样，将会增大总报价，影响投标报价的竞争力；如果单价定低了，将来这类工程量一旦增大，将会影响收益。一般来说，这类工程量可以采用正常价格。如果承包商估计今后实际工程量肯定会增大，则可适当提高单价，使将来可增加额外收益。第三种情况对投标竞争没有实际意义，按招标文件要求将规定的暂定款列入总报价即可。

8. 注意分包商报价的采用

由于现代工程的综合性和复杂性，总承包商不可能将全部工程内容完全独家包揽，特别是有些专业性较强的工程内容，需要分包给其他专业工程公司施工，另外还有些招标项目，业主规定某些工程内容必须由他指定的几家分包商承担。因此，总承包商通常应在投标前先取得分包商的报价，并增加总承包商摊入的一定的管理费，而后作为自己投标总价的一个组成部分一并列入报价单中。应当注意，分包商在投标前可能同意接受总承包商压低起报价的要求，但等到总承包商得标后，他们常以种种理由要求提高分包价格，这将使总承包商处于十分被动的地位。解决的办法是，总承包商在投标前找两三家分包商分别报价，而后选择其中一家信誉较好、实力较强和报价合理的分包商签订协议，同意该分包商作为本分包工程的唯一合作者，并将分包商的姓名列到投标文件中，但要求该分包商相应地提交投标保函。如果该分包商认为这家总承包商确实有可能得标，他也许愿意接受这一条件。这种把分报商的利益同投标人捆在一起的做法，不但可以防止分包商事后反悔或涨价，还可能迫使分包商报出较合理的价格，以便共同争取中标。

9. 注意多期工程项目的报价

若投标的项目为多期，还有后续招标，在报价时可以降低利润指标，甚至零利润投标，通过做第一期工程与业主建立良好的关系。在投标二期项目时，凭借一期的经验、临时设施和创立的信誉，容易获得第二期工程。

10. 联合保标法

若同一项目有若干有实力的承包商共同投标，为了避免恶性竞争，可以采用联合起来保标的做法：一家投标价格较低，其他承包商投较高价格，投低标的承包商中标后，将部分工作分包给其他承包商或今后轮流相互保标。这种做法虽然在国际上很常见，但若被业主发现，就会被取消投标资格，有时甚至是违法。

"运用之妙，存乎一心"，国际承包商均掌握同样的投标技巧，但却有的中标，有的失败，可见投标技巧的应用是一项非常艺术的活动，既需要准确地计算，又需要冷静地判断，从而在国际工程市场上"百战百胜"。

9.5　国际工程投标报价的决策

所谓投标报价决策，就是标价经过上述一系列的计算、评估和分析后，由决策人应用有关决策理论和方法，根据自己的经验和判断，从既有利于中标而又能盈利这一基本目标出发，最后决定投标的具体报价。投标报价的决策由管理层负责作出决定，通常采取审议会议的形式进行。

9.5.1　国际工程投标报价决策的影响因素

美国斯坦福大学的 Boyd C. Paulson. Jr. 教授提出影响招标决策的典型因素包括：企业的目标和现有能力（成长计划、工程类型、市场条件），工程项目位置，投标时间和地点，如何获得设计图和规范，法定的和其他官方要求，工程特定范围，资源比较，决策。

Abdel-Razek 及 Harris and McCaffer 对影响投标成功的因素进行了深入的研究，认为下列因素对投标成功十分关键：成本估算的准确性、期望利润、市场条件、竞争程度、公司的实力与规模。此外，在投标报价决策时，还应考虑风险偏好的影响。

1. 成本估算的准确性

成本估算的准确度如何，直接影响到公司领导层的决策。在估算标价时，需要投标报价班子作出许多定量和定性的评估，这些评估可以依据已有记录的数据、经验、主要的市场条件和大量的其他因素。很明显，不同的估价人员对这些因素的权衡也各不相同。因此，对于特定的一项工程往往会有许多种估价。Abdel-Razek（1987）曾提出成本估算的综合误差水平是七项因素的综合结果。这七项因素是：①劳动力综合价格；②施工设备综合价格；③材料费用；④分包人费用；⑤劳动生产率；⑥设备生产率；⑦现场管理费。

2. 期望利润

承包商可以事先提出一个预期利润的比率进行计算，它不受工程自身因素的影响。由于当前国际建筑市场竞争激烈，承包商不得不降低预期利润率，有的不惜采用"无利润算标"以求竞争成功。所谓"无利润算标"就是在计算投标报价时，完全按计算成本报价，中标后，再设法将工程分割，并分别转给成本较低的小公司分包，不仅可以转移部分风险，而且还可获得一定比例的管理费。即使工程不能转包或分包，也尽量加强管理、降低成本或者采取措施向业主索赔，以争取赚得微利。哪怕最终仅能保本，他们也认为是成功的。因为这样做，至少可以在市场萧条时期维持公司正常运转经营，不致破产倒闭，伺机再图发展。

3. 市场条件

市场条件是一个涵盖了许多内容的主观性用语。从宏观角度来看，市场条件包括下列因素：

（1）所有工程的订单总数；

（2）每个产业部门的工程订单总数；

（3）预期将来的订单数；

（4）现行的及预期的政府政策与法规；

（5）投入的价格水平及资金费用。

从微观角度来看，则还包括以下评估：

（1）当地的、全国的乃至国际的投资机会；

（2）竞争者的活动能力；

（3）在建工程的工程量；

（4）工程订单。

目前，还没有一种普遍接受的方法可以用来定量地确定市场条件对投标价格水平的影响。

4. 竞争程度

竞争程度作为决定性的因素，对一个承包商的投标成功与否显然是一个极为关键的因素。可以通过对竞争对手的"SWOT分析"来评价竞争程度。"SWOT分析"代表分析企业优势（Strength）、劣势（Weakness）、机会（Opportunity）和威胁（Threats），其实际上是对企业内外部条件的各方面内容进行归纳和概括，进而分析组织的优劣势、面临的机会和威胁的一种方法。在投标报价前应对参加投标的潜在竞争对手进行调查，在作最后的投标决策时，可以针对已调查的资料进行重点分析，找出几家可能急于想获得此项工程的对手，对他们进行SWOT分析。例如，如果某对手公司在当地已有工程正处在施工阶段，它很可能利用现有设备和其他设施为此项新投标的工程服务，从而可降低投标报价，那么我方也应当设法尽可能调入和利用自己的现有旧设备和工器具，不采购或者少采购新的施工机具设备，以便降低施工设备费用与之抗衡，甚至可以采取少摊销机具设备折旧的办法，以减轻对手公司这一优势对我方的压力。另外，还可以挖掘对手公司的弱点。所有关于各种优劣势的分析，不能仅停留在概念上，应当对每项各自的优劣势适当评分，并计算其在标中的权重，从而可以算出其对标价的影响。

有时，还可以从工程的难易程度和心理因素方面对竞争对手进行分析，估计对手们的心态，找出真正的潜在对手，而后更有针对性地分析各方的优势和弱点，与之竞争。可见承包商如果在竞争中做到知己知彼，就有可能制订合适的投标策略，发挥自己的优势而取胜。

5. 风险偏好

国际工程事业本身就充满了风险与挑战，各种意外不测事件难以完全避免。为应付工程实施过程中偶然发生的事故而预留一笔风险金（或称不可预见费）是必要的。

另外，在中标后与业主谈判并商签合同过程中，业主可能还会施加压力，要求承包商适当降低价格。有的承包商事先在估价时考虑了一个降价系数，这样，当业主议标压价时，审时度势，可适当让步，也不致有大的影响。

风险金和降价系数究竟取多大才算合适很难测算，需根据招标具体情况、内外部条件、竞争对手报价水平的估计，以及承包商自身对风险的承受能力与风险偏好，慎重研究后决定，尤其在外部商务环境较差（比如各类税收名目繁多、物价飞涨等），工程本身因资料不多潜伏较大风险，工程规模较大、技术难度较高时，应格外慎重。

9.5.2 国际工程投标报价的策略

投标报价策略是指投标人在投标过程中从企业整体和长远利益出发，结合企业经营目标，并根据企业内部的各种资源和外部环境而进行的一系列谋划和策略。投标人在激烈的投标过程中，如何制订适当的投标报价策略是决定其投标成功的关键。

虽然国际工程市场上各个公司的最终目标都是盈利，但是由于投标人的经营能力和经营环境的不同，出于不同目的需要，对同一招标项目，可以有不同投标报价目标的选择。

1. 生存策略

投标报价是以克服企业生存危机为目标，争取中标，可以不考虑种种利益原则。

2. 补偿策略

投标报价是以补偿企业任务不足，以追求边际效益为目标。对工程设备投标表现出较大热情，以亏损为代价的低报价，具有很强的竞争力。但受生产能力的限制，只宜在较小的招标项目考虑。

3. 开发策略

投标报价是以开拓市场、积累经验、向后续投标项目发展为目标。投标带有开发性，以资金、技术投入为手段，进行技术经验储备，树立新的市场形象，以便争得后续投标的效益。其特点是不着眼于一次投标效益，用低报价吸引投标人。

4. 竞争策略

投标报价是以竞争为手段，以低盈利为目标，在精确计算报价成本的基础上，充分估计各个竞争对手的报价目标，以有竞争力的报价达到中标的目的。对工程设备投标报价表现出积极的参与意识。

5. 盈利策略

投标报价充分发挥自身优势，以实现最佳盈利为目标，投标人对效益无吸引力的项目热情不高，对盈利大的项目充满自信，也不太注重对竞争对手的动机分析和对策研究。

不同投标报价目标的选择是依据一定的条件进行分析后决定的。竞争性投标报价目标是投标人追求的普遍形式。

【例 9-4】 香港迪斯尼乐园项目投标报价实例

香港迪斯尼乐园第一阶段的工程项目 11 个标段，包括土木及基础设施工程、主题公园工程、酒店工程。中国建筑工程（香港）有限公司中标 5 个标段，合计合约额为 46.69 亿港元。工程开竣工时间为 2001～2005 年。

中国建筑投标香港迪斯尼乐园的过程如图 9-6 所示。

在投标报价过程中，中建香港对报价进行了分析和调整，如表 9-5 所示。

投标总价组成与比较　　　　　　　　　　　表 9-5

序号	项目名称	单位	第一次报价 A	最后投标价 B	差额 $C=B-A$	比率 $D=C/A$ （%）
1	工程师费用（指顾问公司驻工地人员的全部费用）	万港元	8016	8016	0	0
2	总承建商开办费	万港元	15680	15680	0	0
3	人工及机械费	万港元	21549	21549	0	0
4	主要材料费	万港元	41359	40774	−585	−1.41
5	主要工程项目分包费	万港元	128173	126065	−2108	−1.65
6	临时工程费用（技术措施费）	万港元	2731	2731	0	0
7	工程直接费	万港元	217508	214815	−2693	−1.24
8	保险费和税务费	万港元	7993	6670	−1323	−16.6
9	利润（包含上级管理费）5%	万港元	10875	0	−10875	100
10	业主预留费	万港元	20059	20059	0	0
11	物价指数风险费用调整	万港元	−2934	−2876	−58	1.98
12	风险费用的调整	万港元	−8108	−8108	0	0
13	商业决定	万港元	—	−21929	−21929	—
14	投标总价	万港元	245393	208631	−36762	−14.98

资料来源：姚先成. 国际工程管理项目案例——香港迪斯尼乐园工程综合技术［M］. 北京：中国建筑工业出版社，2007.

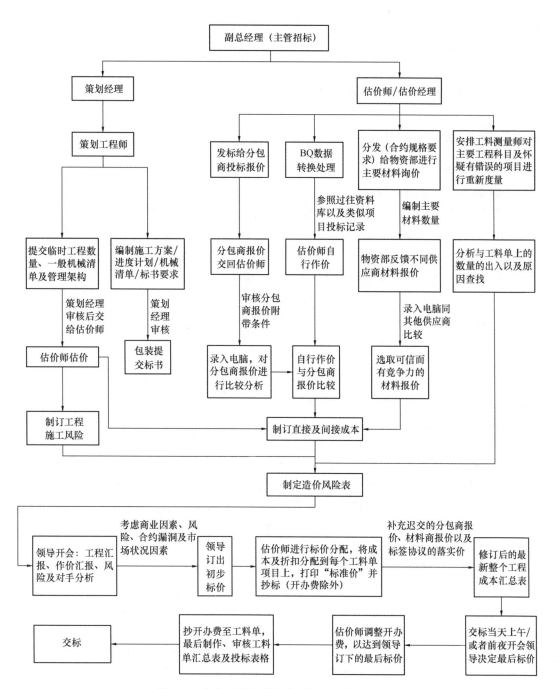

图 9-6　香港迪斯尼乐园项目投标报价过程详图

9.5.3　国际工程最终投标报价的确定

最终投标报价的确定分为四个方面的内容进行，包括：①对投保总价的整体水平，包括准确度、可靠性和完整性进行全面评估和确定；②对整个工程项目可能存在的风险和机会进行详细的分析并作决策；③对标书中的特别条款和要求进行评估，对投标文件中有关内容和措辞进行分析、斟酌和确定；④总投标价的最后决定。在投标报价最终审议会议上，估价师应该综合对估价编制有影响的所有相关内容，供管理层最终审议。

9.6 国际工程投标报价案例

9.6.1 招标项目工程简介

1. 工程内容

南亚某国首都新建一条连接主城和新区的城市快速路，道路设计长度 12km，总宽 30m，其中中间隔离带 3m，单侧双车道加非机动车道，行车道宽 3.5m，非机动车道宽 3m，路缘石及雨水坡 0.5m，人行道宽 2m，排水沟宽 1m，即 3+(3.5×2+3)×2+(0.5×2)+(2×2)+(1×2)=30m。

公路结构：路面为铺设钢筋网的水泥混凝土路面，基层为 20cm 厚级配碎石，底基层为 20cm 厚砂砾土。人行道为压实土上铺级配碎石垫层，再作沥青混凝土面层。

路侧有雨水进水井，经钢筋混凝土管流向铺在中间隔离带下面的钢筋混凝土干管及人行道外的排水明沟。市政给水排水管线及照明电路和设施，由发包人指定专业承包方，不在道路工程报价范围。

结构物情况：里程 7+500 处有中桥一座，单跨 15m，采用钢筋混凝土预制小 T 梁，上面浇筑混凝土板。全线有 13 处小型涵洞。

公路沿线为平原地区，稻田较多，需要较多的开挖换填，部分地段有可利用土开挖，但不能满足填方需求，需要大量借土施工。

2. 招标文件概要

招标文件中有投标程序（投标须知、投标数据表格、评标标准、投标标准格式、准许投标国别）、发包人的要求（标准施工规范、特殊施工规范、施工图纸、交通管控和安全要求、环保管理和监测）、施工合同条件及标准合同模板（通用合同条款、特殊合同条款、合同文件模板）。

合同规定：应在投标的同时递交投标保函，其价值为投标者报价的 2%，有效期为 90 天。要求签订合同后 60 天以内开工，开工后 22 个月竣工，维修期 12 个月。履约保函值为合同价的 5%，预付款为合同价的 15%，按同样的比例在项目整个周期内，从每月工程进度付款中扣除。每次付款尚需扣除保留金的 10%，但保留金总款不超过合同总价的 3%。保留金在竣工验收合格后退还，但须递交一份为期一年的相当于合同总价 3% 的维修期保函。工程材料到达现场并经化验合格可支付该项材料款的 60%，每月按工程进度付款，凭现场工程师审定的索款单在 28 天以内支付。工程罚款为合同总价的 0.05%/天，限额不超过总价的 5%。为加速进度，经批准后允许两班制工作。

按实测工程量付款，单价不予调整。无材料涨价或货币贬值的调价条款或补偿条款。

施工机具设备可以允许临时进口，应提交银行开出的税收保函（保函值为进口设备值的 20%），以保证竣工后机具设备运出境外。各种工程材料均不免税。公司应按政府规定缴纳各种税收，包括合同税、个人所得税和公司所得税等。

3. 现场调查简况

（1）国情调查。工程所在国系发展中国家，政局基本稳定，无战争或内乱迹象，与我国建交已久，且经济发展稳定，货币价值较为稳定，贬值率较低，并且货币可以自由兑换，金融体系较为健全。交通运输方便，工程所在地附近有大型港口存在。国家生产水平较为落后，但本工程所需材料，均无需跨国采购，可在该国进行购买。

（2）自然条件。气候属热带气候，全年温度较高。除雨期（11月至第二年3月）外均可施工，雨期连续降雨较少，可间断施工。当地未曾发生严重的地质灾害，雨期时要注意低地防涝，因此填方和挖沟要尽可能避开雨期。

（3）地区条件。公路在城市近郊，附近交通环境较为良好，且有一定数量的人口。对于当地工人可以不建生活营地。材料运输方便，附近可供应砂石。公路基层的土壤在填方区需借土，运距约5km。现场中段可租赁地皮设置混凝土搅拌站及预制场。临时水电供应附近可以取得。小桥一座，处于全程的中段，为修造该桥须先修便道，以便运输预制梁及各种建筑材料。

（4）其他条件。当地税收较多，因无免税条件，须缴纳增值税，为每笔收款的15%；建设税，为每笔收款的2%；经济服务税，为每笔收款的0.5%；利润税，为利润的14%，每季度缴；企业所得税，抵扣利润汇回税后利润的28%，每季度缴。工程保险和人身意外险及第三方责任险必须在当地保险公司投保。当地原则上不允许使用外籍劳务。除非特殊工种在当地招聘不到，可向劳工部门和移民局事先申请获得批准后外籍技术劳务才能入境。外籍高级技术人员较易获得签证入境。

（5）商情调查。经过多种渠道询价或调查，用于公路建设的主要材料决定在当地采购，但应根据工期考虑一定的涨价系数。其中，钢材、油料、沥青等可能受国际价格影响，而砂石、水泥及水泥制品受当地通货膨胀影响。因此，两种不同来源材料可考虑不同的涨价系数。

当地施工机具比较短缺，尽管偶尔可以租赁到机具，考虑到租赁费高，宜考虑自境外调入或购置。

当地劳务价格不高，引进外籍劳务不仅工资偏高，且须解决工人生活营地问题和入境限制。因此，可决定确定采用当地劳务，甚至包括机械操作手也在当地招募。当地工程技职人员工资不高，平均工资200～400美元/月。

9.6.2 评标计算前的数据准备

1. 核算工程量

原招标文件有主要工程量表，经按图纸说明书校核，发包人提供的工程量基本上是正确的，可以作为报价的依据。

其中，有三项属于可供选择的报价，应单独列出：即提供土壤及材料试验设备，也可以利用承包人的自备设备，不另报价；提供监理工程师办公设施和两套住宅（两年租赁）；监理工程师用的卧车一辆、四轮驱动越野车一辆以及两年的维修和司机服务。为保证报价的完整性，决定对可供选择项目也予以报价。

2. 确定主要施工方案

1）按主要工程量考虑粗略的工程进度计划要点如下：

（1）下达开工命令后立即进入现场，合同签订后两个月内开工。应当争取时间在两个月内准备好施工机具，进入现场后用一个月进行临时工程建设，并同时利用已到机具开始推土方和清除填方区表土层。

（2）为便于集中使用不同类型设备，先集中处理土方工程，时间约12个月。而后集中进行垫层和混凝土面层施工，时间约8个月（其中与土石方工程交错2个月）。桥梁工程从第7个月开始，包括预制构件等用一年时间完成。其他工程如人行道铺砌、护坡等可在主路工程后期根据劳动力安排交错完成。

（3）最后保留一个月作为竣工移交的时间，并进行可能发生的局部维修工作。

2）施工方法和施工设备的选择。主要工程量采用机械施工，大致选择方案如下：

（1）土方挖方。采用88～103kW的推土机推土，能就地回填者直接用推土机回填，余土用1.5～1.9m³装载机装入自卸汽车运至填土区用于填方。公路部分的挖方为13.7489＋9.1746＝23.9235万m³。

可用于就地填方约1/3，其余须运至远处填方区。考虑其中有2/3不能使用，即可用于填方者为1/3×23.9235＝7.6412万m³。

全部填方需土26.7982万m³，因此，尚须从别处借土方26.7982－7.6412＝19.1570万m³，这部分拟采用220型挖掘机，切土与装运效率较高。

因此，推土机总的推土方量应为23.9235＋19.1570＝43.0805万m³。

按定额取每台班推土420m³，采用每日两个台班，每月工作25天计。

需用推土机台数（理论值）为：

$$\frac{43.0805 \times 10^4 (\text{m}^3)}{2(\text{台班／天}) \times 12(\text{月}) \times 25(\text{天／月}) \times 420(\text{m}^3／\text{台班})} = 1.71 \text{台}$$

拟采用2台，利用系数1.71/2＝86%。

为挖沟方便，另采用小型挖掘机1台。

（2）土方运输。用8～10t自卸汽车运输。总填方量26.7982万m³。

其中，用推土机就地填方量1/3×23.9235＝7.6412万m³

须运土方26.7982－7.6412＝19.1570万m³

运距平均5km时，运输定额按每台班60m³计，故需用自卸汽车台数（理论值）为：

$$\frac{191570}{2 \times 12 \times 25 \times 60} = 5.32 \text{台}$$

拟采用6台，使用系数89%。

（3）装载设备。按以上类似方法计算采用1.5～1.9m³装载机3台。在土方工程基本上完成后，尚可抽调用于混凝土搅拌站。

（4）碾压设备。采用15t振动压路机1台，10t钢轮压路机2台。

（5）平整设备。采用平地机1台。

（6）混凝土搅拌站。在浇灌混凝土路面前，可利用混凝土搅拌站浇制预制构件，如桥用T形梁、路侧石、人行道混凝土预制块——0.5m×0.5m×0.12m、钢筋混凝土方形桩等。混凝土搅拌站的选择，主要按路面工程量在8个月内进行控制。原则上采用两班工作制。

路面混凝土工程量为7.4115万m³，理论计算搅拌站能力为：

$$\frac{74115(\text{m}^3)}{8(\text{月}) \times 25(\text{天／月}) \times 16(\text{h／天})} = 21.36 \text{m}^3／\text{h}$$

实际采用能力为30m³/h的搅拌站1套，包括水泥立式储仓1个。1台400L的自带移动式搅拌机，以备灵活地在工地需要时作小型流动搅拌站使用。

（7）混凝土运输设备。采用混凝土搅拌汽车（搅拌灌4～6m³）10台，暂定混凝土路面需要7台，现场结构物和预制场需要3台，总共10台。为配合400L搅拌机，另增加小型翻斗车3台。

（8）其他设备。为吊装混凝土管道和桥用T形梁等，选用25t汽车式起重机一台，小型机具如各种振动器、砂浆搅拌机等适当配备。工程量表中钢筋加工量约570t，可选用钢筋拉直机和钢筋切断机各一台。测量仪器用经纬仪和水平仪各2台。

考虑到打桩数量很少（仅桥梁墩基使用），拟租用设备或委托当地专业公司分包全部打桩工程。沥青混凝土面层（人行道部分）也向外分包。

3）临时工程：

（1）建立混凝土搅拌站。根据材料运输和当地交通条件，选择在公路中段，并靠近桥梁工地附近。该地段不仅交通方便，供水和供电也较方便。经化验，小河的水可用于搅拌混凝土，经发包人协调，已获得灌溉部门的审批，可以使用。可设小型泵站和简易高位水箱，保证生产用水。

（2）工地指挥部也设在搅拌站附近，设工地办公室及试验室（临时板房）共200m²，仓库及钢筋加工棚500m²，驻场技职人员临时住房100m²，其他临时房屋（食堂、厕所、浴室等）150m²。

（3）工地设相应的临时生产设施，如预制构件场地、机具停放场和维修棚、临时配电房、水泵站及高位水箱、进场道路、通信设施、临时水电线路、简易围墙及照明和警卫设施等。

3. 基础价格计算

1）工日基价

采用当地工人。按当地一般熟练工月工资190美元，机械操作手月工资320美元。两年内考虑工资上升系数10%（每年上升10%，再考虑用工的平均系数为，10×2（年）÷2＝10%）。另考虑招募费、保险费、各类附加费和津贴（不提供住房，适当贴补公共交通费）、劳动保护等加20%。故工日基价为：

一般熟练工 190×1.3÷25＝9.88美元/工日

机械操作手 320×1.3÷25＝16.64美元/工日

2）材料基价

基本上均从当地市场采购，根据其报价和交货条件（出厂价或施工现场交货价等）统一转换计算为施工现场价。举例说明水泥价计算如下：

材料品名：水泥（普通水泥相当于我国水泥的强度等级42.5R）

包装：散装或袋装

出厂价：60美元/t

运输费：水泥厂运输部用散装水泥车运送40km×0.2[美元/(t·km)]＝8美元/t

装卸费：3美元/t

运输、装卸损耗：3%×(60＋8＋3)＝3.13美元/t

采购、管理及杂费：2%×(60＋8＋3＋3.13)＝1.46美元/t

水泥到现场价为 75.6 美元/t

按此例计算得出材料基价见表 9-6。

主要材料基价表

表 9-6

序号	材料名称	单位	运到现场基价（美元）
1	水泥（散装）	t	75.60
2	碎石 6cm 以上，用于基础垫层	m³	4.50
3	碎石 2～4cm，用于次表层	m³	5.50
4	砾石（用于混凝土）	m³	6.00
5	中砂，粗砂	m³	4.50
6	钢筋 $\phi6\sim\phi10$	t	420.00
7	变截面钢筋 $\phi12\sim\phi22$	t	440.00
8	预制钢筋混凝土管 $\phi450$	m	8.50
	$\phi600$	m	13.00
	$\phi900$	m	20.00
9	钢材（模板用）	m³	380.00
10	沥青	t	210.00
11	柴油	L	0.34
12	水	t	0.05
13	电	kWh	0.12
14	铁钉	kg	1.20

3）设备基价

（1）设备原价和折旧

列出本工程所需机具设备及规格清单，按不同设备的要求确定其来源，如果是新购设备，则须进行询价；如果有合适的二手设备，其价格合理而且使用状态基本良好，也可以选购，以使本工程报价降低；如果是公司现有设备调入到本工程使用，其价格可以用该设备的残余净值适当加一定增值比例（调运前更换备件和大修理费用等）。

以上所有设备均用到达工程所在国港口价计算，即应包括运费、包装费等，旧有设备尚应包括该设备原所在地发生的运输、出口手续等费用。

再根据本工程占用时间、设备新旧和价格等，并考虑投标竞争的需要，确定在本工程使用的折旧率，算出在本工程中摊销的折旧费。列表即可算出本工程应付的设备总价款，以及在本工程实际摊销的设备折旧总费用。机具设备及折旧费表见表 9-7。

机具设备及折旧费表（万美元）

表 9-7

序号	名称	规格	数量	设备情况	到港价	折旧率	本工程摊销设备值
1	推土机	88.3kW	1	新购	8.537	50%	4.2685
2	推土机	88.3kW	1	调入旧设备	3.5	100%	3.5
3	装载机	1.5m³	2	新购	10.6	50%	5.3

序号	名称	规格	数量	设备情况	到港价	折旧率	本工程摊销设备值
4	装载机	1.9m³	1	旧有设备	2	100%	2
5	小型挖土机	0.5m³	1	旧有设备	3.5	100%	3.5
6	平地机		1	新购	3.9	50%	1.45
7	振动压路机	16t	1	新购	5.6	50%	3.8
8	钢轮压路机	10t	2	旧有设备	5.2	100%	5.2
9	手扶夯压机		2	新购	0.6	50%	0.3
10	自卸汽车	10t	5	新购	15	50%	7.5
11	自卸汽车	10t	5	旧有设备	7.5	80%	6
12	汽车式起重机	25t	1	旧有设备	3.7	80%	3.35
13	混凝土搅拌站	30m/h	1	旧有设备	15	80%	12
14	混凝土搅拌机	400L	1	新购	0.7	50%	0.35
15	混凝土搅拌车	6m³	10	旧有设备	16.75	100%	16.75
16	钢筋拉直机		1	旧有设备	0.4	80%	0.32
17	钢筋切断机		1	旧有设备	0.5	80%	0.4
18	发电机	50kVA	1	新购	0.7	50%	0.35
19	空压机	9m³	1	新购	0.8	50%	0.4
20	水泵	4m³	1	新购	0.2	50%	0.1
21	水车	5m³	1	旧车改装	1.2	100%	1.2
22	测量仪器		2	旧有设备	0.6	50%	0.3
23	小翻斗车		3	新购	0.9	50%	0.45
	合计		48		103.387		67.8385

应当指出，这还不是实际应摊销的全部设备费用，在计算设备的台班费时，还应考虑将在本工程中全部摊销的零配件费、维修费、清关和内陆运费、安装和拆卸退场费等。

另外，关于小型工器具费用，可在计算标价时增加一定的系数，不另算设备折旧费。关于试验设备，按招标文件规定，单列工地试验室设备项目，不计入本折旧和机械台班费内。承包商自己设立的试验室及日常费用，可计入间接费中。关于设备的用款利息，既可列入设备采购费中，也可列入管理费中去分摊。本标计算拟列入管理费中。

(2) 设备台班基价及台时价

机具设备的台班基价除应包括上述折旧费外，尚应将下述费用全部摊入本工程的机具设备使用费中。它们包括：设备的清关、内陆运输、维修、备件、安装、退场等，另外再加每一台班的燃料费。现举推土机的机械台班使用费为例，计算如下。

新购推土机进口手续费、清关、内陆运输、安装拆卸退场等，按设备原值的5%计，为85370×5%=4268.5美元。

备件及维修二年按20%计，为85370×20%=17074美元。

本工程可能使用台班为12(月)×25(天/月)×2(班/天)×0.8(使用系数)=480台班，

故每台班应摊销

$$\frac{42685+4268.5+17074}{480}=133.4 \text{ 美元}$$

另加每台班燃料费 85.88（L）×0.34（美元/L）×1.2（系数）=35.04 美元。

故本推土机台班使用费为每台班摊销费＋每台班燃料费＝133.4＋35.04＝168.44 美元，或每小时为 21.055 美元。

同样方法算出另一台旧有推土机的台班费为：

$$\frac{25000 \times 1.25}{480}+35.0=100 \text{ 美元}$$

两台推土机平均使用台班费为（168.44＋100）÷2＝134.22 美元，可取 134 美元/台班或 16.8 美元/工时（均未计人工工资）。

由于各种小型机具设备难以在每个单项工程中计算其使用时间，根据前述机具设备折旧费用表中所列可知，小型机具设备应摊销的费用约 28000 美元（表 9-7 第 18～23 项），占大型机具设备摊销的折旧费的比重为：

$$\frac{28000}{611485-28000}=0.048 \approx 0.05=5\%$$

故不必细算小型机具设备的台班费，可在作工程内容的单价分析时，在计算大型机具台班使用费后再增加 5%即可。

根据上述方法，并考虑各种设备在本工程中可能使用的台班数的不同及其燃料消耗的不同，算出不同设备的台班基价，列表供计算标价用。

如果发包人要求列出按工日计价的机械台时费，可在上述台班基价上，另加人工费及管理费和利润即可。现一并算出，列入表 9-8。

机具设备使用台班基价表（美元） 表 9-8

序号	名称	规格	单位	设备台班基价（台班）（用于算标）	机具设备使用台时价（用于报价单的日工价）
1	推土机	88.3kW	每台	134	25.5
2	装载机	1.5～1.9m³	每台	98	19.5
3	挖土机		每台	95	18.5
4	平地机		每台	85	17.0
5	振动压路机	15t	每台	85	17.0
6	钢轮压路机	10t	每台	73	14.0
7	手扶式夯压机	1t	每台	20	0.4
8	自卸汽车	10t	每台	90	18.0
9	汽车式起重机	10t	每台	110	21.5
10	混凝土搅拌站	30m³/h	每台	190	36
11	混凝土搅拌机	400L	每台	20	4.0
12	混凝土搅拌车	6m³	每台	100	20.0
13	水车	5m³	每台	90	18.0
14	小翻斗车		每台	20	4.0

4）分摊费用及各种计算系数

（1）管理人员费用

公司派出的管理人员 12 人，其中，项目经理 1 人，副经理兼总工程师 2 人，工程技术人员 4 人（道路工程师、测量、材料、试验各 1 人），劳资财务 2 人，翻译 3 人。另附厨师 1 人。除住房外的生活补贴费用成本按 210 美元/（人·月）计算。

工资部分，项目经理 5000 美元/月，副经理 4000 美元/月，技术人员 2200 美元/月，劳资财务 2000 美元/月，翻译 2200 美元/月，厨师 1400 美元/月。另考虑进度奖金，按照 500 美元/（人·月）计算。

$$13 \times 210[美元/（人·月）] \times 24（月）= 65520 美元$$

$$(5000 \times 1 + 4000 \times 2 + 2200 \times 4 + 2000 \times 2 + 2200 \times 3 + 1400 \times 1 + 500 \times 13) \times 24 = 967200 美元$$

公司派出人员费用合计为 1032720 美元。

当地雇员：聘用当地技职人员 6 人（道路工程师、测量、试验、劳资、秘书、材料各 1 人），勤杂服务人员 4 人（司机 2 人，服务 2 人）。技职人员平均工资按 360 美元/（人·月），勤杂服务人员按 200 美元/（人·月）计算。

$$6 \times 360 \times 24 + 4 \times 200 \times 24 = 71040 美元$$

管理人员住房：公司派出人员租用住宅（4 居室独立式住宅 2 套），每套每月 900 美元，另加水、电、维修等按 20%计。

$$2 \times 900 \times 24（月）\times 1.2 = 51480 美元$$

以上合计为 115.524 万美元。

（2）业务活动费用

投标费：按实际估算约 2500 美元。

业务资料费：按实际估计约 4500 美元。

广告宣传费：暂计 5000 美元。

保函手续费：按合同总价约 1000 万美元估算，各类保函银行手续费按 0.75%/年计，投标保函金额为投标报价的 2%（一次性），预付款保函金额和履约保函各为报价的 10%（2 年），维修保函为 3%（1 年），设备临时进口税收保函金额为设备价的 20%。因此，保函手续费总值为：

$$[1000 万 \times (2\% + 10\% \times 2 + 10\% \times 2 + 3\%) + (86.7 万 \times 20\% \times 2)] \times 0.75$$
$$= (450 万 + 34.68 万) \times 0.75\% = 33750 美元$$

合同税：按 4%计，为 400000 美元。

保险费：各类保险费包括工程一切险、第三方责任险及人身事故伤害险等，按当地保险公司提供的费率计算，为 12 万美元。

当地法律顾问和会计师顾问费：按当地公司的一般经验，两年内聘用费共 25000 美元。

其他税收：根据当地的所得税规定，暂按利润率为 6%，税收为 35%计算，暂列入 1000 万 $\times 6\% \times 35\% = 220500$ 美元。

以上各项合计为 76.575 万美元。

（3）行政办公费及交通车辆费

可以按粗略估算方法计算如下：

一般办公费用、邮电费用按管理人员计算：20(人)×20[美元/(人·月)]×24(月)＝9600 美元。

办公设备购置费（一次性摊销）20000 美元。

交通车（两辆越野车、一辆小卧车）按当地市价购置，摊销 50％，购置费共 42000 美元，摊销于本项目 21000 美元。

油料、交通车辆维修及其他活动费开支。油料按每台车两年内行车 30000km，维修备件按原值 25％计，其他活动费按每月 200 美元计，共 20700 美元。

行政办公开支合计 7.13 万美元。

（4）临时设施费

工地生活及生产办公用房。按当地简易标准平均 35 美元/m 计，

950(m)×35(美元/m)＝33250 美元。

生产性临时设施，包括临时水电、进场道路、混凝土搅拌站及预制场地、为修小桥须筑一条便道约 850m（宽 5m，土路），按当地简易标准的实际价格计算共 14800 美元。

临时工地试验室仪器（按 50％折旧）及经常性的试块、土质等试验（每月 100 美元）共 42400 美元。

以上各项临时设施费合计 23.365 万美元。

（5）其他待摊费用

利息。流动资金虽有预付款，由于购置机具设备及有偿占有旧有设备的资金和初期发生的银行保函、保险、合同税、暂设工程等，肯定不敷支出。再加上材料费和工资等，估计总的自筹流动资金至少须 120 万美元，按年利率 10％，用粗略的资金流量预测，利息支出约 132000 美元。

代理人佣金：按当地协议应付 150000 美元

上层机构管理费用按 2％计，200000 美元

利润按 6％暂计，600000 美元

另计不可预见费 1.5％，约 150000 美元

其他待摊费用共 1232000 美元

以上总计待摊费用共为 2517380 美元

其中，有的费用（如保函手续费、合同税、保险费等）是假定合同价为 1000 万美元条件下估算的，有待算出投标报价总价后修正。

以上待摊费用约为总价的 25.17％。

为直接费用的

$$\frac{2517380}{10000000-2517380}=33.64\%$$

在下面计算各单项工程内容的单价时，可以先按此系数计算摊销费用。待第一轮计算得出投标总价后，再根据情况适当调整。

（6）其他系数的确定

① 材料上涨系数：前面提出的材料基价是按投标时调查的价格列出的，并未考虑两年工期内价格的上涨因素。从施工方案中的计划进度来分析，可以预计到大量值钱的材料如水泥、钢材等，都是在工期的后半段才使用的，其实际采购价格肯定会受到汇率和通货

膨胀使价格上涨的影响。按当地的实际调查，材料价格可能为每年上涨10%左右，因材料一般是陆续采购进场的，并集中于中后期，故材料涨价系数可确定为

$$\frac{10\% \times 2(年)}{2} \times 1.2(调整系数) = 12\%$$

式中的分母"2"，指两年内均衡进料的平均系数。"1.2"指材料进场偏于中后期而使用的调整系数。

② 风险和降价系数：由于该标竞争激烈，暂不考虑这一系数，待标价算出后分析和权衡中标的可能性再研究确定。

9.6.3 单价分析和总标价的计算

1. 单价分析

对工程量表中每一个单项均须作单价分析。影响此单价最主要的因素是采用正确的定额资料。在缺乏国外工程经验数据的条件下，可利用国内的定额资料稍加修正。

这里仅作两个单价分析的举例：

其一，水泥混凝土路面（工程量表编号316）。这是一项占本工程标价接近一半的主要项目。参照采用国内公路定额，并采用前面计算的工日、材料和设备摊销基价算出直接费用每米为53.85美元，按前述应分摊管理费用占直接费的33.64%计算，最后每米路面混凝土为70.63美元。根据搜集到的当地一般结构混凝土价格，与此相近，因此可以判断这一计算是基本正确的。

其二，路侧石预制与安装（工程量表编号500）。由于预制构件较小，可采用小型混凝土搅拌机搅拌混凝土预制。采用上例同样方法，可算出每Lm路侧石单价8.385美元。约折合每米混凝土60美元。由于混凝土强度等级比路面低，机械费用也低，因此每米的价格比路面混凝土低一些，也是合理的。

采用同样方法，就工程量表中每一单项工程内容列一张与表9-9、表9-10类似的单价分析计算表，即可算出所有单项工程的价格（鉴于篇幅，除上述两表外，其他均删略）。

单价分析计算表示例之一

表9-9

工程量表中分项编号		316	工程内容：水泥混凝土路面		单位：m³	数量：74115
序号	工料内容	单位	基价 （美元）	定额消耗量	单位工程量计价 （美元）	本分项计价 （万美元）
1	2	3	4	5	6	7
I	材料费					
1-1	水泥	t	75.60	0.338	25.55	
1-2	碎石	m³	6.00	0.890	5.34	
1-3	砂	m³	4.50	0.540	3.43	
1-4	沥青	kg	0.21	1.0	0.21	
1-5	木材	m³	400	0.00212	0.85	
1-6	水	t	0.05	1.18	0.06	
1-7	零星材料	—	—	—	1.70	
	小计				36.14	

续表

工程量表中分项编号		316	工程内容：水泥混凝土路面		单位：m³	数量：74115
序号	工料内容	单位	基价（美元）	定额消耗量	单位工程量计价（美元）	本分项计价（万美元）
	乘以上涨系数1.12后材料费				40.48	300.0175
Ⅱ	劳务费					
9-1	机械操作手	工日	16.64	0.27	4.48	
9-2	一般熟练工	工日	9.88	0.59	5.80	
	劳务费小计				10.28	76.1902
Ⅲ	机械使用费					
9-1	混凝土搅拌站	台班	190	0.0052	0.99	
9-2	混凝土搅拌车	台班	100	0.01	1.00	
	小计				1.99	
	小型机具费 机械费合计				0.10 3.09	15.49
Ⅳ	直接费用（Ⅰ＋Ⅱ＋Ⅲ）				53.85	
Ⅴ	分摊管理费		33.64%		17.78	131.7765
Ⅵ	计算单价				70.63	
Ⅶ	考虑降价系数（暂不计）					
拟填入工程量计价单中的单价：70.63 美元/m³						
本分项总价：70.63×7.4115＝523.4742 万美元						

单价分析计算表示例之二   表 9-10

工程量表中分项编号		500	工程内容：路侧石制作安装		单位：Lm	数量：73050
序号	工料内容	单位	基价（美元）	定额消耗量	单位工程量计价（美元）	本分项计价（万美元）
1	2	3	4	5	6	7
Ⅰ	材料费					
1-1	水泥	t	75.6	0.017	1.29	
1-2	碎石	m³	6.0	0.052	0.31	
1-3	砂	m³	4.5	0.0324	0.146	
1-4	木材	m³	400	0.0029	1.16	
1-5	铁钉	kg	1.2	0.081	0.094	
1-6	其他零星材料				0.15	
	小计				3.15	
	考虑涨价系数后（1.12）				3.53	25.7867
Ⅱ	劳务费					
9-1	机械操作工	工日	16.64	0.036	0.60	

续表

工程量表中分项编号		500	工程内容：路侧石制作安装		单位：Lm	数量：73050
序号	工料内容	单位	基价（美元）	定额消耗量	单位工程量计价（美元）	本分项计价（万美元）
9-2	一般工人	工日	9.88	0.21	3.06	
	劳务费合计				3.66	19.4313
Ⅲ	机械使用费					
	小型搅拌机（400L）	台班	20	0.004	0.08	
	其他机具费				0.004	
	机械费合计				0.084	0.6136
Ⅳ	直接费用（Ⅰ+Ⅱ+Ⅲ）				6.274	
Ⅴ	分摊管理费Ⅳ×33.64%				3.111	15.4209
Ⅵ	计算单价				8.385	
Ⅶ	降价系数				（暂不计）	
拟填入工程量计价单中的单价：8.385 美元/Lm						
本分项总价：8.385×7.3050＝61.2524 万美元						

2. 汇总标价

1）工程价格

将上述所有单价分析表中价格汇总，即可得出第一轮算出的标价（不包括供选择的项目报价及暂定备用金）。用这个标价的总价再回头复算各项管理费用中的待摊费用，特别是那些与总价有关的待摊费用，例如保函手续费、合同税、保险费、税收以及贷款利息、佣金、上级管理费、利润和不可预见费等，并对管理待摊费用比例作适当调整，用来作第二轮计算。

按最后调整计算的结果，可得出汇总的标价及报价单（表 9-11）。此表中各项管理费用的比例已调整为 24.8%，管理费用占直接费的比例为：

$$\frac{24.80}{100-24.80}=32.98\%$$

（在表 9-9 及表 9-10 中的第Ⅴ项相应修改为 32.98%）。工程报价汇总见表 9-12。

工程量表及报价单 表 9-11

（附：以下系按大项目汇总列出，仅作为示例，详表已删略）

项目编号	工程内容	单位	数量	价格	
				单价（美元）	总价（万美元）
	（一）道路部分				
100	场地清理	m²	53.9615 万	0.12	6.4754
105	道路及管道土方开挖	m³	14.9997 万	3.10	31.4994
106	结构土方开挖	m³	10.1667 万	3.30	23.3834
107-1	填方（利用本工程挖方）	m³	18.8748 万	3.40	45.2995

项目编号	工程内容	单位	数量	价格	
				单价（美元）	总价（万美元）
107-2	借土填方	m³	15.82 万	4.50	71.19
108	路基垫层（上基层）	m³	15.9945 万	8.70	139.1522
200	路基垫层（基础层）	m³	13.5175 万	7.49	93.7561
316	水泥混凝土面层	m³	7.4115 万	70.28	520.8797
406	钢筋（用于路面）	t	494.25	606	29.9516
419-1	φ450 钢筋混凝土管道	Lm	1.4077 万	13.20	18.5816
419-2	φ600 钢筋混凝土管道	m³	1.1230 万	18.20	20.4386
419-3	φ900 钢筋混凝土管道	Lm	1.7987 万	29.40	53.8818
500	路侧石、雨水坡	Lm	7.3050 万	8.34	60.6968
502	浆砌石护坡	m³	0.2207 万	18.30	4.0388
506-1	雨水干管入孔	个	360.00	160	5.76
506-2	雨水次干管入孔	个	719.00	98.2	7.0606
511	安全护栏	Lm	930.00	17.24	1.6033
601-1	双孔涵洞	个	1	4500	0.45
601-2	单孔涵洞	个	12	2500	3
700	人行道面层（沥青混凝土）	m²	14.61 万	1.6	23.76
	道路部分小计				1159.702
	（二）桥梁部分				
106-1	结构部分土方（挖方）	m³	883.00	3.10	0.1852
106-2	结构挖方（硬土）	m³	421.00	3.30	0.0968
106-3	结构挖方（石头）	m³	130.00	7.60	0.0988
110	基础回填	m³	26.00	4.90	0.0127
409-1	试验桩	Lm	58.00	40.00	0.2320
409-2	左岸混凝土桩	Lm	120.00	40.00	0.48
409-3	右岸混凝土桩	Lm	120.00	40.00	0.48
405-1	桥梁混凝土	m³	703.00	68.20	4.7945
405-2	钢筋（用于桥梁）	t	73.82	635.8	4.6935
406	栏杆	Lm	120.00	30.00	0.3612
500	浆砌石护坡	m³	453.00	18.30	0.8290
	桥梁部分小计				13.2637
	工程量价格总计				1171.966

工程报价汇总表   表 9-12

项目号	名称	价格（万美元）
报价单 I	工程部分	1171.966
	其中，道路部分	1159.702
	桥梁部分	13.2637
报价单 II	可供选择项目	9.89
	其中，试验仪器设备	免费使用工地试验室
	工程师办公、居住设施	5.33
	工程师用车辆及服务	4.56
备用金	暂定备用金	25
	总价	1206.856

2）可供选择的项目报价

对于可供选择的项目，因为它们属于一种服务性质，可以在询价基础上，仅增加极少量必不可少的管理费后报价。这样可使全部报价总数显得相应低些，有利于竞争。

试验设备和仪器：按招标书中的要求，其设备和仪器与承包商自备的工地试验室相近，因此，此项报价可以免去，仅注明："免费利用承包商自设工地试验室的设备和仪器"，并列出工地试验室的设备仪器清单，表明完全符合标书要求。

工程师办公和居住设施：按标书要求，工程师办公室可采用带空调设备的活动房屋两套，并附办公家具等共 24500 美元，租赁独立式住宅两套，带家具，并使用两年共 28800 美元，两项合计 53300 美元。

工程师所用车辆及服务：按标书要求的车辆在当地询价，增加维修和司机服务共 45600 美元。

以上报价均已考虑了必需的管理费用，例如合同税、佣金、利息、保函手续费和保险费等的增加，但未计利润和不可预见费及其他各项管理费（计入的管理费约 10%）。

3）暂定备用金

完全按标书规定列入。这笔费用是由发包人和工程师掌握，用于今后工程变更的备用金。本标为 25 万美元。

4）最后汇总标价

按标书规定的格式填写总价表。

此外，如果招标文件还规定必须填报日工价（即国内的"点工"价）和机械设备台时价，则可将表 9-8 中最后一栏摘出填表，日工价可按前述的工日基价加上一定管理费后填报。

9.6.4 标价分析资料

为使领导人员决策，应整理出供内部讨论使用的资料，可列表 9-13。

工程标价构成表

表 9-13

序号	工程标价构成内容	金额（万美元）	比重
1	工程部分总价	1171.966	100%
2	直接费	781.9822	66.72%
2-1	其中：人工费	131.4114	11.20%
2-2	材料费	534.3614	45.60%
2-3	机械使用费	116.2094	9.92%
3	间接费	389.9838	33.28%
3-1	管理人员费用	115.524	9.86%
3-1-1	公司派出人员费	103.272	
3-1-2	当地雇员工资	7.104	
3-1-3	住房租赁等	5.148	
3-2	业务活动费	94.71	8.08%
3-2-1	投标费	0.25	
3-2-2	业务资料费	0.45	
3-2-3	广告宣传费	0.5	
3-2-4	保函手续费	4.39	
3-2-5	合同税	48.93	
3-2-6	保险费	12	
3-2-7	律师会计师费	3.5	
3-2-8	当地所得税	25.69	
3-3	行政办公及交通费	7.13	0.61%
3-4	临时设施费	23.365	1.91%
3-5	其他摊销费用	76.8548	6.56%
3-5-1	利息	15.4	
3-5-2	代理人佣金	17.25	
3-5-3	不可预见费	18.35	
3-5-4	上级管理费	25.94	
3-6	计划利润	73.40	6.26%

另外，说明可供选择项目未计利润。仅计入必要的管理费；暂定备用金是按标书要求填报的。

1. 关于机具设备

施工机具设备共 46 台，共值 1033870 美元。其中，新购设备 19 台，共 465370 美元；选用公司的现有设备 27 台，其净值为 568500 美元。其中，新设备折旧率约取 50%，旧有设备的折旧为 100%。因此，总的机具设备摊销于本工程的折旧费为 745485 美元。故在施工任务完成后，尚有残值 288385 美元，加上试验仪器设备残值 20000 美元和交通车辆残值 21000 美元，均未进入成本，均须占用资金，共约 329385 美元，即约占本工程利润的 45%，将是物化利润资金。

2. 关于材料

说明主要材料的询价和来源的可靠性，说明本标价计算考虑了两年内平均涨价系数12％基本是合理的。

3. 简要分析

利用调查当地类似工程或本公司过去在当地承包的其他工程情况，分析本标价计算可行性和竞争力。例如，由于本工程利用了公司调入的现有设备较多，使机械使用费占总标价的比重降到10％以下，作为当地的外国公司，对于公路工程来说，这是颇有竞争力的。

如能调查了解到竞争对手们的优势和弱点，综合上述情况，即可分析本标价中标的或然率，并作出正确的投标决策。

案例改编来源：汤礼智. 国际工程承包实务［M］. 北京：中国建筑工业出版社，1997.

思考题

1. 国际工程的定义是什么？请举例说明。

2. 国际工程招标的常用形式有哪些？

3. 试简述国际工程投标报价的基本程序，指出其中哪项对投标报价影响最大，并分析其控制要点。

4. 试比较国际工程与国内工程投标报价构成方面的区别。

5. 单价分析表应根据工程性质与招标文件的要求进行简化或调整，你认为简化或调整应遵循何种原则以保护己方的利益。

6. 国际工程投标报价的分析方法有哪些，分别如何操作？

7. 国际工程投标报价的调整主要有哪些技巧，运用时分别应注意什么问题？

8. 试运用 ABC 法分析影响国际工程利润水平的主要因素。

9. 国际工程投标报价如何进行决策？

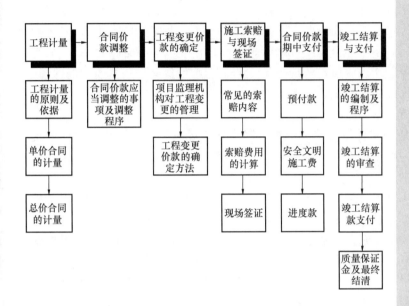

工程计量支付与结算

10.1　工程计量

工程量的正确计量是发包人向承包人支付合同价款的前提和依据。无论采用何种计价方式，其工程量必须按照相关工程现行国家计量规范规定的工程量计算规则计算。采用全国统一的工程量计算规则，对于规范工程建设各方的计量计价行为，有效减少计量争议具有重要意义。除专用合同条款另有约定外，工程量的计量按月进行。

10.1.1　工程计量的原则

工程量计量按照合同约定的工程量计算规则、图纸及变更指示等进行。工程量计算规则应以相关的国家标准、行业标准等为依据，由合同当事人在专用合同条款中约定。

对于不符合合同文件要求的工程，承包人超出施工图纸范围或因承包人原因造成返工的工程量，不予计量。

若发现工程量清单中出现漏项、工程量计算偏差，以及工程变更引起工程量的增减变化，应据实调整，正确计量。

10.1.2 工程计量的依据

计量依据一般有质量合格证书、计量规范、技术规范中的"计量支付"条款和设计图纸。也就是说，计量时必须以这些资料为依据。

1. 质量合格证书

对于承包人已完成的工程，并不是全部进行计量，只有质量达到合同标准的已完工程才予以计量。所以，工程计量必须与质量监理紧密配合，经过专业监理工程师检验，工程质量达到合同规定的标准后，由专业监理工程师签署报验申请表（质量合格证书），只有质量合格的工程才予以计量。所以说质量监理是计量的基础，计量又是质量监理的保障，通过计量支付，强化承包人的质量意识。

2. 计量规范和技术规范

计量规范和技术规范是确定计量方法的依据。因为计量规范和技术规范的"计量支付"条款规定了清单中每一项工程的计量方法，同时还规定了按规定的计量方法确定的单价所包括的工作内容和范围。

例如：某高速公路技术规范计量支付条款规定：所有道路工程、隧道工程和桥梁工程中的路面工程按各种结构类型及各层不同厚度分别汇总，以图纸所示或监理工程师指示为依据，按经监理工程师验收的实际完成数量，以平方米为单位分别计量。计量方法是根据路面中心线的长度乘以图纸所标明的平均宽度，再加单独测量的岔道、加宽路面、喇叭口和道路交叉处的面积，以平方米为单位计量。除监理工程师书面批准外，凡超出图纸所规定的任何宽度、长度、面积或体积均不予计量。

3. 设计图纸

单价合同以实际完成的工程量进行结算，但被监理工程师计量的工程数量，并不一定是承包人实际施工的数量。计量的几何尺寸要以设计图纸为依据，监理工程师对承包人超出设计图纸要求增加的工程量和自身原因造成返工的工程量，不予计量。例如：在某工程中，灌注桩的计量支付条款中规定按照设计图纸以延米计量，其单价包括所有材料及施工的各项费用。根据这个规定，如果承包人做了 35m，而桩的设计长度为 30m，则只计量 30m，发包人按 30m 付款，承包人多做的 5m 灌注桩所消耗的钢筋及混凝土材料，发包人不予补偿。

10.1.3 单价合同的计量

工程量必须以承包人完成合同工程应予计量的工程量确定。施工中进行工程量计量时，当发现招标工程量清单中出现缺项、工程量偏差，或因工程变更引起工程量增减时，应按承包人在履行合同义务中完成的工程量计量。

1. 计量程序

按《建设工程施工合同（示范文本）》GF—2017—0201，除专用合同条款另有约定外，单价合同的计量按照如下约定执行：

（1）承包人应于每月 25 日向监理人报送上月 20 日至当月 19 日已完成的工程量报告，并附具进度付款申请单、已完成工程量报表和有关资料。

（2）监理人应在收到承包人提交的工程量报告后 7 天内完成对承包人提交的工程量报

表的审核并报送发包人，以确定当月实际完成的工程量。监理人对工程量有异议的，有权要求承包人进行共同复核或抽样复测。承包人应协助监理人进行复核或抽样复测，并按监理人要求提供补充计量资料。承包人未按监理人要求参加复核或抽样复测的，监理人复核或修正的工程量视为承包人实际完成的工程量。

（3）监理人未在收到承包人提交的工程量报表后的 7 天内完成审核的，承包人报送的工程量报告中的工程量视为承包人实际完成的工程量，据此计算工程价款。

2. 工程计量的方法

监理人一般只对以下三方面的工程项目进行计量：

（1）工程量清单中的全部项目；

（2）合同文件中规定的项目；

（3）工程变更项目。

一般可按照以下方法进行计量。

1）均摊法

所谓均摊法，就是对清单中某些项目的合同价款，按合同工期平均计量。如：为监理工程师提供宿舍，保养测量设备，保养气象记录设备，维护工地清洁和整洁等。这些项目都有一个共同的特点，即每月均有发生。所以，可以采用均摊法进行计量支付。例如：保养气象记录设备，每月发生的费用是相同的，如本项合同款额为 2000 元，合同工期为 20 个月，则每月计量、支付的款额为：2000÷20＝100 元/月。

2）凭据法

所谓凭据法，就是按照承包人提供的凭据进行计量支付。如建筑工程险保险费、第三方责任险保险费、履约保证金等项目，一般按凭据法进行计量支付。

3）估价法

所谓估价法，就是按合同文件的规定，根据监理工程师估算的已完成的工程价值支付。如为监理工程师提供办公设施和生活设施，为监理工程师提供用车，为监理工程师提供测量设备、天气记录设备、通信设备等项目。这类清单项目往往要购买几种仪器设备，当承包人对于某一项清单项目中规定购买的仪器设备不能一次购进时，则需采用估价法进行计量支付。其计量过程如下：

（1）按照市场的物价情况，对清单中规定购置的仪器设备分别进行估价。

（2）按下式计量支付金额：

$$F = A \cdot \frac{B}{D} \tag{10-1}$$

式中　F——计算的支付金额；

　　　A——清单所列该项的合同金额；

　　　B——该项实际完成的金额（按估算价格计算）；

　　　D——该项全部仪器设备的总估算价格。

从上式可知：

① 该项实际完成金额 B 必须按各种设备的估算价格计算，它与承包人购进的价格无关。

② 估算的总价与合同工程量清单的款额无关。

当然，估价的款额与最终支付的款额无关，最终支付的款额总是合同清单中的款额。

4）断面法

断面法主要用于取土坑或填筑路堤土方的计量。对于填筑土方工程，一般规定计量的体积为原地面线与设计断面所构成的体积。采用这种方法计量时，在开工前承包人需测绘出原地形的断面，并需经监理工程师检查，作为计量的依据。

5）图纸法

在工程量清单中，许多项目都采取按照设计图纸所示的尺寸进行计量，如混凝土构筑物的体积、钻孔桩的桩长等。

6）分解计量法

所谓分解计量法，就是将一个项目，根据工序或部位分解为若干子项，对完成的各子项进行计量支付。这种计量方法主要是为了解决一些包干项目或较大的工程项目的支付时间过长，影响承包人的资金流动等问题。

10.1.4　总价合同的计量

按《建设工程施工合同（示范文本）》GF—2017—0201，除专用合同条款另有约定外，按月计量支付的总价合同，按照如下约定执行：

（1）承包人应于每月 25 日向监理人报送上月 20 日至当月 19 日已完成的工程量报告，并附具进度付款申请单、已完成工程量报表和有关资料。

（2）监理人应在收到承包人提交的工程量报告后 7 天内完成对承包人提交的工程量报表的审核并报送发包人，以确定当月实际完成的工程量。监理人对工程量有异议的，有权要求承包人进行共同复核或抽样复测。承包人应协助监理人进行复核或抽样复测并按监理人要求提供补充计量资料。承包人未按监理人要求参加复核或抽样复测的，监理人审核或修正的工程量视为承包人实际完成的工程量。

（3）监理人未在收到承包人提交的工程量报表后的 7 天内完成复核的，承包人提交的工程量报告中的工程量视为承包人实际完成的工程量。

总价合同采用支付分解表计量支付的，可以按照上述约定进行计量，但合同价款按照支付分解表进行支付。

其他价格形式合同的计量：合同当事人可在专用合同条款中约定其他价格形式合同的计量方式和程序。

10.2　合同价款调整

工程项目建设周期长，在整个建设周期内会受到多种因素的影响，《建设工程工程量清单计价规范》GB 50500—2013 参照国内外多部合同范本，结合工程建设合同的实践经验和建筑市场的交易习惯，对所有涉及合同价款调整、变动的因素或其范围进行了归并，主要包括五大类：一是法规变化类（法律法规变化）；二是工程变更类（工程变更、项目特征不符、工程量清单缺项、工程量偏差、计日工）；三是物价变化类（物价变化、暂估价）；四是工程索赔类（不可抗力、提前竣工、索赔等）；五是其他类（现场签证等）。

10.2.1　合同价款应当调整的事项及调整程序

1. 合同价款应当调整的事项

以下事项发生，发承包双方应当按照合同约定调整合同价款：

(1) 法律法规变化；

(2) 工程变更；

(3) 项目特征不符；

(4) 工程量清单缺项；

(5) 工程量偏差；

(6) 计日工；

(7) 市场价格波动；

(8) 暂估价；

(9) 不可抗力；

(10) 提前竣工（赶工补偿）；

(11) 误期赔偿；

(12) 索赔；

(13) 现场签证；

(14) 暂列金额；

(15) 发承包双方约定的其他调整事项。

2. 合同价款调整的程序

合同价款调整应按照以下程序进行：

(1) 出现合同价款调增事项（不含工程量偏差、计日工、现场签证、施工索赔）后的14天内，承包人应向发包人提交合同价款调增报告并附上相关资料；承包人在14天内未提交合同价款调增报告的，应视为承包人对该事项不存在调整价款请求。

(2) 出现合同价款调减事项（不含工程量偏差、施工索赔）后的14天内，发包人应向承包人提交合同价款调减报告并附相关资料；发包人在14天内未提交合同价款调减报告的，应视为发包人对该事项不存在调整价款请求。

(3) 发（承）包人应在收到承（发）包人合同价款调增（减）报告及相关资料之日起14天内对其核实，予以确认的应书面通知承（发）包人。当有疑问时，应向承（发）包人提出协商意见。发（承）包人在收到合同价款调增（减）报告之日起14天内未确认也未提出协商意见的，视为承（发）包人提交的合同价款调增（减）报告已被发（承）包人认可。发（承）包人提出协商意见的，承（发）包人应在收到协商意见后的14天内对其核实，予以确认的应书面通知发（承）包人。承（发）包人在收到发（承）包人的协商意见后14天内既不确认也未提出不同意见的，视为发（承）包人提出的意见已被承（发）包人认可。

如果发包人与承包人对合同价款调整的不同意见不能达成一致，只要对承发包双方履约不产生实质影响，双方应继续履行合同义务，直到其按照合同约定的争议解决方式得到处理。关于合同价款调整后的支付原则，《建设工程工程量清单计价规范》GB 50500—2013作了如下规定：经发承包双方确认调整的合同价款，作为追加（减）合同价款，与工程进度款或结算款同期支付。

10.2.2　法律法规变化

施工合同履行过程中经常出现法律法规变化引起的合同价格调整问题。

招标工程以投标截止日前 28 天，非招标工程以合同签订前 28 天为基准日，其后因国家的法律、法规、规章和政策发生变化引起工程造价增减变化的，发承包双方应当按照省级或行业建设主管部门或其授权的工程造价管理机构据此发布的规定调整合同价款。

但因承包人原因导致工期延误的，按上述规定的调整时间，在合同工程原定竣工时间之后，合同价款调增的不予调整，合同价款调减的予以调整。

10.2.3　项目特征不符

《建设工程工程量清单计价规范》GB 50500—2013 中规定：

（1）发包人在招标工程量清单中对项目特征的描述，应被认为是准确的和全面的，并且与实际施工要求相符合。承包人应按照发包人提供的招标工程量清单，根据其项目特征描述的内容及有关要求实施合同工程，直到项目被改变为止。

（2）承包人应按照发包人提供的设计图纸实施工程合同，若在合同履行期间出现设计图纸（含设计变更）与招标工程量清单任一项目的特征描述不符，且该变化引起该项目的工程造价增减变化的，应按照实际施工的项目特征，按规范中工程变更相关条款的规定重新确定相应工程量清单项目的综合单价，并调整合同价款。

其中第一条规定了项目特征描述的要求。项目特征是构成清单项目价值的本质特征，单价的高低与其必然有联系。因此，发包人在招标工程量清单中对项目特征的描述应被认为是准确的和全面的，并且与实际工程施工要求相符合，否则，承包人无法报价。

而当项目特征变化后，发承包双方应按实际施工的项目特征重新确定综合单价。

例如：招标时，某现浇混凝土构件项目特征描述中描述混凝土强度等级为 C25，但施工图纸本来就表明（或在施工过程中发包人变更）混凝土强度等级为 C30，很显然，这时应该重新确定综合单价，因为 C25 与 C30 的混凝土，其价格是不一样的。

10.2.4　工程量清单缺项

施工过程中，工程量清单项目的增减变化必然带来合同价款的增减变化。而导致工程量清单缺项的原因，一是设计变更，二是施工条件改变，三是工程量清单编制错误。

《建设工程工程量清单计价规范》GB 50500—2013 对这部分的规定如下：

（1）合同履行期间，由于招标工程量清单中缺项，新增分部分项工程量清单项目的，应按照规范中工程变更相关条款确定单价，并调整合同价款。

（2）新增分部分项工程量清单项目后，引起措施项目发生变化的，应按照规范中工程变更相关规定，在承包人提交的实施方案被发包人批准后调整合同价款。

（3）由于招标工程量清单中措施项目缺项的，承包人应将新增措施项目实施方案提交发包人批准后，按照规范相关规定调整合同价款。

10.2.5　工程量偏差

施工过程中，由于施工条件、地质水文、工程变更等变化以及招标工程量清单编制人专业水平的差异，往往在合同履行期间，应予计量的工程量与招标工程量清单出现偏差，工程量偏差过大，对综合成本的分摊带来影响，如突然增加过多，仍然按原综合单价计价，对发包人不公平；而突然减少过多，仍然按原综合单价计价，对承包人不公平。并且，有经验的承包人可能乘机进行不平衡报价。因此，为维护合同的公平，应当对工程量偏差带来的合同价款调整作出规定。

《建设工程工程量清单计价规范》GB 50500—2013 对这部分的规定如下：

（1）合同履行期间，当予以计算的实际工程量与招标工程量清单出现偏差，且符合下述两条规定的，发承包双方应调整合同价款。

（2）对于任一招标工程量清单项目，如果因工程量偏差和工程变更等原因导致工程量偏差超过 15% 时，可进行调整。当工程量增加 15% 以上时，增加部分的工程量的综合单价应予调低；当工程量减少 15% 以上时，减少后剩余部分的工程量的综合单价应予调高。

（3）如果工程量出现超过 15% 的变化，且该变化引起相关措施项目相应发生变化时，按系数或单一总价方式计价的，工程量增加的措施项目费调增，工程量减少的措施项目费调减。

上述规定中，工程量偏差超过 15% 时的调整方法，可参照如下公式：

① 当 $Q_1 > 1.15Q_0$ 时：

$$S = 1.15Q_0 \times P_0 + (Q_1 - 1.15Q_0) \times P_1 \tag{10-2}$$

② 当 $Q_1 < 0.85Q_0$ 时：

$$S = Q_1 \times P_1 \tag{10-3}$$

式中　S——调整后的某一分部分项工程费结算价；

　　　Q_1——最终完成的工程量；

　　　Q_0——招标工程量清单列出的工程量；

　　　P_1——按照最终完成工程量重新调整后的综合单价；

　　　P_0——承包人在工程量清单中填报的综合单价。

采用上述两式的关键是确定新的综合单价，即 P_1 确定的方法，一是承发包双方协商确定，二是与招标控制价相联系，当工程量偏差项目出现承包人在工程量清单中填报的综合单价与发包人招标控制价相应清单项目的综合单价偏差超过 15% 时，工程量偏差项目综合单价的调整可参考以下公式：

③ 当 $P_0 < P_2 \times (1 - L) \times (1 - 15\%)$ 时，该类项目的综合单价：

$$P_1 \text{ 按照 } P_2 \times (1 - L) \times (1 - 15\%) \text{ 调整} \tag{10-4}$$

④ 当 $P_0 > P_2 \times (1 + 15\%)$ 时，该类项目的综合单价：

$$P_1 \text{ 按照 } P_2 \times (1 + 15\%) \text{ 调整} \tag{10-5}$$

⑤当 $P_0 > P_2 \times (1 - L) \times (1 - 15\%)$ 或 $P_0 < P_2 \times (1 + 15\%)$ 时，可不予调整。

式中　P_0——承包人在工程量清单中填报的综合单价；

　　　P_2——发包人在招标控制价相应项目的综合单价；

　　　L——计价规范中定义的承包人报价浮动率。

【例 10-1】

（1）某工程项目招标控制价的综合单价为 350 元，投标报价的综合单价为 287 元，该工程投标报价下浮率为 6%，综合单价是否调整？

解：$287 \div 350 = 82\%$，偏差为 18%；

按式（10-4）：$350 \times (1-6\%) \times (1-15\%) = 279.65$ 元。

由于 287 元大于 279.65 元，所以该项目变更后的综合单价可不予调整。

（2）某工程项目招标控制价的综合单价为 350 元，投标报价的综合单价为 406 元，工程变更后的综合单价如何调整？

解：$406 \div 350 = 1.16$，偏差为 16%；

按式（10-5）：$350 \times (1+15\%) = 402.50$ 元。

由于 406 元大于 402.50 元，该项目变更后的综合单价应调整为 402.50 元。

（3）某工程项目招标工程量清单数量为 1520m^3，施工中由于设计变更调整为 1824m^3，增加 20%，该项目招标控制综合单价为 350 元，投标报价为 406 元，应如何调整？

解：①根据（2），综合单价 P_1 应调整为 402.50 元；

②按式（10-2）：$S = 1.15 \times 1520 \times 406 + (1824 - 1.15 \times 1520) \times 402.50$
$$= 709608 + 76 \times 402.50$$
$$= 740198 \text{ 元}$$

（4）某工程项目招标工程量清单数量为 1520m^3，施工中由于设计变更调整为 1216m^3，减少 20%，该项招标控制综合单价为 350 元，投标报价为 287 元，应如何调整？

解：①根据（1），综合单价 P_1 可不调整；

②按式（10-2）：$S = 1216 \times 287 = 348992$ 元

10.2.6 计日工

计日工是指在施工过程中，承包人完成发包人提出的工程合同范围以外的零星工程或工作，按合同中约定的单价计价的一种方式。发包人通知承包人以计日工方式实施的零星工作，承包人应予执行。

采用计日工计价的任何一项变更工作，在该项变更的实施过程中，承包人应按合同约定提交下列报表和有关凭证送发包人复核：

（1）工作名称、内容和数量；

（2）投入该工作所有人员的姓名、工种、级别和耗用工时；

（3）投入该工作的材料名称、类别和数量；

（4）投入该工作的施工设备型号、台数和耗用台时；

（5）发包人要求提交的其他资料和凭证。

此外，《建设工程工程量清单计价规范》GB 50500—2013 对计日工生效计价的原则作了以下规定：任一计日工项目持续进行时，承包人应在该项工作实施结束后的 24h 内向发包人提交有计日工记录汇总的现场签证报告一式三份。发包人在收到承包人提交现场签证报告后的 2 天内予以确认并将其中一份返还给承包人，作为计日工计价和支付的依据。发包人逾期未确认也未提出修改意见的，应视为承包人提交的现场签证报告已被发包人认可。

每个支付期末，承包人应按照规范中进度款的相关条款规定向发包人提交本期间所有计日工记录的签证汇总表，以说明本期间自己认为有权得到的计日工金额，调整合同价款，列入进度款支付。

10.2.7　市场价格波动引起的调整

施工合同履行时间往往较长，合同履行过程中经常出现人工、材料、工程设备和机械台班等市场价格起伏引起价格波动的现象，该种变化一般会造成承包人施工成本的增加或减少，进而影响到合同价格调整，最终影响到合同当事人的权益。

因此，为解决由于市场价格波动引起合同履行的风险问题，《建设工程施工合同（示范文本）》中引入了适度风险适度调价的制度，亦称之为合理调价制度，其法律基础是合同风险的公平合理分担原则。

合同履行期间，因人工、材料、工程设备、机械台班价格波动影响合同价款时应根据合同约定的方法（如价格指数调整法或造价信息差额调整法）计算调整合同价款。承包人采购材料和工程设备的，应在合同中约定主要材料、工程设备价格变化的范围或幅度，如没有约定，则材料、工程设备单价变化超过 5%，超过部分的价格应按照价格指数调整法或造价信息差额调整法计算调整材料、工程设备费。

发生合同工程工期延误的，应按照下列规定确定合同履行期应予调整的价格：

（1）因非承包人原因导致工期延误的，计划进度日期后续工程的价格，应采用计划进度日期与实际进度日期两者的较高者；

（2）因承包人原因导致工期延误的，则计划进度日期后续工程的价格，采用计划进度日期与实际进度日期两者的较低者。

发包人供应材料和工程设备的，不适用上述规定，应由发包人按照实际变化调整，列入合同工程的工程造价内。

如前所述，市场价格波动引起的合同价款调整方法有价格指数调整法和造价信息差额调整法，对此，《建设工程工程量清单计价规范》GB 50500—2013 中有如下规定。

1. 采用价格指数进行价格调整

1）价格调整公式

因人工、材料和工程设备等价格波动影响合同价格时，根据投标函附录中的价格指数和权重表约定的数据，按以下公式计算差额并调整合同价款：

$$\Delta P = P_0\Big[A + \Big(B_1 \times \frac{F_{t1}}{F_{01}} + B_2 \times \frac{F_{t2}}{F_{02}} + B_3 \times \frac{F_{t3}}{F_{03}} + \cdots + B_n \times \frac{F_{tn}}{F_{0n}}\Big) - 1\Big] \quad (10\text{-}6)$$

式中　　　　　ΔP ——需调整的价格差额。

P_0 ——约定的付款证书中承包人应得到的已完成工程量的金额。此项金额应不包括价格调整、不计质量保证金的扣留和支付、预付款的支付和扣回。约定的变更及其他金额已按现行价格计价的，也不计在内。

A ——定值权重（即不调部分的权重）。

$B_1, B_2, B_3 \cdots B_n$ ——各可调因子的变值权重（即可调部分的权重），为各可调因子在签约合同价中所占的比例。

$F_{t1}, F_{t2}, F_{t3} \cdots F_{tn}$ ——各可调因子的现行价格指数，指约定的付款证书相关周期最后一天的前 42 天的各可调因子的价格指数。

$F_{01}, F_{02}, F_{03} \cdots F_{0n}$ ——各可调因子的基本价格指数，指基准日期的各可调因子的价格指数。

以上价格调整公式中的各可调因子、定值和变值权重，以及基本价格指数及其来源在投标函附录价格指数和权重表中约定。价格指数应首先采用工程造价管理机构提供的价格指数，缺乏上述价格指数时，可采用工程造价管理机构提供的价格代替。

2）暂时确定调整差额

在计算调整差额时得不到现行价格指数的，可暂用上一次价格指数计算，并在以后的付款中再按实际价格指数进行调整。

3）权重的调整

约定的变更导致原定合同中的权重不合理时，由承包人和发包人协商后进行调整。

4）因承包人原因工期延误后的价格调整

由于承包人原因未在约定的工期内竣工的，则对原约定竣工日期后继续施工的工程，在使用价格调整公式时，应采用原约定竣工日期与实际竣工日期的两个价格指数中较低的一个作为现行价格指数。

2. 采用造价信息进行价格调整

合同履行期间，因人工、材料、工程设备和机械台班价格波动影响合同价格时，人工、机械使用费按照国家或省、自治区、直辖市建设行政管理部门、行业建设管理部门或其授权的工程造价管理机构发布的人工、机械使用费系数进行调整；需要进行价格调整的材料，其单价和采购数量应由发包人审批，发包人确认需调整的材料单价及数量，作为调整合同价格的依据。

1）人工单价发生变化时，发承包双方应按省级或行业建设主管部门或其授权的工程造价管理机构发布的人工成本文件调整合同价款。

【例 10-2】 ××工程在施工期间，省工程造价管理机构发布了人工费调整 10％的文件，适用时间为××年×月×日，该工程本期完成合同价款 1576893.50 元，其中人工费283840.83 元，与定额人工费持平，本期人工费应否调整，调增多少？

解： 因为人工费与定额人工费持平，则低于发布价格，应予调增：

$$283840.83 \times 10\% = 28384.08 \text{ 元}$$

2）材料、工程设备价格变化的价款调整按照发包人提供的主要材料和工程设备一览表，发承包双方约定的风险范围按以下规定进行。

（1）当承包人投标报价中材料单价低于基准单价：施工期间材料单价涨幅以基准单价为基础超过合同约定的风险幅度值时，或材料单价跌幅以投标报价为基础超过合同约定的风险幅度值时，其超过部分按实调整。

（2）当承包人投标报价中材料单价高于基准单价：施工期间材料单价跌幅以基准单价为基础超过合同约定的风险幅度值时，或材料单价涨幅以投标报价为基础超过合同约定的风险幅度值时，其超过部分按实调整。

（3）当承包人投标报价中材料单价等于基准单价：施工期间材料单价涨、跌幅以基准单价为基础超过合同约定的风险幅度值时，其超过部分按实调整。

（4）承包人应在采购材料前将采购数量和新的材料单价报发包人核对，确认用于本合同工程时，发包人应确认采购材料的数量和单价。发包人在收到承包人报送的确认资料后 3 个工作日不予答复的视为已经认可，作为调整合同价款的依据。如果承包人未报经发包人核对即自行采购材料，再报发包人确认调整合同价款的，如发包人不同意，则不作调整。

前述基准价格是指由发包人在招标文件或专用合同条款中给定的材料、工程设备的价格，该价格原则上应当按照省级或行业建设主管部门或其授权的工程造价管理机构发布的信息价编制。

3）施工机械台班单价或施工机械使用费发生变化超过省级或行业建设主管部门或其授权的工程造价管理机构规定的范围时，按其规定调整合同价款。

【例 10-3】 ××工程约定采用价格指数法调整合同价款，具体约定见表 10-1 数据，本期完成合同价款为 1584629.37 元，其中：已按现行价格计算的计日工价款为 5600 元，发承包双方确认应增加的索赔金额为 2135.87 元，计算应调整的合同价款差额。

承包人提供材料和工程设备一览表   表 10-1
（适用于价格指数调整方法）

工程名称：××工程标段：   第 1 页共 1 页

序号	名称、规格、型号	变值权重 B	基本价格指数 F_0	现行价格指数 F_t	备注
1	人工费	0.18	110%	121%	
2	钢材	0.11	4000 元/t	4320 元/t	
3	预拌混凝土 C30	0.16	340 元/m³	357 元/m³	
4	页岩砖	0.05	300 元/千匹	318 元/千匹	
5	机械费	0.08	100%	100%	
	定值权重 A	0.42	—	—	
	合计	1	—	—	

解：（1）本期完成合同价款应扣除已按现行价格计算的计日工价款和确认的索赔金额。

$$1584629.37 - 5600 - 2135.87 = 1576893.50 \text{ 元}$$

（2）用公式（10-6）计算：

$$\Delta P = 1576893.50 \times \left[0.42 + \left(0.18 \times \frac{121}{110} + 0.11 \times \frac{4320}{4000} + 0.16 \times \frac{357}{340} + 0.05 \times \frac{318}{300} \right.\right.$$
$$\left.\left. + 0.08 \times \frac{100}{100} \right) - 1 \right]$$

$$= 1576893.50 \times [0.42 + (0.18 \times 1.1 + 0.11 \times 1.08 + 0.16 \times 1.05 + 0.05 \times 1.06 + 0.08 \times 1) - 1]$$

$$= 1576893.50 \times [0.42 + (0.198 + 0.1188 + 0.168 + 0.053 + 0.08) - 1]$$

$$= 1576893.50 \times 0.0378$$

$$= 59606.57 \text{ 元}$$

本期应增加合同价款 59606.57 元。

【例 10-4】某工程采用预拌混凝土由承包人提供，所需品种见表 10-2，在施工期间，在采购预拌混凝土时，其单价分别为 C20：327 元/m³，C25：335 元/m³，C30：345 元/m³，合同约定的材料单价如何调整？

承包人提供材料和工程设备一览表　　　　　　　　　　　　表 10-2
（适用于造价信息差额调整方法）

工程名称：××中学教学楼工程　　　　标段：　　　　　　　　　第 1 页共 1 页

序号	名称、规格、型号	单位	数量	风险系数（%）	基准单价（元）	投标单价（元）	发包人确认单价（元）	备注
1	预拌混凝土 C20	m³	25	≤5	310	308	309.50	
2	预拌混凝土 C25	m³	560	≤5	323	325	325	
3	预拌混凝土 C30	m³	3120	≤5	340	340	340	

解：（1）C20：$327 \div 310 - 1 = 5.48\%$

投标单价低于基准价，按基准价算，已超过约定的风险系数的，应予调整。

$$308 + 310 \times 0.48\% = 308 + 1.488 = 309.49 \text{ 元}$$

（2）C25：$335 \div 325 - 1 = 3.08\%$

投标单价高于基准价，按报价算，未超过约定的风险系数的，不予调整。

（3）C30：$345 \div 340 - 1 = 1.39\%$

投标单价等于基准价，按基准价算，未超过约定的风险系数的，不予调整。

【例 10-5】某工程合同总价为 1000 万元。其组成为：土方工程费 100 万元，占 10%；砌体工程费 400 万元，占 40%；钢筋混凝土工程费 500 万元，占 50%。这三个组成部分的人工费和材料费占工程价款的 85%，人工材料费中各项费用比例如下：

（1）土方工程：人工费 50%，机具折旧费 26%，柴油 24%。

（2）砌体工程：人工费 53%，钢材 5%，水泥 20%，骨料 5%，空心砖 12%，柴油 5%。

（3）钢筋混凝土工程：人工费 53%，钢材 22%，水泥 10%，骨料 7%，木材 4%，柴油 4%。

假定该合同的基准日期为 2019 年 1 月 4 日，2019 年 9 月完成的工程价款占合同总价的 10%，有关月报的工资、材料物价指数如表 10-3 所示。（注：$F_{t1}, F_{t2}, F_{t3} \cdots F_{tn}$ 等应采用 8 月份的物价指数）

工资、物价指数表　　　　　　　　　　　　表 10-3

费用名称	代号	2019 年 1 月指数	代号	2019 年 8 月指数
人工费	F_{01}	100.0	F_{t1}	116.0
钢材	F_{02}	153.4	F_{t2}	187.6
水泥	F_{03}	154.8	F_{t3}	175.0
骨料	F_{04}	132.6	F_{t4}	169.3

费用名称	代号	2019 年 1 月指数	代号	2019 年 8 月指数
柴油	F_{05}	178.3	F_{t5}	192.8
机具折旧	F_{06}	154.4	F_{t6}	162.5
空心砖	F_{07}	160.1	F_{t7}	162.0
木材	F_{08}	142.7	F_{t8}	159.5

问题： 2019 年 9 月需要调整的价格差额是多少？

解： 该工程其他费用，即不调值的费用占工程价款的 15%，计算出各项参加调值的费用占工程价款比例如下：

人工费：$(50\% \times 10\% + 53\% \times 40\% + 53\% \times 50\%) \times 85\% \approx 45\%$

钢　　材：$(5\% \times 40\% + 22\% \times 50\%) \times 85\% \approx 11\%$

水　　泥：$(20\% \times 40\% + 10\% \times 50\%) \times 85\% \approx 11\%$

骨　　料：$(5\% \times 40\% + 7\% \times 50\%) \times 85\% \approx 5\%$

柴　　油：$(24\% \times 10\% + 5\% \times 40\% + 4\% \times 50\%) \times 85\% \approx 5\%$

机具折旧：$26\% \times 10\% \times 85\% \approx 2\%$

空 心 砖：$12\% \times 40\% \times 85\% \approx 4\%$

木　　材：$4\% \times 50\% \times 85\% \approx 2\%$

不调值费用占工程价款的比例为：15%

根据公式（10-6），得

$$\Delta P = 10\% \times 1000 \times \left[0.15 + \left(0.45 \times \frac{116}{100} + 0.11 \times \frac{187.6}{153.4} + 0.11 \times \frac{175.0}{154.8} + 0.05 \times \frac{169.3}{132.6} \right. \right.$$
$$\left. \left. + 0.05 \times \frac{192.8}{178.3} + 0.02 \times \frac{162.5}{154.4} + 0.04 \times \frac{162.0}{160.1} + 0.02 \times \frac{159.5}{142.7} \right) - 1 \right]$$

$$= 13.27 \text{ 万元}$$

即：通过调值，2019 年 9 月实得工程款比原价款多 13.27 万元。

10.2.8　暂估价

暂估价是指招标人在工程量清单中提供的用于支付必然发生但暂时不能确定价格的材料、工程设备的单价以及专业工程的金额。

发包人在招标工程量清单中给定暂估价的材料、工程设备属于依法必须招标的，由发承包双方以招标的方式选择供应商，确定价格，并以此为依据取代暂估价，调整合同价款。实践中，恰当的做法是仍由总承包中标人作为招标人，采购合同应由总承包人签订。

发包人在招标工程量清单中给定暂估价的材料、工程设备不属于依法必须招标的，由承包人按照合同约定采购，经发包人确认后以此为依据取代暂估价，调整合同价款。

发包人在工程量清单中给定暂估价的专业工程不属于依法必须招标的，应按照工程变更价款的确定方法确定专业工程价款。并以此为依据取代专业工程暂估价，调整合同价款。

发包人在招标工程量清单中给定暂估价的专业工程，依法必须招标的，应当由发承包双方依法组织招标选择专业分包人，并接受有管辖权的建设工程招标投标管理机构的监督，还应符合下列要求：

（1）除合同另有约定外，承包人不参加投标的专业工程发包招标，应由承包人作为招标人，但拟定的招标文件、评标工作、评标结果应报送发包人批准。与组织招标工作有关的费用应当被认为已经包括在承包人的签约合同价（投标总报价）中。

（2）承包人参加投标的专业工程发包招标，应由发包人作为招标人，与组织招标工作有关的费用由发包人承担。同等条件下，应优先选择承包人中标。

（3）应以专业工程发包中标价为依据取代专业工程暂估价，调整合同价款。

总承包招标时，专业工程设计深度往往不够，一般需要交由专业设计人员设计。出于提高可建造性考虑，国际上一般由专业承包人员负责设计，以纳入其专业技能和专业施工经验。这类专业工程交由专业分包人完成是国际工程的良好实践，目前在我国工程建设领域也已经比较普遍。公开透明地合理确定这类暂估价的实际开支金额的最佳途径就是通过总承包人与建设项目招标人共同组织的招标。

例如：某工程招标，将现浇混凝土构件钢筋作为暂估价，为 4000 元/t，工程实施后，根据市场价格变动，将各规格现浇钢筋加权平均认定为 4295 元/t，此时，应在综合单价中以 4295 元取代 4000 元。

暂估材料或工程设备的单价确定后，在综合单价中只应取代原暂估单价，不应再在综合单价中涉及企业管理费或利润等其他费的变动。

10.2.9　不可抗力

1. 不可抗力的确认

依据《标准施工招标文件》，不可抗力是指承包人和发包人在订立合同时不可预见，在工程施工过程中不可避免发生并不能克服的自然灾害和社会性突发事件，如地震、海啸、瘟疫、水灾、骚乱、暴动、战争和专用合同条款约定的其他情形。

不可抗力发生后，发包人和承包人应及时认真统计所造成的损失，收集不可抗力造成损失的证据。合同双方对是否属于不可抗力或其损失的意见不一致的，由监理人商定或确定。

2. 不可抗力的通知

合同一方当事人遇到不可抗力事件，使其履行合同义务受到阻碍时，应立即通知合同另一方当事人和监理人，书面说明不可抗力和受阻碍的详细情况，并提供必要的证明。

如不可抗力持续发生，合同一方当事人应及时向合同另一方当事人和监理人提交中间报告，说明不可抗力和履行合同受阻的情况，并于不可抗力事件结束后 28 天内提交最终报告及有关资料。

3. 不可抗力后果及其处理

1）不可抗力造成损害的责任

除专用合同条款另有约定外，不可抗力导致的人员伤亡、财产损失、费用增加和（或）工期延误等后果，由合同双方按以下原则承担：

（1）永久工程，包括已运至施工场地的材料和工程设备的损害，以及因工程损害造成

的第三者人员伤亡和财产损失由发包人承担;

（2）承包人设备的损坏由承包人承担;

（3）发包人和承包人各自承担其人员伤亡和其他财产损失及其相关费用;

（4）承包人的停工损失由承包人承担,但停工期间应监理人要求照管工程和清理、修复工程的金额由发包人承担;

（5）不能按期竣工的,应合理延长工期,承包人不需支付逾期竣工违约金。发包人要求赶工的,承包人应采取赶工措施,赶工费用由发包人承担。

2）延迟履行期间发生的不可抗力

合同一方当事人延迟履行,在延迟履行期间发生不可抗力的,不免除其责任。

3）避免和减少不可抗力损失

不可抗力发生后,发包人和承包人均应采取措施尽量避免和减少损失的扩大,任何一方没有采取有效措施导致损失扩大的,应对扩大的损失承担责任。

4）因不可抗力解除合同

合同一方当事人因不可抗力不能履行合同的,应当及时通知对方解除合同。合同解除后,承包人应按照约定撤离施工场地。已经订货的材料、设备由订货方负责退货或解除订货合同,不能退还的货款和因退货、解除订货合同发生的费用,由发包人承担,因未及时退货造成的损失由责任方承担。

【例10-6】某工程在施工过程中,因不可抗力造成损失,承包人及时向项目监理机构提出了索赔申请,并附有相关证明材料,要求补偿的经济损失如下:

（1）永久工程损失26万元。

（2）承包人受伤人员医药费、补偿金4.5万元。

（3）施工机具损坏损失12万元。

（4）停工期间按照发包人要求清理和修复工程的费用3.5万元。

逐项分析以上的经济损失是否补偿给承包人,分别说明理由。项目监理机构应批准的补偿金额为多少元?

解:（1）永久工程损失26万元的经济损失应补偿给承包人。理由:不可抗力造成永久工程的损失,由发包人承担。

（2）承包人受伤人员医药费、补偿费4.5万元的经济损失不应补偿给承包人。理由:因不可抗力,发包人和承包人承担各自人员伤亡和财产的损失;

（3）施工机具损坏损失12万元的经济损失不应补偿给承包人。理由:不可抗力造成施工设备的损坏,由承包人承担。

（4）清理和修复工程的费用3.5万元的经济损失应补偿给承包人。理由:因不可抗力,承包人在停工期间按照发包人要求照管、清理和修复工程的费用由发包人承担。

项目监理机构应批准的补偿金额:26万+3.5万=29.5万元。

10.2.10 提前竣工（赶工补偿）

为了保证工程质量,承包人除了根据标准规范、施工图纸进行施工外,还应当按照科学合理的施工组织设计,按部就班地进行施工作业。因为有些施工流程必须有一定的时间间隔,例如,现浇混凝土必须有一定时间的养护才能进行下一个工序,刷油漆必须等上道工序所刮腻子干燥后方可进行等。所以,《建设工程质量管理条例》第十条规定:"建设工程发包单位不得迫使承包方以低于成本的价格竞标,不得任意压缩合理工期",据此,《建设工程工程量清单计价规范》GB 50500—2013 作了以下规定:

(1)工程发包时,招标人应当依据相关工程的工期定额合理计算工期,压缩的工期天数不得超过定额工期的 20%,将其量化。超过者,应在招标文件中明示增加赶工费用。

(2)工程实施过程中,发包人要求合同工程提前竣工的,应征得承包人同意后与承包人商定采取加快工程进度的措施,并应修订合同工程进度计划。发包人应承担承包人由此增加的提前竣工(赶工补偿)费用。

(3)发承包双方应在合同中约定提前竣工每日历天应补偿额度,此项费用应作为增加合同价款列入竣工结算文件中,应与结算款一并支付。

赶工费用主要包括:①人工费的增加,例如新增加投入人工的报酬,不经济使用人工的补贴等;②材料费的增加,例如可能造成不经济地使用材料而损耗过大,材料提前交货可能增加的费用、材料运输费的增加等;③机械费的增加,例如可能增加机械设备投入,不经济地使用机械等。

10.2.11 暂列金额

暂列金额是指招标人在工程量清单中暂定并包括在合同价款中的一笔款项。用于工程合同签订时尚未确定或者不可预见的所需材料、工程设备、服务的采购,施工中可能发生的工程变更、合同约定调整因素出现时的合同价款调整以及发生的索赔、现场签证确认等的费用。

已签约合同价中的暂列金额由发包人掌握使用。发包人按照合同的规定作出支付后,如有剩余,则暂列金额余额归发包人所有。

例如:根据上述定义,暂列金额在实际履行过程中可能发生,也可能不发生。某工程招标工程量清单中给出的暂列金额及拟用项目如表 10-4 所示,投标人只需要直接将招标工程量清单中所列的暂列金额纳入投标总价,并且不需要在所列的暂列金额以外再考虑任何其他费用。

暂列金额明细表

表 10-4

工程名称:××中学教学楼工程　　　　　　标段:　　　　　　　　　　第 1 页共 1 页

序号	项目名称	计量单位	暂定金额（元）	备注
1	自行车车棚工程	项	100000	正在设计图纸
2	工程量偏差和设计变更	项	100000	
3	政策性调整和材料价格波动	项	100000	
4	其他	项	50000	
5				
6				
合计			350000	—

注:此表由招标人填写,如不能详列,也可只列暂列金额总额,投标人应将上述暂列金额计入投标总价中。

10.3　工程变更价款的确定

在工程项目的实施过程中，由于多方面的情况变更，经常出现工程量变化、施工进度变化，以及发包方与承包方在执行合同中的争执等许多问题。这些问题的产生，一方面是由于勘察设计工作不细，以致在施工过程中发现许多招标文件中没有考虑或估算不准确的工程量，因而不得不改变施工项目或增减工程量；另一方面，是由于发生不可预见的事件，如自然或社会原因引起的停工或工期拖延等。由于工程变更所引起的工程量的变化、承包人的索赔等，都有可能使项目投资超出原来的预算投资，监理工程师必须严格予以控制，密切注意其对未完工程投资支出的影响及对工期的影响。

10.3.1　项目监理机构对工程变更的管理

《建设工程监理规范》GB/T 50319—2013指出在正常情况下，在施工阶段设计单位不应主动提出工程变更。承包人提出工程变更的情形有：一是图纸出现错、漏、碰、缺等缺陷无法施工；二是图纸不便施工，变更后更经济、方便；三是采用新材料、新产品、新工艺、新技术的需要；四是承包人考虑自身利益，为费用索赔提出工程变更。项目监理机构可按下列程序处理承包人提出的工程变更。

（1）总监理工程师组织专业监理工程师审查承包人提出的工程变更申请，提出审查意见。对涉及工程设计文件修改的工程变更，应由发包人转交原设计单位修改工程设计文件。必要时，项目监理机构应建议发包人组织设计、施工等单位召开论证工程设计文件修改方案的专题会议。

（2）总监理工程师组织专业监理工程师对工程变更费用及工期影响作出评估。

（3）总监理工程师组织发包人、承包人等共同协商确定工程变更费用及工期变化，会签工程变更单。

（4）项目监理机构根据批准的工程变更文件督促承包人实施工程变更。

除承包人提出的工程变更外，发包人可能由于局部调整使用工程，也可能是方案阶段考虑不周而提出工程变更。项目监理机构应对发包人要求的工程变更可能造成的设计修改、工程暂停、返工损失、增加工程造价等进行全面评估，为发包人正确决策提供依据，避免反复和不必要的浪费。

此外，《建设工程工程量清单计价规范》GB 50500—2013还规定了因非承包人原因删减合同工作的补偿要求：如果发包人提出的工程变更，因非承包人原因删减了合同中的某项原定工作或工程，致使承包人发生的费用或（和）得到的收益不能被包括在其他已支付或应支付的项目中，也未被包含在任何替代的工作或工程中，则承包人有权提出并得到合理的费用及利润补偿。

【示例1】隆翔商务大厦项目的发包人是隆翔置业有限公司，工程设计单位为滨海时代建筑设计研究院，工程监理单位为汉华建设工程监理有限公司。承包人，即海鸿建筑安装有限公司，在施工过程中因某材料不能及时供货，因此提出工程变更，请发包人和设计单位确认，工程变更单如表10-5所示。根据施工合同的相关约定，该项材料代换不涉及费用及工期变更。

工程变更单 表 10-5

工程名称：隆翔商务大厦 编号：BG-010

致：隆翔置业有限公司、滨海时代建筑设计研究院、汉华建设工程监理有限公司隆翔商务大厦监理项目部
由于HRB365ϕ12钢筋不能及时供货原因，兹提出工程19、20层楼板钢筋改用HRB400ϕ12钢筋代替，钢筋间距作相应调整工程变更，请予以审批。

附件：

☑变更内容

☑变更设计图

☑相关会议纪要

☐其他

负责人：_____

××年×月×日

工程数量增或减	无
费用增或减	无
工期变化	无

同意	同意
   施工项目经理部 　（盖章） 项目经理（签字）_____	 设计单位 　（盖章） 设计负责人（签字）_____
同意	同意
   项目监理机构 　（盖章） 总监理工程师（签字）_____	 发包人 　（盖章） 负责人（签字）_____

　注：1. 本表一式四份，发包人、项目监理机构、设计单位、承包人各一份。

　　2. 本表应由提出方填写，写明工程变更原因、工程变更内容，并附必要的附件，包括：工程变更的依据、详细内容、图纸；对工程造价、工期的影响程度分析，及对功能、安全影响的分析报告。

　　3. 对涉及工程设计文件修改的工程变更，应由发包人转交原设计单位修改工程设计文件。

10.3.2　工程变更价款的确定方法

1. 已标价工程量清单项目或其工程数量发生变化的调整办法

　《建设工程工程量清单计价规范》GB 50500—2013规定，工程变更引起已标价工程量清单项目或其工程数量发生变化的，应按照下列规定调整：

　1）已标价工程量清单中有适用于变更工程项目的，采用该项目的单价；但当工程变更导致该清单项目的工程数量发生变化，且工程量偏差超过15%，此时，调整的原则为：当工程量增加15%以上时，其增加部分的工程量的综合单价应予调低；当工程量减少15%以上时，减少后剩余部分的工程量的综合单价应予调高。

　2）已标价工程量清单中没有适用、但有类似于变更工程项目的，可在合理范围内参照类似项目的单价。

3）已标价工程量清单中没有适用也没有类似于变更工程项目的，由承包人根据变更工程资料、计量规则和计价办法、工程造价管理机构发布的信息价格和承包人报价浮动率提出变更工程项目的单价，报发包人确认后调整。承包人报价浮动率可按下列公式计算：

（1）招标工程：

$$承包人报价浮动率 L =（1－中标价/招标控制价）\times 100\% \qquad (10-7)$$

（2）非招标工程：

$$承包人报价浮动率 L =（1－报价值/施工图预算）\times 100\% \qquad (10-8)$$

4）已标价工程量清单中没有适用也没有类似于变更工程项目，且工程造价管理机构发布的信息价格缺价的，由承包人根据变更工程资料、计量规则、计价办法和通过市场调查等取得有合法依据的市场价格提出变更工程项目的单价，报发包人确认后调整。

2. 措施项目费的调整

工程变更引起施工方案改变并使措施项目发生变化时，承包人提出调整措施项目费的，应事先将拟实施的方案提交发包人确认，并应详细说明与原方案措施项目相比的变化情况。拟实施的方案经发承包双方确认后执行，并应按照下列规定调整措施项目费：

（1）安全文明施工费按照实际发生变化的措施项目调整，不得浮动。

（2）采用单价计算的措施项目费，按照实际发生变化的措施项目、按照前述已标价工程量清单项目的规定确定单价。

（3）按总价（或系数）计算的措施项目费，按照实际发生变化的措施项目调整，但应考虑承包人报价浮动因素，即调整金额按照实际调整金额乘以式（10-7）或式（10-8）得出的承包人报价浮动率计算。

如果承包人未事先将拟实施的方案提交给发包人确认，则视为工程变更不引起措施项目费的调整或承包人放弃调整措施项目费的权利。

3. 工程变更价款调整方法的应用

1）直接采用适用的项目单价的前提是其采用的材料、施工工艺和方法相同，也不因此增加关键线路上工程的施工时间。

例如：某工程施工过程中，由于设计变更，新增加轻质材料隔墙 $1200m^2$，已标价工程量清单中有此轻质材料隔墙项目综合单价，且新增部分工程量在 15% 以内，就应直接采用该项目综合单价。

2）采用适用的项目单价的前提是其采用的材料、施工工艺和方法基本类似，不增加关键线路上工程的施工时间，可仅就其变更后的差异部分，参考类似的项目单价由承发包双方协商新的项目单价。

例如：某工程现浇混凝土梁为 C25，施工过程中设计调整为 C30，此时，可仅将 C30 混凝土价格替换 C25 混凝土价格，其余不变，组成新的综合单价。

3）无法找到适用和类似的项目单价时，应采用招标投标时的基础资料和工程造价管理机构发布的信息价格，按成本加利润的原则由发承包双方协商新的综合单价。

【例 10-7】 某工程项目的施工招标文件中表明该工程采用综合单价计价方式，其中，合同约定，实际完成工作量超过估计工作量 15% 以上时允许调整单价。原来合同中有 A、B 两项土方工程，工程量均为 16 万 m^3，土方工程的合同单价为 16 元/m^3。实际工程量与估计工程量相等。施工过程中，总监理工程师以设计变更通知发布新增土方工程 C 的指示，该工作的性质和施工难度与 A、B 工作相同，工程量为 32 万 m^3。总监理工程师与承包单位依据合同约定协商后，确定的土方变更价单价为 14 元/m^3。

问题： 确定承包人提出的上述变更费用，并说明理由。

解： 承包人的变更费用计算如下：

（1）工程量清单中计划土方＝16＋16＝32 万 m^3

（2）新增土方工程量＝32 万 m^3

（3）按照合同约定，应按原单价计算的新增工程量＝32×15％＝4.8 万 m^3

（4）新增土方工程款＝4.8 万×16＋(32－4.8)万×14＝457.6 万元

【例 10-8】例如：某工程招标控制价为 8413949 元，中标人的投标报价为 7972282 元，承包人报价浮动率为多少？施工过程中，屋面防水采用 PE 高分子防水卷材（1.5mm），清单项目中无类似项目，工程造价管理机构发布的该卷材单价为 18 元/m^2，则该项目综合单价如何确定？

① 用公式（10-8）：
$$L＝(1－7972282/8413949)×100\%$$
$$＝(1－0.9475)×100\%$$
$$＝5.25\%$$

② 查项目所在地该项目定额人工费为 3.78 元，除卷材外的其他材料费为 0.65 元，管理费和利润为 1.13 元。

$$该项目综合单价＝(3.78＋18＋0.65＋1.13)×(1－5.25\%)$$
$$＝23.56×94.75\%$$
$$＝22.32 元$$

发承包双方可按 22.32 元协商确定该项目综合单价。

4）无法找到适用和类似的项目单价、工程造价管理机构也没有发布此类信息价格的，由发承包双方协商确定。

例如：某合同钻孔桩的工程情况是：直径为 1.0m 的共计长 1501m；直径为 1.2m 的共计长 8178m；直径为 1.3m 的共计长 2017m。原合同规定选择直径为 1.0m 的钻孔桩作静载破坏试验。显然，如果选择直径为 1.2m 的钻孔桩作静载破坏试验对工程更具有代表性和指导意义。因此，监理工程师决定变更。但在原工程量清单中仅有直径为 1.0m 静载破坏试验的价格，没有直接或其他可套用的价格供参考。经过认真分析，监理工程师认为，钻孔桩作静载破坏试验的费用主要由两部分构成，一部分为试验费用，另一部分为桩本身的费用，而试验方法及设备并未因试验桩直径的改变而发生变化。因此，可认为试验费用没有增减，费用的增减主要是由钻孔桩直径变化而引起的桩本身费用的变化。直径为 1.2m 的普通钻孔桩的单价在工程量清单中就可以找到，且地理位置和施工条件相近。因此，采用直径为 1.2m 的钻孔桩作静载破坏试验的费用为：直径为 1.0m 钻孔桩的静载破坏试验费＋直径为 1.2m 的钻孔桩的清单价格。此案例就是直接采用合同中工程量清单的单价和价格。

例如：某合同路堤土方工程完成后，发现原设计在排水方面考虑不周，为此发包人同意在适当位置增设排水管涵。在工程量清单上有 100 多道类似管涵，但承包人却拒绝直接从中选择适合的作为参考依据。理由是变更设计提出时间较晚，其土方已经完成并准备开始路面施工，新增工程不但打乱了其进度计划，而且二次开挖土方难度较大，特别是重新开挖用石灰土处理过的路堤，与开挖天然表土不能等同。监理工程师认为承包人的意见可以接受，不宜直接套用清单中的管涵价格。经与承包人协商，决定采用工程量清单上的几何尺寸、地理位置等条件相近的管涵价格作为新增工程的基本单价，但对其中的"土方开挖"一项在原报价基础上按某个系数予以适当提高，提高的费用叠加在基本单价上，构成新增工程价格。此案例就是通过发承包双方协商确定单价和价格。

10.4　施工索赔与现场签证

《建设工程工程量清单计价规范》GB 50500—2013 在《建设工程工程量清单计价规范》GB 50500—2008 的基础上，对索赔进行了调整，其中，未对索赔范围作出限制，这与国际工程所指的广义索赔保持一致，即在合同履行过程中，对于非己方的过错而应由对方承担责任的情况造成的损失，向对方提出补偿的要求。建设工程施工中的索赔是发、承包双方行使正当权利的行为，承包人可向发包人索赔，发包人也可向承包人索赔。索赔是工程承包中经常发生并随处可见的正常现象。由于施工现场条件、气候条件的变化，施工进度的变化，以及合同条款、规范、标准文件和施工图纸的变更、差异、延误等因素的影响，使得工程承包中不可避免地出现索赔，进而导致项目的投资发生变化。因此，索赔的控制是建设工程施工阶段投资控制的重要手段。项目监理机构应及时收集、整理有关工程费用的原始资料，包括施工合同、采购合同、工程变更单、监理记录、监理工作联系单等，为处理费用索赔提供证据。

现场签证由于施工生产的特殊性，在施工过程中往往会出现一些与合同工程或合同约定不一致或未约定的事项，现场签证就是指发包人现场代表（或其授权的监理人、工程造价咨询人）与承包人现场代表就这类事项所作的签认证明。

10.4.1　常见的索赔内容

1. 承包人向发包人的索赔

1）不利的自然条件与人为障碍引起的索赔

不利的自然条件是指施工中遭遇到的实际自然条件比招标文件中所描述的更为困难和恶劣，是一个有经验的承包人无法预测的不利的自然条件与人为障碍，导致了承包人必须花费更多的时间和费用，在这种情况下，承包人可以向发包人提出索赔要求。

（1）地质条件变化引起的索赔。一般来说，在招标文件中规定，由发包人提供有关该项工程的勘察所取得的水文及地表以下的资料。但在合同中往往写明承包人在提交投标书之前，已对现场和周围环境及与之有关的可用资料进行了考察和检查，包括地表以下条件及水文和气候条件。承包人应对他自己对上述资料的解释负责。但合同条件中经常还有另外一条：在工程施工过程中，承包人如果遇到了现场气候条件以外的外界障碍或条件，在他看来这些障碍和条件是一个有经验的承包人也无法预见到的，则承包人应就此向监理工程师提供有关通知，并将一份副本呈交发包人。收到此类通知后，如果监理工程师认为这类障碍或条件是一个有经验的承包人无法合理预见到的，在与发包人和承包人适当协商以后，应给予承包人延长工期和费用补偿的权利，但不包括利润。以上两条并存的合同文件，往往是承包人同发包人及监理工程师各执一端争议的缘由所在。

例如：某承包人投标获得一项铺设管道工程。根据标书中介绍的情况算标。工程开工后，当挖掘深 7.5m 的坑时，遇到了严重的地下渗水，不得不安装抽水系统，并开动了达 35 日之久，承包人对不可预见的额外成本要求索赔。但监理工程师根据承包人投标时业已承认考察过现场并了解现场情况，包括地表地下条件和水文条件等，认为安装抽水机是承包人自己的事，拒绝补偿任何费用。承包人则认为这是发包人提供的地质资料不实造成的。监理工程师则解释为，地质资料是真实的，钻探是在 5 月中旬进行的，这意味着是在旱季季尾。而承包人的挖掘工程是在雨期中期进行。承包人应预先考虑到会有一较高的水位，这种风险不是不可预见，因此，拒绝索赔。

（2）工程中人为障碍引起的索赔。在施工过程中，如果承包人遇到了地下构筑物或文物，如地下电缆、管道和各种装置等，只要是图纸上并未说明的，承包人应立即通知监理工程师，并共同讨论处理方案。如果导致工程费用增加（如原计划是机械挖土，现在不得不改为人工挖土），承包人即可提出索赔。这种索赔发生争议较少。由于地下构筑物和文物等确属是有经验的承包人难以合理预见的人为障碍，一般情况下，因遭遇人为障碍而要求索赔的数额并不太大，但闲置机器而引起的费用是索赔的主要部分。如果要减少突然发生的障碍的影响，监理工程师应要求承包人详细编制其工作计划，以便在必须停止一部分工作时，仍有其他工作可做。当未预知的情况所产生的影响是不可避免时，监理工程师应立即与承包人就解决问题的办法和有关费用达成协议，给予工期延长和成本补偿。如果办不到的话，可发出变更命令，并确定合适的费率和价格。

2）工程变更引起的索赔

在工程施工过程中，由于工地上不可预见的情况，环境的改变，或为了节约成本等，在监理工程师认为必要时，可以对工程或其任何部分的外形、质量或数量作出变更。任何此类变更，承包人均不应以任何方式使合同作废或无效。但如果监理工程师确定的工程变更单价或价格不合理，或缺乏说服承包人的依据，则承包人有权就此向发包人进行索赔。

3）工期延期的费用索赔

工期延期的索赔通常包括两个方面：一是承包人要求延长工期；二是承包人要求偿付由于非承包人原因导致工程延期而造成的损失。一般这两方面的索赔报告要求分别编制。因为工期和费用索赔并不一定同时成立。例如：由于特殊恶劣气候等原因承包人可以要求延长工期，但不能要求赔偿；也有些延误时间并不影响关键路线的施工，承包人可能得不到延长工期的承诺。但是，如果承包人能提出证据说明其延误造成的损失，就有可能有权获得这些损失的赔偿，有时两种索赔可能混在一起，既可以要求延长工期，又可以获得对其损失的赔偿。

（1）工期索赔

承包人提出工期索赔，通常是由于下述原因：

① 合同文件的内容出错或互相矛盾；

② 监理工程师在合理的时间内未曾发出承包人要求的图纸和指示；

③ 有关放线的资料不准；

④ 不利的自然条件；

⑤ 在现场发现化石、钱币、有价值的物品或文物；

⑥ 额外的样本与试验；

⑦ 发包人和监理工程师命令暂停工程；

⑧ 发包人未能按时提供现场；

⑨ 发包人违约；

⑩ 例外事件。

以上这些原因要求延长工期，只要承包人能提出合理的证据，一般可获得监理工程师及发包人的同意，有的还可索赔损失。

（2）延期产生的费用索赔

以上提出的工期索赔中，凡属于客观原因造成的延期，属于发包人也无法预见到的情况，如特殊反常天气等，承包人可得到延长工期，但得不到费用补偿。凡纯属发包人方面的原因造成拖期，不仅应给承包人延长工期，还应给予费用补偿。

4）加速施工费用的索赔

一项工程可能遇到各种意外的情况或由于工程变更而必须延长工期。但由于发包人的原因（例如：该工程已经出售给买主，需按议定时间移交给买主），坚持不给延期，迫使承包人加班赶工来完成工程，从而导致工程成本增加，如何确定加速施工所发生的附加费用，合同双方可能差距很大。因为影响附加费用款额的因素很多，如：投入的资源量，提前的完工天数，加班津贴，施工新单价等。解决这一问题建议采用"奖金"的办法，鼓励承包人克服困难，加速施工。即规定当某一部分工程或分部工程每提前完工一天，发给承包人奖金若干。这种支付方式的优点是：不仅促使承包人早日建成工程，早日投入运行，而且计价方式简单，避免了加速施工、延长工期、调整单价等许多容易扯皮的繁琐计算和讨论。

【例10-9】指定加速施工引起的索赔

美国某工程公司承包建设一栋大型办公楼。按原定施工计划，从基坑挖出的松土要倒运到需要填高的停车场地。但在开工初期连降大雨，土壤过湿，无法采用这种施工方法。承包人多次发出书面通知，要求发包人给予延长工期，以便土壤稍干后再按原定计划实行以挖补填的施工方法。

但发包人不同意给予工期延长，坚持认为：在承包人提交来自"认可部门"（如美国气象局）的证明文件证明该气候是非常恶劣之前，发包人不批准拖期。

为了按期完成工程，承包人不得不在恶劣天气继续施工，从大楼基坑运走开挖出的湿土，再从别处运来干土填筑停车场。这样形成了计划外的成本支出，承包人因而向发包人提出索赔，要求补偿额外的成本支出。

在承包人第一次提出延长工期要求后的16个月，发包人同意因大雨和湿土而延长工期，但拒绝向承包人补偿额外的成本开支，原因是在合同文件中并没有要求以挖补填的施工方法是唯一可行的。

承包人认为，自己按发包人的要求进行了加速施工，蒙受了额外开支亏损，但发包人不同意给予补偿，故提交仲裁。

仲裁机构考察以下五个方面的实际情况：

（1）承包人遇到了可原谅的延误。承包人在恶劣天气条件下进行施工；发包人最终亦批准了工期延长，即承认了气候条件特别恶劣这一事实。

（2）承包人已经及时地提出了延长工期的要求，发包人已满足了这一要求。

（3）发包人未能在合理时间内批准工期延长。既然现场的每个人都知道土质过湿，不能用于回填，就没必要要求来自"认可部门"的正式文件。

（4）发包人的行为表明他要求承包人按期建成工程。通过未及时批准延长工期等其他行为，发包人有力地表达了希望按期完工的愿望，这实质上已经有效地指令承包人加速施工，按期建成工程，形成了可推定的加速施工指令。

（5）承包人已经证明，他实际上已加速施工，并发生了额外成本。以挖补填法是本工程最合理的施工方法，它要比运出湿土、运进干土填筑的方法便宜得多。

根据以上分析，仲裁员同意承包人的申辩，要求发包人向承包人补偿相应的额外成本开支。

5）发包人不正当地终止工程而引起的索赔

由于发包人不正当地终止工程，承包人有权要求补偿损失，其数额是承包人在被终止工程中的人工、材料、机械设备的全部支出，以及各项管理费用、保险费、贷款利息、保函费用的支出（减去已结算的工程款），并有权要求赔偿其盈利损失。

【例 10-10】发包人自便终止合同引起的索赔

某项水利工程，计划进行河道拓宽，并修建两座小型水坝。通过竞争性招标，发包人于 2008 年 11 月与选中的承包公司签订了施工合同，合同金额约为 40000 万美元，工期为 2 年。

该河流上游有一个大湖泊，属于自然保护区，大量的动植物在这块潮湿地区繁育生长。河道拓宽后，从湖泊向下游的泄水量将大增，势必导致湖水位下降，对生态环境造成不良影响。因此，国际绿色和平组织不断向该国政府和有关人员施加压力，要求终止此项工程，取消已签订的施工合同。

发包人国家政府最终接受了国际绿色和平组织的请愿，于 2009 年 2 月解除此项水利工程施工合同。承包人对此提出了索赔，要求发包人补偿已经发生的所有费用，以及完成全部工程所应得的利润。

由于此项工程的终止出自发包人的方便，而不是承包人的过失，是属于"发包人自便终止合同"的情况。因此，发包人应对承包人的损失予以合理补偿。经过谈判，发包人付给了承包人 10000 万美元的补偿。

6）法律、货币及汇率变化引起的索赔

（1）法律改变引起的索赔。如果在基准日期（招标工程以投标截止日期前 28 天、非招标工程以合同签订前 28 天）以后，由于发包人国家或地方的任何法规、法令、政令或其他法律或规章发生变更，导致了承包人成本增加，对承包人由此增加的开支，发包人应予补偿。

（2）货币及汇率变化引起的索赔。如果在基准日期以后，工程施工所在国政府或其授权机构对支付合同价格的一种或几种货币实行货币限制或货币汇兑限制，则发包人应补偿承包人因此而受到的损失。

如果合同规定将全部或部分款额以一种或几种外币支付给承包人，则这项支付不应受上述指定的一种或几种外币与工程施工所在国货币之间的汇率变化的影响。

7）拖延支付工程款的索赔

如果发包人在规定的应付款时间内未能按工程师的任何证书向承包人支付应支付的款额，承包人可在提前通知发包人的情况下，暂停工作或减缓工作速度，并有权获得任何误期的补偿和其他额外费用的补偿（如利息）。

8）例外事件

（1）FIDIC 合同条件对例外事件的定义

例外事件系指某种异常事件或情况：

① 一方无法控制的；

② 该方在签订合同前，不能对之进行合理准备的；

③ 发生后，该方不能合理避免或克服的；

④ 不能主要归因他方的。

只要满足上述①至②项的条件，例外事件可以包括但不限于下列各种异常事件或情况：

① 战争、敌对行动（不论宣战与否）、入侵、外敌行为；

② 叛乱、恐怖主义、革命、暴动、军事政变或篡夺政权，或内战；

③ 承包人人员和承包人及其他雇员以外的人员的骚动、喧闹、混乱、罢工或停工；

④ 战争军火、爆炸物资、电离辐射或放射性污染，但可能因承包人使用此类军火、炸药、辐射或放射性引起的除外；

⑤ 自然灾害，如地震、海啸、飓风、台风或火山活动。

（2）例外事件的后果

如果承包人因例外事件，妨碍其履行合同规定的任何义务，使其遭受延误和（或）招致增加费用，承包人有权根据［承包人的索赔］的规定要求：

① 根据［竣工时间的延长］的规定，如果竣工已经或将受到延误，对任何此类延误给予延长期；

② 如果是［例外事件的定义］中第①至④目所述的事件或情况，并且②至④目所述事件或情况发生在工程所在国时，对任何此类费用给予支付。

表 10-6 为根据国家发改委、财政部、建设部等九部委第 56 号令发布的《标准施工招标文件》中规定的可以合理补偿承包人索赔的条款。

《标准施工招标文件》中合同条款规定的可以合理补偿承包人索赔的条款　　表 10-6

序号	条款号	主要内容	可补偿内容		
			工期	费用	利润
1	1.10.1	施工过程中发现文物、古迹以及其他遗迹、化石、钱币或物品	√	√	
2	4.11.2	承包人遇到不利物质条件	√	√	
3	5.2.4	发包人要求向承包人提前交付材料和工程设备		√	
4	5.2.6	发包人提供的材料和工程设备不符合合同要求	√	√	√
5	8.3	发包人提供资料错误导致承包人的返工或造成工程损失	√	√	√
6	11.3	发包人的原因造成工期延误	√	√	√
7	11.4	异常恶劣的气候条件	√		

序号	条款号	主要内容	可补偿内容		
			工期	费用	利润
8	11.6	发包人要求承包人提前竣工		✓	
9	12.2	发包人原因引起的暂停施工	✓	✓	✓
10	12.4.2	发包人原因引起暂停施工后无法按时复工	✓	✓	✓
11	13.1.3	发包人原因造成工程质量达不到合同约定验收标准的	✓	✓	✓
12	13.5.3	监理人对隐蔽工程重新检查，经检验证明工程质量符合合同要求的	✓	✓	✓
13	16.2	法律变化引起的价格调整		✓	
14	18.4.2	发包人在全部工程竣工前，使用已接受的单位工程导致承包人费用增加的	✓	✓	✓
15	18.6.2	发包人的原因导致试运行失败的		✓	✓
16	19.2	发包人原因导致的工程缺陷和损失		✓	✓
17	21.3.1	不可抗力	✓	✓	

表 10-7 为 2017 版 FIDIC《施工合同条件》中承包商向业主索赔可引用的明示条款。

2017 版 FIDIC《施工合同条件》中承包商向业主索赔可引用的明示条款　　表 10-7

序号	条款号	条款名称	可索赔内容	序号	条款号	条款名称	可索赔内容
1	1.9	图纸或指示的延误	T+C+P	16	10.3	对竣工试验的干扰	T+C+P
2	1.13	遵守法律	T+C+P	17	11.7	接收后的进入权	C+P
3	2.1	现场进入权	T+C+P	18	11.8	承包商的调查	C+P
4	4.6	合作	T+C+P	19	13.3.2	要求提交建议书的变更	C
5	4.7.3	整改措施，延迟和/或成本的商定或决定	T+C+P	20	13.6	因法律改变的调整	T+C
6	4.12.4	延误和/或费用	T+C	21	15.5	业主自便终止合同	C+P
7	4.15	进场道路	T+C	22	16.1	承包商暂停的权利	T+C+P
8	4.23	考古和地理发现	T+C	23	16.2.2	承包商的终止	T+C+P
9	7.4	承包商试验	T+C+P	24	16.3	合同终止后承包商的义务	C+P
10	7.6	修补工作	T+C+P	25	16.4	由承包商终止后的付款	C+P
11	8.5	竣工时间的延长	T	26	17.2	工程照管的责任	T+C+P
12	8.6	当局造成的延误	T	27	17.3	知识和工业产权	C
13	8.10	业主暂停的后果	T+C+P	28	18.4	例外事件的后果	T+C
14	9.2	延误的试验	T+C+P	29	18.5	自主选择终止	C+P
15	10.2	部分工程的接收	C+P	30	18.6	根据法律解除履约	C+P

注：表中的 T 代表可获得工期索赔，C 代表可获得费用索赔，P 代表可获得利润索赔。

2. 发包人向承包人的索赔

由于承包人不履行或不完全履行约定的义务，或者由于承包人的行为使发包人受到损失时，发包人可向承包人提出索赔。

1）工期延误索赔

在工程项目的施工过程中，由于多方面的原因，往往使竣工日期拖后，影响到发包人对该工程的利用，给发包人带来经济损失，按国际惯例，发包人有权对承包人进行索赔，即由承包人支付误期损害赔偿费。承包人支付误期损害赔偿费的前提是：这一工期延误的责任属于承包人方面。施工合同中的误期损害赔偿费，通常是由发包人在招标文件中确定的。发包人在确定误期损害赔偿费的标准时，一般要考虑以下因素：

（1）发包人盈利损失；

（2）由于工程拖期而引起的贷款利息增加；

（3）工程拖期带来的附加监理费；

（4）由于工程拖期不能使用，继续租用原建筑物或租用其他建筑物的租赁费。

至于误期损害赔偿费的计算方法，在每个合同文件中均有具体规定。一般按每延误一天赔偿一定的款额计算，累计赔偿额一般不超过合同总额的 5%～10%。

【例 10-11】某招标工程，合同总价确定为 8000 万元，合同约定：拖延工期每天赔偿金为合同总价的 1‰，最高拖延工期索赔限额为合同总价的 10%；若能提前竣工，每提前一天的奖金按合同总价的 1‰ 计算。该项目的合同工期应为 14 个月，但因承包人原因，承包人完成该项目的施工用了 15 个月。计算误期损害赔偿费。

问题：分析承包人是应获得工期提前奖励还是承担拖延工期违约赔偿责任，并计算其金额。

解：由于实际工期为 15 个月，故承包人应承担 1 个月的误期损害赔偿责任。

误期损害赔偿费＝8000 万×0.001×30＝240 万元＜最高补偿限额＝8000 万×10%＝800 万元，故误期损害赔偿费为 240 万元。

2）质量不满足合同要求索赔

当承包人的施工质量不符合合同的要求，或使用的设备和材料不符合合同规定，或在缺陷责任期未满以前未完成应该负责修补的工程时，发包人有权向承包人追究责任，要求补偿所受的经济损失。如果承包人在规定的期限内未完成缺陷修补工作，发包人有权雇佣他人来完成工作，发生的成本和利润由承包人负担。如果承包人自费修复，则发包人可索赔重新检验费。

3）承包人不履行的保险费用索赔

如果承包人未能按照合同条款指定的项目投保，并保证保险有效，发包人可以投保并保证保险有效，发包人所支付的必要的保险费可在应付给承包人的款项中扣回。

4）对超额利润的索赔

如果工程量增加很多，使承包人预期的收入增大，因工程量增加承包人并不增加任何固定成本，合同价应由双方讨论调整，收回部分超额利润。

由于法规的变化导致承包人在工程实施中降低了成本，产生了超额利润，应重新调整合同价格，收回部分超额利润。

5）发包人合理终止合同或承包人不正当地放弃工程的索赔

如果发包人合理地终止承包人的承包，或者承包人不合理放弃工程，则发包人有权从承包人手中收回由新的承包人完成工程所需的工程款与原合同未付部分的差额。

表 10-8 为根据《标准施工招标文件》中的"通用合同条款"，发包人可向承包人提出费用和工期索赔的条款。

《标准施工招标文件》中合同条款规定的发包人可索赔的条款　　　表 10-8

条款号	主要内容	发包人可要求权利 (或承包人应承担的义务)
通用合同条款		
5.2.5	发包人提供的材料和工程设备，承包人要求更改交货日期或地点的	C 和（或）T
5.4.1	承包人提供了不合格的材料或工程设备	C 和（或）T
6.3	承包人使用的施工设备不能满足合同进度计划和（或）质量要求时，监理人要求承包人增加或更换施工设备	C 和（或）T
11.5	由于承包人原因导致工期延误	C＋逾期竣工违约金
12.1	由于承包人原因导致暂停施工	C 和（或）T
12.4.2	暂停施工后承包人无故拖延和拒绝复工的	C 和 T
13.1.2	因承包人原因造成工程质量达不到合同约定验收标准的，监理人要求承包人返工直至符合合同要求	C 和（或）T
13.5.3	监理人对覆盖工程重新检查，经检验证明工程质量不符合合同要求的	C 和（或）T
13.5.4	承包人未通知监理人到场检查，私自将工程隐蔽部位覆盖的，监理人指示承包人钻孔探测或揭开检查	C 和（或）T
13.6.1	承包人使用不合格材料、工程设备，或采用不适当的施工工艺，或施工不当，造成工程不合格的	C 和（或）T
14.1.3	监理人要求承包人重新试验和检验，重新试验和检验结果证明该项材料、工程设备和工程不符合合同要求	C 和（或）T
18.6.2	由于承包人的原因导致试运行失败的	C
19.2.3	属承包人原因造成的工程缺陷或损坏	C
22.1.2	承包人违约	C 和（或）T
22.1.6	在工程实施期间或缺陷责任期内发生危及工程安全的事件，承包人无能力或不愿进行抢救，而且此类抢救属于承包人义务范围之内	C 和（或）T

注：表中的 T 代表可获得工期索赔，C 代表可获得费用索赔。

10.4.2　索赔费用的计算

1. 索赔费用的组成

索赔费用的主要组成部分，同工程价款的计价内容相似。

1）分部分项工程量清单费用

工程量清单漏项或非承包人原因的工程变更，造成增加新的工程量清单项目，其对应的综合单价的确定参见工程变更价款的确定原则。

（1）人工费。人工费的索赔包括：

① 完成合同之外的额外工作所花费的人工费用；

② 由于非承包人责任的工效降低所增加的人工费用；

③ 超过法定工作时间加班增加的费用；

④ 法定人工费增长以及非承包人责任工程延误导致的人员窝工费和工资上涨费等。

（2）材料费。材料费的索赔包括：

① 由于索赔事项材料实际用量超过计划用量而增加的材料费；

② 由于客观原因材料价格大幅度上涨；

③ 由于非承包人责任工程延误导致的材料价格上涨和超期储存费用。

材料费中应包括运输费、仓储费，以及合理的损耗费用。如果由于承包人管理不善，造成材料损坏失效，则不能列入索赔计价。

（3）施工机具使用费。施工机具使用费的索赔包括：

① 由于完成额外工作增加的机械、仪器仪表使用费；

② 非承包人责任工效降低增加的机械、仪器仪表使用费；

③ 由于发包人或监理工程师原因导致机械、仪器仪表停工的窝工费。窝工费的计算，如系租赁设备，一般按实际租金和调进调出费分摊计算；如系承包人自有设备，一般按台班折旧费计算，而不能按台班费计算，因台班费中包括了设备使用费。

（4）管理费。此项又可分为现场管理费和总部管理费两部分。索赔款中的现场管理费是指承包人完成额外工程、索赔事项工作以及工期延长期间的现场管理费，包括管理人员工资、办公、通信、交通费等。索赔款中的总部管理费主要指的是工程延期期间所增加的管理费。包括总部职工工资、办公大楼、办公用品、财务管理、通信设施以及企业领导人员赴工地检查指导工作等开支。这项索赔款的计算，目前没有统一的方法。在国际工程施工索赔中总部管理费的计算有以下几种：

①按照投标书中总部管理费的比例（3%～8%）计算：

总部管理费＝合同中总部管理费比率(%)×(人、料、机费用索赔款额＋现场管理费索赔款额等)

②按照公司总部统一规定的管理费比率计算：

总部管理费＝公司管理费比率(%)×(人、料、机费用索赔款额＋现场管理费索赔款额等)

③以工程延期的总天数为基础，计算总部管理费的索赔额，计算步骤如下：

对某一工程提取的管理费＝同期内公司的总管理费×该工程的合同额/同期内公司的总合同额

该工程的每日管理费＝该工程向总部上缴的管理费/合同实施天数

索赔的总部管理费＝该工程的每日管理费×工程延期的天数

（5）利润。一般来说，由于工程范围的变更、文件有缺陷或技术性错误、发包人未能提供现场等引起的索赔，承包人可以列入利润。索赔利润的款额计算通常是与原报价单中的利润百分率保持一致。

（6）迟延付款利息。发包人未按约定时间进行付款的，应按银行同期贷款利率支付迟延付款的利息。

2）措施项目费用

因分部分项工程量清单漏项或非承包人原因的工程变更，引起措施项目发生变化，造成施工组织设计或施工方案变更，造成措施费中发生变化时，已有的措施项目，按原有措施费的组价方法调整；原措施费中没有的措施项目，由承包人根据措施项目变更情况，提出适当的措施费变更，经发包人确认后调整。

3）其他项目费

其他项目费中所涉及的人工费、材料费等按合同的约定计算。

4）规费与税金

除工程内容的变更或增加，承包人可以列入相应增加的规费与税金。其他情况一般不能索赔。

索赔规费与税金的款额计算通常是与原报价单中的百分率保持一致。

2. 索赔费用的计算方法

1）实际费用法

实际费用法是施工索赔时最常用的一种方法。该方法是按照各索赔事件所引起损失的费用项目分别分析计算索赔值，然后将各个项目的索赔值汇总，即可得到总索赔费用值。这种方法以承包人为某项索赔工作所支付的实际开支为根据，但仅限于由于索赔事件引起的，超过原计划的费用，故也称额外成本法。在这种计算方法中，需要注意的是不要遗漏费用项目。

2）总费用法

总费用法即总成本法，就是当发生多次索赔事件以后，重新计算该工程的实际总费用，实际总费用减去投标报价时的估算总费用，即为索赔金额，即

$$索赔金额 = 实际总费用 - 投标报价估算总费用 \qquad (10\text{-}9)$$

但这种方法对发包人不利，因为实际发生的总费用中可能有承包人的施工组织不合理因素；承包人在投标报价时为竞争中标而压低报价，中标后通过索赔可以得到补偿。所以，这种方法只有在难以采用实际费用法时采用。

3）修正的总费用法

修正的总费用法是对总费用法的改进，即在总费用计算的基础上，去掉一些不合理的因素，使其更合理。

修正的内容如下：

（1）将计算索赔款的时段局限于受到外界影响的时间，而不是整个施工期。

（2）只计算受影响时段内的某项工作所受影响的损失，而不是计算该时段内所有施工工作所受的损失。

（3）与该项工作无关的费用不列入总费用中。

（4）对投标报价费用重新进行核算：按受影响时段内该项工作的实际单价进行核算，乘以实际完成的该项工作的工程量，得出调整后的报价费用。

按修正后的总费用计算索赔金额的公式如下：

$$索赔金额 = 某项工作调整后的实际总费用 - 该项工作调整后的报价费用 \quad (10\text{-}10)$$

修正的总费用法与总费用法相比，有了实质性的改进，它的准确程度已接近于实际费

用法。

【示例2】索赔意向通知书

隆翔商务大厦项目的发包人是隆翔置业有限公司，汉华建设工程监理有限公司为工程监理单位，并组建了项目监理机构，承包人为海鸿建筑安装有限公司。在施工过程中因甲供进口大理石石材未按时到货，造成承包人窝工损失和工期延误，承包人在合同约定的时间向发包人及项目监理机构提出了索赔意向书。本表应发送给拟进行相关索赔的对象，并同时抄送给项目监理机构。

索赔意向通知书填写时应注意：

（1）事件发生的时间和情况的简单描述；

（2）合同依据的条款和理由；

（3）有关后续资料的提供，包括及时记录和提供事件发展的动态；

（4）对工程成本和工期产生的不利影响及其严重程度的初步评估；

（5）声明/告知拟进行相关索赔的意向。

索赔意向通知书见表10-9。

索赔意向通知书　　　　　　　　　　表 10-9

工程名称：隆翔商务大厦　　　　　　　　　　　　　编号：SPTZ-002

致：隆翔置业有限公司
汉华建设工程监理有限公司隆翔商务大厦监理项目部
根据《建设工程施工合同》专用合同条款第 16.1.2 第（4）、（5）（条款）的约定，由于发生了甲供材料未及时进场，致使工程工期延误，且造成我公司现场施工人员窝工事件，且该事件的发生非我方原因所致。为此，我方向隆翔置业有限公司（单位）提出索赔要求。
附：索赔事件资料
提出单位（盖章）
承包人（签字）＿＿＿＿＿
××年×月×日

【示例3】费用索赔报审表

上述示例1索赔意向书中提到的索赔事件，工程结算时承包人应向发包人提出费用索赔。费用索赔报审表的证明材料应包括：索赔意向书、索赔事项的相关证明材料。承包人应在费用索赔事件结束后的规定时间内，填报费用索赔报审表，向项目监理机构提出费用索赔。表中应详细说明索赔事件的经过、索赔理由、索赔金额的计算，并附上证明材料。收到承包人报送的费用索赔报审表后，总监理工程师应组织专业监理工程师按标准规范及合同文件有关章节要求进行审核与评估，并与发包人、承包人协商一致后进行签认，报发包人审批，不同意部分应说明理由。费用索赔报审表见表10-10。

费用索赔报审表

表 10-10

工程名称：隆翔商务大厦　　　　　　　　　　　　　　　　编号：SPTZ-002

致：汉华建设工程监理有限公司隆翔商务大厦监理项目部（项目监理机构）

　　根据《建设工程施工合同》专用合同条款第 16.1.2 第（4）、（5）（条款），由于甲供材料未及时进场，致使工程工期延误，且造成我公司现场施工人员停工的原因，我方申请索赔金额（大写）叁万伍仟元人民币，请予以批准。

　　索赔理由：因甲供进口大理石石材，未按时到货，造成我公司现场人员窝工，及其他后续工序无法进行。

附：□索赔金额的计算

　　□证明材料

施工项目经理部（盖章）
项目经理（签字）＿＿＿＿
××年×月×日

审核意见：

　　□不同意此项索赔。

　　☑同意此项索赔，索赔金额为（大写）人民币壹万肆仟元整。

　　同意/不同意索赔的理由：由于停工 10 天中有 3 天为承包人应承担的责任，另外 2 天虽为开发商应承担的责任，但不影响机械使用及人员可安排别的工种工作，此 2 天只需赔付人工降效费，只有 5 天须赔付机械租赁费及人员窝工费。

　　5×（1000＋15×100）＋2×15×50＝14000 元

　　注：根据协议机械租赁费每天按 1000 元、人员窝工费每天按 100 元、人工降效费每天按 50 元计算。

　　附件：□索赔审查报告

项目监理机构（盖章）
总监理工程师（签字）　　　　　加盖执业印章＿＿＿＿
××年×月×日

审批意见：

　　同意监理意见。

发包人代表（签字）＿＿＿＿
××年×月×日

　　注：1. 本表一式三份，项目监理机构、发包人、承包人各一份；

　　　　2. 该表为承包人报请项目监理机构审核工程费用索赔事项的用表。

　　【例 10-12】某工程，发包人和承包人按照《建设工程施工合同（示范文本）》签订了合同，经总监理工程师批准的施工总进度计划如图 10-1 所示（时间单位：天），各项工作均按最早开始时间安排且匀速施工。

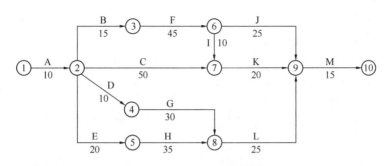

图 10-1　施工总进度计划

工程施工过程中发生如下事件：

事件 1：合同约定开工日期前 10 天，承包人向项目监理机构递交了书面申请，请求将开工日期推迟 5 天。理由是：已安装的施工起重机械未通过有资质检验机构的安全验收，需要更换主要支撑部件。

事件 2：主体结构施工时，发包人收到用于工程的商品混凝土不合格的举报，立刻指令总包单位暂停施工。经检测鉴定单位对商品混凝土的抽样检验及混凝土实体质量抽芯检测，质量符合要求。为此，施工总包单位向项目监理机构提交了暂停施工后人员窝工及机械闲置的费用索赔申请。

事件 3：施工总进度计划调整后，工作 L 按期开工。施工合同约定，工作 L 需安装的设备由发包人采购，由于设备到货检验不合格，发包人进行了退还。由此导致承包人吊装机械台班费损失 8 万元，L 工作拖延 9 天。承包人向项目监理机构提出了费用补偿和工程延期申请。

问题 1：事件 1 中，项目监理机构是否应批准工程推迟开工？说明理由。

问题 2：事件 2 中，发包人的做法是否妥当？项目监理机构是否应批准施工总包单位的索赔申请？分别说明理由。

问题 3：事件 3 中，项目监理机构是否应批准费用补偿和工程延期？分别说明理由。

解：（1）总监理工程师应批准事件 1 中承包人提出的延期开工申请。理由：根据《建设工程施工合同（示范文本）》的规定，如果承包人不能按时开工，应在不迟于协议约定的开工日期前 7 天以书面形式向监理工程师提出延期开工的理由和要求，本案例是在开工前 10 天提出的。承包人在合同规定的有效期内提出了申请，承包人不具备施工条件。总监理工程师应批准承包人提出的延期 5 天开工申请。但由于承包人自身责任，相应工期不予顺延。

（2）发包人的做法不妥。理由：根据《监理规范》规定，发包人与承包人之间与建设工程有关的联系活动应通过监理单位进行，故发包人收到举报后，应通过总监理工程师下达《工程暂停施工令》。

（3）费用补偿批准。因为是发包人采购的材料出现质量检测不合格导致的，故监理机构应批准承包人因此发生的费用损失。

工期不予顺延。因为 L 工作拖延后的工期 9 天未超过其总时差 10 天，故不应补偿工期。

【例 10-13】 某工程，甲承包人按照施工合同约定，拟将 B 分部工程分包给乙承包人，经总监理工程师批准的工期为 75 天，且工作匀速进展。

工程施工过程中发生如下事件：

事件 1：甲承包人与乙承包人签订了 B 分部工程的分包合同。B 分部工程开工 45 天后，发包人要求设计单位修改设计，造成乙承包人停工 15 天，窝工损失合计 8 万元。修改设计后，B 分部工程价款由原来的 500 万元增加到 560 万元。甲承包人要求乙承包人在 30 天内完成剩余工程，乙承包人向甲承包人提出补偿 3 万元的赶工费，甲单位确认了赶工补偿。

事件 2：由于事件 1 中 B 分部工程修改设计，乙承包人向项目监理机构提出工程延期的要求。

问题 1：事件 1 中，考虑设计变更和费用补偿，乙承包人完成 B 分部工程每月（按 30 天计）应获得的工程价款分别为多少万元？B 分部工程的最终合同价款为多少万元？

问题 2：事件 2 中，乙承包人的做法有何不妥？写出正确做法。

解：（1）B 分部工程第 1 个月应得的工程价款：$500/75×30＝200$ 万元

B 分部工程第 2 个月应得的工程价款：$500/75×15＋8＝108$ 万元

B 分部工程第 3 个月应得的工程价款：$500/75×30＋（560－500）＋3＝263$ 万元

B 分部工程的最终工程价款：$200＋108＋263＝571$ 万元

（2）乙承包人的做法不妥之处：乙承包人向项目监理机构提出工程延期的申请。正确做法：乙承包人向甲承包人提出工程延期申请，甲承包人再向项目监理机构提出工程延期的申请。

10.4.3 现场签证

1. 现场签证的情形

签证有多种情形，一般包括：

（1）发包人的口头指令，需要承包人将其提出，由发包人转换成书面签证；

（2）发包人的书面通知如涉及工程实施，需要承包人就完成此通知需要的人工、材料、机械设备等内容向发包人提出，取得发包人的签证确认；

（3）合同工程招标工程量清单中已有，但施工中发现与其不符，比如土方类别等，需承包人及时向发包人提出签证确认，以便调整合同价款；

（4）由于发包人原因，未按合同约定提供场地、材料、设备或停水、停电等造成承包人停工，需承包人及时向发包人提出签证确认，以便计算索赔费用；

（5）合同中约定的材料等价格由于市场发生变化，需承包人向发包人提出采购数量及单价，以取得发包人的签证确认。

2. 现场签证的范围

现场签证的范围一般包括：

（1）适用于施工合同范围以外零星工程的确认；

（2）在工程施工过程中发生变更后需要现场确认的工程量；

（3）非承包人原因导致的人工、设备窝工及有关损失；

（4）符合施工合同规定的非承包人原因引起的工程量或费用增减；

（5）确认修改施工方案引起的工程量或费用增减；

（6）工程变更导致的工程施工措施费增减等。

3. 现场签证的程序

（1）承包人应发包人要求完成合同以外的零星项目、非承包人责任事件等工作的，发包人应及时以书面形式向承包人发出指令，提供所需的相关资料；承包人在收到指令后，应及时向发包人提出现场签证要求。

（2）承包人应在收到发包人指令后的7天内，向发包人提交现场签证报告，发包人应在收到现场签证报告后的48h内对报告内容进行核实，予以确认或提出修改意见。发包人在收到承包人现场签证报告后的48h内未确认也未提出修改意见的，视为承包人提交的现场签证报告已被发包人认可。

（3）现场签证的工作如已有相应的计日工单价，现场签证中应列明完成该类项目所需的人工、材料、工程设备和施工机械台班的数量。

如现场签证的工作没有相应的计日工单价，应在现场签证报告中列明完成该签证工作所需的人工、材料设备和施工机械台班的数量及其单价。

（4）合同工程发生现场签证事项，未经发包人签证确认，承包人便擅自施工的，除非征得发包人书面同意，否则发生的费用由承包人承担。

（5）现场签证工作完成后的7天内，承包人应按照现场签证内容计算价款，报送发包人确认后，作为增加合同价款，与进度款同期支付。

（6）在施工过程中，当发现合同工程内容因场地条件、地质水文、发包人要求等不一致时，承包人应提供所需的相关资料，提交发包人签证认可，作为合同价款调整的依据。

4. 现场签证费用的计算

现场签证费用的计价方式包括两种：第一种是完成合同以外的零星工作时，按计日工单价计算。此时提交现场签证费用申请时，应包括下列证明材料：

（1）工作名称、内容和数量；

（2）投入该工作所有人员的姓名、工种、级别和耗用工时；

（3）投入该工作的材料类别和数量；

（4）投入该工作的施工设备型号、台数和耗用台时；

（5）监理人要求提交的其他资料和凭证。

第二种是完成其他非承包人责任引起的事件，应按合同中的约定计算。

现场签证种类繁多，发承包双方在工程施工过程中来往信函就责任事件的证明均可称为现场签证，但并不是所有的签证均可马上算出价款，有的需要经过索赔程序，这时的签证仅是索赔的依据，有的签证可能根本不涉及价款。如表10-11所示仅是针对现场签证需要价款结算支付的一种，其他内容的签证也可适用。考虑到招标时招标人对计日工项目的预估难免会有遗漏，造成实际施工发生后，无相应的计日工单价，现场签证只能包括单价一并处理，因此，在汇总时，有计日工单价的，可归并于计日工，如无计日工单价的，归并于现场签证，以示区别。当然，现场签证全部汇总于计日工也是一种可行的处理方式。

现场签证表
表 10-11

工程名称：××中学教学楼工程　　　标段：　　　　　　　　　　　　　　　编号：002

施工部分	学校指定位置	日期	××年×月×日

致：××中学住宅建设办公室

　　根据×××2013 年 8 月 25 日的口头指令，我方要求完成此项工作应支付价款金额为（大写）贰仟伍佰元（小写2500.00 元），请予核准。

　　附：1. 签证事由及原因：为迎接新学期的到来，改变校容、校貌，学校新增 5 座花池；

　　　　2. 附图及计算式：（略）。

　　　　　　　　　　　　　　　　　　　　　　　　　　承包人（章）略

　　　　　　　　　　　　　　　　　　　　　　　　　　承包人代表：×××

　　　　　　　　　　　　　　　　　　　　　　　　　　日　　　期：××年×月×日

复核意见：

　　你方提出的此项签证申请经复核：

　　□不同意此项签证，具体意见见附件。

　　☑同意此项签证，签证余额的计算，由造价工程师复核。

　　　　　　　　　　　　　　监理工程师：×××

　　　　　　　　　　　　　　日　　　期：××年×月×日

复核意见：

　　☑此项签证按承包人中标的计日工单价计算，金额为（大写）贰仟伍佰元（小写2500.00 元）。

　　□此项签证因无计日工单价，金额为（大写）_____（小写_____）。

　　　　　　　　　　　　　　造价工程师：×××

　　　　　　　　　　　　　　日　　　期：××年×月×日

审核意见：

　　□不同意此项签证。

　　☑同意此项签证，价款与本期进度款同期支付。

　　　　　　　　　　　　　　　　　　　　　　　　　　发包人（章）略

　　　　　　　　　　　　　　　　　　　　　　　　　　发包人代表：×××

　　　　　　　　　　　　　　　　　　　　　　　　日　　　期：××年×月×日

注：1. 在选择栏中的"□"内作标识"√"；

　　2. 本表一式四份，由承包人在收到发包人（监理人）的口头或书面通知后，需要价款结算支付时填写，发包人、监理人、造价咨询人、承包人各存一份。

进行现场签证时，要关注以下几个问题：

（1）时效性问题。

例如：某工程对镀锌钢管价格的确认，既没有标明签署时间，也没有施工发生的时间。按照当地造价信息公布的市场指导价，5 月份 DN50 镀锌钢管单价与 7 月份的单价相差额 150 元。合同约定竣工结算时此材料按公布的市场指导价执行，施工企业取 7 月份的镀锌钢管单价增加了价款。如地下障碍物以及建好需拆除的临时工程，承包人等拆除后再签证，靠回忆录签字。

监理工程师应关注变更签证的时效性，避免事隔多日才补办签证，导致现场签证内容与实际不符的情况发生。此外，应加强工程变更的责任及审批手续的管理控制，防止签证随意性、无正当理由拖延和拒签现象。

（2）重复计量问题。某些现场签证没有考虑单元工程中已给的工程量。

例如：承包人在申请计量时报给监理一个《现场签证单》，内容为："堤基范围内清除垃圾，回填砂砾料 $6230m^3$；回填垃圾 $3123m^3$；动迁户遗留生活垃圾回填砂砾 $2224m^3$。"

监理工程师按照《现场签证单》上的工程量，在《工程计量报验单》和《已完工程量汇总表》上签字，报给了总监，程序似乎一切正常。但总监在审核时发现：①《现场签证单》中注明："堤基范围内清除垃圾，回填砂砾料"，是否存在重复计量？②《现场签证单》中写明："回填垃圾"，在堤基范围内可以回填垃圾吗？③垃圾清除后的高程是多少没有标明，而高程直接涉及的清基高程线是否包含在里面？依据计量要求，涉及清基高程以上部分的填筑工程量已经在堤防填筑单元的工程量中核定，在计算垃圾坑填筑工程量时，应将清基高程以上部分的填筑量予以扣除。

经监理工程师按照设计图纸的高程认真计算后，扣除了重复计量的部分。"回填垃圾"经监理工程师核实，回填的确实是砂砾料。"回填垃圾"属于写法上的失误，遗漏了一个关键字"坑"，即"回填垃圾坑"。

经验总结：监理工程师不能仅核实工程量，更应该从全局把握工程量计量是否合理、准确。

（3）要掌握标书中对计日工的规定。

例如：某承包人按监理的《计日工通知》在申报河道料场围堰计日工工程量时，按投标书中计日工的人工、材料和施工机械使用费的单价上报了《计日工工程量签证单》，同时申报了人工、材料和施工机械使用费共三项费用，见表 10-12。

监理工程师对《计日工工程量签证单》的批复　　　　　　　　表 10-12

序号	工程项目名称	计日工内容	单位	申报工程量	监理核准工程量
1	修筑料场围堰	工长	工时	20	20
2		司机	工时	48	0
3		柴油	kg	840	0
4		挖掘机	台时	48	48
合计				956	68

监理工程师在批复工程量时，只批复了工长的工时和挖掘机台时，没有批复司机的工时和柴油量，为什么？

监理工程师在审核工程量时，查阅了招标文件中对计日工中施工机械使用费单价的规定，其中对于施工机械使用费是这样规定的："施工机械使用费的单价除包括机械折旧费、修理费、保养费、机上人工费和燃料动力费、牌照税、车船使用税、养路费外，还应包括分摊的其他人工费、材料费、其他费用和税金等一切费用和利润。"按照规定：施工机械使用费中已包含了人工费和燃料动力费。因此，人工费和燃料动力费的申报就属于重复计量了。

10.5　合同价款期中支付

期中支付的合同价款包括预付款、安全文明施工费和进度款。监理工程师应做好合同价款期中支付工作。

10.5.1　预付款

工程预付款是建设工程施工合同订立后由发包人按照合同约定，在正式开工前预先支付给承包人的工程款。它是施工准备和所需要材料、结构件等流动资金的主要来源。工程是否实行预付款，取决于工程性质、承包工程量的大小及发包人在招标文件中的规定。工程实行预付款的，发包人应按照合同约定支付工程预付款，承包人应将预付款专用于合同工程。支付的工程预付款，按照合同约定在工程进度款中抵扣。

1. 预付款的支付

（1）预付款的额度。包工包料工程的预付款的支付比例不得低于签约合同价（扣除暂列金额）的10%，不宜高于签约合同价（扣除暂列金额）的30%。对重大工程项目，按年度工程计划逐年预付。实行工程量清单计价的工程，实体性消耗和非实体性消耗部分应在合同中分别约定预付款比例（或金额）。

（2）预付款的支付时间。承包人应在签订合同或向发包人提供与预付款等额的预付款保函后向发包人提交预付款支付申请。发包人应在收到支付申请的7天内进行核实后向承包人发出预付款支付证书，并在签发支付证书后的7天内向承包人支付预付款。发包人没有按合同约定按时支付预付款的，承包人可催告发包人支付；发包人在预付款期满后的7天内仍未支付的，承包人可在付款期满后的第8天起暂停施工。发包人应承担由此增加的费用和延误的工期，并应向承包人支付合理利润。

2. 预付款的扣回

发包人拨付给承包人的工程预付款属于预支的性质。随着工程进度的推进，拨付的工程进度款数额不断增加，工程所需主要材料、构件的储备逐步减少，原已支付的预付款应以抵扣的方式从工程进度款中予以陆续扣回。预付款应从每一个支付期应支付给承包人的工程进度款中扣回，直到扣回的金额达到合同约定的预付款金额为止。承包人的预付款保函的担保金额根据预付款扣回的数额相应递减，但在预付款全部扣回之前一直保持有效。发包人应在预付款扣完后的14天内将预付款保函退还给承包人。

预付的工程款必须在合同中约定扣回方式，常用的扣回方式有以下几种：

（1）在承包人完成金额累计达到合同总价一定比例（双方合同约定）后，采用等比率或等额扣款的方式分期抵扣。也可针对工程实际情况具体处理，如有些工程工期较短、造价较低，就无需分期扣还；有些工期较长，如跨年度工程，其预付款的占用时间很长，根据需要可以少扣或不扣。

（2）从未完施工工程尚需的主要材料及构件的价值相当于工程预付款数额时起扣，从每次中间结算工程价款中，按材料及构件比重抵扣工程预付款，至竣工之前全部扣清。其基本计算公式如下：

① 起扣点的计算公式：

$$T = P - \frac{M}{N} \tag{10-11}$$

式中　T——起扣点，即工程预付款开始扣回的累计已完工程价值；

P——承包工程合同总额；

M——工程预付款数额；

N——主要材料及构件所占比重。

② 第一次扣还工程预付款数额的计算公式：

$$a_1 = (\sum_{i=1}^{n} T_i - T) \times N \tag{10-12}$$

式中　a_1——第一次扣还工程预付款数额；

$\sum_{i=1}^{n} T_i$——累计已完工程价值。

③ 第二次及以后各次扣还工程预付款数额的计算公式：

$$a_i = T_i \times N \tag{10-13}$$

式中　a_i——第 i 次扣还工程预付款数额（$i > 1$）；

T_i——第 i 次扣还工程预付款时，当期结算的已完工程价值。

10.5.2　安全文明施工费

财政部、国家安全生产监督管理总局印发的《企业安全生产费用提取和使用管理办法》（财企〔2012〕16 号）第十九条对企业安全费用的使用范围作了规定，建设工程施工阶段的安全文明施工费包括的内容和使用范围，应符合此规定。

鉴于安全文明施工的措施具有前瞻性，必须在施工前予以保证。因此，发包人应在工程开工后的 28 天内预付不低于当年施工进度计划的安全文明施工费总额的 60%，其余部分按照提前安排的原则进行分解，与进度款同期支付。发包人没有按时支付安全文明施工费的，承包人可催告发包人支付；发包人在付款期满后的 7 天内仍未支付的，若发生安全事故，发包人应承担相应责任。

承包人对安全文明施工费应专款专用，在财务账目中单独列项备查，不得挪作他用，否则发包人有权要求其限期改正；逾期未改正的，造成的损失和延误的工期由承包人承担。

10.5.3　进度款

建设工程合同是先由承包人完成建设工程，后由发包人支付合同价款的特殊承揽合同，由于建设工程具有投资大、施工期长等特点，合同价款的履行顺序主要通过"阶段小结、最终结清"来实现。当承包人完成了一定阶段的工程量后，发包人就应该按合同约定履行支付工程进度款的义务。

发承包双方应按照合同约定的时间、程序和方法，根据工程计量结果，办理期中价款结算，支付进度款。进度款支付周期，应与合同约定的工程计量周期一致。其中，工程量的正确计量是发包人向承包人支付进度款的前提和依据。计量和付款周期可采用分段或按月结算的方式，按照财政部、建设部印发的《建设工程价款结算暂行办法》（财建 [2004] 369 号）的规定：

（1）按月结算与支付。即实行按月支付进度款，竣工后结算的办法。合同工期在两个年度以上的工程，在年终进行工程盘点，办理年度结算。

（2）分段结算与支付。即当年开工、当年不能竣工的工程按照工程形象进度，划分不同阶段，支付工程进度款。

当采用分段结算方式时，应在合同中约定具体的工程分段划分方法，付款周期应与计量周期一致。

《建设工程工程量清单计价规范》GB 50500—2013 规定：已标价工程量清单中的单价项目，承包人应按工程计量确认的工程量与综合单价计算；如综合单价发生调整的，以发承包双方确认调整的综合单价计算进度款。已标价工程量清单中的总价项目，承包人应按合同中约定的进度款支付分解，分别列入进度款支付申请中的安全文明施工费和本周期应支付的总价项目的金额中。发包人提供的甲供材料金额，应按照发包人签约提供的单价和数量从进度款支付中扣出，列入本周期应扣减的金额中。进度款的支付比例按照合同约定，按期中结算价款总额计，不低于 60%，不高于 90%。

1. 承包人支付申请的内容

承包人应在每个计量周期到期后的 7 天内向发包人提交已完工程进度款支付申请一式四份，详细说明此周期认为有权得到的款额，包括分包人已完工程的价款。支付申请应包括下列内容：

1）累计已完成的合同价款。

2）累计已实际支付的合同价款。

3）本周期合计完成的合同价款：

（1）本周期已完成单价项目的金额；

（2）本周期应支付的总价项目的金额；

（3）本周期已完成的计日工价款；

（4）本周期应支付的安全文明施工费；

（5）本周期应增加的金额。

4）本周期合计应扣减的金额：

（1）本周期应扣回的预付款；

（2）本周期应扣减的金额。

5）本周期实际应支付的合同价款。

2. 发包人支付进度款

发包人应在收到承包人进度款支付申请后的 14 天内根据计量结果和合同约定对申请内容予以核实，确认后向承包人出具进度款支付证书。若发承包双方对有的清单项目的计量结果出现争议，发包人应对无争议部分的工程计量结果向承包人出具进度款支付证书。发包人应在签发进度款支付证书后的 14 天内，按照支付证书列明的金额向承包人支付进度款。若发包人逾期未签发进度款支付证书，则视为承包人提交的进度款支付申请已被发包人认可，承包人可向发包人发出催告付款的通知。发包人应在收到通知后的 14 天内，按照承包人支付申请的金额向承包人支付进度款。发包人未按规定支付进度款的，承包人可催告发包人支付，并有权获得延迟支付的利息；发包人在付款期满后的 7 天内仍未支付的，承包人可在付款期满后的第 8 天起暂停施工。发包人应承担由此增加的费用和延误的工期，向承包人支付合理利润，并应承担违约责任。发现已签发的任何支付证书有错、漏或重复的数额，发包人有权予以修正，承包人也有权提出修正申请。经发承包双方复核同意修正的，应在本次到期的进度款中支付或扣除。

【示例 4】工程款支付申请（核准）表（表 10-13）

工程款支付申请（核准）表　　　　　　　　　　表 10-13

工程名称：　　　　　　　　标段：　　　　　　　　编号：

| 致：＿＿＿＿＿＿＿＿＿＿＿＿＿＿＿＿＿＿＿＿（发包人全称）
我方于＿＿＿＿至＿＿＿＿期间已完成了＿＿工作，根据施工合同的约定，现申请支付本周期的合同款额为（大写）＿＿＿＿（小写＿＿＿＿＿＿），请予核准。 |

序号	名称	申请金额(元)	申请金额(元)	备注
1	累计已完成的合同价款			
2	累计已实际支付的合同价款			
3	本周期合计完成的合同价款			
3.1	本周期已完成单价项目的金额			
3.2	本周期应支付的总价项目的金额			
3.3	本周期已完成的计日工价款			
3.4	本周期应支付的安全文明施工费			
3.5	本周期应增加的金额			
4	本周期合计应扣减的金额			
4.1	本周期应扣回的预付款			
4.2	本周期应扣减的金额			
5	本周期实际应支付的合同价款			

附：（略）。

造价人员：×××　　　承包人代表：×××　　　日期：××年×月×日

复核意见： 　□与实际施工情况不相符，修改意见见附件。 　□与实际施工情况相符，具体金额由造价工程师复核。 　　　　　监理工程师：＿＿＿＿ 　　　　　日期：＿＿＿＿	复核意见： 　　你方提出的支付申请经复核，本周期已完成合同款额为（大写）＿＿＿（小写＿＿），本周期应支付金额为（大写）＿＿＿（小写＿＿）。 　　　　　造价工程师：＿＿＿＿ 　　　　　日期：＿＿＿＿

审核意见：
　□不同意
　□同意，支付时间为本表签发后的 15 天内。

　　　　　　　　　　　　　　　　发包人（章）
　　　　　　　　　　　　　　　　发包人代表：＿＿＿＿
　　　　　　　　　　　　　　　　日期：＿＿＿＿

注：1. 在选择栏中的"□"内作标识"√"。
　　2. 本表一式四份，由承包人填报，发包人、监理人、造价咨询人、承包人各存一份。

【示例 5】工程款支付证书（表 10-14）

背景事件：按照发承包双方合同约定，基础工程验收工作完成后，发包人应在 2010 年 10 月 30 日前支付该工程基础分部（桩基子分部除外）的工程款。承包人于 2010 年 10 月 19 日向发包人提出支付基础工程分部部分工程款的申请，经监理审核于 2010 年 10 月 26 日提请发包人审批，发包人于 2010 年 10 月 28 日审批同意支付该项工程款。项目监理机构随后于 2010 年 10 月 29 日根据发包人审批意见向承包人签发工程款支付证书。注意，项目监理机构将《工程款支付证书》签发给承包人时，应同时抄报发包人。

工程款支付证书   表 10-14

工程名称：**隆翔商务大厦**   编号：ZF-002（支）

致：**海鸿建筑安装工程有限公司**（承包人）

  根据施工合同约定，经审核编号为 <u>ZF-002</u> 的工程款支付申请表，扣除有关款项后，同意支付该款项共计（大写）**人民币壹仟玖佰贰拾万贰仟捌佰零贰元整**（小写 ¥19202802.00 元）。

  其中：

  1. 承包人申报款为：19937257.00 元；

  2. 经审核承包人应得款为：19611038.00 元；

  3. 本期应扣款为：408236.00 元；

  4. 本期应付款为：19202802.00 元。

  附件：工程支付款报审表（ZF-002）及附件

  总监理工程师（签字、加盖执业印章）＿＿＿＿＿＿＿＿＿＿＿

                                          2010 年 10 月 29 日

注：本表一式三份，项目监理机构、发包人、承包人各一份。

【例 10-14】 某承包人承包某工程项目，甲乙双方签订的关于工程价款的合同内容有：

1. 建筑安装工程造价 660 万元，建筑材料及设备费占施工产值的比重 60％。

2. 工程预付款为建筑安装工程造价的 20％。工程实施后，工程预付款从未施工工程尚需的主要材料及设备费相当于工程预付款数额时起扣，从每次结算工程价款中按材料和设备占施工产值的比重扣抵工程预付款，竣工前全部扣清。

3. 工程进度款逐月计算。

工程各月实际完成产值（不包括调价部分），如表 10-15 所示。

各月实际完成产值（万元）   表 10-15

月份	2	3	4	5	6	合计
完成产值	55	110	165	220	110	660

问题 1. 该工程的工程预付款、起扣点为多少？

问题 2. 该工程 2 月至 5 月每月拨付工程款为多少？累计工程款为多少？

解：

（1）工程预付款：660 万×20％＝132 万元

起扣点：660 万－132 万/60％＝440 万元

（2）各月拨付工程款为：

2月：工程款55万元，累计工程款55万元

3月：工程款110万元，累计工程款＝55万＋110万＝165万元

4月：工程款165万元，累计工程款＝165万＋165万＝330万元

5月：工程款220万－（220万＋330万－440万）×60％＝154万元

累计工程款＝330万＋154万＝484万元

【例 10-15】某项工程发包与承包人签订了工程施工合同，合同中含两个子项工程，估算工程量甲项为2300m³，乙项为3200m³，经协商合同价甲项为180元/m³，乙项为160元/m³。承包合同规定：

（1）开工前发包人应向承包人支付合同价20％的预付款；

（2）发包人自第一个月起，从承包人的工程款中，按5％的比例扣留质量保证金；

（3）当子项工程实际工程量超过估算工程量10％时，超过10％的部分可进行调价，调整系数为0.9；

（4）根据市场情况规定价格调整系数平均按1.2计算；

（5）监理工程师签发付款最低金额为25万元；

（6）预付款在最后两个月扣除，每月扣50％。

承包人各月实际完成并经监理工程师签证确认的工程量如表 10-16 所示。

承包人各月实际完成并经监理工程师签证确认的工程量（m³）　　表 10-16

月份	1月	2月	3月	4月
甲项	500	800	800	600
乙项	700	900	800	600

问题 1. 预付款是多少？

问题 2. 每月工程量价款是多少？监理工程师应签证的工程款是多少？实际签发的付款凭证金额是多少？

解：（1）预付款金额为：（2300×180＋3200×160）×20％＝18.52万元

（2）1月：

工程量价款为：500×180＋700×160＝20.2万元

应签证的工程款为：20.2×1.2×（1－5％）＝23.028万元

由于合同规定监理工程师签发的最低金额为25万元，故本月监理工程师不予签发付款凭证。

2月：

工程量价款为：800×180＋900×160＝28.8万元

应签证的工程款为：28.8×1.2×（1－5％）＝32.832万元

本月实际签发的付款凭证金额为：23.028＋32.832＝55.86万元

3月：

工程量价款为：800×180＋800×160＝27.2万元

应签证的工程款为：27.2×1.2×（1－5％）＝31.008万元

应签证的工程款为：31.008－18.52×50％＝21.748万元

由于未达到最低结算金额，故本月监理工程师不予签发付款凭证。

4 月：

$2300 \times (1+10\%) = 2530 \text{m}^3$

甲项工程累计完成工程量为 2700m^3，较估计工程量 2300m^3 差额大于 10%。

超过 10% 的工程量为：$2700-2530=170\text{m}^3$

其单价应调整为：$180 \times 0.9 = 162$ 元/m^3

故甲项工程量价款为：$(600-170) \times 180 + 170 \times 162 = 10.494$ 万元

乙项累计完成工程量为 3000m^3，与估计工程量相差未超过 10%，故不予调整。

乙项工程量价款为：$600 \times 160 = 9.6$ 万元

本月完成甲、乙两项工程量价款为：10.494 万 $+9.6$ 万 $=20.094$ 万元

应签证的工程款为：20.094 万 $\times 1.2 \times (1-5\%) - 18.52$ 万 $\times 50\% = 13.647$ 万元

本期实际签发的付款凭证金额为 21.748 万 $+13.647$ 万 $=35.395$ 万元

【例 10-16】某工程，发包人与承包人按照《建设工程施工合同（示范文本）》签订了施工合同，合同工期 9 个月，合同价 840 万元，各项工作均按最早时间安排且均匀速施工，经项目监理机构批准的施工进度计划如图 10-2 所示，承包人的报价单（部分）见表 10-17。施工合同中约定：预付款按合同价的 20% 支付，工程款付至合同价的 50% 时开始扣回预付款，3 个月内平均扣回；质量保证金为合同价的 5%，从第 1 个月开始，按月应付款的 10% 扣留，扣足为止。

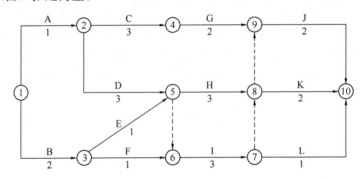

图 10-2　施工进度计划（时间单位：月）

承包人报价单（部分）　　　　　　　　　　　　　　表 10-17

工作	A	B	C	D	E	F
合价（万元）	30	54	30	84	300	21

问题 1. 开工后前 3 个月承包人每月应获得的工程款为多少？

问题 2. 工程预付款为多少？预付款从何时开始扣回？开工后前 3 个月总监理工程师每月应签证的工程款为多少？

解：（1）开工后前 3 个月承包人每月应获得的工程款为：

第 1 个月：30 万 $+54$ 万 $\times 1/2 = 57$ 万元

第 2 个月：54 万 $\times 1/2 + 30$ 万 $\times 1/3 + 84$ 万 $\times 1/3 = 65$ 万元

第 3 个月：30 万 $\times 1/3 + 84$ 万 $\times 1/3 + 300$ 万 $+21$ 万 $=359$ 万元

（2）①预付款为：840 万×20％＝168 万元

②前 3 个月承包人累计应获得的工程款：

57 万＋65 万＋359 万＝481 万元

481 万元＞840 万元×50％＝420 万元，因此，预付款应从第 3 个月开始扣回。

③开工后前 3 个月总监理工程师签证的工程款为：

第 1 个月：57 万－57 万×10％＝51.3 万元

第 2 个月：65 万－65 万×10％＝58.5 万元

前 2 个月扣留保证金（57 万＋65 万）×10％＝12.2 万元

应扣保证金总额为 840 万×5％＝42.0 万元

42 万－12.2 万＝29.8 万元

由于 359 万×10％＝35.9 万元＞29.8 万元，

所以，第 3 个月应签证的工程款为：359 万－29.8 万－168 万/3＝273.2 万元

10.6 竣工结算与支付

工程完工后，发承包双方必须在合同约定时间内办理工程竣工结算。工程竣工结算由承包人或受其委托具有相应资质的工程造价咨询人编制，由发包人或受其委托具有相应资质的工程造价咨询人核对。竣工结算办理完毕，发包人应将竣工结算文件报送工程所在地（或有该工程管辖权的行业管理部门）工程造价管理机构备案，竣工结算文件作为工程竣工验收备案、交付使用的必备文件。

项目监理机构应按有关工程结算规定及施工合同约定对竣工结算进行审核，程序如下：①专业监理工程师审查承包人提交的工程结算款支付申请，提出审查意见；②总监理工程师对专业监理工程师的审查意见进行审核，签认后报发包人审批，同时抄送承包人，并就工程竣工结算事宜与发包人、承包人协商；③达成一致意见的，根据发包人审批意见向承包人签发竣工结算款支付证书；④不能达成一致意见的，应按施工合同约定处理。

10.6.1 竣工结算的编制

1. 工程竣工结算编制依据

（1）《建设工程工程量清单计价规范》GB 50500—2013；

（2）工程合同；

（3）发承包双方实施过程中已确认的工程量及其结算的合同价款；

（4）发承包双方实施过程中已确认调整后追加（减）的合同价款；

（5）建设工程设计文件及相关资料；

（6）投标文件；

（7）其他依据。

2. 工程竣工结算的计价原则

1）分部分项工程和措施项目中的单价项目应依据双方确认的工程量与已标价工程量清单的综合单价计算；如发生调整的，应以发承包双方确认调整的综合单价计算。

2）措施项目中的总价项目应依据已标价工程量清单的项目和金额计算；发生调整的，应以发承包双方确认调整的金额计算，其中安全文明施工费应按国家或省级、行业建设主管部门的规定计算。

3）其他项目应按下列规定计价：

（1）计日工应按发包人实际签证确认的事项计算。

（2）暂估价应按计价规范相关规定计算。

（3）总承包服务费应依据已标价工程量清单的金额计算；发生调整的，应以发承包双方确认调整的金额计算。

（4）索赔费用应依据发承包双方确认的索赔事项和金额计算。

（5）现场签证费用应依据发承包双方签证资料确认的金额计算。

（6）暂列金额应减去工程价款调整（包括索赔、现场签证）金额计算，如有余额归发包人。

4）规费和税金按国家或省级、建设主管部门的规定计算。规费中的工程排污费应按工程所在地环境保护部门规定标准缴纳后按实列入。

5）发承包双方在合同工程实施过程中已经确认的工程计量结果和合同价款，在竣工结算办理中应直接进入结算。

10.6.2 竣工结算的程序

合同工程完工后，承包方应在经发承包双方确认的合同工程期中价款结算的基础上汇总编制完成竣工结算文件，并在合同约定的时间内，提交竣工验收申请的同时向发包人提交竣工结算文件。

承包人未在合同约定的时间内提交竣工结算文件，经发包人催告后14天内仍未提交或没有明确答复的，发包人有权根据已有资料编制竣工结算文件，作为办理竣工结算和支付结算款的依据，承包人应予以认可。

发包人应在收到承包人提交的竣工结算文件后的28天内核对。发包人经核实，认为承包人还应进一步补充资料和修改结算文件的，应在上述时限内向承包人提出核实意见，承包人在收到核实意见后的28天内按照发包人提出的合理要求补充资料，修改竣工结算文件，并应再次提交给发包人复核后批准。

发包人应在收到承包人再次提交的竣工结算文件后的28天内予以复核，并将复核结果通知承包人。发承包双方对复核结果无异议的，应在7天内在竣工结算文件上签字确认，竣工结算办理完毕；发包人或承包人对复核结果认为有误的，无异议部分按照上述规定办理不完全竣工结算，有异议部分由发承包双方协商解决，协商不成的，按照合同约定的争议解决方式处理。

发包人在收到承包人竣工结算文件后的28天内，不核对竣工结算或未提出核对意见的，应视为承包人提交的竣工结算文件已被发包人认可，竣工结算办理完毕。

承包人在收到发包人提出的核实意见后的28天内，不确认也未提出异议的，应视为发包人提出的核实意见已被承包人认可，竣工结算办理完毕。

10.6.3 竣工结算的审查

竣工结算要有严格的审查，一般从以下几个方面入手。

1. 核对合同条款

首先，应核对竣工工程内容是否符合合同条件要求，工程是否竣工验收合格，只有按合同要求完成全部工程并验收合格才能竣工结算；其次，应按合同规定的结算方法、计价定额、取费标准、主材价格和优惠条款等，对工程竣工结算进行审核，若发现合同开口或有漏洞，应请发包人与承包人认真研究，明确结算要求。

2. 检查隐蔽验收记录

所有隐蔽工程均需进行验收，2 人以上签证；实行工程监理的项目应经监理工程师签证确认。审核竣工结算时应核对隐蔽工程施工记录和验收签证，手续完整，工程量与竣工图一致方可列入结算。

3. 落实设计变更签证

设计修改变更应由原设计单位出具设计变更通知单和修改的设计图纸、校审人员签字并加盖公章，经发包人和监理工程师审查同意、签证；重大设计变更应经原审批部门审批，否则不应列入结算。

4. 按图核实工程数量

竣工结算的工程量应依据竣工图、设计变更单和现场签证等进行核算，并按国家统一规定的计算规则计算工程量。

5. 执行定额单价

结算单价应按合同约定或招标规定的计价定额与计价原则执行。

6. 防止各种计算误差

工程竣工结算子目多、篇幅大，往往有计算误差，应认真核算，防止因计算误差多计或少算。

10.6.4 竣工结算款支付

1. 承包人提交竣工结算款支付申请

承包人应根据办理的竣工结算文件，向发包人提交竣工结算款支付申请。申请应包括下列内容：

（1）竣工结算合同价款总额；

（2）累计已实际支付的合同价款；

（3）应预留的质量保证金；

（4）实际应支付的竣工结算款金额。

2. 发包人签发竣工结算支付证书与支付结算款

发包人应在收到承包人提交竣工结算款支付申请后 7 天内予以核实，向承包人签发竣工结算支付证书，并在签发竣工结算支付证书后的 14 天内，按照竣工结算支付证书列明的金额向承包人支付结算款。

发包人在收到承包人提交的竣工结算款支付申请后 7 天内不予核实，不向承包人签发竣工结算支付证书的，视为承包人的竣工结算款支付申请已被发包人认可；发包人应在收到承包人提交的竣工结算款支付申请 7 天后的 14 天内，按照承包人提交的竣工结算款支付申请列明的金额向承包人支付结算款。

发包人未按照上述规定支付竣工结算款的，承包人可催告发包人支付，并有权获得延迟支付的利息。发包人在竣工结算支付证书签发后或者在收到承包人提交的竣工结算款支付申请 7 天后的 56 天内仍未支付的，除法律另有规定外，承包人可与发包人协商将该工程折价，也可直接向人民法院申请将该工程依法拍卖。承包人应就该工程折价或拍卖的价款优先受偿。

10.6.5　质量保证金

发包人应按照合同约定的质量保证金比例从结算款中扣留质量保证金。承包人未按照合同约定履行属于自身责任的工程缺陷修复义务的，发包人有权从质量保证金中扣留用于缺陷修复的各项支出。经查验，工程缺陷属于发包人原因造成的，应由发包人承担查验和缺陷修复的费用。在合同约定的缺陷责任期终止后，发包人应按照合同中最终结清的相关规定，将剩余的质量保证金返还给承包人。当然，剩余质量保证金的返还，并不能免除承包人按照合同约定应承担的质量保修责任和应履行的质量保修义务。

10.6.6　最终结清

缺陷责任期终止后，承包人应按照合同约定向发包人提交最终结清支付申请。发包人对最终结清支付申请有异议的，有权要求承包人进行修正和提供补充资料。承包人修正后，应再次向发包人提交修正后的最终结清支付申请。发包人应在收到最终结清支付申请后的 14 天内予以核实，并应向承包人签发最终结清支付证书，并在签发最终结清支付证书后的 14 天内，按照最终结清支付证书列明的金额向承包人支付最终结清款。如果发包人未在约定的时间内核实，又未提出具体意见的，视为承包人提交的最终结清支付申请已被发包人认可。

发包人未按期最终结清支付的，承包人可催告发包人支付，并有权获得延迟支付的利息。最终结清时，如果承包人被扣留的质量保证金不足以抵减发包人工程缺陷修复费用的，承包人应承担不足部分的补偿责任。承包人对发包人支付的最终结清款有异议的，按照合同约定的争议解决方式处理。

【例 10-17】某工程项目由 A、B、C、D 四个分项工程组成，采用工程量清单招标确定中标人，合同工期 5 个月。承包人费用部分数据见表 10-18。

承包费用部分数据　　　　　　　表 10-18

分项工程名称	计量单位	数量	综合单价
A	m^3	5000	50 元/m^3
B	m^3	750	400 元/m^3
C	t	100	5000 元/t
D	m^2	1500	350 元/m^2
措施项目费	110000 元		
其中：通用措施项目费用	60000 元		
专业措施项目费用	50000 元		
暂列金额	100000 元		

合同中有关费用支付条款如下：

1. 开工前发包人向承包人支付合同价（扣除措施费和暂列金额）的 15％作为材料预付款。预付款从工程开工后的第 2 个月开始分 3 个月均摊抵扣。

2. 工程进度款按月结算，发包人按每次承包人应得工程款的 90％支付。

3. 通用措施项目工程款在开工前和材料预付款同时支付；专业措施项目在开工后第 1 个月末支付。

4. 分项工程累计实际完成工程量超过（或减少）计划完成工程量的 10％时，该分项工程超出部分的工程量的综合单价调整系数为 0.95（或 1.05）。

5. 承包人报价管理费率取 10％（以人工费、材料费、机械费之和为基数），利润率取 7％（以人工费、材料费、机械费和管理费之和为基数）。

6. 规费综合费率 7.5％（以分部分项工程费、措施项目费、其他项目费之和为基数），税率 9％。

7. 竣工结算时，发包人按总造价的 3％扣留质量保证金。

各月计划和实际完成工程量如表 10-19 表示。

各月计划和完成工程量 表 10-19

进度 \ 月份 \ 工程		第 1 个月	第 2 个月	第 3 个月	第 4 个月	第 5 个月
A（m³）	计划	2500	2500			
	实际	2800	2500			
B（m³）	计划		375	375		
	实际		400	450		
C（t）	计划			50	50	
	实际			50	60	
D（m²）	计划				750	750
	实际				750	750

施工过程中，第 4 个月发生了如下事件：

1. 发包人确认某项临时工程计日工 50 工日，综合单价 60 元/工日；所需某种材料 120m²，综合单价 100 元/m²。

2. 由于设计变更，经发包人确认的人工费、材料费、机械费共计 30000 元。

问题 1. 工程合同价为多少元？

问题 2. 材料预付款、开工前发包人应拨付的措施项目工程款为多少元？

问题 3. 1～4 月每月发包人应拨付的工程进度款各为多少元？

问题 4. 5 月份办理竣工结算，工程实际总造价和竣工结算款各为多少元？

解：

1)

分部分项工程费用：5000×50＋750×400＋100×5000＋1500×350＝1575000 元

措施项目费：110000 元

暂列金额：100000 元

工程合同价：$(1575000+110000+100000) \times (1+7.5\%) \times (1+9\%)$
$= 2091574$ 元

2)

材料预付款：$1575000 \times (1+7.5\%) \times (1+9\%) \times 15\%$
$= 276826$ 元

开工前发包人应拨付的措施项目工程款：

$60000 \times (1+7.5\%) \times (1+9\%) \times 90\% = 63275$ 元

3)

(1) 第 1 个月承包人完成工程款：

$(2800 \times 50 + 50000) \times (1+7.5\%) \times (1+9\%) = 222633$ 元

第 1 个月发包人应拨付的工程款为：$222633 \times 90\% = 200370$ 元

(2) 第 2 个月 A 分项工程累计完成工程量：

$2800 + 2500 = 5300 \text{m}^3$

$(5300 - 5000) \div 5000 = 6\% < 10\%$

承包人完成工程款：

$(2500 \times 50 + 400 \times 400) \times (1+7.5\%) \times (1+9\%) = 333949$ 元

第 2 个月发包人应拨付的工程款为：$333949 \times 90\% - 276826 \div 3 = 208279$ 元

(3) 第 3 个月 B 分项工程累计完成工程量：$400 + 450 = 850 \text{m}^3$

$(850 - 750) \div 750 = 13.33\% > 10\%$

超过 10% 部分的工程量：$850 - 750 \times (1+10\%) = 25 \text{m}^3$

超过部分的工程量结算综合单价：$400 \times 0.95 = 380$ 元/m^3

B 分项工程款：$[25 \times 380 + (450 - 25) \times 400] \times (1+7.5\%) \times (1+9\%) = 210329$ 元

C 分项工程款：$50 \times 5000 \times (1+7.5\%) \times (1+9\%) = 292938$ 元

承包人完成工程款：$210329 + 292938 = 503267$ 元

第 3 个月发包人应拨付的工程款为：$503267 \times 90\% - 276826 \div 3 = 360665$ 元

(4) 第 4 个月 C 分项工程累计完成工程量：$50 + 60 = 110 \text{m}^3$，$(110 - 100) \div 100 = 10\%$

承包人完成分项工程款：$(60 \times 5000 + 750 \times 350) \times (1+7.5\%) \times (1+9\%) = 659109$ 元

计日工费用：$(50 \times 60 + 120 \times 100) \times (1+7.5\%) \times (1+9\%) = 17576$ 元

变更款：$30000 \times (1+10\%) \times (1+7\%) \times (1+7.5\%) \times (1+9\%) = 41374$ 元

承包人完成工程款：$659109 + 17576 + 41374 = 718059$ 元

第 4 个月发包人应拨付的工程款为：$718059 \times 90\% - 276826 \div 3 = 553978$ 元

4)

(1) 第 5 个月承包人完成工程款：

$350 \times 750 \times (1+7.5\%) \times (1+9\%) = 307584$ 元

(2) 工程实际造价：

$60000 \times (1+7.5\%) \times (1+9\%) + 222633 + 333949 + 503267 + 718059 + 307584$

＝2155797 元

（3）竣工结算款：

2155797×(1－3％)－(276826＋63275＋200370＋208279＋360665＋553978)

＝427730 元

思考题

1. 分别简述单价合同、按月计量支付的总价合同的计量支付程序。
2. 简述合同价款应当调整的事项及调整程序。
3. 简述工程变更价款的确定办法。
4. 简述索赔费用的一般构成和计算方法。
5. 简述现场签证的范围。
6. 进度款的结算方式有哪些？
7. 竣工结算编制与复核的依据有哪些？

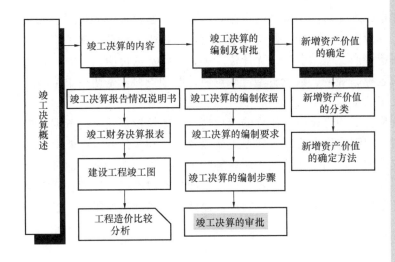

11.1 概述

11.1.1 建设项目竣工决算的概念

建设项目竣工决算是指所有建设项目竣工后，建设单位按照国家有关规定在新建、改建和扩建工程建设项目竣工验收阶段编制的竣工决算报告。竣工决算是以实物数量和货币指标为计量单位，综合反映竣工项目从筹建开始到项目竣工交付使用为止的全部建设费用、建设成果和财务情况的总结性文件，是竣工验收报告的重要组成部分。竣工决算是正确核定新增固定资产价值，考核分析投资效果，建立健全经济责任制的依据，是反映建设项目实际造价和投资效果的文件。

建设项目竣工时，应编制建设项目竣工财务决算。建设周期长、建设内容多的项目，单项工程竣工，具备交付使用条件的，可编制单项工程竣工财务决算。建设项目全部竣工后应编制竣工财务总决算。

11.1.2 建设项目竣工决算的作用

建设项目竣工财务决算是正确核定新增固定资产价值，反映竣工项目建设成果的文件，是办理固定资产交付使用手续的依据。各编制单位要认真执行有关的财务核算办法，严肃财经纪律，实事求是地编制建设项目竣工财务决算，做到编报及时，数字准确，内容完整。建设项目竣工决算的作用主要表现在以下方面：

（1）建设项目竣工决算是综合、全面地反映竣工项目建设成果及财务情况的总结性文件。它采用货币指标、实物数量、建设工期和各种技术经济指标综合、全面地反映建设项目自开始建设到竣工为止的全部建设成果和财物状况。

（2）建设项目竣工决算是办理交付使用资产的依据，也是竣工验收报告的重要组成部分。建设单位与使用单位在办理交付资产的验收交接手续时，通过竣工决算反映了交付使用资产的全部价值，包括固定资产、流动资产、无形资产和其他资产的价值。同时，它还详细提供了交付使用资产的名称、规格、数量、型号和价值等明细资料，是使用单位确定各项新增资产价值并登记入账的依据。

（3）建设项目竣工决算是分析和检查设计概算的执行情况，考核投资效果的依据。竣工决算反映了竣工项目计划、实际的建设规模、建设工期以及设计和实际的生产能力，反映了概算总投资和实际的建设成本，同时还反映了所达到的主要技术经济指标。通过对这些指标计划数、概算数与实际数进行对比分析，不仅可以全面掌握建设项目计划和概算执行情况，而且可以考核建设项目投资效果，为今后制订基建计划，降低建设成本，提高投资效果提供必要的资料。

11.2 竣工决算的内容

竣工决算由竣工财务决算说明书、竣工决算报表、工程竣工图、工程造价比较分析四部分组成。前两部分又称之为建设项目竣工财务决算，是竣工决算的核心内容和主要组成部分。

11.2.1 竣工财务决算说明书

竣工财务决算说明书主要反映竣工工程建设成果和经验，是对竣工决算报表进行分析和补充说明的文件，是全面考核分析工程投资与造价的书面总结，其内容主要包括：

（1）项目概况；

（2）会计账务处理、财产物资清理及债权债务的清偿情况；

（3）项目建设资金计划及到位情况，财政资金支出预算、投资计划及到位情况；

（4）项目建设资金使用、项目结余资金分配情况；

（5）项目概（预）算执行情况及分析，竣工实际完成投资与概算差异及原因分析；

（6）尾工工程情况；

（7）历次审计、检查、审核、稽察意见及整改落实情况；

（8）主要技术经济指标的分析、计算情况；

（9）项目管理经验、主要问题和建议；

（10）预备费动用情况；

（11）项目建设管理制度执行情况、政府采购情况、合同履行情况；

（12）征地拆迁补偿情况、移民安置情况；

（13）需说明的其他事项。

11.2.2　竣工财务决算报表

项目竣工决算报表包括：建设项目概况表，项目竣工财务决算表，项目资金情况明细表，项目交付使用资产总表，项目交付使用资产明细表，待摊投资明细表，待核销投资明细表，转出投资明细表。小型建设项目可以将报表适当合并和简化。有关表格形式分别见表 11-1～表 11-9。

1. 建设项目概况表（表 11-1）

该表综合反映建设项目的基本概况，内容包括该项目总投资、建设起止时间、新增生产能力、建设成本、完成主要工程量和基本建设支出等情况，为全面考核和分析投资效果提供依据，可按下列要求填写：

建设项目概况表　　　　　　　　　　表 11-1

建设项目（单项工程）名称		建设地址				项目	概算批准金额	实际完成金额	备注
主要设计单位		主要施工企业				建筑安装工程			
占地面积（m²）	设计	实际	总投资（万元）	设计	实际	设备、工具、器具			
						待摊投资			
新增生产能力	能力（效益）名称		设计		实际	其中：项目建设管理费			
						其他投资			
建设起止时间	设计	自　年　月　日至　　年　月　日				待核销基建支出			
	实际	自　年　月　日至　　年　月　日				转出投资			
概算批准部门及文号						合计			

	建设规模			设备（台、套、t）		
完成主要工程量	设计		实际	设计		实际

	单项工程项目、内容	批准概算	预计未完部分投资额	已完成投资额	预计完成时间
尾工工程					
	小计				

（1）建设项目名称、建设地址、主要设计单位和主要施工单位，要按全称填列；

（2）表中各项目的设计、概算、计划等指标，根据批准的设计文件和概算、计划等确定的数字填列；

（3）表中所列新增生产能力、完成主要工程量的实际数据，根据建设单位统计资料和

施工单位提供的有关成本核算资料填列;

(4) 表中基建支出是指建设项目从开工起至竣工为止发生的全部基本建设支出,包括形成资产价值的交付使用资产,如固定资产、流动资产、无形资产、其他资产支出,还包括不形成资产价值而按照规定应核销的非经营项目的待核销基建支出和转出投资;

(5) 表中收尾工程是指全部工程项目验收后尚遗留的少量尾工工程,在表中应明确填写尾工工程内容、完成时间,这部分工程的实际成本可根据实际情况进行估算并加以说明,完工后不再编制竣工决算。

2. 建设项目竣工财务决算表 (表11-2)

该表反映竣工的项目从开工到竣工为止全部资金来源和资金运用的情况,它是考核和分析投资效果,落实结余资金,并作为报告上级核销基本建设支出和基本建设拨款的依据。在编制该表前,应先编制出项目竣工年度财务决算,根据编制出的竣工年度财务决算和历年财务决算编制项目的竣工财务决算。此表采用平衡表形式,即资金来源合计等于资金支出合计。

项目竣工财务决算表　　　　　　　　　　　表 11-2

项目名称:　　　　　　　　　　　单位:

资金来源	金额	资金占用	金额
一、基建拨款		一、基本建设支出	
1. 中央财政资金		(一) 交付使用资产	
其中:一般公共预算资金		1. 固定资产	
中央基建投资		2. 流动资产	
财政专项资金		3. 无形资产	
政府性基金		(二) 在建工程	
国有资本经营预算安排的基建项目资金		1. 建筑安装工程投资	
2. 地方财政资金		2. 设备投资	
其中:一般公共预算资金		3. 待摊投资	
地方基建投资		4. 其他投资	
财政专项资金		(三) 待核销基建支出	
政府性基金		(四) 转出投资	
国有资本经营预算安排的基建项目资金		二、货币资金合计	
二、部门自筹资金 (非负债性资金)		其中:银行存款	
三、项目资本		财政应返还额度	
1. 国家资本		其中:直接支付	
2. 法人资本		授权支付	
3. 个人资本		现金	
4. 外商资本		有价证券	
四、项目资本公积		三、预付及应收款合计	
五、基建借款		1. 预付备料款	
其中:企业债券资金		2. 预付工程款	

续表

项目名称：　　　　　　　　　　　　　单位：

资金来源	金额	资金占用	金额
六、待冲基建支出		3. 预付设备款	
七、应付款合计		4. 应收票据	
1. 应付工程款		5. 其他应收款	
2. 应付设备款		四、固定资产合计	
3. 应付票据		固定资产原价	
4. 应付工资及福利费		减：累计折旧	
5. 其他应付款		固定资产净值	
八、未交款合计		固定资产清理	
1. 未交税金		待处理固定资产损失	
2. 未交结余财政资金			
3. 未交基建收入			
4. 其他未交款			
合　计		合　计	

补充资料：基建借款期末余额：

　　　　基建结余资金：

备注：资金来源合计扣除财政资金拨款与国家资本、资本公积重叠部分。

　　1）资金来源包括基建拨款、项目资本、部门自筹资金、项目资本公积、基建借款、上级拨入投资借款、企业债券资金、待冲基建支出、应付款和未交款以及上级拨入资金和企业留成收入等。

　　（1）项目资本是指经营性投资者按国家有关项目资本金的规定，筹集并投入项目的非负债资金，在项目竣工后，相应转为生产经营企业的国家资本、法人资本、个人资本和外商资本；

　　（2）项目资本公积是指经营性项目对投资者实际缴付的出资额超过其资金的差额（包括发行股票的溢价净收入）、资产评估确认价值或者合同、协议约定价值与原账面净值的差额、接收捐赠的财产、资本汇率折算差额，在项目建设期间作为资本公积，项目建成交付使用并办理竣工决算后，转为生产经营企业的资本公积；

　　（3）基建收入是基建过程中形成的各项工程建设副产品变价净收入、负荷试车的试运行收入以及其他收入，在表中基建收入以实际销售收入扣除销售过程中所发生的费用和税后的实际纯收入填写。

　　2）表中"交付使用资产""基建拨款""部门自筹资金"等项目，是指自开工建设至竣工时的累计数，上述有关指标应根据历年批复的年度基本建设财务决算和竣工年度的基本建设财务决算中资金平衡表相应项目的数字进行汇总填写。

　　3）表中其余项目费用办理竣工验收时的结余数，根据竣工年度财务决算中资金平衡表的有关项目期末数填写。

　　4）资金支出反映建设项目从开工准备到竣工全过程资金支出的情况，内容包括基建支出、应收生产单位投资借款、库存器材、货币资金、有价证券和预付及应收款以及拨付所属投资借款和库存固定资产等，资金支出总额应等于资金来源总额。

5) 补充材料的"基建投资借款期末余额"反映竣工时尚未偿还的基本投资借款额，应根据竣工年度资金平衡表内的"基建投资借款"项目期末数填写；"基建结余资金"反映竣工的结余资金，根据竣工决算表中有关项目计算填写。

6) 基建结余资金可以按下列公式计算：

$$基建结余资金＝基建拨款＋项目资本＋项目资本公积＋基建借款$$
$$＋待冲基建支出－基本建设支出 \tag{11-1}$$

3. 资金情况明细表（表 11-3）

该表反映了项目的资金来源情况，其形式与表 11-2 中的资金来源一侧类似，不同的是需要将资金的批准情况与到位情况详细列出。我国的基础设施项目的资金以财政拨款为主，财政部门需要严格管理资金的流向，编制此表是财政资金管理的需要。如果项目建设的资金来源于企业等非财政渠道，可以简化或不填写此表。

资金情况明细表　　　　　　　　　　　　表 11-3

项目名称：　　　　　　　　　　　　单位：

资金来源类别	合计		备注
	预算下达或概算批准金额	实际到位金额	需备注预算下达文号
一、财政资金拨款			
1. 中央财政资金			
其中：一般公共预算资金			
中央基建投资			
财政专项资金			
政府性基金			
国有资本经营预算安排的基建项目资金			
政府统借统还非负债性资金			
2. 地方财政资金			
其中：一般公共预算资金			
地方基建投资			
财政专项资金			
政府性基金			
国有资本经营预算安排的基建项目资金			
行政事业性收费			
政府统借统还非负债性资金			
二、项目资本金			
其中：国家资本			
三、银行贷款			
四、企业债券资金			
五、自筹资金			
六、其他资金			
合计			

补充资料：项目缺口资金：

　　　　　缺口资金落实情况：

4. 建设项目交付使用资产总表 (表 11-4)

该表反映建设项目建成后新增固定资产、流动资产、无形资产和其他资产价值的情况和价值，作为办理财产交接、检查投资计划完成情况和分析投资效果的依据。编制"交付使用资产总表"的同时，还需编制"交付使用资产明细表"。建设项目交付使用资产总表具体编制方法是：

建设项目交付使用资产总表（元） 表 11-4

单项工程项目名称	总计	固定资产					流动资产	无形资产	其他资产
		建筑工程	安装工程	设备	其他	合计			
1	2	3	4	5	6	7	8	9	10

支付单位盖章　　　年　月　日　　　　　　　　　　　　　　接收单位盖章　　　年　月　日

（1）表中各栏目数据根据"交付使用明细表"的固定资产、流动资产、无形资产、其他资产的各相应项目的汇总数分别填写，表中总计栏的总计数应与竣工财务决算表中的交付使用资产的金额一致。

（2）表中第2、6、7、8、9栏的合计数，应分别与竣工财务决算表中交付使用的固定资产、流动资产、无形资产、其他资产的数据相符。

5. 建设项目交付使用资产明细表 (表 11-5)

该表反映交付使用的固定资产、流动资产、无形资产和其他资产及其价值的明细情况，是办理资产交接的依据和接收单位登记资产账目的依据，是使用单位建立资产明细账和登记新增资产价值的依据。大、中型和小型建设项目均需编制此表。编制时要做到齐全完整，数字准确，各栏目价值应与会计账目中相应科目的数据保持一致。建设项目交付使用资产明细表具体编制方法是：

（1）表中"建筑工程"项目应按单项工程名称填列其结构、面积和价值。其中，"结构"是指项目按钢结构、钢筋混凝土结构、混合结构等结构形式填写；面积则按各项目实际完成面积填列；价值按交付使用资产的实际价值填写。

（2）表中"固定资产"部分要在逐项盘点后，根据盘点实际情况填写，工具、器具和家具等低值易耗品可分类填写。

（3）表中"流动资产""无形资产""其他资产"项目应根据建设单位实际交付的名称和价值分别填列。

（4）表中"分摊待摊投资"按照概算分摊法、实际分摊法等分摊原则将表11-6中的所有待摊费用摊入各个交付使用的单项工程。

建设项目交付使用资产明细表 　　　　表 11-5

单项工程项目名称	建筑工程				设备、工具、器具、家具						流动资产		无形资产	
	结构	面积(m²)	价值(元)	分摊待摊投资	规格型号	单位	数量	价值(元)	设备安装费(元)	分摊待摊投资	名称	价值(元)	名称	价值(元)
合计														

支付单位盖章　年　月　日　　　　　　　　　　　　　接收单位盖章　年　月　日

6. 待摊投资明细（表 11-6）

该表反映了项目建设中不能单独形成资产但在建设与管理过程中实际发生，又与建设项目整体建成密切相关的一项重要建设费用支出。合理分摊此项费用才能正确核算建设项目竣工后交付使用资产的价值，该类支出属于间接投资，且种类繁多，有一定的弹性，包括勘察设计费、土地征用补偿费、招标投标费、安全管理费、环境影响评价费等，需要根据项目建设中该类费用的实际发生情况如实填写表 11-6。

待摊投资明细表 　　　　表 11-6

项目名称：　　　　　　　　　　　　　　单位：

项　　目	金额	项　　目	金额
1. 勘察费		25. 社会中介机构审计（查）费	
2. 设计费		26. 工程检测费	
3. 研究试验费		27. 设备检验费	
4. 环境影响评价费		28. 负荷联合试车费	
5. 监理费		29. 固定资产损失	
6. 土地征用及迁移补偿费		30. 器材处理亏损	
7. 土地复垦及补偿费		31. 设备盘亏及毁损	
8. 土地使用税		32. 报废工程损失	
9. 耕地占用税		33. （贷款）项目评估费	
10. 车船税		34. 国外借款手续费及承诺费	
11. 印花税		35. 汇兑损益	
12. 临时设施费		36. 坏账损失	
13. 文物保护费		37. 借款利息	
14. 森林植被恢复费		38. 减：存款利息收入	
15. 安全生产费		39. 减：财政贴息资金	
16. 安全鉴定费		40. 企业债券发行费用	
17. 网络租赁费		41. 经济合同仲裁费	
18. 系统运行维护监理费		42. 诉讼费	
19. 项目建设管理费		43. 律师代理费	
20. 代建管理费		44. 航道维护费	
21. 工程保险费		45. 航标设施费	
22. 招标投标费		46. 航测费	
23. 合同公证费		47. 其他待摊投资性质支出	
24. 可行性研究费		合计	

7. 待核销基建支出明细表（表 11-7）

该表反映了在建设管理过程中实际发生的，不能计入基本建设工程的建造成本但应该予以核销的投资支出。这部分投资支出和固定资产的建造没有直接联系，所以不计入交付使用资产的价值，拨款单位应该在基建拨款中冲转，投资借款单位应该转给生产单位，由生产单位从规定的还款资金来源中归还银行借款。该部分支出包括退耕还林、取消项目可行性研究等不能形成资产的财政投资支出，以及棚户区改造等对个人或家庭的财政补助支出。表 11-7 按照建设过程中费用的实际发生情况填写，经拨款单位批准后予以核销。

待核销基建支出明细表 表 11-7

项目名称：　　　　　　　　　　　　　　　　　单位：

不能形成资产部分的财政投资支出				用于家庭或个人的财政补助支出			
支出类别	单位	数量	金额	支出类别	单位	数量	金额
1. 江河清障				1. 补助群众造林			
2. 航道清淤				2. 户用沼气工程			
3. 飞播造林				3. 户用饮水工程			
4. 退耕还林（草）				4. 农村危房改造工程			
5. 封山（沙）育林（草）				5. 垦区及林区棚户区改造			
6. 水土保持				……			
7. 城市绿化							
8. 毁损道路修复							
9. 护坡及清理							
10. 取消项目可行性研究费							
11. 项目报废							
……				合计			

8. 转出投资明细表（表 11-8）

该表反映了建设单位发生的构成基本建设投资完成额，并经批准转拨给其他单位的投资支出，该部分投资形成的资产不归建设单位所有，故需单独列出。内容包括：①拨付主办单位的投资。指与其他单位共同兴建工程而拨给主办单位的投资，以及为修建铁路专用线等工程而拨给承办单位的投资。②拨付统建单位的投资。指参加统建住宅，按规定拨付统建单位、建成后产权不归本单位所有的投资。③移交其他单位的未完工程。指由于计划变更等原因，报经批准，无偿移交给其他单位继续施工的未完工程。④拨付地方建筑材料基地的投资。指大型项目和新工业基地建设，按规定拨付的地方建筑材料基地投资。⑤供电贴费，指按规定支付给电力部门 110kV 以下的供电贴费。该表的形式与表 11-3 类似，按照实际转出投资形成资产的明细填写。

转出投资明细表 表 11-8

单项工程项目名称	建筑工程				设备、工具、器具、家具						流动资产		无形资产	
	结构	面积 (m²)	价值 (元)	分摊待摊投资	规格型号	单位	数量	价值 (元)	设备安装费 (元)	分摊待摊投资	名称	价值 (元)	名称	价值 (元)
合计														

9. 小型建设项目竣工财务决算总表（表 11-9）

由于小型建设项目内容比较简单，因此可将工程概况与财务情况合并编制一张"竣工财务决算总表"，该表主要反映小型建设项目的全部工程和财务情况。具体编制时可参照大、中型建设项目概况表指标和大、中型建设项目竣工财务决算表指标口径填写。

小型建设项目竣工财务决算总表　　　　　　　　　　表 11-9

建设项目名称			建设地址				资金来源		资金运用	
初步设计概算批准文号							项目	金额（元）	项目	金额（元）
占地面积	计划	实际	总投资（万元）	计划		实际		一、基建拨款 其中:预算拨款		一、交付使用资产	
				固定资产	流动资产	固定资产	流动资产			二、待核销基建支出	
								二、项目资本		三、非经营项目转出投资	
								三、项目资本公积金			
新增生产能力	能力(效益)名称	设计	实际					四、基建借款		四、应收生产单位投资借款	
								五、上级拨入借款			
建设起止时间	计划		从　年　月开工 至　年　月竣工					六、企业债券资金		五、拨付所属投资借款	
	实际		从　年　月开工 至　年　月竣工					七、待冲基建支出		六、器材	
基建支出	项目			概算（元）		实际（元）		八、应付款		七、货币资金	
	建筑安装工程							九、未付款 其中:未交基建收入 未交包干收入		八、预付及应收款	
	设备、工具、器具									九、有价证券	
	待摊投资 其中:建设单位管理费									十、原有固定资产	
	其他投资							十、上级拨入资金			
	待核销基建支出							十一、留成收入			
	非经营性项目转出投资							合计		合计	
	合计										

11.2.3　建设工程竣工图

建设工程竣工图是真实地记录各种地上、地下建筑物、构筑物等情况的技术文件，是工程进行交工验收、维护改建和扩建的依据，是国家的重要技术档案。国家规定：各项新建、扩建、改建的基本建设工程，特别是基础、地下建筑、管线、井巷、桥梁、隧道、港口、水坝以及设备安装等隐蔽部位，都要编制竣工图。为确保竣工图质量，必须在施工过程中（不能在竣工后）及时做好隐蔽工程检查记录，整理好设计变更文件。其具体要求有：

（1）凡按图竣工没有变动的，由施工单位（包括总包和分包施工单位，下同）在原施工图上加盖"竣工图"标志后，即作为竣工图。

（2）凡在施工过程中，虽有一般性设计变更，但能将原施工图加以修改补充作为竣工图的，可不重新绘制，由施工单位负责在原施工图（必须是新蓝图）上注明修改的部分，并附以设计变更通知单和施工说明，加盖"竣工图"标志后，作为竣工图。

（3）凡结构形式改变、施工工艺改变、平面布置改变、项目改变以及有其他重大改变，不宜再在原施工图上修改、补充时，应重新绘制改变后的竣工图。由原设计原因造成的，由设计单位负责重新绘制；由施工原因造成的，由施工单位负责重新绘图；由其他原因造成的，由建设单位自行绘制或委托设计单位绘制。施工单位负责在新图上加盖"竣工图"标志，并附以有关记录和说明，作为竣工图。

（4）为了满足竣工验收和竣工决算需要，还应绘制反映竣工工程全部内容的工程设计平面示意图。

11.2.4　工程造价比较分析

对控制工程造价所采取的措施、效果及其动态的变化进行认真的对比，总结经验教训。批准的概算是考核建设工程造价的依据。在分析时，可先对比整个项目的总概算，然后将建筑安装工程费、设备工器具费和其他工程费用逐一与竣工决算表中所提供的实际数据和相关资料及批准的概算、预算指标、实际的工程造价进行对比分析，以确定竣工项目总造价是节约还是超支，并在对比的基础上，总结先进经验，找出节约和超支的内容和原因，提出改进措施。在实际工作中，应主要分析以下内容：

（1）主要实物工程量。对于实物工程量出入比较大的情况，必须查明原因。

（2）主要材料消耗量。考核主要材料消耗量，根据竣工决算表中所列明的三大材料实际超概算的消耗量，查明是在工程的哪个环节超出量最大，再进一步查明超耗的原因。

（3）考核建设单位管理费、建筑安装工程费和间接费的取费标准。建设单位管理费、建筑安装工程费和间接费的取费标准要按照国家和各地的有关规定，根据竣工决算报表中所列的建设单位管理费与概预算所列的建设单位管理费数额进行比较，依据规定查明是否少列或多列费用项目，确定其节约或超支的数额，并查明原因。

11.3　竣工决算的编制及审批

11.3.1　竣工决算的编制依据

（1）可行性研究报告、投资估算书、初步设计或扩大初步设计、概算调整及其批准文件；

(2) 设计变更记录、施工记录或施工签证单及其他施工发生的费用记录;

(3) 经批准的施工图预算或标底造价、承包合同、工程结算等有关资料;

(4) 历年投资计划、历年财务决算及批复文件;

(5) 设备、材料调价文件和调价记录;

(6) 有关的财务核算制度、办法以及其他有关资料。

11.3.2　竣工决算的编制要求

为了严格执行建设项目竣工验收制度,正确核定新增固定资产价值,考核分析投资效果,建立健全经济责任制,所有新建、扩建和改建等建设项目竣工后,都应及时、完整、正确地编制好竣工决算。在编制建设项目竣工财务决算前,建设单位要做好各项清理工作。清理工作主要包括建设项目档案资料的归集整理、账务处理、财产物资的盘点核实及债权债务的清偿,做到账账、账证、账实、账表相符。各种材料、设备、工具、器具等,要逐项盘点核实,填列清单,妥善保管,或按照国家规定进行处理,不准任意侵占、挪用。

(1) 按照规定组织竣工验收,保证竣工决算的及时性。及时组织竣工验收,是对建设工程的全面考核,所有的建设项目(或单项工程)按照批准的设计文件所规定的内容建成后,具备了投产和使用条件的,都要及时组织验收。对于竣工验收中发现的问题,应及时查明原因,采取措施加以解决,以保证建设项目按时交付使用和及时编制竣工决算。

(2) 积累、整理竣工项目资料,保证竣工决算的完整性。积累、整理竣工项目资料是编制竣工决算的基础工作,它关系到竣工决算的完整性和质量的好坏。因此,在建设过程中,建设单位必须随时收集项目建设的各种资料,并在竣工验收前,对各种资料进行系统整理,分类立卷,为编制竣工决算提供完整的数据资料,为投产后加强固定资产管理提供依据。在工程竣工时,建设单位应将各种基础资料与竣工决算一起移交给生产单位或使用单位。

(3) 清理、核对各项账目,保证竣工决算的正确性。工程竣工后,建设单位要认真核实各项交付使用资产的建设成本;做好各项账目、物资以及债权的清理结余工作,应偿还的及时偿还,该收回的应及时收回,对各种结余的材料、设备、施工机械工具等,要逐项清点核实,妥善保管,按照国家有关规定进行处理,不得任意侵占;对竣工后的结余资金,要按规定上交财政部门或上级主管部门。做完上述工作,在核实了各项数字的基础上,正确编制从年初起到竣工月份为止的竣工年度财务决算,以便根据历年的财务决算和竣工年度财务决算进行整理汇总,编制建设项目决算。

基本建设项目(以下简称项目)完工可投入使用或者试运行合格后,应当在3个月内编报竣工财务决算,特殊情况确需延长的,中小型项目不得超过2个月,大型项目不得超过6个月。主管部门和财政部门对报送的竣工决算审批后,建设单位即可办理决算调整和结束有关工作。

11.3.3　竣工决算的编制步骤

1. 收集、整理和分析有关依据资料

在编制竣工决算文件之前,系统地整理所有的技术资料、工料结算的经济文件、施工

图纸和各种变更与签证资料，并分析它们的准确性。完整、齐全的资料，是准确而迅速编制竣工决算的必要条件。

2. 清理各项财务、债务和结余物资

在收集、整理和分析有关资料中，要特别注意建设工程从筹建到竣工投产或使用的全部费用的各项账务，债权和债务的清理，做到工程完毕账目清晰，既要核对账目，又要查点库存实物的数量，做到账与物相等，账与账相符，对结余的各种材料、工器具和设备，要逐项清点核实，妥善管理，并按规定及时处理，收回资金。对各种往来款项要及时进行全面清理，为编制竣工决算提供准确的数据和结果。

3. 重新核实各单位工程、单项工程造价

将竣工资料与原设计图纸进行查对、核实，确认实际变更情况；根据经审定的施工单位竣工结算等原始资料，按照有关规定对原概（预）算进行增减调整，重新核定工程造价。

4. 编制建设工程竣工决算说明

5. 填写竣工决算报表

根据编制依据中的有关资料进行统计或计算各个项目和数量，并将其结果填到相应表格的栏目内，完成所有报表的填写。

6. 做好工程造价对比分析

7. 清理、装订好竣工图

8. 上报主管部门审批

将上述编写的文字说明和填写的表格经核对无误，装订成册，即为建设工程竣工决算文件。将其上报主管部门审批，并把其中财务成本部分交送开户银行签证。竣工决算在上报主管部门的同时，抄送有关设计单位。

11.3.4 竣工决算的审批

项目主管部门和财政部门对项目竣工财务决算实行先审核、后批复的办法，可以委托预算评审机构或者有专业能力的社会中介机构进行审核。中央项目竣工财务决算，由财政部制定统一的审核批复管理制度和操作规程。中央项目主管部门本级以及不向财政部报送年度部门决算的中央单位的项目竣工财务决算，由财政部批复；其他中央项目竣工财务决算，由中央项目主管部门负责批复，报财政部备案。国家另有规定的，从其规定。地方项目竣工财务决算审核批复管理职责和程序要求由同级财政部门确定。

经营性项目的项目资本中，财政资金所占比例未超过 50％的，项目竣工财务决算可以不报财政部门或者项目主管部门审核批复。项目建设单位应当按照国家有关规定加强工程价款结算和项目竣工财务决算管理。项目竣工财务决算审核批复环节中审减的概算内投资，按投资来源比例归还投资者。

竣工决算审核以第二节中的四部分竣工决算资料为主要依据，审核的重点是：

（1）工程价款结算是否准确，是否按照合同约定和国家有关规定进行，有无多算和重复计算工程量、高估冒算建筑材料价格现象；

（2）待摊费用支出及其分摊是否合理、正确；

（3）项目是否按照批准的概（预）算内容实施，有无超标准、超规模、超概（预）算建设现象；

（4）项目资金是否全部到位，核算是否规范，资金使用是否合理，有无挤占、挪用现象；

（5）项目形成资产是否全面反映，计价是否准确，资产接受单位是否落实；

（6）项目在建设过程中历次检查和审计所提的重大问题是否已经整改落实；

（7）待核销基建支出和转出投资有无依据，是否合理；

（8）竣工财务决算报表所填列的数据是否完整，表间勾稽关系是否清晰、正确；

（9）尾工工程及预留费用是否控制在概算确定的范围内，预留的金额和比例是否合理；

（10）项目建设是否履行基本建设程序，是否符合国家有关建设管理制度要求等；

（11）决算的内容和格式是否符合国家有关规定；

（12）决算资料报送是否完整、决算数据间是否存在错误；

（13）相关主管部门或者第三方专业机构是否出具审核意见。

11.3.5 竣工决算的编制实例

【例 11-1】某一大、中型建设项目 2017 年开工建设，2018 年年底有关财务核算资料如下：1）已经完成部分单项工程，经验收合格后，已经交付使用的资产包括：

（1）固定资产价值 75540 万元。

（2）为生产准备的使用期限在一年以内的备品备件、工具器具等流动资产价值 30000 万元，期限在一年以上，单位价值在 1500 元以下的工具 60 万元。

（3）建造期间购置的专利权、非专利技术等无形资产 2080 万元，摊销期 5 年。

2）基本建设支出中的未完成项目包括：

（1）建筑安装工程支出 16000 万元。

（2）设备工器具投资 44000 万元。

（3）建设单位管理费、勘察设计费等待摊投资 2400 万元。

（4）通过出让方式购置的土地使用权形成的其他投资 110 万元。

3）非经营项目发生的待核销基建支出 50 万元。

4）转出投资 1400 万元。

5）购置需要安装的器材 50 万元，其中待处理器材 16 万元。

6）银行存款 470 万元。

7）预付工程款及应收有偿调出器材款 18 万元。

8）建设单位自用的固定资产原值 60550 万元，累计折旧 10022 万元。

反映在《资金平衡表》上的各类资金来源的期末余额是：

9）中央一般公共预算资金拨款 30000 万元，地方基建基金拨款 22000 万元。

10）自筹资金拨款 58000 万元。

11）国家资本 520 万元。

12）建设单位向商业银行借入的借款 110000 万元。

13）建设单位当年完成交付生产单位使用的资产价值中，200 万元属于利用投资借款形成的待冲基建支出。

14）应付器材销售商 40 万元货款和尚未支付的应付工程款 1916 万元。

15）未交税金 30 万元。

16）尚未偿还贷款 400 万元。

根据上述有关资料编制该项目竣工财务决算表（表 11-10）。

建设项目竣工财务决算表 * 　　　　　　　　　　表 11-10

项目名称：　　　　　　　　　　　　　　　单位：

资金来源	金额（万元）	资金占用	金额（万元）
一、基建拨款	52000	一、基本建设支出	171640
1. 中央财政资金	30000	（一）交付使用资产	107680
其中：一般公共预算资金		1. 固定资产	75540
中央基建投资		2. 流动资产	30060
财政专项资金		3. 无形资产	2080
政府性基金		（二）在建工程	63910
国有资本经营预算安排的基建项目资金		1. 建筑安装工程投资	16000
2. 地方财政资金	22000	2. 设备投资	44000
其中：一般公共预算资金		3. 待摊投资	2400
地方基建投资	22000	4. 其他投资	110
财政专项资金		（三）待核销基建支出	50
政府性基金		（四）转出投资	1400
国有资本经营预算安排的基建项目资金		二、货币资金合计	470
二、部门自筹资金（非负债性资金）	58000	其中：银行存款	470
三、项目资本	520	财政应返还额度	
1. 国家资本	520	其中：直接支付	
2. 法人资本		授权支付	
3. 个人资本		现金	
4. 外商资本		有价证券	
四、项目资本公积		三、预付及应收款合计	18
五、基建借款	110000	1. 预付备料款	
其中：企业债券资金		2. 预付工程款	18
六、待冲基建支出	200	3. 预付设备款	
七、应付款合计	1956	4. 应收票据	
1. 应付工程款	1916	5. 其他应收款	
2. 应付设备款	40	四、固定资产合计	50578
3. 应付票据		固定资产原价	60550
4. 应付工资及福利费		减：累计折旧	10022
5. 其他应付款		固定资产净值	50528
八、未交款合计	30	固定资产清理	50
1. 未交税金	30	其中：待处理固定资产损失	16
2. 未交结余财政资金			
3. 未交基建收入			
4. 其他未交款			
合　计	222706	合　计	222706

补充资料：基建借款期末余额：400 万元

　　　　　基建结余资金：49080 万元

备注：资金来源合计扣除财政资金拨款与国家资本、资本公积重叠部分。

* 根据财政部财建〔2016〕503 号文件《基本建设项目竣工财务决算管理暂行办法》的要求。

11.4　新增资产价值的确定

11.4.1　新增资产价值的分类

按照新的财务制度和企业会计准则，新增资产按资产性质可分为固定资产、流动资产、无形资产和其他资产等四大类。

1. 固定资产

新会计准则取消了固定资产的认定价值限制，只要公司认为可以的使用寿命大于一个会计年度的均可认定为固定资产。

2. 流动资产

流动资产是指可以在一年或者超过一年的营业周期内变现或者耗用的资产。它是企业资产的重要组成部分。流动资产按资产的占用形态可分为现金、存货（指企业的库存材料、在产品、产成品、商品等）、银行存款、短期投资、应收账款及预付账款。

3. 无形资产

无形资产是指特定主体所控制的，不具有实物形态，对生产经营长期发挥作用且能带来经济利益的资源。主要有专利权、非专利技术、商标权、商誉。

4. 其他资产

其他资产是指除固定资产、无形资产、流动资产以外的资产。形成其他资产原值的费用主要是开办费、以经营租赁方式租入的固定资产改良支出、生产准备费、样品样机购置费和农业开荒费等。

11.4.2　新增资产价值的确定方法

1. 新增固定资产价值的确定

新增固定资产价值是以独立发挥生产能力的单项工程为对象的。单项工程建成经有关部门验收鉴定合格，正式移交生产或使用，即应计算新增固定资产价值。一次交付生产或使用的工程一次计算新增固定资产价值，分期分批交付生产或使用的工程，应分期分批计算新增固定资产价值。在计算时应注意以下几种情况：

1）对于为了提高产品质量、改善劳动条件、节约材料消耗、保护环境而建设的附属辅助工程，只要全部建成，正式验收交付使用后就要计入新增固定资产价值。

2）对于单项工程中不构成生产系统，但能独立发挥效益的非生产性项目，如住宅、食堂、医务所、托儿所、生活服务网点等，在建成并交付使用后，也要计算新增固定资产价值。

3）凡购置达到固定资产标准而不需安装的设备、工具、器具，应在交付使用后计入新增固定资产价值。

4）属于新增固定资产价值的其他投资，应随同受益工程交付使用的同时一并计入。

5）交付使用财产的成本，应按下列内容计算：

（1）房屋、建筑物、管道、线路等固定资产的成本包括建筑工程成本和应分摊的待摊投资；

（2）动力设备和生产设备等固定资产的成本包括需要安装设备的采购成本、安装工程成本、设备基础支柱等建筑工程成本或砌筑锅炉及各种特殊炉的建筑工程成本、应分摊的待摊投资；

（3）运输设备及其他不需要安装的设备、工具、器具、家具等固定资产一般仅计算采购成本，不计分摊的"待摊投资"。

6）共同费用的分摊方法。新增固定资产的其他费用，如果是属于整个建设项目或两个以上单项工程的，在计算新增固定资产价值时，应在各单项工程中按比例分摊。分摊时，什么费用应由什么工程负担应按具体规定进行。一般情况下，建设单位管理费按建筑工程、安装工程、需安装设备价值总额按比例分摊，勘察设计费等费用则按建筑工程造价分摊。

2. 流动资产价值的确定

流动资产是指可以在一年内或者超过一年的一个营业周期内变现或者运用的资产，包括现金及各种存款以及其他货币资金、短期投资、存货、应收及预付款项以及其他流动资产等。

（1）货币性资金。货币性资金是指现金、各种银行存款及其他货币资金，其中现金是指企业的库存现金，包括企业内部各部门用于周转使用的备用金；各种存款是指企业的各种不同类型的银行存款；其他货币资金是指除现金和银行存款以外的其他货币资金，根据实际入账价值核定。

（2）应收及预付款项。应收账款是指企业因销售商品、提供劳务等应向购货单位或受益单位收取的款项；预付款项是指企业按照购货合同预付给供货单位的购货定金或部分货款。应收及预付款项包括应收票据、应收款项、其他应收款、预付货款和待摊费用。一般情况下，应收及预付款项按企业销售商品、产品或提供劳务时的成交金额入账核算。

（3）短期投资包括股票、债券、基金。股票和债券根据是否可以上市流通分别采用市场法和收益法确定其价值。

（4）存货。存货是指企业的库存材料、在产品、产成品等。各种存货应当按照取得时的实际成本计价。存货的形成，主要有外购和自制两个途径。外购的存货，按照买价加运输费、装卸费、保险费、途中合理损耗、入库前加工、整理及挑选费用以及缴纳的税金等计价；自制的存货，按照制造过程中的各项实际支出计价。

3. 无形资产价值的确定

根据我国2001年颁布的《资产评估准则——无形资产》规定，无形资产是指特定主体所控制的，不具有实物形态，对生产经营长期发挥作用且能够带来经济利益的资源。

1）无形资产的计价原则。投资者按无形资产作为资本金或者合作条件投入时，按评估确认或合同协议约定的金额计价。

（1）购入的无形资产，按照实际支付的价款计价。

（2）企业自创并依法申请取得的，按开发过程中的实际支出计价。

（3）企业接受捐赠的无形资产，按照发票账单所持金额或者同类无形资产市价作价。

（4）无形资产计价入账后，应在其有效使用期内分期摊销。

2）无形资产的计价方法。

（1）专利权的计价。专利权分为自创和外购两类。自创专利权的价值为开发过程中的实际支出，主要包括专利的研制成本和交易成本。研制成本包括直接成本和间接成本：直接成本是指研制过程中直接投入发生的费用（主要包括材料费用、工资费用、专用设备费、资料费、咨询鉴定费、协作费、培训费和差旅费等）；间接成本是指与研制开发有关的费用（主要包括管理费、非专用设备折旧费、应分摊的公共费用及能源费用）。交易成本是指在交易过程中的费用支出（主要包括技术服务费、交易过程中的差旅费及管理费、手续费、税金）。由于专利权是具有独占性并能带来超额利润的生产要素，因此，专利权转让价格不按成本估价，而是按照其所能带来的超额收益计价。

（2）非专利技术的计价。非专利技术具有使用价值和价值，使用价值是非专利技术本身应具有的，非专利技术的价值在于非专利技术的使用所能产生的超额获利能力，应在研究分析其直接和间接的获利能力的基础上，准确计算出其价值。如果非专利技术是自创的，一般不作为无形资产入账，自创过程中发生的费用，按当期费用处理。对于外购非专利技术，应由法定评估机构确认后再进行估价，其方法往往通过能产生的收益采用收益法进行估价。

（3）商标权的计价。如果商标权是自创的，一般不作为无形资产入账，而将商标设计、制作、注册、广告宣传等发生的费用直接作为销售费用计入当期损益。只有当企业购入或转让商标时，才需要对商标权计价。商标权的计价一般根据被许可方新增的收益确定。

（4）土地使用权的计价。根据取得土地使用权的方式不同，土地使用权可有以下几种计价方式：当建设单位向土地管理部门申请土地使用权并为之支付一笔出让金时，土地使用权作为无形资产核算；当建设单位获得土地使用权是通过行政划拨的，这时土地使用权就不能作为无形资产核算；在将土地使用权有偿转让、出租、抵押、作价入股和投资，按规定补交土地出让价款时，才作为无形资产核算。

4. 其他资产价值的确定

（1）开办费是指在筹建期间发生的费用，不能计入固定资产或无形资产价值的费用，主要包括筹建期间人员工资、办公费、员工培训费、差旅费、印刷费、注册登记费以及不计入固定资产和无形资产购建成本的汇兑损益、利息支出等。根据现行财务制度规定，企业筹建期间发生的费用，应于开始生产经营起一次计入开始生产经营当期的损益。企业筹建期间开办费的价值可按其账面价值确定。

（2）以经营租赁方式租入的固定资产改良工程支出的计价，应在租赁有限期内摊入制造费用或管理费用。

思考题

1. 项目竣工决算的作用是什么？有哪些内容组成？
2. 竣工财务决算报表由哪些内容组成？
3. 如何编制竣工决算？
4. 竣工决算审核的重点有哪些？
5. 新增资产按性质可以如何分类？
6. 项目竣工决算中如何确定新增固定资产的价值？
7. 项目竣工决算中如何确定新增无形资产的价值？

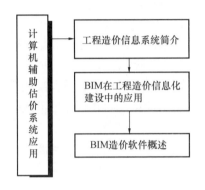

12.1 工程造价信息系统概述

12.1.1 工程造价信息系统的特点

随着经济社会的发展，建设项目的规模越来越大，工艺也越来越复杂，新技术、新材料不断地被创造出来并投入使用，使得工程造价的构成变得越来越复杂。在经济全球化的市场背景下，建筑原材料价格频繁变动，工程造价也随之波动。随着建筑市场竞争日趋激烈，各方行为主体都必须及时准确地了解造价动态，并有效控制造价。传统的工程估价信息处理的方式和手段已经适应不了新形势的要求，这就使得在工程估价中不断引入和应用新技术、新方法成为必然，工程造价信息系统便随之而产生。

工程造价信息系统是建设项目管理信息系统的重要组成部分，是计算机信息技术在工程估价方面的具体应用。工程估价系统可以帮助估价人员进行数据的收集、加工、分析、处理、维护和使用，为决策提供依据。不仅可以提高工程估价效率、降低企业成本，而且对工程估价的方式、过程、作用都会产生深远影响。工程造价信息系统主要有如下特点。

1. 数据管理维护方便快捷

在竞争激烈的工程市场中，承包商为使自己的标价有竞争力，因此经常调整某些基础数据，同时资源的价格随市场的波动而经常变化，致使承包商每次的报价数据都不一样。人工处理维护这些原始数据不但容易出错，而且由于处理的速度慢，还可能影响报价的及时性，而采用计算机辅助估价系统则更加准确、快捷、经济。同时，也可以采用数据智能处理技术，如根据造价历史数据及参考指标，限定数据的类型、取值范围，自动检测工程造价数据的录入或引用错误，对异常数据提示警示信息，避免一些人为错误。例如，工程估价过程中经常要对原有定额进行修改、补充，形成新的定额以适用于当前的分项工程组成内容。同时，运用计算机处理的原始、中间和最终数据又可长期保存，经过多次的实践积累有利于提高标价的竞争力。

2. 计算与调整及时方便

工程估价通常采用定额估算法，工程造价信息系统可以对原始数据进行处理，快速得出标价。同时，由于算法编制在程序中，只要输入原始数据，非工程估价专业人员也可操作，显现出较大的优越性。在估价过程中，投标人根据市场信息采取某些策略，如不平衡报价技巧，对某些分项工程的价格进行调整，运用计算机则非常方便迅速。

3. 成果分析报告可随时提取

工程造价信息系统对原始数据处理后，不仅能计算出标价，而且能根据需要生成多项有价值的数据，并可随时打印各类报告，如工料分析报告、标价组成报告等，同时又能提供一些原始数据报告。

4. 实现工程造价的闭环动态控制

统计资料显示，在项目决策及设计阶段，影响建设项目造价的可能性为 $30\%\sim75\%$，而在实施阶段影响建设项目造价的可能性仅为 $5\%\sim25\%$。显而易见，控制工程造价的关键就在于项目实施之前的项目决策和设计阶段。由于建筑项目建设周期较长，影响工程造价的因素很多，经过决策阶段、设计阶段、承发包阶段和实施阶段，工程造价往往与决策时相比变化很大。使用工程造价信息系统，当工程设计完成的同时，工程量清单自动生成，工程造价即可确定。那么，在后续阶段中，一旦发现工程造价偏离投资限额，即可通过修正决策目标或调整设计来纠正工程造价偏差，形成对工程造价的闭环动态控制。

5. 有利于提高工程估价工作效率

采用先进的信息技术建立起来的工程估价信息数据库，存储了大量工程估价历史资料。通过对这些资料进行处理分析，得出工程造价指数、材料指数、主要材料平方米含量，不仅可为建筑行业提供造价预测和效益评估，为经济投资提供参考，还可以帮助造价编制人员对比纠错。利用这些数据，可以归纳构建各种项目造价测算模板，简化造价程序。

目前，在信息技术的快速推动下，我国工程造价信息系统得到飞速发展，在工程估价中发挥着越来越重要的作用。据统计，在软件开发应用方面，从事工程估价软件开发的企业发展到近 300 家，在工程建设中应用的工程造价软件已有上百种；不少建设施工企业、工程造价管理机构、设计企业等都开始运用工程估价软件进行工程投标招标、工程概预算等，不仅减轻了劳动强度，提高了工作效率，而且提高了文档的质量和准确度，使工程估价更加科学合理。

12.1.2 工程造价信息化系统的功能分析

系统功能分析设计是为完善的软件开发作准备的，开发出的优秀软件应具备功能全面、操作方便、人机界面友善等特征。而系统功能分析设计应以系统需求分析阶段形成的业务流程图及数据流程图为基础。系统业务流程图也称事务流程图，它是描述实际业务中各种信息流及处理的全过程，反映各个环节信息（数据）来源及流向，在此基础上，进一步抽象和概括，把具有相同处理功能的过程进行合并，形成各自相对独立的模块，便于计算机处理。图 12-1 是对某单位估价系统调查后，进行需求分析形成的业务流程图。

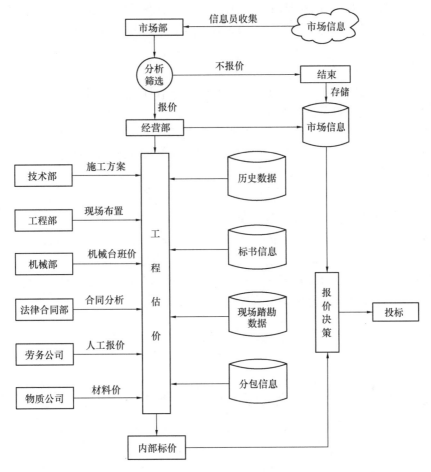

图 12-1　工程造价信息系统业务流程图

根据该图，工程造价信息系统应具有如下的基本功能。

1. 计算处理功能

计算处理功能是工程造价信息系统的基本功能，只有通过该功能才能完成套用定额、工料分析等一系列数据处理。在设计完成这一功能时，因处理的数据量大，需询问的数据记录成千上万条，大多数据又以库的方式存贮，一定要寻找最佳算法，否则计算速度将明显减慢。同时，在计算时应在程序中作数据备份处理，以防计算过程中断，出现数据混乱，无法得出正确结果。

2. 初始数据处理功能

建筑产品千差万别，因此各个工程项目的信息数据各不相同，承包商原始库中的数据将随着不同工程的更迭变化而调整，如资源定额的补充、资源价格的调整与补充等。而且这部分工作量最大，操作时间也较长，同时，一些中间库的数据在计算之前，也应在此进行初始化，该功能模块设计的优劣将影响整个系统的可操作性。

3. 查询与修改功能

开发出的优秀的软件界面一定是友善的，用户一般不是计算机专业人员，不一定知道软件计算的具体环节，也不必了解。因此，可通过查询这一功能，让用户查询系统的原始数据、中间数据、计算生成的结果数据，使用户了解计算的大概过程情况，有利于用户熟悉软件的使用。经过查询，如发现结果有错误，或要对某些数据进行调整，都可通过修改功能来实现。

4. 报表输出功能

此功能可以完成打印各类报表报告，还可以打印查询结果、部分原始数据清单等，从而可形成文字材料供相关人员分析利用。

5. 系统维护功能

指系统操作人员能对此系统的数据字典、代码库等数据进行维护的功能。

12.1.3   工程造价信息系统的设计

工程造价信息系统的设计，既要遵循计算机硬件和软件规则来描述、识别、组织、处理相应的信息流，还要根据工程估价工作的内容、规模、性质等设计相应的应用软件。工程造价信息系统的设计，应满足工程造价管理职能部门的需求以及作为用户的建设主体各方的需求，按照现有工程造价管理文件和编制办法进行，应包括功能模块系统、用户管理系统、数据库管理系统和通信网络系统等，如图 12-2 所示。

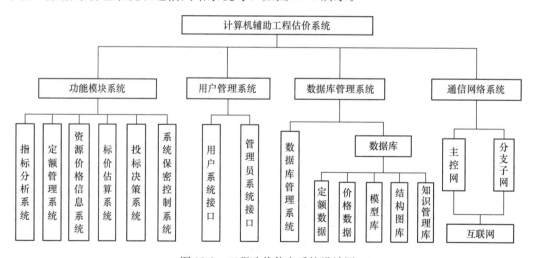

图 12-2   工程造价信息系统设计图

12.1.4   工程造价信息系统的实现技术

随着 Internet、Intranet 的应用推广和工程项目地域范围的不断扩大，需要建立一个动态的工程造价信息系统（基于 Intranet 的 MIS 系统）。这样每个项目部门都可以从造价信息系统中获得价格信息，同时，也可将项目的实际造价信息反馈到信息系统中。动态的造价信息系统指的是基于 Intranet 模式的造价信息系统。下面介绍系统实现的关键技术。

1. Web 数据库访问技术

基于 Web 的 MIS 关键技术用于制作交互式 Web 页面及通过 Web 访问数据库，常用的实现 Web 服务器与数据库交互的技术有 CGI、专用 API、JDBC、ASP 等。ASP 技术与其他几种技术相比，具有编写容易、无需手动编译、面向对象、与 HTML 和 Script 语言完美结合、与数据库的连接编程简单且易实现等优点。ASP 通过 ADO 技术访问数据库服务器上的数据。ADO 是 Microsoft 推出的基于 ODBC 的数据库访问对象，ADO 通过组件对象模型（COM）为 ASP 提供 Web 与数据库连接的可编程界面。

2. 分布式技术

目前分布式对象技术有三种主流技术——COM、Java 和 COBRA 及基于此形成的 CORBA、DNA、EJB、RMI 分布式对象体系。CORBA 技术是由 OMG 于 1991 年颁布的，特点是出现时间早，技术大而全，标准更新缓慢；接着是微软的 COM 技术，特点是效率高，有配套开发工具，开发简单；而 Sun 公司的 Java 平台推出最晚，特点是其跨平台性。

微软提供了 Microsoft Backoffice 及 Visual Studio 等系列工具，用于开发基于分布式对象的信息系统。它提供了一系列服务和工具，作为操作系统基础结构的一部分。所以，Windows DCOM 技术和 DNA 平台为组件式的集成提供了技术基础和集成环境。

3. COM 组件技术

COM 组件是遵循 COM（组件对象模型）规范编写、以 Win32 动态链接库或以可执行文件形式发布的可执行二进制代码，具有以下特点：①组件与开发语言无关；②良好的可重用性；③运行效率高，便于使用和管理；④组件相互独立。由于组件的这些特点，COM 组件近年来得到了广泛应用。ActiveX 组件可以放在 Web 服务器端，增强服务器端的功能。也可以通过浏览器自动下载到客户端，实现一些复杂的功能。服务器端组件和客户端组件也可以互相配合。由于 COM 采用了二进制标准，所以备有不同的开发工具（如 VB、VC、Delphi、PowerBuilder、ASP）。根据工程项目管理的实际情况，一些选择日期、数据库操作、流程定义、图形编辑、报表的预览、打印等功能，用 Script 语言比较难实现，可以用别的编程语言开发成 ActiveX 组件，然后再注册或安装 ActiveX 组件，就可以在网页中调用这个组件了。

12.2 BIM 造价软件应用概述

12.2.1 BIM 在建筑领域的应用背景

1. BIM 的含义

BIM 的全称叫建筑信息模型（Building Information Modeling），它是一种多维（三维空间、四维时间、五维成本、N 维更多应用）模型信息集成技术，可以使建设项目的所有参与方（包括政府主管部门、业主、设计、施工、监理、造价、运营管理、项目用户等）在项目从概念产生到完全拆除的整个生命周期内都能够在模型中操作信息和在信息中操作模型，从而从根本上改变从业人员依靠符号文字形式图纸进行项目建设和运营管理的工作方式，实现在建设项目全生命周期内提高工作效率和质量以及减少错误和风险的目标。

BIM 的含义可总结为：BIM 是以三维数字技术为基础，集成了建筑工程项目各种相关信息的工程数据模型，是对工程项目设施实体与功能特性的数字化表达。BIM 是一个完善的信息模型，能够连接建筑项目生命期不同阶段的数据、过程和资源，是对工程对象的完整描述，提供可自动计算、查询、组合拆分的实时工程数据，可被建设项目各参与方普遍使用。BIM 具有单一工程数据源，可解决分布式、异构工程数据之间的一致性和全局共享问题，支持建设项目生命期中动态的工程信息创建、管理和共享，是项目实时的共享数据平台。

由此看出，BIM 针对的对象是建设项目，BIM 的关键词是信息。事实上，BM 的本质就是建设信息化。任何项目从概念阶段开始，在贯穿项目实施的整个过程中，就是事实上的项目信息不断增加的过程，然而由于各种因素（多是人为因素），这些信息并没有被完全搜集、存储、利用、共享，从而导致相当大的项目损失。

2. BIM 在工程造价信息化建设中的价值

BIM 作为建筑领域的先进技术，在信息表征、存储、计算、管理、应用、共享等方面有着巨大的优势。BIM 信息的优点主要有：

（1）面向对象。就是建筑物信息以面向对象的方式来表达，使建筑物成为大量实体对象的集合。比如，BIM 中包含了大量的梁、板、柱、墙、门窗等实体对象，用户操作的就是这些对象实体，而不是点、线、面等几何元素。

（2）参数化表达。BIM 模型中的任一建筑对象都是物理特性和功能特性的数字化表达，为信息管理的集成化和智能化提供了可能。同时，作为原生数据，可为后续的信息管理提供基础数据支撑。

（3）信息完备且高度集成。BIM 包含一个工程从横向的项目各参与方到纵向的项目实施各阶段的所有信息，不仅包含几何信息、材料信息等基础信息，还包括项目成本、进度、质量、安全、环境等信息。这些信息高度集成在一个模型里，从根本上解决项目信息交流形成的"信息断层"和应用系统之间的"信息孤岛"问题，从而实现真正意义的管理协同。

（4）信息的一致性。为工程项目各参与方提供单一工程数据源，可解决分布式、异构工程数据之间的一致性和全局共享问题，支持建设项目生命期中动态的工程信息创建、管理和共享，是项目实时的共享数据平台。

（5）信息的关联性。BIM 模型中的数据都是相互关联的，假如模型中某个对象或属性信息出现变更，那么和它存在关联的信息也会更新，这样就保证了模型中数据的一致性，也避免了为实现单一目标的管理而导致其他目标管理出现偏差的情况。

（6）支持开放性标准。即支持按开放式标准交换建筑信息，从而使建筑全生命周期产生的信息能为各方互通互用。

3. BIM 在工程造价信息化建设中的应用

工程造价信息化的目标是通过信息化手段，使工程造价管理工作更趋科学化、标准化、精细化、智能化、网络化。

按信息论的观点分析，工程造价信息化的主要任务分为两部分：一是各种造价信息的采集、传输、储存和发布；二是各种数据的统计、分析、处理、计算和应用。据此需要提供的技术支持也主要包括两方面：一是办公通用软件以及计价软件、图形算量软件、定额管理软件、招标投标软件等各种工程造价专用软件；二是网络通信技术，如局域网技术、互联网技术、网络数据库技术、网络数据安全技术等。

BIM及相关技术作为信息采集、处理、共享的先进工具，在工程造价信息化建设中有着不可替代的价值。

1）造价信息集成与积累

从项目自身的角度来讲，BIM可以从项目立项开始介入，贯穿概念阶段、设计阶段、施工阶段到运营维护全过程，把估算、概算、预算、决算、运维等全过程造价信息集成在BIM模型中，使得项目各方都能依据模型信息进行造价控制。尤其是在施工阶段，及时准确地获取相关工程数据就是项目管理的核心竞争力。基于BIM数据库可以实现任一时点上工程基础信息的快速获取，通过合同、计划与实际施工的消耗量、分项单价、分项合价等数据的多算对比，可以有效了解项目运营是盈是亏，消耗量有无超标，进货分包单价有无失控等问题，实现对项目成本风险的有效管控。

从企业的角度，为了适应建筑业的发展形势，更好地制订企业发展战略，更智能、更精细地进行成本管控，企业的管理模式也趋向信息化。各项目将BIM数据汇总到企业总部，形成一个集约化的企业级项目基础数据库，企业不同岗位都可以进行数据的查询和分析。同时，可以提供多项目集中管理、查看、统计和分析，以及单个项目不同阶段的多算对比功能，为总部管理和决策提供依据。

2）造价信息智能化管理

"量"是造价的基础数据，不仅是计价的基础也是项目材料采购、成本控制的基础性数据，项目效益的好坏取决于对基础数据的准确获取。BIM计量软件能基于二维CAD图纸或三维BIM模型两种方式，根据内置算量规则（可根据不同标准、不同地域、不同的工程属性设置满足需要的规则），快速、准确地计算出工程量；如遇工程变更，由于BIM数据的关联性和参数化，BIM算量软件也能立即计算出变更量。所以，BIM使工程量的获取更高效、更准确、更智能。

"价"构成了造价的另一重要因素。BIM计价软件支持一键智能导入各地的计价规则，以适应不同地域的项目需求；同时，支持与互联网建立智能链接，以随时更新相应的动态价格信息等。

BIM5D管理软件的出现使得项目的全过程造价管理成为现实，软件集3D立体模型、施工组织方案、成本及造价等三个部分于一体，能够真正实现成本费用的实时模拟和核算，也能够为后续施工阶段的组织、协调、监督等工作提供有效可行的信息。BIM数据库的建立是基于各个工程不同阶段的历史项目数据及市场信息的积累，一旦出现异常数据，BIM数据库就会智能提醒并检测问题出现的地方和原因，有助于施工企业工作人员高效利用相关标准、经验及规划资料建立的拟建项目信息模型，快速生成业主方需要的各种进度报表、结算单、资金计划，使可能出现的问题提前被发现，并提供智能解决方案。

3）造价信息协同共享

采用传统的造价方式，项目各方基本都是根据需要建立自己的计算模型，设计方、施工方、业主方的模型不一样，同一公司的商务部和技术部的模型也不一样，这一方面导致了工作量的重复，造成了资源浪费；另一方面，不同模型的计算结果势必不一样，容易引起工程纠纷。

以 BIM 协同的方式来进行全过程造价管理，就能把项目各方的造价信息有增无减地集成在同一个 BIM 模型中，建筑师、工程师、造价师、施工方、业主在各个阶段能够进行协同设计，真实预见到施工阶段的开销与建设的时间进度，使得项目的各个阶段都能够协作统一，解决了不同阶段或者不同专业带来的信息损失问题，很好地避免了设计与造价控制环节脱节、设计与施工脱节、变更频繁等问题。同时，因项目信息是及时更新的，并且是唯一的数据源，让项目各方的操作都基于同一基础，结果都可追溯，比如业主方的投资与回报、设计方的造价控制、施工方的请款、设计变更与索赔、运营策略制订、维护计划等。

4）"BIM＋"助力造价信息化

BIM 与物联网、云计算、ERP、互联网、GIS 技术以及 5G、人工智能技术的集成应用，是造价信息化的发展方向。

12.2.2 BIM 在全过程造价管理中的应用

项目全过程，也称项目生命周期，是指项目从决策、设计、招标投标、施工至竣工验收、运营的全部过程。全过程造价管理是指工程造价在生命周期内的合理确定及有效控制的过程。目前，BIM 技术对工程造价的管理贯穿在整个工程生命周期中，涉及工程建设的各个阶段，包括决策阶段、设计阶段、招标投标阶段、施工阶段、竣工阶段、运营阶段。BIM 的应用中，没有一种软件可以覆盖建筑物全生命周期的 BIM 应用，必须根据不同的应用阶段采用不同的软件。

1. BIM 在决策阶段的应用

决策阶段各项技术指标的确定，对该项目的工程造价会有较大影响，特别是建设标准水平的确定、建设地点的选择、工艺的评选、设备的选用等，直接关系到工程造价的高低。在项目建设各大阶段中，投资决策影响工程造价的程度最高，高达 80%～90%。因此，决策阶段项目决策的内容是决定工程造价的基础。BIM 在决策阶段的应用主要包括以下内容。

1）基于 BIM 的投资造价估算

投资决策阶段处于项目实施前，在项目投资决策阶段，合理、准确地估算投资是造价管理工作的重中之重。BIM 具有强大的信息库、数据模型及可视化等优点，通过 BIM 技术构建的数据模型和信息平台能够充分体现信息的可视化及模型的模拟性，能够为项目投资者提供有力的参考和数据支持。在工程投资决策阶段，造价管理人员可以参考 BIM 所构建的数据模型，查找与拟建项目相似工程项目的造价信息，对造价信息进行查询和模拟，并依据已经完工的相似工程进行准确的投资估算，可使拟建项目的投资估算更加准确，提高投资估算的准确性和可靠性。

2）基于 BIM 的投资方案选择

在进行建筑项目的设计方案决策时，需要在多个投资提案中进行选择，通过 BIM 技术可以对多个方案进行对比分析，对原始数据进行统计，并依据积累的数据，找出最合理、最适合的投资方案。这不仅可以缩短时间，还可以提高效率，迅速、准确地选择出最为经济合理的方案，并减小投资估算的偏差，对经济效益的提高有重大意义。

这一阶段常用的软件有 Revit、ArcGIS、AutoCAD、Civil3D、GoogleEarth 及插件。

2. BIM 在设计阶段的应用

建筑项目的设计阶段对于项目进度和项目的质量都起着至关重要的作用，是工程技术和工程经济相关联的重要环节，工程设计对整个工程项目的经济性、合理性和造价管理都有着至关重要的影响，直接影响着工程项目在施工后期的造价控制。BIM 在设计阶段的应用主要包括以下内容。

1）基于 BIM 的设计优化

在完成施工图纸的设计工作后，应对其开展图纸审查以及设计交底等相关工作，传统工程造价管理将水电和土建等项目分割进行，但该种方式会加大图纸审查难度。BIM 技术整合传统的土建、水电、给水排水图纸，减少了各方设计人员图纸审查的麻烦，使得工程设计更加合理，加快了设计方的出图速度，同时有效地避免了工程在施工过程中的技术变更。设计人员也能够利用 BIM 技术，及时发现设计中的不足和不利于施工地方的问题，为后续施工的顺利进行提供可靠的技术保障，提高工程的设计质量，加强工程造价管理控制。因此，在建设工程项目造价控制管理上合理应用 BIM 技术，其优势相当明显。

2）基于 BIM 的限额设计

目前，在我国建筑行业中，通常是采用限额设计方式，即根据项目可行性研究阶段确定的投资估算进行项目的方案设计，实现投资支出、资金利用的合理性。传统的工程造价管理很难保证造价信息的精准、完整，而 BIM 技术刚好补足了这些缺陷。BIM 模型可以输出项目的分项工程、单位工程等造价信息，利用 BIM 数据库对各种建设数据进行合理分析，限定工程造价范围，以便设计人员在设计阶段中清晰地认识工程造价信息，满足限额设计的要求，从而更好地进行工程造价管理。BIM 模型对成本费用的实时模拟和核算使得设计人员和造价师能实时地、同步地分析和计算所涉及的设计单元的造价，并根据所得造价信息对细节设计方案进行优化调整，可以很好地实现限额设计。

3）基于 BIM 的设计概算和施工图预算

一般项目的设计阶段可分为初步设计和施工图设计两个阶段。初步设计阶段确定设计概算，施工图设计阶段确定施工图预算。

基于 BIM 的设计概算。设计概算的编制主要取决于设计深度、资料完备程度和对概算精度的要求。运用 BIM 技术对建筑信息模型进行修改，进而实现对设计方案的优化，从而有效控制造价。运用 BIM 模型确定的设计概算，能够实现对成本费用的实时模拟及核算，能够将设计图纸、数据及概算数据与造价管理进行自动关联，实现整个项目生命周期设计数据共享的作用。

基于 BIM 的施工图预算。在施工图设计阶段，BIM 模型可以直接提取工程信息、进度计划以及工程图纸文件，模型中包含了施工图预算阶段的预算定额、工程量计算规则以及预算清单等其他信息，这打破了以往传统造价软件的文本格式，这些信息之间相互关联、相互补充组成一个预算信息数据库。造价人员可以在预算阶段利用 BIM 软件建立的三维图形准确地计算出工程量，再将工程量导入到预算信息数据库中制成相应的工程造价报表，BIM 软件会将造价报表自动更新到预算造价管理模型中，以保证信息的及时性和准确性，并且可供建设方随时查看，方便了后续施工过程的进度款支付、材料制定、采购计划和劳动力计划、限额领料等措施的实施，达到工程造价管理全过程监控的目的。

　　这一阶段常用的软件有 Revit、Navisworks、DDS-CAD、Onuma System 等。这些软件可满足大部分对于初步分析的要求，也能在初步设计中帮助建筑师进行更深入、全面的考量。

　　在设计建模阶段常用的软件有 Revit、ArcGIS、Bentley Map、Profiler、Ecotect Analysis 等，可以帮助进行细节推敲，迅速分析设计和施工中可能需要应对的问题；提供不同解决方案供项目投资方进行选择；找出不同解决方案的优缺点；帮助项目业主迅速评估建筑投资方案的成本和时间。

3. BIM 在招标投标阶段的应用

1）基于 BIM 的招标

　　随着 BIM 技术的应用和推广，招标投标的技术水平也得到强化。建设单位即招标方，可以通过建立 BIM 模型，结合项目具体特征将工程分解，细化工程量，计算工程量，形成准确的工程量清单，编制招标文件。

　　基于 BIM 技术的工程量计算具有以下优势：①算量更加高效。基于 BIM 的自动化算量方法将造价工程师从繁琐的劳动中解放出来，为造价工程师节省更多的时间和精力用于更有价值的工作，如造价分析等，并可以利用节约的时间编制更精确的预算。②计算更加准确。工程量计算是编制工程预算的基础，但计算过程非常繁琐，造价工程师容易因人为原因造成计算错误，影响后续计算的准确性。自动化算量功能可以使工程量计算工作摆脱人为因素影响得到更加客观的数据，并能够更好地应对设计变更和更好地积累数据。

2）基于 BIM 的投标

　　施工单位即投标方，可以利用 BIM 模型信息在相对短的时间内获得工程量信息，能使用 BIM 模型核对招标文件中的工程量清单，可以有效规避工程量计算错误、清单漏项等状况。通过 BIM 模型信息数据平台获得相关工程预算所需的信息，然后根据预算定额自动匹配计算各分部分项工程工程费，最后汇总其他费用，获得工程项目的清单费用，编制投标文件。

　　施工方利用 BIM 还可以对施工中的重要环节进行可视化模拟分析，避免亏损，以提高准确度和工作效率，制订优化的投资策略。

4. BIM 在施工阶段的应用

　　建设工程施工阶段具有周期长、涉及面广大、影响因素复杂等特点，其工程造价管理工作难度较大。将 BIM 技术合理应用于施工阶段工程造价管理中，可以对施工现场给予实时监测，提高工程造价管理效率。BIM 技术主要用于工程计量、工程变更、工程索赔及工程进度款结算等造价管理方面。

1）工程计量

　　利用 BIM 模型的参数化特点，按照所需条件筛选工程信息，BIM 模型可自动完成相关构件的工程量统计并汇总形成报表。基于参数化 BIM 模型，任意组合构件信息，可以按进度、工序、施工段以及构件类型给出工程造价或者统计工程量，便于过程造价控制，有利于精细化管理的实现。

　　施工单位可以通过 BIM 技术进行材料数据信息分析和模拟计算，计算与分析工程各环节实际消耗量，及时了解工程建筑材料的消耗情况，按照合同约定严格控制材料用量，真正实现限额领料。此外，还可以利用 BIM 模型准确计算当前工程完工情况，合理安排其他施工资源，实现工程成本的动态监控。

2）工程变更

在施工阶段，工程变更次数的增加会引起工程造价的增加，容易引起甲乙双方因此产生矛盾导致施工进度减慢。利用BIM技术的虚拟碰撞检查，在施工前发现并解决该问题，有效地减少变更次数，加快工程进度。同时，BIM技术可帮助相关人员顺利完成图纸的审核工作，避免因此而导致停工、返工等现象的出现，保证工程的顺利开展。

利用BIM技术可以最大限度地减少设计变更，并且在设计阶段、施工阶段等各个阶段，由各参建方共同参与进行多次的三维碰撞检查和图纸审核，尽可能从变更产生的源头减少变更。

3）工程索赔

在工程建设中，只有规范并加强现场签证的管理，采取事前控制的手段并提高现场签证的质量，才能有效地降低实施阶段的工程造价，保证建设单位的资金得以高效利用，发挥最大的投资效益。对于签证内容的审核，可以在BIM5D软件中实现模型与现场实际情况对比分析，通过虚拟三维的模拟掌握实际偏差情况，从而确认签证内容的合理性。

用BIM模型进行图纸会审时，为方便各个专业数据整合，进行三维碰撞检测，更直观地发现问题，减少施工过程因设计问题而引起的施工方索赔，为造价控制提供技术支撑。

4）工程进度款结算

我国现行工程进度款结算有多种方式，包括：按月结算、竣工后一次结算、分段结算、目标结算等方式。在传统模式下，建筑信息都是基于二维图纸建立的，建设单位、施工单位、设计单位、监理单位等分专业分阶段检测设计图纸，无法形成协同与共享，很难从项目整体上发现问题，很难形成数据对接，导致工程造价快速拆分难以实现，工程进度款结算工作也较为繁琐。随着BIM技术的推广与应用，尤其在进度款结算方面，可以进行框图出价、框图出量，更加快速地完成工程量拆分和重新汇总，并形成进度造价文件，为工程进度款结算工作提供技术支持。

这一阶段用于数字化建造与预制件加工的常用软件有CATIA、Tekla、3D3S等；进行施工场地规划的常用软件有Navisworks、Project Wise、Vico Office Suite；进行施工流程模拟，并以天为单位对建筑工程的施工进度进行模拟的软件有BIM360Field、iTWO、Tekla、VicoOfficeSuite等。

5. BIM在竣工验收阶段的应用

竣工阶段要编制竣工结算，结算工作中涉及的造价管理过程的资料数量极大，结算工作中往往由于单据的不完整造成工作量计算不准的情况。传统模式下、竣工结算对造价人员来说是相当考验的一项任务，特别是工程量的核对，结算工作的主要根据是二维平面图纸、现场签证以及工程量计算书等文件，依靠手工或电子表格辅助，效率低、费时多、数据修改不便。此方式完全依照手工查找，建设单位与施工单位的造价人员需要按照每个分部分项工程等逐项核对，工作量较大，准确性很难保证，而且工程造价人员的业务水平影响结算准确度。在甲乙双方对施工合同及现场签证等产生理解不一致或者一些高估冒算的现象或者工程造价人员业务水平参差不齐时，可致结算"失真"。因此，改进工程量计算方法和结算资料的完整和规范性，对于提高结算质量，加速结算速度，减轻结算人员的工作量，增强审核、审定透明度都具有十分重要的意义。

6. BIM 在运营阶段的应用

BIM 参数模型可以为业主提供建设项目中所有系统的信息在施工阶段作出的修改并全部同步更新到 BIM 参数模型中形成最终的 BIM 竣工模型，该竣工模型作为各种设备管理的数据库，为系统的维护提供依据。

利用 BIM 技术，造价管理信息经过决策阶段、设计阶段、招标阶段、施工阶段的不断补充和完善，信息量已经足够丰富，与竣工实体相一致，能够完全表达出竣工实际完成的工作量。以此模型为基础进行竣工结算可以大大提高速度与准确度，也为后期竣工决算的编制奠定基础。BIM 模型的建立过程中信息公开、透明，避免在进行结算时描述不清而导致难度增加，减少双方的互相推诿，提高结算效率，节约竣工验收阶段的时间和成本。

BIM 技术的应用，使得项目建设在各个阶段都能够对比分析数据，检查工程进度和预期是否一致。BIM 可以在今后的运营阶段将管理成本降到最低，使整个项目的造价管理工作有条不紊地进行，有利于运营维护阶段的造价管理工作顺利进行，真正落实全寿命周期造价管理。

12.3　BIM 造价软件简介

鉴于本书篇幅有限，本节仅介绍广联达 BIM 造价软件、鲁班造价软件和晨曦 BIM 造价软件。

12.3.1　广联达 BIM 造价软件

广联达算量软件是由广联达软件股份有限公司开发的系列软件，该软件基于自主知识产权的 3D 图形平台，提供 2D CAD 导图算量、绘图输入算量、表格输入算量等多种算量模式，结合全国各省市计算规则和清单、定额库，运用 3D 计算技术，实现工程量自动统计、按规则扣减等功能和方法。常见的广联达算量软件有广联达 BIM 土建算量（GCL）、广联达 BIM 钢筋算量（GGJ）、广联达 BIM 安装算量（GQ1）、广联达 BIM 钢结构算量（GJG）等。

1. 广联达 BIM 土建算量软件——GCL

广联达 BIM 土建算量软件——GCL 是广联达自主图形平台研发的一款基于 BIM 技术的算量软件，无需安装 CAD 即可运行。软件内置《房屋建筑与装饰工程工程量计算规范》GB 50854—2013 及全国各地现行清单、定额计算规则；可以通过三维绘图导入 BIM 设计模型（支持国际通用接口 IFC 文件、Revit、ArchiCAD 文件）、识别二维 CAD 图纸建立 BIM 土建算量模型；模型整体考虑构件之间的扣减关系，提供表格输入辅助算量；三维状态自由绘图、编辑，高效且直观、简单；运用三维布尔技术轻松处理跨层构件计算，且报表功能强大，提供做法及构件报表量，满足招标方、投标方的各种报表需求。

2. 广联达 BIM 钢筋算量软件——GGJ

广联达 BIM 钢筋算量软件——GGJ 内置国家结构相关规范和 11G、03G、00G 系列平法规则及常用施工做法，可以通过三维绘图、导入 BIM 结构设计模型、二维 CAD 图纸识别等多种方式建立 BIM 钢筋算量模型，整体考虑构件之间的钢筋内部的扣减关系及竖向构件上下层钢筋的搭接情况，同时提供表格输入辅助钢筋工程量计算，替代手工钢筋预算，解决手工预算时遇到的"平法规则不熟悉、时间紧、易出错、效率低、变更多、统计繁"的问题。

3. 广联达 BIM 安装算量软件——GQ

广联达 BIM 安装算量软件 GQI 是针对民用建筑工程中安装专业所研发的一款工程量计算软件，集成了 CAD 图算量、PDF 图纸算量、天正实体算量、MagiCAD 模型算量、表格算量、描图算量等多种算量模式。它通过设备一键全楼统计、管线一键整楼识别等一系列功能，解决工程造价人员在招标投标、过程提量、结算对量等过程中手工统计繁杂、审核难度大、工作效率低等问题。

4. 广联达 BIM 钢结构算量软件——GJG

广联达 BIM 钢结构算量软件——GJG 是广联达软件股份有限公司于 2016 年推出的一款新型软件，该软件基于 BIM 技术的全新应用，从三维算量的角度突破性解决了钢结构复杂、多变的节点问题，提供复杂构件的参数化建模，真正做到建模快、算量巧、报表全。软件内置节点库，智能筛选、批量应用功能非常全面。此外，用户还可根据工程的实际需求，在云节点库中储存工程专属节点，实现钢结构工程量的便捷计算。软件从定额、清单、涂料、配件四个指标细分为 28 个表格，满足对量时各种工程量格式要求。

5. 广联达 BM 市政算量软件——GMA

广联达 BIM 市政算量软件——GMA 是市面上唯一一款基于三维体化建模技术的软件。它集成多地区、多专业的市政算量产品，围绕三维信息模型，通过接入图纸、批量输入、智能布置与编辑快速创建三维模型，内置规则、直接出量、扩展应用等方式，解决城市道路、排水、桥梁、构筑物、综合管廊等工程量计算问题，为广大造价人员提供了一套高效实用的算量平台，引领市政类工程造价行业正式步入电算化时代。

该软件主要有以下特点：可将市政各业务模块集成于一体化的三维模型，形象展示构件间的位置关系，查量、对量方便清晰、有据可依。支持 CAD 识别、PDF、图片描图、蓝图信息录入等，满足用户多样化的算量需求。内置各地计算规则、国标省标图集，灵活设置，可适应不同施工工艺。

6. 广联达计价软件——GBQ

广联达计价软件——GBQ 是广联达建设工程造价管理整体解决方案中的核心产品，主要通过招标管理、投标管理、清单计价三大模块来实现电子招标投标过程的计价业务，支持清单计价和定额计价两种模式，产品覆盖全国各省市、采用统一管理平台，追求造价专业分析精细化，实现批量处理工作模式，帮助工程造价人员在招标投标阶段快速、准确地完成招标控制价和投标报价工作。

12.3.2 鲁班造价软件

鲁班造价软件是由上海鲁班软件股份有限公司开发的一款算量软件，该软件基于 AutoCAD 图形平台可实现工程量的自动计算。主要涉及土建预算、钢筋预算、钢筋下料安装预算、总体预算、钢构预算等，软件可用于预决算以及施工全过程管理。

1. 鲁班土建软件

"鲁班土建"是基于 AutoCAD 图形平台开发的工程量自动计算软件。它利用 Auto-CAD 强大的图形功能并结合我国工程造价模式的特点及未来造价模式的发展变化,内置了全国各地定额的计算规则,最终得出可靠的计算结果并输出各种形式的工程量数据。由于软件采用了三维立体建模的方式,使整个计算过程可视化。通过三维显示的土建工程可以较为直观地模拟现实情况。其包含的智能检查模块可自动化、智能化检查用户建模过程中的错误。

2. 鲁班钢筋软件

"鲁班钢筋"为基于国家规范和平法标准图集的软件。它采用 CAD 转化建模、绘图建模、辅以表格输入等多种方式,整体考虑构件之间的扣减关系,解决造价工程师在招标投标、施工过程中钢筋工程量控制和结算阶段钢筋工程量的计算问题。软件自动考虑构件之间的关联和扣减,用户只需要完成绘图即可实现钢筋量计算,内置计算规则并可修改,强大的钢筋三维显示,使得计算过程有据可依,便于查看和控制。

3. 鲁班安装软件

"鲁班安装"是基于 AutoCAt 图形平台开发的工程量自动计算软件。其广泛运用于建设方、承包方、审价方等多方工程造价人员对安装工程量的计算。鲁班安装可适用于 CAD 转化、绘图输入、照片输入、表格输入等多种输入模式,在此基础上运用三维技术完成安装工程量的计算。鲁班安装可以解决工程造价人员手工统计繁杂、审核难度大、工作效率低等问题。

4. 鲁班钢构软件

"鲁班钢构"是基于 AutoCAD 图形平台的三维钢结构算量软件。它可以方便地建立各种复杂钢结构的三维模型,同时整体考虑构件之间的扣减关系,内置多种标准图集,可以据实际情况修改计算规则,自动生成工程量。

5. 鲁班造价软件

鲁班造价软件是基于 BIM 技术的国内首款图形可视化造价产品,它完全包容鲁班算量的工程文件,可快速生成预算书、招标投标文件。软件功能全面、易学、易用,内置全国各地配套清单定额,一键实现"营改增"税制之间的自由切换,无须再作组价换算;智能检查的规则系统,可全面检查组价过程,为工程计价人员提供概算、预算、竣工结算、招标投标等各阶段的数据编审、分析积累与挖掘利用,满足造价人员的各种需求。

12.3.3 晨曦 BIM 造价软件

晨曦 BIM 造价软件是一款用于建筑行业工程量计算的工具软件,直接基于 Revit 平台,对已创建好的 Revit 模型,结合软件已嵌入全国的清单定额,即可计算土建工程量、钢筋工程量、安装工程量等,软件具有易用性强、拓展性好、协同管理工作灵活等很多优点。

晨曦 BIM 算量软件可直接使用 BIM 模型快速出量,包括土建工程量、钢筋工程量以及安装工程量,为工程造价企业和从业者提供土建专业全过程各阶段所需工程量。该软件突破 Revit 平台上复杂构件难以布置实体钢筋的难点,对已创建好的 Revit 模型,直接进行钢筋实体的布置。实现实体钢筋快速布置和出量,同时满足预算和施工下料。二维安装算量软件，可以直接导入 CAD 图纸，软件内置《建设工程工程量清单计价规范》GB 50500—2013 及全国各地现行定额计算规则；实现智能识别构件，快速完成工程计量工作。应用 BIM 设计快速出量，建立完整模型与施工各环节信息共享，实现计量过程智能化、可视化、精准化。

晨曦 BIM 算量基于 Revit 平台而研发，秉承了 Revit 的所有功能特点。利用 Revit 建立模型，根据国标清单规范和全国各地定额工程量计算规则，对模型进行工程量分析和汇总。

1. 软件应用步骤

软件操作主要有六大步骤，完成建模、算量和套价。

（1）工程设置：对楼层、算量上进行简单的设置和算量模式的选择。

（2）建立模型：Revit 快速建模，结合 Revit 软件的特点，可查看多方位三维视图，便于检查模型。

（3）构件分类：将 Revit 模型构件自动添加算量类型属性，使出量结果更适合各地计算规则。

（4）清单定额：为每个构件自动套清单定额和计算命令。

（5）工程计算：工程数据计算汇总。

（6）报表输出：工程量及计算式输出。

2. 该软件的功能特点

1）自动分类

Revit 模型的构件具有较高的灵活度，可在多个构件之间进行灵活穿梭，最终计算工程量时采用自动分类，将 Revit 模型构件进行分类，并添加算量类型属性。

2）智能布置

结合建筑规范的要求，研发智能布置功能，加快建模的速度。如按照规范要求，墙长超过 5m 时要布置构造柱，在智能布置窗口选择相应的条件规则后自动布置构造柱。

3）命令特征

命令特征分为工程命令特征、清单命令特征和定额命令特征。

工程命令特征：可为工程命令的划分、典型工程分类、工程命令大数据检索与分析提供依据。

清单命令特征和定额命令特征：

（1）组价命令的缺漏检查；

（2）统计查量的判断条件；

（3）定额智能换算的基础；

（4）指标分析中清单或定额命令分类的依据；

（5）为工程造价大数据分析提供基础数据。

4）自动套命令

每个构件默认套用常规的清单定额，并可灵活修改，既免去各个构件套用清单定额的繁琐，又可作为学习模板，避免漏项和错项。

5）可对账计算式

手工模拟计算式，按预算员手算的习惯计算构件，提供计算式可以脱离软件按设计图纸查询，满足对账，同时也满足预结算工程。

思考题

1. 工程造价信息系统的概念是什么？
2. 试分析应用工程造价信息系统的必要性与可行性。
3. 工程造价信息系统的功能主要有哪些？
4. 工程造价信息系统一般应如何设计？
5. 目前我国常用的工程造价软件有哪些，试比较其优缺点。

参 考 文 献

[1] 王雪青，主编. 工程估价[M]. 第二版. 北京：中国建筑工业出版社，2011.

[2] 王雪青，主编. 建设工程经济[M]. 北京：中国建筑工业出版社，2019.

[3] 王雪青，主编. 建设工程投资控制[M]. 北京：中国建筑工业出版社，2019.

[4] 王雪青，主编. 工程项目组织与管理[M]. 北京：中国统计出版社，2019.

[5] 王雪青，主编. 工程成本规划与控制[M]. 北京：中国建筑工业出版社，2011.

[6] 全国造价工程师执业资格考试培训教材编审委员会. 建设工程计价[M]. 北京：中国计划出版社，2019.

[7] 全国造价工程师执业资格考试培训教材编审委员会. 建设工程造价管理[M]. 北京：中国计划出版社，2019.

[8] 规范编写组. 建设工程工程量清单计价规范 GB 50500—2013[S]. 北京：中国计划出版社，2013.

[9] 规范编写组. 2013 建设工程计价计量规范辅导[M]. 北京：中国计划出版社，2013.

[10] 陈勇强，吕文学，张水波. FIDIC 2017 版系列合同条件解析[M]. 北京：中国建筑工业出版社，2019.

[11] 吴佐民，主编. 工程造价概论[M]. 北京：中国建筑工业出版社，2019.

[12] 谭大璐，主编. 工程估价[M]. 第三版. 北京：中国建筑工业出版社，2007.

[13] 孙慧，主编. 项目成本管理[M]. 第 3 版. 北京：机械工业出版社，2018.

[14] 陈建国，主编. 工程计量与造价管理[M]. 上海：同济大学出版社，2001.

[15] 汤礼智. 国际工程承包总论[M]. 北京：中国建筑工业出版社，1997.

[16] 何康维，陈国新，主编. 建设工程计价原理与方法[M]. 上海：同济大学出版社，2004.

[17] 梁红宁，主编. 建筑工程预算[M]. 广州：华南理工大学出版社，2002.

[18] 姚先成. 国际工程管理项目案例——香港迪斯尼乐园工程综合技术[M]. 北京：中国建筑工业出版社，2007.

[19] 肖世鹏. BIM 造价专业操作实务[M]. 北京：中国建筑工业出版社，2018.

[20] 崔德芹，王本刚. 工程造价 BIM 应用与实践[M]. 北京：化学工业出版社，2019.

[21] 张磊. BIM 造价专业基础知识[M]. 北京：中国建筑工业出版社，2019.

[22] 孙慧，主编. 建设工程成本计划与控制[M]. 第二版. 北京：高等教育出版社，2018.

[23] 基本建设财务规则(中华人民共和国财政部令第 81 号，2016 年 9 月 1 日起实行)[S].

[24] 基本建设项目竣工财务决算管理暂行办法(财政部财建[2016]503 号文件)[S].